普通高校物联网工程专业规划教材

"十二五"江苏省高等学校重点教材

U0378093

物联网工程概论

（第2版）

郑文怡 熊书明 王军 王良民 编著

清华大学出版社
北 京

内 容 简 介

本书系统地阐述什么是物联网,物联网有哪些共性特征,物联网工程应用中有哪些能让读者对物联网有全局视野的共性关键技术。本书内容从近两年国际国内的物联网热潮及物联网概念的来源及形成历史出发,分析典型的物联网工程应用实例,总结出物联网体系结构、共性特征、关键技术;并从网络节点及感知技术,传输过程及通信与网络技术,数据处理、安全隐私、工程设计等应用技术方面分模块介绍物联网工程设计的关键技术;第二版增加了对"互联网+"、大数据、网络空间安全等物联网相关的国内外热点技术的介绍。

本书适合作为高等院校物联网工程及相关专业低年级学生导论性课程的教材,也可供与物联网产业相关的企事业单位管理人员阅读参考。

本书列入"十二五"江苏省高等学校重点教材,编号为 2015-1-089。

图书在版编目(CIP)数据

物联网工程概论/郑文怡,熊书明,王军,王良民编著.—2 版.—北京:清华大学出版社,2017(2023.9重印)
(普通高校物联网工程专业规划教材)
ISBN 978-7-302-47337-4

Ⅰ. ①物…　Ⅱ. ①郑…　②熊…　③王…　④王…　Ⅲ. ①互联网络-应用-概论-高等学校-教材
②智能技术-应用-概论-高等学校-教材　Ⅳ. ①TP393.4 ②TP18

中国版本图书馆 CIP 数据核字(2017)第 124497 号

责任编辑:袁勤勇
封面设计:傅瑞学
责任校对:徐俊伟
责任印制:沈　露

出版发行:清华大学出版社
　　　　网　　　　址:http://www.tup.com.cn,http://www.wqbook.com
　　　　地　　　　址:北京清华大学学研大厦 A 座　　　　　邮　　编:100084
　　　　社 总 机:010-83470000　　　　　　　　　　　　　邮　　购:010-62786544
　　　　投稿与读者服务:010-62776969,c-service@tup.tsinghua.edu.cn
　　　　质 量 反 馈:010-62772015,zhiliang@tup.tsinghua.edu.cn
　　　　课 件 下 载:http://www.tup.com.cn,010-83470236
印 装 者:三河市铭诚印务有限公司
经　　销:全国新华书店
开　　本:185mm×260mm　　　　印　张:20.75　　　字　　数:518 千字
版　　次:2011 年 9 月第 1 版　　2017 年 6 月第 2 版　　印　　次:2023 年 9 月第 7 次印刷
定　　价:49.00 元

产品编号:075160-02

序　言

物联网作为一个新的名词和新的产业,因为"感知中国"和"智慧地球"两个国家战略级的著名计划而闻名遐迩。在我国,物联网作为五大战略性新兴产业之一,已被编入"十二五"规划,希望它作为万亿元级的产业,带动我国经济持续、快速发展。教育部将"物联网工程"设置为"高等学校战略性新兴产业相关本科专业",期望通过加快新兴产业人才培养,推进该产业蓬勃发展。

物联网技术被广泛认可为是新一轮信息化革命。目前,我国在相关技术方面,与发达国家相比具有同发优势,但是,要想在产业界继续保持这种优势,需要大量高素质、懂专业的从业人员。为抓住在这个新兴产业上赶上并超过发达国家的重大机遇,高等学校开设物联网工程专业,培养技能全面的技术创新人才,具有重要的现实紧迫性。

物联网工程作为跨学科门类的新型交叉专业,知识体系尚未清晰,专业建设和教学存在诸多疑惑。"物联网工程概论"作为该专业第一门专业课,需要给大家澄清疑惑,建立起全局的专业概貌和初步的知识体系,其重要性是不言而喻的。清华大学出版社适时推出了这本《物联网工程概论》教材,将发挥引领专业建设、指导课程教学的重要作用。

本书具有如下四个方面的特点:

(1) 知识结构成体系:书中涵盖了物联网工程专业相关的绝大多数关键课程,将相关的工程技术纳入了统一的知识框架,自成体系。对于零基础的大学一年级学生,可初步建立对整个专业的整体认识。

(2) 技术介绍工程化:在介绍物联网相关的工程技术时,源于技术、终于技术,却不拘泥于技术的实现细节;强调浅显的语言描述和实例化的解说风格——着重介绍物联网技术在工程化应用中的"功能性"价值,以此拓展知识面并激发学习兴趣。

(3) 内容组织重能力:全书把"物"和"网"的性能进行背景知识介绍,以培养"物联于网"的工程技术能力为中心,多领域的技术和实例化项目设计在教学过程中围绕工程能力培养展开,符合 CDIO 工程技术创新人才的培养模式。

(4) 章节安排可裁剪:教材内容通过适当取舍,适用于 30~50 课时讲授,可供专业特色不同的各类院校选用,满足不同特色物联网专业人才培养对导论性课程的不同需求。

如果说在物联网工程中,"物"是劳动对象,"网"是生产工具,"联"是生产技术和劳动过程,那么王良民博士所编写的这本教材充分体现了物联网工程专业建设内涵——"懂'网'知'物'、'联'中创新"。作为一本面向普通高等院校物联网工程专业低年级学生的优秀教材,相信本书的出版能够为我国物联网工程人才的培养乃至物联网产业的发展发挥重要作用。

2017 年 5 月

再版前言

《物联网工程概论》第 1 版经清华大学出版社 2011 年出版，已经印刷 5 次，据清华大学出版社统计，已有 20 多所大学采用。这本书不论是作为"物联网工程"专业导论教材，还是作为其他专业高年级同学的信息技术拓展教材，都获得了教师和学生的一致好评。

这本《物联网工程概论》教材的第 1 版能够获得如此广泛使用，主要是因为它有三个方面的特点：首先是知识覆盖的全面性和系统性，本书介绍了与物联网工程发展有关的专业术语、学科内涵以及知识体系，给学生以较为整体的专业认知，可供全面了解与专业有关的技术层次，内容丰富而深入浅出、知识全面而脉络清晰；其次是在本书的结构安排上，教材内容通过适当取舍，适用于 30～50 课时讲授，可供专业特色不同的各类院校选用，满足不同特色物联网专业人才培养对导论性课程的不同需求，实现了所谓"可裁剪"的章节安排；再次就是通俗的语言与启发式的学习模式，在介绍物联网相关的工程技术时，源于技术、终于技术，却不拘泥于技术的实现细节，强调浅显的语言描述和实例化的解说风格——着重介绍物联网技术在工程化应用中的"功能性"价值，以此拓展知识面并激发学生的学习兴趣。

然而，《物联网工程概论》自出版至今日，6 年已经过去，物联网涉及的技术日新月异，涌现了新的技术与技术词汇；同时，当初对物联网一些概念基于不同理解的讨论目前也已经形成了更为深入的看法和定论。为此，也应对《物联网工程概论》进行修订。我们在修订的过程中，保持了第 1 版的结构、语言风格，主要修订是加入了物联网工程所涉及的最新技术，在保留原有章节框架的基础上，对部分章节内容做了调整扩充。其中，第 1 章增加了"工业4.0""互联网＋""中国制造"等与国内物联网发展有关的新词汇；第 3 章增加了近距离无线通信技术 NFC 的概念及原理，这是目前许多手机支付功能的核心支撑技术；第 6 章中将"数据挖掘与云计算"一节分成了"数据挖掘技术"及"云计算"两节，对云计算技术相关内容做了扩展，增加了其延伸概念"雾计算"；新增一节"大数据"的相关概念及核心技术；第 7 章针对网络空间新增了一节"网络空间安全"，在网络空间的架构下，介绍了三类网络空间安全涉及的相关技术。

此次修订的扩展部分主要由郑文怡博士完成，王良民对全部内容进行了审阅和校正。我们希望这次修订使得本书紧贴技术发展前沿，对使用本书的教师、学生以及更多的读者会起到一定的帮助作用。

本书列入"十二五"江苏省高等学校重点教材，编号为 2015-1-089。

王良民
2017 年 1 月

前　言

　　物联网是一个新生事物和一个新兴产业,"物联网工程"专业是教育部为该战略型新兴产业发展而特别设立的新专业,这本《物联网工程概论》则是该专业综述性导引课程的教材。本书的目的是系统地介绍专业术语、学科内涵以及知识体系,给学生以较为整体的专业认知,从而激发其学习的兴趣;同时,粗线条的概貌描述、深入浅出的名词诠释,也可以作为各种学术团体(如学会和研究会)以及各类科技政策相关的工作人员(如科协、政府科技领域公务人员)了解物联网的入门书,避免工作场合遭遇专业术语时的困惑与茫然。

　　当相关行业科技人员在思考"物联网是什么? 物联网能为我们做什么? 我们能为物联网做什么?"的时候,我们物联网工程专业的新生及其家长也带着类似的困惑"物联网是什么? 物联网工程专业大学期间要学什么? 以后毕业了能干什么?"。在网络知识异常丰富的今天,面对这种"一问三不知"的困窘,谷歌、百度等著名的搜索引擎竟然也不能给我们太多帮助,因为当前行业内专家对物联网的概念尚未形成定论,教育系统对物联网工程专业属于电子、通信还是计算机尚有所争论。这个时候,一本系统介绍相关内容、澄清困惑的《概论》就显得非常必要。然而,同样是在这个时候,试图通过一本《概论》教材对所有的争论给出一锤定音的结论是不可行、不现实的。在必要和不可行的夹缝里,我们采取了"求同存异"的取舍和"实事求是"的论述,对学术界和产业界大多认同的部分进行系统的分析介绍;而对看法存在分歧的地方,在无关整体概貌时就尽量不提,而在必须讨论的时候,就摆出各类观点请读者自行分析判断。

　　在上述写作方针的指导下,本书共分 8 章,第 1 章、第 2 章是总体概述性知识,类似于科普文章,不过更为全面严谨,趋向于教科书的叙事方式;第 3 章至第 8 章则关注于具体的技术内容。为了让大学一年级没有信息、计算机相关理论基础的学生不至于畏难,采取了深入浅出的科普文章的写作风格,配以图示和简单的示例,使问题的表达更加容易理解。每章主要内容如下:

　　第 1 章主要从物联网概念、物联网产业计划出发,分析物联网的发展历史以及物联网与RFID 系统、传感网、泛在网等相关名词之间的关联,最后介绍一下当前世界各国的物联网产业规划。

　　第 2 章从典型的物联网应用系统出发,以归纳的方法提取出物联网的 3 个网络层次;并依据网络层次,指出三类关键技术,为后续各章搭建了轮廓结构;最后,以一些经常被问及"是或不是"的典型应用系统为例,分析为什么是物联网,为什么不是物联网。

　　第 3 章介绍感知层关键技术;第 4 章介绍数据传输层关键技术;第 5 章介绍操作系统尤其是物联网前端的实时操作系统;第 6 章介绍数据库、数据存储和物联网时代的云计算与海计算的基本概念;第 7 章介绍物联网的安全与隐私技术;第 8 章从工程与物联网工程设计的角度,系统分析一个物联网系统的设计过程。

　　上述章节内容的总体框架如图 1 所示。

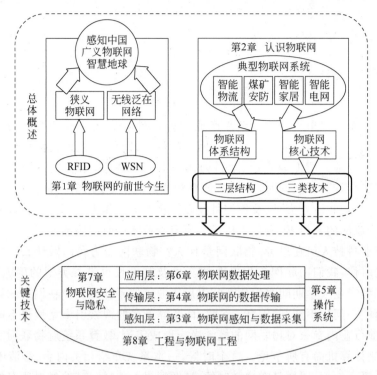

图1　本书框架结构

在课时安排上,我们建议这门课的课时为30~48课时。对于30课时的安排,如表1所示的第一类安排,不考虑增加课时。然而不同的物联网专业办学依托的学科是不一样的,因此办学特色也不尽相同,这些特色决定了后续课程不尽相同。介绍专业技术的第3、4、6、7、8章,如果后续教学环节设置了相关内容为关键课程,则在概论中以少课时泛泛引导;若因师资或特色限制不能或没必要面面俱到地详细教学相关技术,则在概论中增加一些对技术功能性内容的介绍,文中的技术实例也可以安排实验课程,进行观摩性质的实习实验,以进一步激发学习兴趣。以第7章为例,如果相关专业不再开设"物联网安全与隐私"课程,则需要用8课时的时间,较为详细地讲解一些安全基础知识及物联网中安全问题需要注意到的关键点。

表1　建议学时安排

章　次	计划学时	章　次	计划学时
第1章	2	第5章	4
第2章	4	第6章	4+2
第3章	4+4	第7章	4+4
第4章	4+4	第8章	4+2

本书由王良民、熊书明编著,王良民制定了本书的编写大纲、内容安排及写作风格,编写了第1、2、7、8章;熊书明编写了第3章到第6章;熊书明和王良民负责全书的统稿、组织和审校工作;编者所负责的无线传感网安全与应用研究组的研究生参与了本书的材料收集和内容编写工作,具体分工如下:李菲参与了第1、2章,茅冬梅、马小龙参与了第3章,姜顺荣

参与了第 5 章,赵玉娟参与了第 6 章,姜涛、程发、茅冬梅参与了第 7 章,李晓君参与了第 8 章。

本书的编者作为电子学会牵头、姚建铨院士任顾问的"全国物联网及相关专业教学指导小组"的委员,参与了该小组的教学研讨活动,很多知识来自该小组的讨论,本书的框架结构是在多次参与这些讨论之后独立思考形成;本书在编写过程中还得到了国家自然科学基金(60703115)、江苏省自然科学基金和江苏大学教改重点项目(2011JGZD012)的支持,在此对所有提供帮助的组织与机构、领导与同仁表示衷心感谢。

此外需要说明的是,本书属于编写的教材,除整体安排和语言组织之外,多数观点和所有技术内容都非编者所创所著。鉴于很多资料来自网络,而网页间存在大量未曾标明出处的相互转载,因为时间所限、能力所限,作者不能逐一考查出"原作者",为此本书所附文献的标注引用也许并非相关内容的原作者,这些疏漏或者不正确之处,敬请原作者指出,编者将在后续版本更正,并在相关教学网站上注明。同时,由于编者水平及编书时间所限,书中也必然存在缺点和疏漏之处,期盼各位专家及广大同学及时指出,帮助我们提高。

王良民

2011 年 6 月

目　录

第1章 物联网的前世今生

当前,物联网(Internet of things,IOT)已成为最热门的科技词汇之一,各行各业都在谈论物联网。2009年在江苏省仅一天之内就注册了500多家与物联网技术相关的公司;2010年教育部通知高校申请热门应用技术专业,有700余所申请物联网相关专业,各省审核后提交到教育部最后审核的也有200余所。如此种种,物联网在还没有以实际的产品和服务走入千家万户、在其还没有成为万亿元级产业之前,已经吸引了众多的关注,创造了一个又一个记录。那么究竟什么是物联网?虽然各个行业都有自己的诠释、描述和示例,但是至今尚未有人给出明确的定义。我们认为,物联网作为一项技术、一个产业,它"从哪里来,到哪里去",是有其发展历史的。简单说来,物联网概念的兴起,主要源于两个计划:一个是IBM的"智慧地球";另一个就是我国政府的"感知中国"。而物联网应用技术的兴起,也主要源自两个方面:一个是RFID技术,使用电子产品编码(electronic product code,EPC)为每个产品提供唯一的标识;另一个是传感网技术,由若干具有无线通信能力、计算能力的传感器节点自组织构成的网络。这两项技术和互联网、网络接入以及智能计算技术的飞速发展、融合、应用,形成了今天的物联网。

1.1 智慧地球与感知中国

物联网是继个人计算机(personal computer,PC)、互联网(Internet)与移动通信网之后的世界信息产业第三次浪潮,也被称为是继互联网之后信息产业的第二个万亿元级的产业。世界上有多个国家花巨资深入研究探索物联网,目前中国与德国、美国、英国等国家一起,成为国际标准制定的主导国。但是,在我国,对于绝大多数人来说,物联网是和"智慧地球""感知中国"这两个名词联系在一起的——正是这两个振聋发聩的计划,让人们熟悉了物联网。

1.1.1 智慧地球

2008年11月6日,在纽约召开的美国对外关系委员会上,IBM总裁兼首席执行官彭明盛以题为《智慧地球:下一代领导人议程》的演讲报告,正式提出"智慧地球(smarter planet)"的概念。2009年1月28日,美国工商业领袖举行"圆桌会议",彭明盛正式提出"智慧地球"计划,阐明"智慧地球"的短期和长期战略意义。会上,奥巴马予以积极回应,认为"智慧地球"与克林顿的"信息高速公路"战略同等重要,并把"智慧地球"上升为国家战略,作为美国全球战略的重要组成部分。2009年2月24日,IBM大中华区首席执行总裁钱大群提出了"智慧地球、赢在中国",给出了智慧电力、智慧医疗、智慧城市、智慧交通、智慧物流、智慧银行等解决方案,初步确定了"智慧地球"中国战略的六大推广领域。

1. "智慧地球"的研究背景

IBM 提出智慧地球计划时,正值 2008 年全球金融危机之后,其目的是给全球 IT 产业寻找金融危机后新的经济增长点。奥巴马在回应中认为,"智慧地球"是刺激美国经济全面复苏、振兴美国经济、确立未来竞争优势的关键所在,将带动美国工业向智慧化飞跃,成为美国高附加值产品向全球输出的必要条件,进一步强化美国的技术优势及对全球经济和政治的掌控。

自 20 世纪 80 年代以来,信息产业发展带动了全球经济快速增长,信息产业始终以高于大多数其他产业的速度持续增长,其占全球 GDP 的份额,以平均每 10 年上升一个百分点的速度提高。然而随着 IT 产业规模的不断扩大和从业人数的不断增加,出现了明显的投资大大超过需求的 IT 产能过剩现象。2008 年全球金融危机给全球经济带来了重创,也使全球 IT 产业设备商、运营商等受到严重冲击,甚至有业界专家认为,全球 IT 产业的冬天已经到来。彭明盛提出"智慧地球"理念,试图通过创新性地利用新的 IT 技术,重新整合企业、结构,以系统的信息基础架构,高度整合信息基础设施,使其成为经济增长的核心动力,成为国家、区域城市之间竞争的基础。

在提出智慧地球理念时,有几个关于智能系统成功应用的典型事例,支持了相关的观点。

(1) 斯德哥尔摩的智能交通系统:将交通量降低了 20%,废气排放降低了 12%,每天新增四万人使用公共交通工具。智能交通系统提高了城市的竞争力,伦敦、布里斯班和新加坡等城市也已经着手进行规划。

(2) 智能油田技术:可以提高油泵性能和油井生产力,改变当前油田只有 20%~30% 储量被开发的现状。

(3) 北欧推广的智能食品系统:利用 RFID 技术对肉类和家禽进行跟踪,从供应链一端的农场可以全程追踪直到超市货架。

(4) 智能医疗与保健系统:将治疗成本降低 90%,智能医疗与保健系统(Active Care Network)在 38 个国家开展服务,对两百多万病人注射疫苗接种进行监控以实现正确医护。

智慧供应链、智慧电网、智慧医疗等,能够使信息技术渗透到社会的各个角落。智慧地球计划为 IT 产业带来新的希望,使 IT 产业能促进企业之间的融合。信息技术的广泛应用,不仅能带动人们生活和生产方式的改变,还会带动整个社会就业率的提高,从而扭转危机后低迷的经济局面。

智慧地球中国战略的推行者钱大群更是宣称,智慧地球的概念作为关键要素,可以推动我国实现未来五大主题任务,包括经济可持续发展、和谐社会建设、环境保护、能源有效利用以及更具竞争力的企业。如图 1-1 所示,围绕这五大主题,有关乎我国发展的一系列重大事项。

2. 智慧地球的含义

通俗地说,智慧地球的核心是以一种更智慧的方法,通过新一代的信息技术来改变政府、公司和人们的交互方式,以提高交互的明确性、有效性、灵活性和实时性。一个更形象并稍微专业一点的描述是:无处不在的智能对象,被无处不达的网络与人连接在一起,被无所不能的超级计算机调度和控制。其主要特征是:

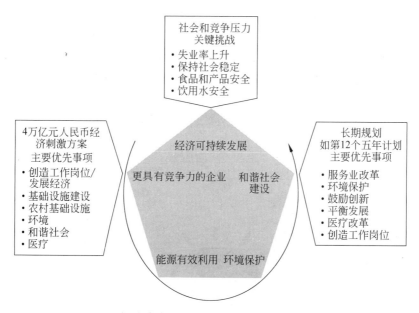

图 1-1　智慧地球的概念推动中国实现五大主题任务

（1）更透彻的感知。可以利用任何设备、系统或流程进行随时的感知、测量、捕获和传递信息。这种设备是超越传统的传感器、数码相机和 RFID 的一个概念，其感知的对象从人的血压到公司财务数据或城市交通状况等任何信息，感知信息可以被快速获取并进行分析，便于立即采取应对措施和进行长期规划。

（2）更广泛的互联互通。指通过各种形式的高速的、高带宽的通信网络工具，将个人电子设备、组织和政府信息系统中收集和存储的"分散的信息及数据"连接起来，进行交互和多方共享，让先进的系统可以按照新的方式协同工作，从而更好地对环境和业务状况进行实时监控，便于从全局的角度分析形势并实时解决问题。这种远程多方协作的任务完成方式，将彻底地改变整个世界的运作方式。

（3）更深入的智能化。利用先进技术帮助实践中的数据分析，智能地获取事物发展规律，进而利用规律，创造新的价值。这些先进技术包括数据挖掘及其分析工具、科学模型和相应的功能强大的运算系统等，用以处理复杂的数据分析、汇总、计算跨行业、跨地域和跨部门的海量信息；获取的知识应用到特定行业、特定场景和特定的解决方案中，更好地支持决策和行动。

IBM 把"智慧地球"概括为"3I"

更透彻的感知（Our world is becoming INSTRUMENTED.）

更广泛的互联互通（Our world is becoming INTERCONNECTED.）

更深入的智能化（All things are becoming INTELLIGENT.）

---

3. 智慧地球解决方案

综合 3I 技术，IBM 提出了一系列针对行业的解决方案。在 IBM 官方网站上，目前已经推出了能源、交通、食品、基础设施、零售、情报、经济刺激、银行、电信、石油、医疗、城市、水利、公安、建筑、工作场所、铁路、产品、教育、政府以及"云计算"等多种解决方案。

针对我国情况,IBM大中华区首席执行总裁钱大群提出了"智慧的电力""智慧的医疗""智慧的城市""智慧的交通""智慧的供应链""智慧的银行业"等六大领域的解决方案,如图1-2所示。这一战略相关的前所未有的"智慧"基础设施,囊括了国民经济的支柱产业以及生存发展的民生产业。当然,作为新一波信息技术革命,智慧地球计划为工程创新提供了无穷无尽的空间,势必会对人类的文明产生深远的影响。

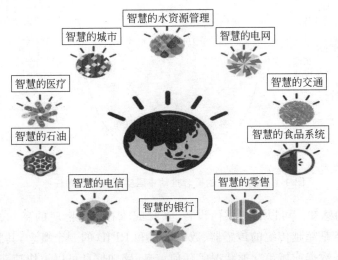

图1-2 智慧地球应用领域

(1) 智慧的电力:它赋予消费者管理自己的电力,使用和选择污染最小的能源的权力,以此来提高能源使用效率,并保护环境。同时,它还能确保电力供应商有稳定可靠的电力供应,减少电网内部的浪费,从而确保中国经济持续快速发展所需的可持续能源供应。

(2) 智慧的医疗:用来解决医疗系统中的主要问题,如医疗费用过于昂贵、医疗机构职能低下以及缺少高质量的病患看护等。只有切实地解决了上面这些问题,才可以推动和谐社会建设。

(3) 智慧的城市:城市作为经济活动的中心,其建设对于经济的建设起着至关重要的作用。智慧的城市可以带来更高的生活质量、更具竞争力的商务环境和更大的投资吸引力,可以被用来解决中国商用和民用城市基础设施不完善、城市治理和管理系统效率低下,以及紧急事件响应不到位等急需解决的问题。

(4) 智慧的交通:智慧的交通主要是采取措施缓解超负荷运转的交通运输基础设施面临的压力。减少拥堵意味着产品运输时间缩短、人员交通时间缩短,从而有利于生产力提高,同时也能减少污染排放,更好地保护环境。

(5) 智慧的供应链:智慧的供应链致力于解决由于交通运输、存储和分销系统效率低下造成的物流成本高和备货时间长等系统问题。如果能成功地解决这些问题,必将刺激国内贸易,提高企业竞争力,并将助力经济的可持续发展。

(6) 智慧的银行:提高中国的银行在国内和国际市场的竞争力,减小风险,提高市场稳定性,进而更好地支持企业及个体经济的发展。

1.1.2　感知中国

中科院上海微系统所与无锡市于 2008 年 11 月共建成立了"中科院无锡高新微纳传感网工程技术研发中心",也就是后来的"无锡物联网产业研究院",是中国物联网的重要源头。2009 年 8 月 7 日,温家宝总理在考察该研发中心后,指示"尽快建立中国的传感信息中心,或者叫'感知中国'中心"。这是"感知中国"名词的最初来源。同年 11 月 3 日,温家宝总理在人民大会堂向首都科技界做了《让科技引领中国可持续发展》的报告,提出"要着力突破传感网、物联网关键技术"。随后,物联网被正式列为国家五大新兴战略产业之一,写入《政府工作报告》,编入了"十二五"发展规划。这些举措标志着"感知中国"计划这个依靠物联网推动产业升级的"动力中心"发动了。

温家宝与感知中国

2009 年 8 月 7 日,时任国务院总理温家宝视察中科院无线传感网工程中心无锡研发分中心,提出"在传感网发展中,要早一点谋划未来,早一点攻破核心技术",并且明确要求尽快建立中国的传感信息中心,或者叫"感知中国"中心。

---

1. "感知中国"计划的背景

物联网的发展离不开传感网技术,自 1999 年开始,我国相关研究机构就开始启动传感网的相关研究项目,各界从材料、器件、技术、系统到无线通信网络等方面也正在形成产业链。

2008 年国际金融危机催生新的科技革命和产业革命,发展战略性新兴产业,抢占经济科技制高点,决定国家的未来,是我国物联网发展计划的时代背景。2010 年,温家宝总理在十一届全国人大三次会议上作政府工作报告时指出:转变经济发展方式刻不容缓;要大力推动经济进入创新驱动、内生增长的发展轨道。此时,国家将物联网作为战略新兴产业,大力培育,期望这个未来的万亿元级的产业带动我国经济的持续、快速发展,不仅具有经济上的意义,也具有政治上的战略重要性。为此我国媒体、政府、企业、科技界对物联网的全面关注度是美国、欧盟以及其他各国都不可比拟的。

由于"感知中国"计划的推动源头来自在无线传感器网络方面有深厚研究基础的中科院上海微系统所,因此,在我国备受关注的物联网,在很多情况下被单一地理解为"传感网",或者是与因特网互联的无线传感器网络。而事实上,在传感网之外,物联网的另一个重要技术射频识别(radio frequency identification,RFID)技术在我国也有较好的技术和产业基础。

自 1999 年开始,中国电子产品编码(EPC)就已经从实验室走向了实际应用,中国物品编码中心完成了原国家技术监督局"新兴射频识别技术研究"的科研项目,制定了射频识别的技术规范;举办了第一届中国国际 EPC 联席会。自 2003 年开始,我国每年有上百亿元的采购额开始采用电子标签技术,在物流系统的应用中,取得了明显的管理升级和经济效益。

随后,国家采取了一系列的行动,促进了相关技术和产业的发展。2004 年,国家金卡工程把 RFID 应用试点列为重点工作之一;2005 年 10 月,原信息产业部批准成立了"电子标签标准工作组",开展电子标签标准的研究;2006 年,23 个部门(行业)共同成立了国家金卡办 RFID 应用工作组,启动了相关 RFID 应用试点工作。当前国内 RFID 企业数量不断增加,在市场中已占据主导地位。我国 RFID 产业链逐步扩大,集电子信息产业、软件业、通信运营业、信息服务业和面向各相关行业的应用等产业链正在逐步形成,这为"感知中国"物联网建设奠定了技术、时间和产业规模等各个方面的基础。

2. "感知中国"的建设策略

IBM 的"智慧地球"计划落地中国,这从一个侧面表明我国的物联网发展会有更多的机会和更大的空间。为了更加顺利地建设"感知中国",使得我们的物联网业务更加蓬勃地发展,必须直面我国物联网目前发展中存在的问题和困难,制定相应的建设策略。作为影响物联网发展的两大主要方面,我国政府和运营商从不同角度提出了相似的建设策略。

政府应着重注意宏观方面的战略部署、国际国内标准的制定以及立法和监管体系的完善,提供利于物联网发展的产业培育大环境。这包括以下几个方面:

(1)国家层面的战略部署。物联网的建设应当是一个国家工程甚至世界工程,国家层面应该有一个整体和统一的战略规划,进行顶层设计,明确物联网产业的定位、发展目标、时间表和线路图。这样可以改变目前我国物联网的发展基本以地方和行业部门为主导,各地区和不同的行业部门按照各自的需要进行不同的物联网规划、出台各自的物联网产业发展策略的局面。

(2)坚持国际标准和国内标准同步推进。物联网的发展必然涉及通信的技术标准,物联网作为一个战略性的新型产业,每个国家和地区都针对各类层次通信协议提出各自的标准,但是目前从一个庞大的产业角度看,尚未形成统一的国际标准,这必将成为制约物联网产业发展的重要因素。因而我国政府将主导相关机构坚持国际标准和国内标准同步推进的原则,在标准制定上起点高、质量高,既要和日本、美国及欧洲发达国家共同协商,增加标准的公信力,也要进一步确立并扩大我国在物联网领域国际标准制定上的发言权。

(3)完善立法和监管组织体系。在物联网中,物品与人,人与人以及物品之间的联系都更为紧密,信息被频繁采集,交换设备也被大量使用,数据泄密及用户隐私是物联网产业推广必须解决的重要问题。除了从技术角度防范,国家也应完善相关立法,对大量数据和用户隐私进行立法保护;同时从管理上加大对物联网信息涉及的相关国家安全、企业机密和个人隐私的保护力度,完善监管组织体系。

(4)完善体制实现资源共享。政府主导建设相应的信息共享平台,更为高效地协调、整合和利用各方资源,打破行业间信息流通的壁垒,改变当前大量资源只在各自的网络或行业内部流通,影响信息交流共享的被动不利局面,为大规模物联网的应用和发展创造基础支撑条件。

"感知中国"计划也要求运营商从设备终端、业务平台和产业持续发展的生态环境等方

面,确立正确的物联网发展策略,相关策略主要有以下 3 个方面:

（1）丰富终端设备的种类。物联网的终端功能非常复杂,且不同行业的功能需求也不尽相同。从运营商的业务发展,特别是移动通信业务发展的经验来看,终端的完善与否直接影响到新技术的大规模推广。为此,物联网终端设计发展的压力更加突出。运营商从产业发展的初期,就对物联网终端的发展非常重视,从行业需求和用户体验的角度出发,致力于让终端产品的研发适度超前于网络建设,不断完善终端的设计,以丰富终端产品的种类,为物联网产业的大发展做好准备。

（2）建设数据中心和业务平台。运营商初期开展的物联网业务主要针对通道类业务,其在物联网中的角色如图 1-3 所示。即只提供数据通道,系统集成由用户和集成商完成。

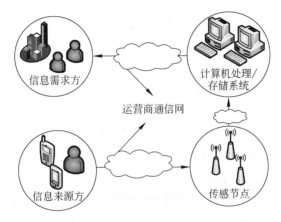

图 1-3　目前运营商在物联网业务中的角色地位

然而所有的运营商都仅仅关注黏性低的通道类业务,用户很容易转网,容易让各个运营商之间陷于价格战,造成利润不断摊薄。为此,运营商在建设协同通道之后,继续关注数据中心和业务平台的建设,如图 1-4 所示。融合计算、存储、网络、定位能力提供给集成商和用户,将通信接口进行封装,降低集成商和用户的使用成本,并根据不同行业的特点开发不同的行业套件,使用户利用行业套件就能迅速实现个性化业务的开发,增强用户黏性,提高企业竞争力。

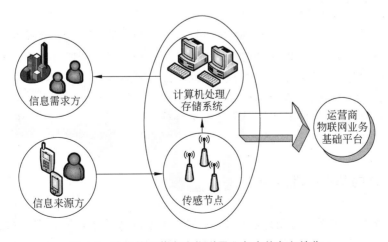

图 1-4　建议的运营商在物联网业务中的角色地位

7

（3）建立物联网生态圈。物联网产业不同于已有的基础通信服务和增值服务的产业链,物联网形成的是一个非常复杂,有众多类别和数量的参与者,彼此间利益相互关联的生态圈。在当前各方利益机制尚未成型、各环节的商业模式还没确立之时,具有庞大的客户群、良好的行业信息化实践经验和覆盖率极高的网络的运营商,着力建立和完善以自身为中心的产业生态圈,控制更多的行业物理信息,实现跨专业联动,整合整体产业链。

1.2 从 RFID 系统到 IOT

物联网的基本概念,是由美国麻省理工学院的 Sanjey Sarma 和 David Brock 教授 1999 年提出,其核心思想是应用 EPC 为全球每一个物品提供唯一的电子标识符,运用 RFID 技术完成数据采集,通过互联网使得多个服务器达成信息共享。在这个最初的概念中,RFID 标签是早期物联网最关键的技术与产品环节。简而言之,当时人们认为,物联网就是利用 RFID 技术,通过计算机互联网实现物品或商品的自动识别以及信息的互联与共享,为此,最大规模、最有前景的物联网就是零售和物流领域应用。

随着无线通信技术和微电子技术的发展,2005 年,国际电信联盟(ITU)在 *The Internet of Things* 报告中对物联网概念进行扩展,提出任何时刻、任何地点、任何物体之间的互联,无所不在的网络和无所不在计算的发展远景;在物联网可用技术中指出除 RFID 技术外,还有传感器技术、纳米技术、智能终端技术等;对物联网的市场机会、潜在挑战、发展中国家机遇、美好前景和新生态系统等进行了系统介绍。但是,并未明确给出新的物联网定义。

2009 年 9 月 15 日,欧盟第七框架下 RFID 和物联网研究项目组(Cluster of European Research Projects on The Internet Of Things,CE RP-IoT)发布了《物联网战略研究路线图》研究报告,其中提出了新的物联网概念,认为物联网是未来 Internet 的一个组成部分,可以被定义为基于标准的和可互操作的通信协议且具有自配置能力的动态的全球网络基础架构。物联网中的"物"都具有标识,其物理属性和实质特性,都通过智能接口,实现了与信息网络的无缝整合。该项目组的主要研究目的是协调欧洲内部不同项目组之间的物联网研究活动,在项目之间建立协同机制,对专业技术、人力资源和资源进行平衡,以使得研究效果最大化。

也就是说,物联网概念的一个来源是在 RFID 系统的基础上发展形成的。这一来源,或者从事 RFID 相关研究与应用的技术人员,更乐于认为物联网是利用无所不在的网络技术(有线的、无线的)建立起来的物物相连的系统,其关键技术是 RFID 技术。这种物联网是以简单的 RFID 系统为基础,结合已有的网络技术、数据库技术、中间技术等,构筑的一个由大量联网的读写头和无数移动的标签组成、以 Internet 为传输枢纽的庞大网络。这种物联网则成为当前 RFID 技术发展的趋势。本节主要介绍有关 RFID 技术和由 RFID 系统所组成的早期物联网 EPC。

1.2.1 RFID 的基本原理及应用

RFID 技术是一种无线自动识别技术,又称为电子标签技术,是自动识别技术的一种创新,广泛应用于交通、物流、安全、防伪等领域,其在很多应用领域作为条形码等识别技术的升级换代产品。

典型 RFID 的应用系统相对简单,如图 1-5 所示,其基本的组成单元包括 RFID 标签(Tag)、RFID 读写器(Reader)、数据传输和处理系统。

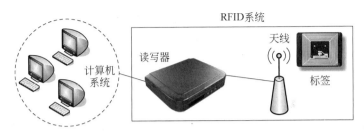

图 1-5　RFID 系统结构

通常的 RFID 系统包括前端的射频部分和后台的计算机信息管理系统。射频部分由标签和读写器组成。标签被称为电子标签或智能标签,它是内存带有天线的芯片,芯片中存储有能够识别目标的信息。RFID 标签具有持久性、信息接收传播穿透性强、存储信息容量大、种类多等特点。有些 RFID 标签支持读写功能,目标物体的信息能随时更新。读写器分为手持和固定两种,由发送器、接收仪、控制模块和收发器组成。收发器和控制模块中的计算机或可编程逻辑控制器(PLC)连接,实现沟通功能。读写器也有天线接收和传输信息。

数据传输和处理系统是对由读写器读入数据的处理,读写器通过接收标签发出的无线电波接收读取数据。控制计算器就可以处理这些数据从而进行管理控制。在主动射频系统中,标签中装有电池;被动射频系统中,标签须在读写头的有效范围内活动,以获取能量传送数据。

射频识别技术在北美、欧洲、澳洲以及日本、韩国等国家和地区已经被广泛地应用于工业自动化、商业自动化(如图 1-6 所示,RFID 在超市系统中的应用)、交通运输管理等众多领域,如汽车、火车等交通监控,高速公路自动收费系统,停车场管理系统,特殊物品管理,安全出入检查,流水线生产自动化,仓储管理,动物管理,车辆防盗等领域。在我国由于射频识别技术起步稍晚一些,目前主要应用于公共交通、地铁、校园、超市和社会保障等方面。其中,我国射频标签应用最大的项目是第二代居民身份证。

图 1-6　RFID 在超市系统中的应用

9

RFID技术在未来的发展中还可以结合其他高新技术,如全球定位系统(global positioning system,GPS)、生物识别等技术,由单一识别向多功能识别方向发展。同时,还可结合现代通信及计算机技术,实现跨地区、跨行业的应用。

1.2.2　基于EPC的早期物联网

1998年,在美国统一代码委员会(uniform code council,UCC)的支持下,麻省理工学院的研究人员Sanjey Sarma和David Brock创造性地提出将Internet与RFID技术有机地结合,利用EPC作为物品标识,实现物品与Internet的联结,即可在任何时间、任何地点,实现对任何物品的识别与管理,这就是早期"物联网"的概念。这个早期的典型物联网是在计算机互联网的基础上,利用RFID技术构造的一个覆盖世界上万事万物的网络。将读写器安装到任何需要采集信息的地方,实现对物品的识别,通过Internet对物品进行全程跟踪,这样所有的物品和Internet就组成了"物联网"。

> **自动 ID 中心(Auto-ID Center)**
>
> 　　宝洁公司(Procter & Gamble)1997年欧蕾保湿乳液上市时,商品太畅销了,商品查补的速度又太慢,许多商店货架常常空置。据统计,美国几大零售业者,一年因为货品管理不良而遭受的损失高达700亿美元。宝洁公司意识到RFID条形码技术的意义后,赞助美国麻省理工学院(MIT)两名教授Sanjey Sarma和David Brock,在1999年10月1日成立了自动ID中心,专门研究将RFID取代现在的商品条形码(Bar Code)。

此后,UCC联合大学、企业,对基于EPC的物联网相关研究实行分工工作,系统地开展研究,提出最初的由RFID、阅读器、Savant软件、对象名称解析服务(object name service,ONS)、物品标记语言服务器(physical markup language server,PML-Server)五部分组成的EPC系统雏形。此时的"物联网",已经从设想走向实践,主要是指利用EPC体系对物流系统进行数字化管理。基于EPC的物联网的实质就是利用RFID技术,通过计算机互联网以实现全球物品的自动识别,达到信息的互联与实时共享。从网络结构看,早期典型物联网就是通过Internet将众多RFID应用系统连接起来并在广域网范围内对物品身份进行识别的分布式系统。

早期典型的物联网结构如图1-7所示,其流程中的功能大致分为五部分,即:物联网标签编码、射频识别、物联网中间件服务、物联网对象名解析服务、物联网信息系统服务。

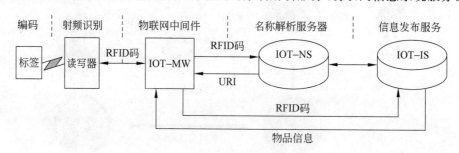

图 1-7　基于 RFID 的早期物联网结构

图 1-7 中,对每一个物品都赋予一个独一无二的代码,并将这些代码存储于物品上的电子标签中,同时将这个代码所对应的物品的详细资源信息和属性(包括名称和类别、生产日期、保质期等)存储在物联网信息服务器(information service,IS)中。当物品在从生产到流通的各个环节中被识别并记录时,通过名称解析服务(object name service,ONS)的解析可获得物品所属信息服务系统的统一资源标识(universal resource identifier,URI)信息和属性,进而通过网络在 IS 服务器中获得其对应的资源信息和属性,以进行物品的识别,达到对物流供应链自动追踪管理的目的。

早期典型物联网最典型的解决方案有欧美的 EPC 系统和日本的 UID 系统。EPC 系统由 EPC 编码体系、RFID 系统及信息网络系统 3 个部分组成。UID 系统主要由 Ubiquitous Code(泛在识别码,简称 UCode)、Ubiquitous Communication(泛在通信器,简称 UC)、Ucode 解析服务器和信息系统服务器 4 个部分组成。下面以 EPC 系统为例,对早期典型的物联网进行详细介绍。

1999 年,国际上基于 RFID/EPC 基础提出了物联网概念后,由全球产品电子代码管理中心来管理和实施 EPC 工作。2003 年 11 月,EPC global 成立,同年,基于 RFID/EPC 的物联网概念引入中国。在中国成立了 EPC global 的分支机构,由中国物品编码中心管理和实施 EPC 工作。EPC global 于 2004 年 1 月 12 日授权中国物品编码中心为 EPC global 在中国境内的唯一代表,负责在中国境内 EPC 的注册、管理和业务推广。

随着物联网概念的引入,在中国物流领域首先开展了早期的物联网应用启蒙,2004 年 4 月,中国举办了第一届 EPC 与物联网高层论坛。2004 年 10 月,举办了第二届 EPC 与物联网高层论坛。同年,关于物联网的图书首次在中国出版。

在这一时期,中国物流领域掀起了第一轮物联网概念炒作与应用的小高潮,组织了一系列关于 RFID/EPC 的会议,一些关于 RFID 技术与应用的杂志与网站开始创办,人们对 RFID 技术在物流行业应用也给予厚望,在各个物流领域,关于 RFID 技术的解决方法、应用案例不断涌现,智慧化的物流系统开始出现。

1.3 从 WSN 到无线泛在网络

我国的物联网,由于其发展推动的源头不同,为大众所知的与其紧密关联的是传感网技术。所谓传感网,其源头是 1978 年美国国防部高级研究计划局(Defense Advanced Research Projects Agency,DARPA)开始资助卡耐基梅隆大学进行的分布式传感器网络研究项目,其最初的形态是由若干具有无线通信能力的传感器节点自组织构成的网络。

随着近年来互联网技术和多种接入网络以及智能计算技术的飞速发展,2008 年 2 月,ITU-T 发表了《泛在传感器网络》研究报告。在报告中,ITU-T 指出传感器网络已经向泛在传感器网络的方向发展,它是由智能传感器节点组成的网络,可以以"任何地点、任何时间、任何人、任何物"的形式被部署。该技术可以在广泛的领域中推动新的应用和服务,从安全保卫和环境监控到推动个人生产力和增强国家竞争力。

从以上定义可见,传感器网络已被视为物联网的重要组成部分,如果将智能传感器的范围扩展到 RFID 等其他数据采集技术,从技术构成和应用领域来看,泛在传感器网络更接近于我国当前广为宣传和推动的物联网。

1.3.1 无线传感器网络

无线传感器网络(wireless sensor network, WSN)也称传感网,由部署在监测区域内大量的廉价微型智能传感器节点组成,节点通过无线通信方式形成一个多跳的自组织的网络系统,其目的是协作地感知、采集和处理网络覆盖区域中被感知对象的信息,并发送给观察者。

1. 智能传感器节点功能结构

在不同应用中,传感器网络节点的组成不尽相同,但一般都由数据采集、数据处理、数据传输和电源四部分组成。根据具体应用需求,还可能会有定位系统以确定传感节点的位置,有移动单元使得传感器可以在待监测地域中移动,或具有供电装置以从环境中获得必要的能源。此外,还必须有一些应用相关部分,例如,某些传感器节点有可能在深海或者海底,也有可能出现在化学污染或生物污染的地方,这就需要在传感器节点的设计上采用一些特殊的防护措施。

图1-8给出了传感器网络节点结构,包括传感单元、处理单元、通信单元以及电源部分。此外,可以选择的其他功能单元包括定位系统、移动系统以及电源自供电系统等。

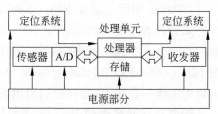

图1-8 无线传感器网络节点结构

2. 传感器网络的拓扑结构

无线传感器网络中的节点通过飞机播撒或人工部署等方式,密集部署在感知对象的内部或附近。这些节点通过自组织方式构建无线网络。网络通过多跳中继方式将数据传到汇聚(sink)节点,进行数据融合后,传送到远程控制中心进行集中处理。图1-9给出了传感网的拓扑结构图,其中,汇聚节点可视为局部的中心节点。

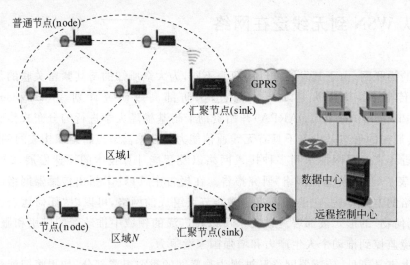

图1-9 WSN网络拓扑图

3．传感器网络的体系结构

根据以上特性,传感器网络需要根据用户对网络的需求设计适应其特点的网络体系结构,为此,网络协议和算法的标准化需要提供统一的技术规范,使其能够满足用户的需求。

传感器网络体系结构如图 1-10 所示,具有二维结构,即横向的通信协议层和纵向的传感器网络管理面。通信协议层可以划分为物理层、数据链路层、网络层、传输层、应用层。

- 应用层:包括一系列基于监测任务的应用层软件。
- 传输层:负责数据流的传输控制,主要是通过汇聚节点采集传感器网络内的数据,并使用卫星、移动通信网络、Internet 等与外部网络通信,是保证通信服务质量的重要部分。
- 网络层:主要负责路由的生成与路由的选择。通常,大多数节点无法直接与网关通信,需要中间节点以多跳路由的方式将数据传送至汇聚节点。
- 数据链路层:在物理层提供的服务的基础上向网络层提供服务,其最基本的服务是将源自网络层的数据可靠地传输。主要负责数据成帧、帧检测、媒体访问和差错控制。
- 物理层:提供简单但简装的信号调制和无线收发技术。

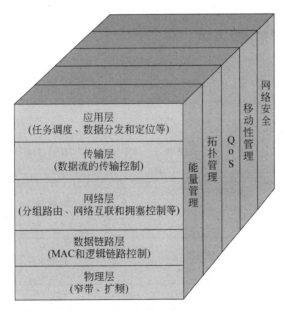

图 1-10　传感器网络体系结构

而网络管理面则可以划分为能耗管理面、移动性管理面以及任务管理面。管理面的存在主要是用于协调不同层次的功能以求在能量管理、拓扑管理、服务质量(quality of service,QoS)、移动性管理和网络安全方面获得综合考虑的最优设计。

1.3.2　泛在网络

泛在网络被称为网络发展的终极——在未来,我们只要拥有一个终端,就可以享受由各种接入方式提供的网络服务,就可以拥有比任何个体计算机更加强大、更加迅速的运算能力,可以拥有更加人性化、智能化的社会服务体系。

1. 泛在网络的来源与定义

1991 年,Xerox 实验室的计算机科学家 Mark Weiser 首次提出了"泛在运算"(ubiquitous computing)的概念,描述了一个任何人无论何时何地都可以通过合适的终端设备与网络进行连接,获取个性化信息服务的全新信息社会。由此衍生出了泛在网络、环境感知智能和普适计算等概念。

泛在网是指无所不在的网络,概念最早来自日本和韩国提出的 U 战略,其被定义为"无所不在的网络社会将是由智能网络、最先进的计算技术以及其他领先的数字技术基础设施武装而成的技术社会形态。"根据这样的构想,U 网络将以"无所不在""无所不包""无所不能"为基本特征,帮助人类实现"4A"化通信。故相对于物联网技术的当前可实现性来说,泛在网络属于未来信息网络技术发展的理想状态和长期愿景。

4A 化通信

在任何时间(anytime)、任何地点(anywhere)、任何人(anyone)、任何物(anything)都能顺畅地通信。

---

2. 泛在网是三大类实体的互动

在概念上,泛在网依赖 3 个层次的存在和互动。由下往上看,分别是无所不在的终端单元、无所不在的基础网络和无所不在的网络应用。泛在网络的概念层次示意如图 1-11 所示。

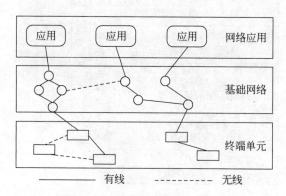

图 1-11 泛在网络的概念层次

无所不在的终端单元是泛在网的感官和触角。终端单元实现对外界的感知和对受控单元的控制。前者对应传感器,如温感器、湿感器、重力感应器等;后者对应控制器,包括各种依赖于继电器或数字信号管控的控制器,例如,通过中国电信的全球眼平台可以实现远程控制云台的升降和摄像头的转动。众多形态多样、接入手段多样、功能多样的终端单元组成了泛在网的末端,它们实现信息的探知、传输。同时根据自身的逻辑和控制中枢的逻辑实现控制和被控制。从 M2M 业务开展的实践来看,终端类型五花八门、形式多样,如车载终端、无线 POS、电子阅读器、数字计量终端等。

M2M（machine to machine）技术

　　早期的互联网,被认为是 M2M 的。所谓 M2M,简单地说,是将数据从一台终端传送到另一台终端,也就是机器与机器（machine to machine）的对话。但从广义上 M2M 可代表机器对机器、人对机器（man to machine）、机器对人（machine to man）、移动网络对机器（mobile to machine）之间的连接与通信,它涵盖了所有实现在人、机器、系统之间建立通信连接的技术和手段。

　　泛在网的终端单元层包括了所有具备通信能力的物理实体单元,如一个局域的传感网内的所有节点都属于泛在网的终端单元。这些终端单元具备本地通信能力,但不具备远程通信能力。如果需要将信息传送到远端,这些终端单元必须依赖一个具有远程通信能力的网关设备。

　　泛在网络的巨大效能和对人类生活的深刻影响正是依赖于网络应用所体现的,在网络无处不在的基础上,泛在网发挥巨大效益的关键就在于网络应用的无所不在。泛在网络的应用可以是简单的、单一的、需要人工干预的普通应用,也可以是复杂的、融合的、高度自动化的智能应用。随着时间的推移和社会信息化的发展,智能应用必将大量出现。而在某一行业的普通应用目前已经大量存在,如电力抄表、基于车辆连续定位的跟踪和调度应用等。当前,M2M 应用正是从简单智能应用出发,最终走向高度智能应用,从而实现泛在网的网络应用层。

　　无所不在的基础网络通过连接终端单元和网络应用,实现两者之间的有效互动,实现泛在网的巨大效能。没有无所不在的网络,终端单元便不能无所不在地部署,网络应用也不能无所不在地发挥效用。因而无所不在的基础网络是实现泛在网的基础。泛在网建设的重中之重,首先是泛在网基础网络设施的建设。

1.3.3　泛在网、物联网、传感网的关系

　　泛在网、物联网、传感网的概念来源不同,内涵有所重叠但强调的侧重点不同。三者之间的关系如图 1-12 所示。

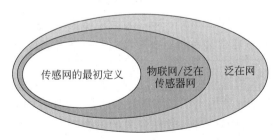

图 1-12　传感网、物联网和泛在网之间的关系

　　传感网是利用各种传感器（光、电、温度、湿度、压力等）加上中低速的近距离无线通信技术构成一个独立的网络,是由多个具有有线/无线通信与计算能力的低功耗、小体积的微小传感器节点构成的网络系统,简单地理解,可以认为它将重点解决局域或小范围的物与物的信息交换,是物联网末端采用的关键技术之一。

物联网是指在物理世界的实体部署具有一定感知能力、计算能力或执行能力的各种信息传感设备,通过因特网的设施实现信息传输、协同和处理,从而实现更广范围的人与物、物与物之间信息交换需求的互联。物联网,从字面解释就是通过因特网实现的物与物关联的网络,可以是某一个应用、某一个行业、某一个地域的泛在网。物联网强调应用,从结构上包括各种末端网、通信网络和应用3个层次,其中,末端网包括各种实现与物互联的技术,如传感器网络、RFID、二维码、短距离无线通信技术、移动通信模块等。

物联网采用各种不同的技术把物理世界的各种智能物体、传感器接入网络:一种技术是网络本身深入到物体,采用通信网或互联网的网络技术把智能物体接入网络(例如采用IPv6 的技术);另一种技术是采用通信网或互联网的延伸技术把智能物体、传感器接入网络。具体的延伸技术可以是采用传感器网络把传感器接入网络,也可以采用近距离无线通信技术,例如超宽带(ultra wide band, UWB)、近距离无线传输(near field communication, NFC)和 RFID 等,把智能物体、传感器接入网络。物联网通过接入延伸技术,实现末端网络(个域网、汽车网、家庭网络、社区网络、小物体网络等)的互联来实现人与物、物与物之间的通信。在这个网络中,机器、物体和环境都将被纳入人类感知的范畴,利用传感器技术、智能技术,所有的物体将获得"生命"的迹象,从而变得更加聪明,实现数字虚拟世界与物理真实世界的对应或映射。

泛在网是指基于个人和社会的需求,利用现有的和新的网络技术,实现人与人、人与物、物与物之间按需进行的信息获取、传递、存储、认知、决策、使用等服务。泛在网络具有超强的环境感知、内容感知及其智能性,为个人和社会提供泛在的、无所不含的信息服务和应用。

虽然不同概念的起源不同,侧重点也不一致,但从发展的视角来看,未来的网络发展更看重的是无处不在的网络基础设施的发展,它能够帮助人类实现"4A"化通信。通过新的信息通信技术改变我们传统的生产方式、工作方式、生活方式,并深入到生活、工作的方方面面,包括组织结构、社会关系、经济和商业生活、政治活动、传媒、教育、医疗和娱乐等,由此解决社会与经济问题,实现由 ICT 所能达到的信息化发展的蓝图。因此,要实现上述的蓝图,物联网将从最初一个个单独的网络应用,发展并融入到一个大的网络环境中,而这个大的网络环境就是泛在网。

ICT(信息通信技术)

ICT(information communication technology)是信息、通信和技术3个英文单词的词头组合,它是信息技术与通信技术相融合而形成的一个新的概念和新的技术领域。

泛在网需要这些信息基础设施实现互联、互通,需要资源共享、协同工作,需要进行信息收集、决策分析,因此很自然地就提出了对海量数据的存储、计算的需求。通过云计算、超级计算机技术来实现存储资源、计算资源、软件资源的整合与共享。可以像水和电一样,为用户提供一种统一的、简便的资源利用方式。因此,超级计算机和云计算将是泛在网信息基础设施中重要的技术。泛在网的目标是向个人和社会提供泛在的、无所不含的信息服务和应用。从网络技术角度看,泛在网是通信网、互联网、物联网高度融合的目标,它将实现多网络、多行业、多应用、异构多技术的融合和协同。如果说通信网、互联网发展到今天解决了人与人信息通信的问题,物联网则实现网络连接、接入、延伸到物理世界的泛在物联阶段,解决人与物、物与物的通信。

总体来说,泛在网、物联网、传感网各有定位:传感网是泛在网和物联网的组成部分;物联网是泛在网发展的物联阶段。通信网、互联网、物联网之间相互协同、融合是泛在网发展的目标。也就是说,通信网、互联网、物联网各自的发展是泛在网的初级发展阶段,泛在网的最终目标是通信网、互联网、物联网的高度融合和协同。

1.3.4 泛在网络的研究和意义

我国的物联网,从产业的角度看,或多或少是通过行业物联网、城市物联网等逐步向泛在网络发展,这个由单独模块向整体功能演进的过程中,需要有统一的技术标准,这样才能更好地融合,稳定地发展,不至于走弯路。当前,泛在网相关标准化工作仍处于起步阶段,涉及的标准化研究内容也分散在不同的标准组织,不同的标准组织之间也没有统筹部署研究目标、协调研究内容。

图 1-13 给出了众多相关的国际标准组织。其中,国际电信联盟远程通信标准化组(International Telecommunication Union,ITU)、欧洲电信标准化协会(European Telecommunications Standards Institute,ETSI)、国际标准化组织(International Organization for Standards,ISO)、国际电工委员会(International Electrotechnical Commission,IEC)主要研究泛在网/物联网整体框架方面的标准;美国电气电子工程师学会(Institute of Electrical and Electronics Engineers,IEEE)研究 IEEE 802.15 低速近距离无线通信技术标准;互联网工程任务组(Internet Engineering Task Force,IETF)针对基于 IEEE 802.15.4 的 IPv6、低功耗网络路由进行研究;第三代伙伴项目(The 3rd Generation Partnership Project,3GPP)结合移动通信网研究 M2M 的需求、架构以及对无线接入的优化技术;开放移动联盟(Object

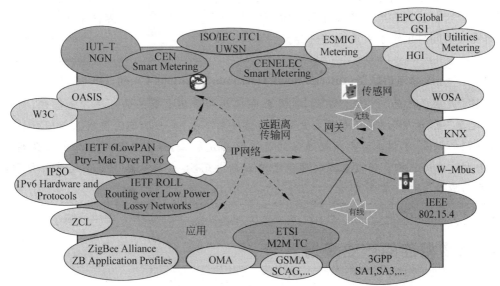

3GPP:第三代伙伴项目	HGI:家庭网关	OASIS:结构化信息标准促进组织
CEN:欧洲标准委员会	IEC:国际电工委员会	OMA:开放移动联盟
CENELEC:欧洲电工标准化委员会	IEEE:美国电气和电子工程师协会	W3C:万维网联盟
EPCGlobal:全球产品电子代码	IETF:互联网工程任务组	WOSA:开放式系统体系结构
ESMIG:欧洲智能测量产品集团	IPSO:智能物体的IP联盟	W-Mbus:无线M总线
ETSI:欧洲电信标准化协会	ISO:国际标准化组织	Utilities:公用基础设施
GSMA:全球移动通信系统协会	IUT-T:国际电信联盟远程通信标准化组织	ZigBee Alliance:ZiBee联盟

图 1-13 国际标准化组织和工业标准化组织

Management Architecture,OMA)针对设备管理进行研究;还有一些论坛和服务数据对象(Service Data Objects,SDO)也在研究相应的一些与泛在服务有关的行业应用标准。

ISO 和 RFID 安全标准

ISO 是全球非赢利的工业标准化组织,该组织与 IEC 等组织合作,成立了 ISO/IEC 全球 RFID 标准制定组织,同时接收并批准各国国家和企业联盟提交的 RFID 技术和行业应用标准形成 RFID 全球标准体系。目前,ISO/IEC 在各个频段的 RFID 都颁布了标准,同时 ISO/IEC 组织下面有多个分技术委员会从事 RFID 标准研究。

目前,缺乏权威的、领衔的国际标准化组织和工业标准化组织所定义的广为接受的泛在网相关的标准。ITU 的成员虽然来自多个有影响力的国家政府和相关的产业界,但是目前的研究也仅针对泛在网的架构和需求,并没有和其他标准组织的研究紧密结合,并缺少统一的推进和部署。

泛在网中国标准研究在基础积累、创新发展上大有机会。中国信息通信业对泛在网进行了长期的跟踪、研究,并由国内相关的标准组织进行了标准研究。中国通信标准化协会(China Communications Standards Association,CCSA)的技术工作委员会已经对泛在网的需求和架构、M2M 业务研究、无线传感器网络与电信网结合的总体技术要求、网关设备要求、无线传感网安全技术要求等进行了研究和行业标准的制定,同时还完成了 M2M 技术的移动通信网物流信息服务的一系列标准。信息技术标准化委员会的传感器网络工作组启动了传感网的总则/术语、通信与信息交互、接口、安全、标识、应用标准化工作。由于泛在网涉及的业务广泛、行业应用宽泛、成本高等问题,泛在网的发展急需解决的问题就是其标准化,通过标准化和规模使用降低其应用成本。国际化标准发展的模糊性和不确定性,导致还没有哪一个国家对其具有绝对的引导和控制的实力,因此给中国的产业界在未来泛在网的发展提出挑战的同时也给予了重大的机会。

国际电信联盟(International Telecommunications Union,ITU)

ITU 是联合国的一个专门机构,也是联合国机构中历史最长的一个国际组织,简称"国际电联"或"电联"。国际电联主管信息通信技术事务,是世界范围内联系各国政府和私营部门的纽带,不仅负责无线电通信的标准化和发展工作,而且是信息社会世界高峰会议的官方主办机构。国际电联总部设于瑞士日内瓦,其成员包括 191 个成员国和 700 多个部门成员及部门准成员。

1.4 物物相连的产业规划

物联网产业的发展不同于以前的任何一个产业。以前,制约任何一个行业发展水平的是该行业的技术水平。而当前,作为泛在网络的初级阶段,物联网相关技术储备是足够的,为此,物联网的发展需要的是行业规范、政府推动、商业运作等。物联网的未来,就目前来看,决定因素应该在于宏观产业规划的推动。除了声名显赫的"智慧地球"和"感知中国"之外,各国、各行业都有针对物联网的产业规划,本节对此进行一些简要的介绍。

1.4.1　国外物联网的发展历程及现状

1. 欧盟

1999 年,欧盟在里斯本推出了"e-Europe"全民信息会计划。"i2010"作为里斯本会议后的首项重大举措,旨在提高经济竞争力,并使欧盟民众的生活质量得到提高,帮助民众建立对未来泛在社会的信任感。

2009 年 6 月 18 日,欧盟委员会向欧盟议会、理事会、欧洲经济委员会及地区委员会递交了《欧盟物联网行动计划》,希望欧洲在构建新型物联网管理框架的过程中,在世界范围内起主导作用。欧盟提出物联网的三方面特性:第一,不能简单地将物联网看作互联网的延伸,物联网是建立在特有的设施基础上的一系列新的独立系统,当然部分基础设施要依靠已有的互联网;第二,物联网将与新的业务共生;第三,物联网包括物与人通信、物与物通信的不同通信模式。

在 2009 年 11 月的全球物联网会议上,欧盟专家介绍了《欧盟物联网行动计划》,意在引领世界物联网发展,在欧盟较为活跃的是各大运营商和设备制造商,它们推动了 M2M 技术和服务的发展。

2010 年 5 月提出的《欧洲数字计划》将物联网作为实施该计划的重要平台之一,该计划所提出的 100 项主要行动中有许多都要靠物联网来落实。欧盟希望通过构建新型物联网管理框架来引领世界物联网的发展。

2010 年 7 月,第二届物联网大会是在欧盟委员会的大力支持下在布鲁塞尔召开的,会上欧盟官员及来自世界各地的企业主管、专家学者、法律人士和消费者代表,就物联网发展前景与挑战、带来的机遇与风险、对人们日常生活的影响等方面进行了广泛而深入的讨论。欧盟委员会负责数字经济的副主席勒斯女士到会发表主旨讲话。她要求与会者就物联网发展过程中面临的各种机遇与挑战展开全面透彻的讨论,并向与会者透露欧盟已决定成立一个由相关各方组的专家小组,就未来物联网的管理机制、数据所有权、隐私权、技术标准、国际合作等问题向欧盟委员会提供建议。

为主导未来物联网的发展,欧盟委员会近些年来一直致力于鼓励和促进欧盟内部物联网产业的发展,并将发展物联网作为欧盟数字经济的重要组成部分。欧盟在相关方面开展了大量的工作,这些工作包括:

- 欧盟专门在网络企业和射频识别司内任命一位物联网总监,以具体负责物联网的工作。物联网覆盖的技术领域非常广泛,涉及到技术、运营、服务等多个部门,需要建立一个统一的技术标准,因为只有这样才能实现最佳效果。然而,欧盟各成员国分别执行不同的技术标准,这无疑成为制约欧盟物联网发展的一大障碍。所以,欧盟目前正在采取相关措施,以协调各成员国制定有关物联网的统一技术标准。
- 欧盟委员会在其所提出一系列加强信息通信技术(ICT)研发的措施中,有两部分物联网行动:一是欧盟委员会将继续加大物联网投入,关注点是重点技术,如微电子、非硅组件、定位系统、无线智能系统网络、安全设计、软件仿真等;二是欧盟委员会准备在绿色汽车、能源效率建筑、未来工厂和物联网这四大领域加强与私营企业的合作,以吸引私营部门参与到物联网的建设中来。

- 欧盟认为物联网的发展将在更多的应用领域为解决现代社会问题做出重大贡献,它不仅可以在传统的物流领域帮助企业提高经济效率和节约成本,还可以广泛应用于道路、交通、医疗、能源等领域。目前已推出的物联网应用计划包括:健康监测系统将帮助人类应对老龄化问题,"树联网"能够制止森林过度采伐,"车联网"可以减少交通拥堵,"电子呼救系统"在汽车发生严重交通事故时可以自动呼叫紧急救援服务。欧盟有些成员国推出的物联网应用已经取得了明显效果。如随着欧盟成员国在药品中越来越多地使用专用序列码,确保药品在患者使用前均可得到认证,减少了制假、赔偿、欺诈和分发中的错误。

2. 美国

1991 年,美国提出普适计算的概念,它具有两个关键特性:一是随时随地访问信息的能力;二是不可见性,通过在物理环境中提供多个传感器、嵌入式设备,在用户不察觉的情况下进行计算和通信。美国国防部的研究机构资助了多个相关科研项目,美国国家标准与技术研究院也专门针对普适计算制订了详细的研究计划。普适计算总体来说是概念性和理论性的研究,但首次提出了感知、传送、交互的三层结构,是物联网的雏形。

1995 年,比尔·盖茨就在其著作《未来之路》中提出物联网的概念,只是当时受限于无线网络、硬件及传感设备的发展,并未引起重视。

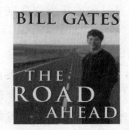

未 来 之 路

二十多年前,微软帝国的缔造者比尔·盖茨(Bill Gates)曾撰写过一本在当时轰动一时的书——《未来之路》,他在这本书中预测了微软乃至整个科技产业未来的走势。盖茨在书中写道:"虽然现在看来这些预测不太可能实现,甚至有些荒谬,但是我保证这是本严肃的书,而绝不是戏言。十年后我的观点将会得到证实。"

2005 年 11 月 7 日,在突尼斯举行的信息社会世界峰会上,国际电信联盟发布了《互联网报告 2005:物联网》,正式提出物联网的概念,并指出无所不在的物联网时代即将来临,世界上所有的物体,从轮胎到牙刷,从房屋到纸巾,都可以通过因特网主动进行信息交换。

美国 IBM 公司 2008 年提出了"智慧地球"的概念,其本质是以一种更智慧的方法,利用新一代的信息通信技术来改变政府、公司和人们相互交互的方式,以便提高交互的明确性、灵活性和效率。

2008 年 12 月,奥巴马向 IBM 咨询了智慧地球的有关细节,并共同就投资智能基础设施对经济的促进效果进行了研究。结果显示,如果在新一代宽带网络、智能电网和医疗 IT 系统的建设方面投入 300 亿美元,就可以产生 100 万个就业岗位,并衍生出众多新型现代服务业,从而帮助美国建立长期竞争优势。

2009 年 2 月 17 日,奥巴马签署生效的《2009 年美国恢复和再投资法案》(即美国的经济刺激计划)提出要在智能电网领域应用物联网,例如得克萨斯州的电网公司建立了智能的数字电网。这种数字电网可以在发生故障时自动感知和汇报故障位置,并且自动搜录路由,10 秒钟之内就能恢复供电。该电网还可以接入风能、太阳能等新能源,有利于新能源产业的成长。相配套的智能电表可以让用户通过手机监控家电,给居民提供便捷的服务。

3. 日本

2004 年,日本信息通信产业的主管机关总务省提出 2006—2010 年 IT 发展任务——"u-Japan"战略。该战略是希望催生新一代信息科技革命,实现无所不在的便利社会。该战略的理念是以人为本,实现所有人与人、物与物、人与物之间的连接(即 4U,ubiquitous、universal、user-oriented、unique),希望在 2010 年将日本建设成一个"实现随时、随地,任何物体、任何人均可连接的泛网络社会"。"u-Japan"是从计划用来打破网络基础设施不完善、IP 地址资源有限、通信质量较差等瓶颈问题的"e-Japan"衍生而来,"u-Japan"用"u"取代"e",虽然只有一个字母之差,却蕴含了战略框架的转变,如图 1-14 所示。

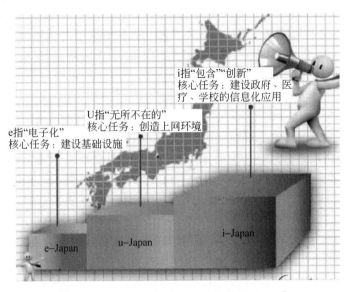

图 1-14　"e-Japan" "u-Japan" 和 "i-Japan"

2008 年,日本总务省提出将"u-Japan"政策的中心从之前的单纯地关注居民生活品质提升拓展到带动产业及地区发展,即通过各行业、地区与 ICT 的深化融合,进而实现经济增长的目的。具体来说,就是通过 ICT 的有效应用实现产业变革,推动新应用的发展;通过 ICT 以电子方式联系人与地区社会,促进地方经济发展;有效应用 ICT 达到生活方式的变革,实现无所不在的网络社会环境。

2009 年 7 月,日本 IT 战略本部颁布了日本新一代的信息化战略——"i-Japan"战略,以让数字信息技术融入每一个角落。首先,将政策目标聚焦在三大公共事业:电子化政府治理、医疗健康信息服务、教育与人才培育。提出到 2015 年,通过数位技术达到"新的行政改革",使行政流程简单化、效率化、标准化、透明化,同时推动电子病历远程医疗、远程教育等应用的发展。其次,日本政府对企业的重视也毫不逊色,日本企业为了能够在技术上取得突破,对研发同样倾注极大的心血。在日本爱知世博会的日本展厅,呈现的是一个凝聚了机器人、纳米技术、下一代家庭网络和高速列车等众多高科技和新产品的未来景象,支撑这些的是大笔的研发投入。

物联网在日本已渗透到人们衣、食、住中:松下公司推出的家电网络系统可使主人通过手机下载菜谱,通过冰箱的内设镜头查看存储的食品,以确定需要买什么菜,甚至可以通过网络让电饭煲自动下米做饭;日本还提倡数字化住宅,通过有线通信网、卫星电视台的数字电视网和移动通信网,人们不管在屋里、屋外或是在车里,都可以自由自在地接受信息服务。

通过实施"u-Japan"战略,日本希望开创前所未有的网络社会,并成为未来全世界信息社会发展的楷模和标准,在解决其高龄化等社会问题的同时,确保在国际竞争中的领先地位。

4. 韩国

2009年10月,韩国通过了物联网基础设施构建基本规划,将物联网市场确定为新增长动力,据估算至2013年物联网产业规模将达50亿韩元。

在具体实施过程中,韩国信通部推出IT839战略以具体呼应"u-Korea"。韩国信通部发布的《数字时代的人本主义:IT839战略》报告指出,无所不在的网络社会将是由智能网络、最先进的计算技术以及其他领先的数字技术基础设施武装而成的技术社会形态。在无所不在的网络社会中,所有人可以在任何地点、任何时刻享受现代信息技术带来的便利。"u-Korea"意味着信息技术与信息服务的发展不仅要满足于产业和经济的增长,而且在国民生活中将为生活文化带来革命性的进步。

为实现上述目标,"u-Korea"包括了四项关键基础环境建设以及五大应用领域的研究开发。四项关键基础环境建设是平衡全球领导地位、生态工业建设、现代化社会建设、透明技术建设。五大应用领域是亲民政府、智慧科技园区、再生经济、安全社会环境、u生活定制化服务。

"u-Korea"主要分为发展期与成熟期两个执行阶段。发展期(2006—2010年)的重点任务是基础环境的建设、技术的应用以及u社会制度的建设;成熟期(2011—2015年)的重点任务为推广u化服务。

自1997年起,韩国政府出台了一系列推动国家信息化建设的产业政策。目前,韩国的RFID发展已经从先导应用开始全面推广;而USN也进入实验性应用阶段。2009年,韩通信委员会通过了《物联网基础设施构建基本规划》,将物联网市场确定为新增长动力。该规划树立了到2012年"通过构建世界最先进的物联网基础设施,打造未来广播通信融合领域超一流的ICT强国"的目标。为实现这一目标,确定了构建物联网基础设施、发展物联网服务、研发物联网技术、营造物联网扩散环境四大领域、12项详细课题。

1.4.2 国内物联网的发展情况

我国物联网的技术研究和产业发展和世界主要国家相比,基本上具有同发优势。随着国家经济刺激计划及基础产业投入的力度加大,可望在这一领域大有作为,刺激内需,推动产业升级,拉动经济发展,同时将我国从一个"制造大国"转化为一个"智造大国"。

李克强总理2015年3月5日十二届全国人大三次会议上做政府工作报告时提到,制造业是我国的优势产业,要实施"中国制造2025",坚持创新驱动、智能转型、强化基础、绿色发展,加快从制造大国转向制造强国,推动传统产业技术改造,化解过剩产能,支持企业兼并重组,促进工业化和信息化深度融合,开发利用网络化、数字化、智能化等技术,着力在一些关键领域抢占先机、取得突破。

"中国制造 2025",德国推出时称"工业 4.0",美国称为"工业互联网",这三者本质内容是一致的,都指向一个核心,就是智能制造。智能制造包含五大方面,如图 1-15 所示。2015年李克强总理的政府工作报告中提出了制定"互联网＋"行动计划,推动移动互联网、云计算、大数据、物联网等与现代制造业结合,促进电子商务、工业互联网和互联网金融健康发展,引导互联网企业拓展国际市场。"互联网＋制造"其实就是工业 4.0,互联、数据、集成、创新与转型是其五大特点,它将推动中国制造向中国创造转型,是整个中国时代性的革命。

图 1-15 智能制造的 5 个方面

- 互联:工业 4.0 的核心是连接,要把设备、生产线、工厂、供应商、产品和客户紧密地联系在一起。
- 数据:工业 4.0 连接和产品数据、设备数据、研发数据、工业链数据、运营数据、管理数据、销售数据、消费者数据。
- 集成:工业 4.0 将无处不在的传感器、嵌入式终端系统、智能控制系统、通信设施通过信息物理系统形成一个智能网络。通过这个智能网络,使人与人、人与机器、机器与机器,以及服务与服务之间,能够形成一个互联,从而实现横向、纵向和端到端的高度集成。
- 创新:工业 4.0 的实施过程是制造业创新发展的过程,制造技术、产品、模式、业态、组织等方面的创新,将会层出不穷,从技术创新到产品创新,到模式创新,再到业态创新,最后到组织创新。
- 转型:对于中国的传统制造业而言,转型实际上是从传统的工厂,从 2.0、3.0 的工厂转型到 4.0 的工厂,整个生产形态上,从大规模生产,转向个性化定制。实际上整个生产的过程更加柔性化、个性化、定制化。

1. 我国物联网发展历程

中科院早在 1999 年启动了传感网研究,组建了 2000 多人的团队,已投入数亿元,目前已拥有从材料、技术、器件、系统到网络的完整产业链。总体而言,在物联网这个全新产业中,我国的技术研发和产业化水平已经处于世界前列,掌握物联网世界话语权。当前,政府主导产、学、研相结合,共同推动发展的良好态势正在中国形成。

2004 年初,全国产品电子代码管理中心授权中国物品编码中心作为国内代表机构,负责在中国推广 EPC 与物联网技术。在同年 4 月份,北京成立了中国第一个 EPC 与物联网概念演示中心。

2005 年,国家烟草专卖局的卷烟生产经营决策管理系统实现 RFID 出库扫描、企业商业到货扫描。许多制造业也开始在自动化物流系统中尝试应用 RFID 技术。

2009 年 8 月 7 日,温家宝总理在无锡视察中科院物联网研发中心时指出,"在传感网发展中,要早一点谋划未来,早点攻破核心技术",江苏省委、省政府立即制定了"感知"中心建设的总体方案和产业规划,力争建成引领传感网技术发展和标准制定的物联网产业研究院。2009 年 8 月,中国移动总裁王建宙访台期间解释了物联网概念。

2009 年 9 月 11 日,工业和信息化部(以下简称工信部)传感器网络标准化工作组的成立,标志着我国将加快制定符合我国发展需求的传感网技术标准,力争主导制定传感网国际标准。

2009 年 10 月 11 日,工信部李毅中部长在科技日报上发表题为《我国工业和信息化发展的现状与展望》的署名文章,首次公开提及传感网络,并将其上升到战略性新兴产业的高度,指出信息技术的广泛渗透和高度应用将催生出一批新增长点。

2009 年 11 月 3 日,时任国务院总理温家宝在北京人民大会堂向北京科技界发表了题为《让科技引领可持续发展》的讲话,指出要将物联网并入信息网络的发展,并强调信息网络产业是世界经济复苏的重要驱动力。在《国家中长期科学与技术发展规划(2006 年—2020 年)》和"新一代宽带移动无线通信网"重大专项中均将传感网列入重点研究领域,已列入国家高技术研究发展计划(863 计划)。

江苏省、中科院、无锡市共建"中国物联网研究发展中心"

2009 年 11 月 12 日,江苏省政府、中科院与无锡市政府共建中国物联网研究发展中心协议书签字仪式在无锡新区举行。江苏省省长罗志军,中科院副院长江绵恒,江苏省委常委、无锡市委书记杨卫泽出席并讲话。中科院副院长施尔畏、江苏省副省长何权与无锡市负责同志代表合作三方签署协议。中国物联网研究发展中心将在无锡建设从研发、系统集成、典型应用示范及产业化的创新价值链,成为国家"感知中国"创新基地。

2009 年 11 月 27 日,无锡市国家传感网创新示范区(传感信息中心)正式获得国家批准。该示范区规划面积 20 万平方公里。根据规划,3 年后这一数字将增长 6 倍。到 2012 年完成传感网示范基地建设,形成全市产业发展空间布局和功能定位,产业规模达到 1000 亿元,具有较大规模各类传感器网企业 500 家以上,形成销售额 10 亿元以上的龙头企业 5 家以上,培育上市企业 5 家以上,到 2015 年,产业规模将达 2500 亿。按照国家传感网标准化工作组的规划,我国将在 2011 年正式向国标委提交传感网络标准制定方案。

2009 年 12 月 11 日,工信部开始统筹部署宽带普及、三网融合、物联网及下一代物联网发展。

物联网建设在我国越来越受到重视,制定具有自主知识产权的标准体系、掌握核心技术和研发应用系统是当前我国物联网建设的迫切需求。

2. "互联网＋"与物联网

2015 年 7 月 4 日,国务院印发《关于积极推进"互联网＋"行动的指导意见》使"互联网＋"上升为国家战略,互联网与各领域的融合发展具有广阔前景和无限潜力,已成为不可阻挡的时代潮流。

2016 年 5 月 31 日,教育部、国家语委在京发布《中国语言生活状况报告(2016)》"互联网＋"入选十大新词和十个流行语。

2016 年是互联网进入中国 22 周年,中国迄今已经有 6.88 亿网民、6.2 亿的智能手机用户,通信网络的进步,互联网、智能手机、智能芯片在企业、人群和物体中的广泛安装,为下一阶段的"互联网＋"奠定了坚实的基础。

在乌镇第二届世界互联网大会开幕式上,习近平主席发出坚定的"中国声音",中国将大力实施网络强国战略、国家大数据战略、"互联网＋"行动计划,实施"宽带中国"战略,预计到 2020 年,中国宽带网络将基本覆盖所有农村,打通网络基础设施"最后一公里",让更多人用上互联网。我们的目标就是要让互联网发展成果惠及 13 亿多中国人民,更好造福各国人民。

普适计算之父马克·韦泽说:"最高深的技术是那些令人无法察觉的技术,这些技术不停地把它们自己编织进日常生活,直到你无从发现为止。"而互联网正是这样的技术,它正潜移默化地渗透到我们的生活中来。所谓"互联网＋"就是指,以互联网为主的一整套信息技术(包括移动互联网、云计算、大数据技术等)在经济、社会生活各部门的扩散、应用过程。"互联网＋"就是"互联网＋各个传统行业",但这并不是简单的两者相加,是指利用互联网的平台、信息通信技术把互联网和包括传统行业在内的各行各业结合起来,从而在新领域创造一种新生态。

在通信领域,"互联网＋通信"有了即时通信,现在几乎人人都在用即时通信 App 进行语音、文字甚至视频交流。然而传统运营商在面对微信这类即时通信 App 诞生时简直如临大敌,因为语音和短信收入大幅下滑,但现在随着互联网的发展,来自数据流量业务的收入已经大大超过语音收入的下滑,可以看出,互联网的出现并没有彻底颠覆通信行业,反而是促进了运营商进行相关业务的变革升级。

在交通领域,过去没有移动互联网,车辆运输、运营市场不敢完全放开,有了移动互联网以后,过去的交通监管方法受到很大的挑战。从国外的 Uber 到国内的滴滴、快的,移动互联网催生了一批打车、拼车、专车软件,虽然它们在全世界不同的地方仍存在不同的争议,但它们通过把移动互联网和传统的交通出行相结合,改善了人们出行的方式,增加了车辆的使用率,推动了互联网共享经济的发展,提高了效率,减少了排放,对环境保护也做出了贡献。

"互联网＋"要渗透到传统的各行各业,从一定角度来看物联网是"互联网＋"的动力。"互联网＋"仰赖的新基础设施,可以概括为"云、网、端"三部分。"云"是指云计算、大数据基础设施,都是和物联网密切相关的,大数据脱离不了应用,云计算脱离不了行业,每个云都应该有各种不同的大数据处理能力,大数据处理也将会是物联网下一步发展最重要的技术。"网"不仅包括原有的"互联网",还拓展到"物联网"领域,网络承载能力不断得到提高、新增价值持续得到挖掘。"端"则是用户直接接触的个人计算机、移动设备、可穿戴设备、传感器、乃至软件形式存在的应用。"端"是数据的来源,也是服务提供的界面。

3. 我国物联网建设面临的主要挑战

就当前我国物联网产业发展的态势而言,机会之下,也有很多困难和问题,这些问题逐步成为对我国物联网建设的挑战,它包括以下几个方面:

1) 管理及技术标准的统一问题

目前,全球物联网的发展缺乏一个权威公正的管理机构,缺乏物联网标准以及其与其他网络互联互通的标准。我国物联网应用目前将主要依托于国内市场需求,形式上五花八门,其分散性和缺乏监管也为国家标准和行业标准的制定带来了困难。

2) 技术集成上的瓶颈

目前,全球物联网的研究大多还停留在概念和实验阶段。一方面,我国相对缺少自主产权的核心技术,如无线通信技术、嵌入式技术、网络技术(移动和自组网络)、中间件技术,以及这些技术的无缝集成;还有智能终端的节能、延长网络寿命,无线传输的频率干扰,网络时钟同步等都是目前很有挑战性和必须解决的问题;另一方面,我国物联网应用领域管理分散,呈现出"概念方案多,使用产品少;试验系统多,规模应用少;单打独斗多,行业应用少"的特点,难以形成有代表性的大范围推广的系统解决方法。

3) 公众普及问题

虽然目前物联网已成为公众关注的热点,但是公众缺乏对物联网真正的认识。由于对物联网的认识具有一定的技术门槛,在很多因素的推动下,公众容易盲从,业界更容易炒概念。因此需要加强多层次的物联网知识普及,以便让公众更理性、更清晰地认识物联网这个新生事物。

4) 国际间合作

未来物联网是开放和共享的,各国物联网很难独立于世界物联网之外。我国物联网的建设也是如此,只有与其他国家物联网进行合作互联,才能更好地发挥物联网的作用。但由于"物联网"涉及下一代信息网络和资源的掌控和利用,各国都希望能占领该领域的制高点,掌握一定的话语权,因此,物联网既为国际间合作创造了良好机遇,也为合作带来了巨大挑战。

4. 我国物联网建设的若干建议

为应对上述挑战,应该加强我国物联网建设的规划与沿用。除"感知中国"计划中政府和运营商已有的策略之外,作为本章的结束,将分别从企业、行业、国家层面提出若干建议,归纳总结如下。

1) 企业与物联网

企业与物联网的关系包括两种情况:一是企业研发和提供物联网产品(包括系统集成)、参与物联网各产业链的一个环节;二是企业自己要建立物联网,也就是运营物联网,为企业自身或外部用户提供运营服务。

对于第一种情况,我们要清楚物联网产业链结构较为复杂,包括芯片商、设备提供商、软件开发、系统集成商、运营商等。绝大多数企业在没有物联网业务基础、核心技术和研发队伍的情况下,仅仅大致了解物联网,因为比较看好物联网产业,就致力于投身于物联网业务,往往为了一两个貌似物联网的项目需求,去做一些系统集成方面的事情。再加上当前掌握物联网技术的人员匮乏,成熟产品不多,最后很多项目又变成了传统的监控系统。因此,建议企业还是要先弄清楚物联网的内容,然后找准自己的定位,真正参与到物联网产业链中去。在各方利益机制及商业模式尚未成型的背景下,物联网产业繁荣还有待时日,不宜大规模转型。

对于第二种情况,现阶段物联网无论是安全、政策和技术标准都还没有到位。物联网成功的关键在于应用,如果没有实际的应用支撑,企业经营的物联网终将成为空中楼阁。因此,企业界对物联网的认识应该保持理性,通过对技术、应用、市场、商业模式以及政策等多个维度进行把握,从基础和企业的实际需求出发,以可产品化、可推广应用、解决实际问题为导向来规划和运营企业物联网。

对于国内大多数企业,最关注的应该是如何在现阶段实现物联网初级阶段的应用,在关注和跟踪物联网发展的同时,积极探索物联网应用以降低成本、解决现存问题或为客户提供新的增值服务。如根据企业需求,结合物联网定制并优化新的业务流程等,这需要创新业务模式而不是纯技术问题,更多地侧重企业发展的工业化与信息化的深度融合。对于实力雄厚的大企业,可以积极参与国家物联网标准的制定,增加对物联网基础研究的投入,加强国际合作,制定企业战略和引领行业发展,做好长期合理的运营规划,力争成为有国际影响力的国内物联网运营商。

当前,国家支持的物联网基础研究才刚刚启动,需要辩证地看待物联网发展所带来的机遇。我国物联网发展存在的瓶颈问题包括 4 个方面:一是高端芯片等高技术领域难以产业化;二是国内传感器产业化水平较低,高端产品被国外厂商垄断;三是目前还没有一个相对通用的系统架构和协议;四是实现物物互联的数据量庞大,产业应用过程中的海量数据存储和结算的基础设施还不普及,同时数据处理的算法更需要创新。为此,欲投身于物联网产业的企业需要在探索中不断提高自身实力并积累经验,争取尽快在物联网产业链中合理地定位自己的角色,形成自己的高技术产品和服务。

2)行业物联网

物联网是一个跨学科、跨领域的综合交叉领域,全球物联网或国家物联网势必是跨行业的。一般来讲,物联网涉及多种技术,如集成电路、传感器、通信、软件、计算机、互联网等,只有在这些相关技术协同发展的基础上,消除不同行业之间的壁垒,通过跨行业大规模应用后才能实现未来真正意义上的"物联网",实现最后的泛在服务。行业互通问题是物联网"物物互联"的一个重大壁垒,例如全球物流势必涉及多式联运、各国海关系统、各类银行结算系统,这些行业的互联互通往往是比较复杂的。

在互联互通的全球物联网及国家物联网实现之前,各行业只能先发展自己的物联网。因为一个大的事情不可能一蹴而就,可以说没有行业物联网建设的成功经验,国家物联网建设只能是空谈,更不用说泛在的全球物联网。当前,全球物联网的龙头企业 IBM 在推销物联网概念和应用解决方案时,主要的落脚点还是行业解决方案(也可以说是智能监控与管理系统),尚未涉及跨行业或国家物联网建设的方案。而我国,因为国家体制,各大行业和大型企业的物联网发展可以在国家政府的宏观调控甚至政策主导下协调发展。为此,它们可以在关注物联网发展形势的基础上,积极参与国家物联网的建设和标准的制定,谋划和拓展行业应用领域的物联网发展,不断增强自身的技术和竞争能力。

从国家层面大力推动行业物联网无疑是正确的,而且是必须的。以电力行业为例,目前依然存在局部地区、局部时段经常出现电力供应不足的情况,其中很大一部分原因在于煤电衔接、电源与电网的协调等行业发展障碍。应用物联网解决上述问题,可实现节能减排以及电力行业的统一管理等。又如交通行业,目前交通安全、交通堵塞及环境污染等是困扰交通领域的几大难题,尤其以交通安全问题最为严重。据专家估计,采用智能交通技术后,每年仅交通事故死亡人数就可减少 30% 以上,并能提高交通工具的使用效率 50% 以上。建立类似的典型的行业物联网,从国家层面加大投入和建设力度,这样就为该行业以及大型企业的物联网发展提供了机遇,而且有利于物联网产生规模效益。

物联网的规模效益

只有具备了规模,物联网才能充分发挥效能。如果一个城市有 100 万辆汽车,如果只在 1000 辆汽车上装有交通物联网感知终端,则物联网很难带来这个城市交通状况的整体改善。

---

3)国家物联网

从国家层面看来,我国建设物联网的意义至少包含以下两个方面:

一方面,建设国家物联网不仅能带来物物互联的新的信息时代和智能服务,从经济的角度也能够带动国内一系列相关产业的自主创新能力和国际竞争力的提高;另一方面,建设国家物联网是国家发展的战略需求。物联网作为一个新兴领域,其发展历史不长,目前总体上来讲国内外发展差距不大,我国与发达国家的研究工作也基本保持同步,这为我国在该领域的发展提供了难得的时代机遇。把握住这个机遇,我国物联网领域或将走在世界前列并得到长足发展,一改互联网时代我们在技术储备上的不足和战略规划上的不及时。

自温家宝总理提出"感知中国"口号之后,我国从国家层面上开始重视物联网产业的发展,在政府工作报告和"十二五"规划中,将物联网上升为国家五大战略性新兴产业。企业界也正式成立了传感(物联)网技术产业联盟;各部委也大力支持物联网的发展,科技部出台支持物联网发展的重大专项、国家重点基础研究发展计划(973 计划),基金委也将"物联网"列入重点支持对象,工信部牵头成立一个全国推进物联网的部际领导协调小组等;各级省市也纷纷出台物联网建设的"智慧城市""城市感知"规划,无锡市正在建设物联网技术研究院,积极打造中国的物联网基地;北京市已将发展物联网产业纳入北京市科技发展规划,正在大力推进"感知北京"示范工程建设;广东省也启动了"南方物联网"的框架性建设,加快试点工程建设;上海也成立了上海市物联网中心。以上举措无不说明从中央到地方都对物联网产业发展给予了高度的重视,产业规划如火如荼,标志着一个新的产业从一开始就注定了其轰动的效益和美好的前景。

思考题

1. 物联网产业的核心是什么?
2. 当前发展物联网的主要领域是哪些?为什么是这些领域?
3. 名词辨析:电子标签编码、无线传感器网络、无线泛在网及其与物联网的关系。
4. 简述物联网发展的两条主要脉络。

5．简述国内物联网的发展历程和未来战略。

6．(思考创新题)设想一下，如果你是一个 IT 企业的 CEO，你将如何看待物联网这个新兴产业。(提示：有些人认为：新兴产业有更大的战略自由度，但是却缺乏成熟的标准体系，很容易造成错误的投资。另一些人认为：物联网比以前的互联网更具有潜力，它带给全世界不仅是一个挑战，而且是一个机遇，它可以促使全球经济重新洗牌，企业应该把握好这个机会……)

7．查阅资料，并发挥你的想象力，大致说说你想象中未来的物联网社会是什么样子，以及物联网能给我们提供些什么。

第 2 章　认识物联网

什么是物联网? 虽然当前关于物联网的宣传、建设以及讨论非常之多,但是没有一个统一的、标准的定义得到广泛的接受与认可。有一种广为流传的物联网定义:"将各种信息传感设备,如 RFID 装置、红外感应器、全球定位系统、遥感系统、无线传感器网络、激光扫描器等种种装置,与互联网结合起来而形成的一个巨大网络,其目的是让所有的物品都与网络连接在一起,方便识别和管理"。然而这个定义很模糊,一方面"巨大"没有一个定量的判断标准;另一方面信息传感设备需要使用多少? 小到一个电梯监控系统,当保安通过电缆网络和视频感知设备监控大楼里所有的电梯运行情况时,难道他就在使用一个物联网吗? 也许一栋楼的电梯形成的网络不够巨大,同时监控 10 栋楼、100 栋楼的电梯监控就是物联网吗? 感觉告诉我们,当然不是! 那么到底什么是物联网,什么不是物联网,我们如何判断呢? 本书第 1 章对物联网这个概念的来源与发展脉络进行了整理,使我们明白原来一些典型的系统是物联网。但是这种历史的视角并没有给出一个明晰的概念与判断标准。本章则从几个典型的行业物联网应用实例入手,总结出物联网的共性结构与共性关键技术,符合这些结构、用到这些技术的系统就是物联网,反之则不是。

2.1　物联网典型应用

物联网的英文概念是物的互联网——the Internet of thing,其中,互联网是计算机的互联,或者人可以通过计算机主机的互联而实现互联,可以通过互联网访问巨大网络中任何一台计算机上的信息资源。然而一个单位的局域网、一个系统的内网在某种程度上也实现了这种互联功能,但是它不能被称为互联网。因此,我们认为物联网在范畴和范围的概念上,必须以 Internet 为传输载体,即通过因特网实现物物互联才是物联网,否则依然是局部的网络监测与控制自动化技术。本节介绍物流配送、智能家居、煤矿安防、智能电网等四类广泛讨论的物联网应用。

2.1.1　RFID 的物联网供应链系统

RFID 技术与 Internet 技术结合的物流管理系统,是物联网概念的一个重要来源。本节以美特斯·邦威的售衣物联网系统为例,讲述物流物联网的应用与基本结构。

1. 服装店里的物联网

对于从事证券销售的张强而言,几乎每月都要到上海的 ME&CITY 旗舰店逛一逛,因为这里有美邦最高端的商务男装,设计风格和款式都很符合他的需求。而最近更吸引他的是这里与众不同的新奇体验。

在美邦 ME&CITY 旗舰店中，不再有导购贴身紧随，不再有不绝于耳的各种说明，向客户营销的重任已经落到了店内各种液晶设备上。当顾客从货架上取下心仪的服装，可以看到货架边液晶屏显示出对应的品名、尺码、价格等基本信息；而到了试衣间，还可以点击互动液晶屏，了解推荐搭配，选择增添或更换服装，店员收到信息，会直接将它们送至试衣间。ME&CITY 的液晶屏成为"魔镜"，原因在于服装吊牌中包含着预置了服装信息的 RFID 芯片，借助于这一物联网的重要介质，让顾客体会到购买过程中"物与物联"带来的便捷。

与此同时，顾客取、试、换、购的每一个选购的动作，也被物联网系统记录下来，成为数据分析和挖掘的基础。例如，顾客拿取一套服装后，多次换试，却没购买，要考虑可能是版型问题影响了销售；VIP 顾客的历史消费记录会显示其偏好的色系、款型，可以对其进行更有针对性的营销；顾客进店次数多，购买数量少，则需要考虑在促销策略、店铺设计、货品搭配上再做改进。

上述物联网服装店包含着以下 5 个方面智能组元，正是这些新型的智能元素，在改变着消费者在服装店里的感受，如图 2-1 所示。

图 2-1　物联网服装店

(1) 智能衣架：上面所有的服装、鞋、帽、手袋箱包等商品，都贴有 RFID 标签，商品的信息都可以被隐身起来的 RFID 阅读器读取，在就近的显示屏上可以看到该货架的商品情况及状态，例如已经卖了多少件、还有多少件、货品被顾客拿起观看的次数等信息一目了然。

(2) 智能试衣间：根据所选服装的特点可以变换试衣灯光营造环境，试衣镜上出现模特搭配该服装的各式各样的效果供顾客参考，智能试衣间的触摸屏上会出现各种与所选服装相关的信息，例如同类商品还有哪些，配套的商品有哪些，该商品的销售量、库存是多少，顾客可以进行互动操作。

(3) 智能销售终端：到了结账台，只要把服装放在台上，POS 机就可以自动显示出顾客购买服装的金额，因为 RFID 阅读器早已将台上的服装信息读取，大大节省了顾客的结账时间。

(4) 智能展柜：进到店里，桌式或立式的智能展柜将所有的服装都形象地展示出来，顾客可以进行互动操作,除浏览信息外,可以进行自主选配服装,查看服装的详细信息,如尺码、颜色、面料、产地等,大大增强了客户的购物体验、参与感和主动性。

(5) 智能魔镜:可以看到货架边液晶屏显示出的对应的品名、尺码、价格等基本信息;拿着它们走到"魔镜"前,可以目睹"魔镜"呈现的 360°虚拟衣着效果,甚至是多件套搭配的综合效果;而到了试衣间,还可以点击互动液晶屏,了解推荐搭配,选择增添或更换服装,店员收到信息,会直接将它们送至试衣间。

2. 物联网时代的服装供应链

美邦的物联网系统是以 RFID 芯片为基础的物联网系统,带来了营销变革,正不断提升服装品牌的消费体验和服务水平。然而物联网更重要的应用,在于提升供应链的效率。

服装上面一旦加上了 RFID 吊牌,出入库不再需要开箱验货或者抽检,货品可以加速批量流转。根据目前的技术,使用 RFID 扫描仪,一箱 100 件服装在 50cm 之内的读取率是百分之百,如此一来,整箱货品中,每种服装有多少,不同颜色、尺码分配如何,一清二楚,成箱的货品一次性扫描,快速通过,不必像条形码那样逐件审核,大大提升了货品出入库效率,突破了供应链低效的瓶颈。

同样的道理,零售端也获得更多的便捷。在收货环节,通过后台设置预收货的种类、数量,不太需要很多人参与,简单地扫描,便可快速完成。盘点时,将货品放在专用的盘点台上,品种、颜色、尺码、件数一目了然。由此,供应链提速成为可能,对于美邦这样的"快时尚"品牌而言,这样的提速意味着更好地参与市场竞争。

上海美特斯邦威服饰股份有限公司发表了《急速反应,智能物联基于 RFID 的服装物联网项目介绍》的报告,提出通过建设基于 RFID 技术的智能服装供应链管理系统,实现对服装单品全生命周期的管理,主要达成的目标有以下 3 个:

(1) 提高物流配送中心运营效率,提升收发货的准确性;预期出入库速度效率提升 10%。

(2) 提高零售门店的销售收入,提升顾客消费体验和服务水平;带动客单价和客单量增长,门面试点带动门店 VIP 客户零售额增长 7%左右。

(3) 实现物联网和互联网应用的有效互动,将"物"的感知和互联网(含移动网)应用结合起来。

客单价与客单量

客单价(average sale per transaction)是商场每一个顾客平均购买商品的金额,即平均交易金额。

客单量(units per transaction)即有效的顾客流量,客单量的取法通常靠计数发票的张数。

---

3. 物联网供应链的系统框架

基于 RFID 技术的物流配送中心快收发货系统是基于 RFID 技术的自动化数据采集手段,对服装从物流配送中心到零售门店之间的货品流转进行实时的数据跟踪,同时结合

RFID 技术的批量化、非可视化等特性,实现各个物流节点之间的收货、发货自动化、批量化、透明化,基于因特网的高速传输和便捷服务,形成了一个专门系统的物联网,可以大大提高物流配送中心和零售门店的运营效率,同时减少人工作业的错误率,并实现服装的单品管理和可追溯管理。

通常认为,基于 RFID 的供应链仓储配送物联网系统结构可以分为三层,即 RFID 物理层、数据层、业务逻辑处理层,如图 2-2 所示。

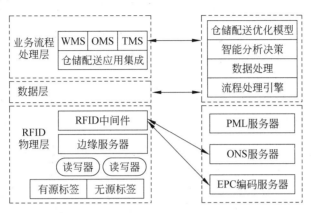

图 2-2　基于 RFID 的服装供应链智能管理系统框架

第一层为 RFID 物理层。RFID 读写器安置于仓库货架、叉车或周转箱等设施上。读写器包含有天线,识别和读取进入其磁场范围 RFID 标签的信息,并将读取的信息通过边缘服务器和 RFID 中间件发送到第二层的数据处理子系统进行信息处理。通常,设定了 IP 地址的读写器对附加了 RFID 标签的整箱服装商品一次性地读取全部数据。为防止读取过程中多标签信息的碰撞,设计一个边缘服务器应用多标签防碰撞算法,定期轮询读写器,消除重复操作,从而实现服装仓储配送信息的自动获取识别。RFID 中间件是介于 RFID 读写器硬件模块与数据库和应用软件之间的重要环节。RFID 中间件与对象命名服务(ONS)通信,查找识别唯一的 RFID 标签 ID 号,并不断从 EPC 服务器数据库查询数据,通过网关与外部系统通信。RFID 标签的卷标信息用实体标记语言(PML)说明服装信息,用 ONS 提供 EPC 码的位置信息,当 RFID 中间件需要查询或保存该服装信息的服务器网络地址时,ONS 服务器提供 EPC 码与 EPC 信息服务器对照功能。

第二层为数据采集和处理层。它解析和处理来自物理层读写器采集的且符合规定协议的各种原始数据,并进行数据处理验证。

第三层为服装仓储配送业务逻辑处理层。业务逻辑处理层主要包括仓储配送优化、智能分析决策和数据处理 3 个模块。其中,仓储和配送优化模块根据仓储拣货配送优化模型来分配仓库资源,确定库存水平,规划服装货品拣选配送路线和次序,并与服装订单管理系统(Order Management System,OMS)、服装仓库管理系统(Warehouse Management System,WMS)、运输管理系统(Transportation Management System,TMS)通信,核对仓储或拣选服装的数量等信息,实现出入库的自动复核和库存信息的及时更新。智能分析决策模块主要完成相似仓储配送实例的抽取检索与排序,优化仓库和拣选配送路线,调整配送流程。数据处理模块主要进行智能库存数据分析,得出哪类服装畅销和哪类服装滞销,由此制定优化的补货决策。

事实上,图 2-2 的经典模型没有考虑数据传输。作为跨地区使用的物联网供应链系统,在数据处理之前,有一个基于因特网的数据传输过程。即物理层采集的数据信息通过因特网传输到数据中心进行处理,然后通过因特网将数据处理得出的结论和策略以指令和结论的形式发送到各个终端,进入业务流程处理。

2.1.2　物联网智能家居

智能家居概念的起源很早,20 世纪 80 年代初,随着大量采用电子技术的家用电器面市,住宅电子化开始实现;80 年代中期,将家用电器、通信设备与安全防范设备各自独立的功能综合为一体,又形成了住宅自动化概念;至 80 年代末,由于通信与信息技术的发展,出现了通过总线技术对住宅中各种通信家电安防设备进行监控与管理的商用系统,这在美国被称为 smart home,也就是现在智能家居的原型。

1. 盖茨的家

有这样一个家居,它的大门装有气象情况感知器,可以根据各项气象指标,控制室内的温度和通风的情况。在住宅门口,安装了微型摄像机,除主人外,其他人欲进入门内,必须由摄像机通知主人。

每一位客人在跨进家时,都会得到一个别针,并要将它别在衣服上。客人对于房间温度、电视节目和电影的爱好,将通过这个别针告诉房屋的计算机控制中心。一旦房间内的电视和音乐被选定后,它们会随着所在位置的变化而跟踪服务,就算是在水池中,也会从池底"冒"出如影随形的音乐。

厨房内,装有一套全自动烹调设备。而厕所里安装了一套检查身体的计算机系统,如发现异常,计算机会立即发出警报。

主人在回家途中,浴缸已经自动放水调温,做好一切准备迎候。地板能在 6 英寸的范围内跟踪到人的足迹,在有人时自动打开照明,离去的同时自动关闭。

房屋的安全系数也能得到足够保证。当主人需要时,只要按下"休息"开关,防盗报警系统便开始工作;当发生火灾等意外时,消防系统可自动报警,显示最佳营救方案,关闭有危险的电力系统,并根据火势分配供水。

当然,房屋外车道上的所有照明也是全自动的。主人还非常喜欢车道旁边的一棵 140 年的老枫树,于是,他对这棵树进行 24 小时的全方位监控,一旦监视系统发现它有干燥的迹象,将释放适量的水来为它解渴。

上面的这些温馨的生活画面就是比尔·盖茨的智能家居场景的一部分。智能家居又称为智能住宅,是以家庭住宅为平台,利用综合布线技术、网络通信技术、安全防范技术、自动控制技术、音视频技术将家居生活有关的设施集成,构建高效的住宅设施与家庭日程事务的管理,提升家居安全性、便利性、舒适性、艺术性。并实现环保节能的居住环境。图 2-3 给出了一个常见的智能家居组成图,但是盖茨的家远远不止这些,物联网智能家居系统也远远不止这些。

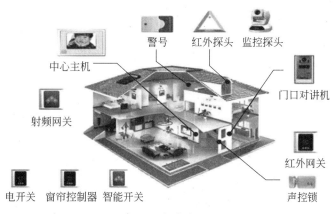

警号　红外探头　监控探头

中心主机

门口对讲机

射频网关

红外网关

电开关　窗帘控制器　智能开关

声控锁

图 2-3　智能家居

昂贵的家与先进的家居生活

据凤凰卫视报道,盖茨从 1990 年开始,花了七年时间、6 千万美金与无数心血,建成这幢独一无二的豪宅,占地约两万公顷,建筑物总面积超过 6130 平方米(1854 坪)。根据金恩郡 2002 年的地政资料,盖茨的家园(土地与建筑物)总值约一亿一千三百万美金;每年缴纳的税金超过 100 万美元,是美国国民年平均收入的 15 倍。我们憧憬,随着物联网的普及和科技的进步,我们虽然没有如此昂贵的家,但是亦可享受其所有的先进的家居生活。

2. 物联网智能家居

基于物联网的智能家居从体系架构上来看,由感知、传输和信息应用三部分组成。感知部分包含家居末端的感应、信息采集以及受控等设备;传输部分包括家庭内部网络和公共外部网络数据的汇集和传输;信息应用部分主要是指智能家居应用服务运营商提供的各种业务。

物联网智能家居产业链现状如图 2-4 所示。从中可以看出,作为物联网重要的应用,智能家居涉及多个领域和几乎所有的人,相对于其他的物联网应用来说,拥有更广大的用户群和更大的市场空间。同时与其他行业有大量的交叉应用。

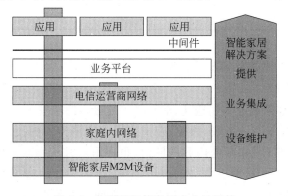

图 2-4　物联网智能家居产业链现状

目前,智能家居应用多是垂直式发展,行业各自发展,无法互联互通,尚未上升到智能家居物联网,并不能涉及整个智能家居体系架构的各个环节。家庭安防是智能家居中一个不可或缺的因素,但是目前安防系统大多局限在家庭或小区的局域网内,即使通过电信运营商网络给业主提供彩信、视频等监控和图像采集业务,由于业务没有专用的智能家居业务平台支撑,仍然无法实现整个家庭信息化。我国智能家居物联网当前面临的困难如图2-5所示。

图 2-5　目前国内智能家居存在的问题

尽管困难重重,但是我们也应该看到智能家居经过多年发展,业务链上各环节,除业务平台外,都已较为成熟,而且均能获得利润,具有各自独立的标准体系。在都有各自的"小天地"但规模相对较小的现状下,要实现规模化发展,还有许多问题亟待解决。造成目前智能家居现状的原因是多方面的,包括前期政府扶持不够、资金投入不足、行业壁垒、地方保护,以及智能家居和物联网相关技术短期内不成熟等。随着我国"感知中国"计划的推行和物联网产业的大发展,相信智能家居物联网很快能走进千家万户。就目前而言,我国物联网智能家居产业具有需求旺盛、产业链长、渗透性广、带动性强等特点。

- 需求旺盛:随着国家经济的发展和人民生活水平的提高,物联网智能家居的应用需求日益增强。虽说智能家居在国内已发展10多年,但仍然面临着传统解决方案性能单一、价格高、难以规模推广的发展"瓶颈"。不过随着物联网的发展,智能家居行业将迎来新机遇。
- 产业链长:智能家居涉及土建装修、通信网络、信息系统集成、传感器件、家电、医疗、自动控制等多个领域。
- 渗透性广:由于智能家居涉及的业务渗透到生活的方方面面,因此其产业链长,导致行业的渗透性强。
- 带动性强:能够带动建筑制造业、信息技术的诸多领域发展。

智能家居与很多技术产业关联,因此,智能家居的发展涉及的技术标准体系非常广泛,物联网的发展给智能家居带来新的内容的同时,也提出对基于物联网的智能家居还需要进一步开展标准化工作的要求。如2010年2月2日,中国通信标准化协会(China Communications Standards Association,CCSA)泛在网技术工作委员会成立,其中智能家居相关标准也已立项,这些都标志着我国开始在物联网智能家居标准领域进行深入的研究。

物联网:三大运营商抢食智能家居市场

自从 2009 年时任国务院总理温家宝视察无锡并发表重要讲话之后,物联网产业迅速崛起,并成为业界关注的焦点。在谈到物联网市场前景时,中国工程院副院长邬贺铨曾表示,物联网只有进入寻常百姓家庭才能实现真正的规模发展。在他看来,物联网的大规模发展离不开家庭市场的培育。在此情形下,三大运营商顺应趋势,不约而同地将物联网应用开拓的核心任务放在了智能家居上。中国电信与海尔签署协议开展智能家居,中国联通联手美的空调,中国移动推出"宜居通"产品,都向消费者展示了丰富的家庭信息化应用。

2.1.3　物联网煤矿安防系统

煤矿安全生产关系到人民群众的生命和财产安全,各级政府一贯重视煤矿安全生产问题,并采取一系列措施不断加强安全生产工作。由于煤炭生产系统复杂,工作场所黑暗狭窄,人员集中,采掘工作面随时移动,地质条件的变化会使移动的采掘工作面不断出现新情况和新问题,如不及时采取相应的有效措施,可能会导致重大灾害事故。这就给安全工作带来了诸多困难。如何加强煤矿安全生产管理模式,实现管理的现代化、信息化,成为煤矿企业关心的问题。前几年中国矿难频繁,使得我国国际形象受损。因此,发展煤矿产业的安监物联网是我国政府主导的一个重要行业应用。

矿　难

一次矿难损失的不只是矿工的生命,也包括中国的国家形象。中国的煤矿被认为是

"全世界最危险的煤矿之一",而在中国当矿工则是"这个世界上最危险的职业之一"。法国《解放报》曾评论认为"这是中国经济全速增长景象的另一面"。"矿工在为中国经济机器的全速运转付出沉重代价"。香港《东方日报》则将其称为"带血的 GDP",因为"内地每亿元国内生产总值(GDP)中就有一个人死亡",我国希望发展物联网以减少矿难、挽救生命、维护国家形象。

我国煤矿安防物联网的基础是现有的煤矿安全监控系统,该系统主要以联网监测为主体,其主要由监测终端、监控中心站、通信接口装置、井下分站、传感器组成,主要方式是在矿井下固定的地方安装各种监测传感器,再通过长电缆将采集到的数据传到地上的监控中心站。但是这样的系统存在布线难度大、环境适应性低、维护成本高等问题。目前,将 RFID、ZigBee 等物联网技术应用于煤矿安全管理,研究基于物联网的煤矿安全生产系统解决方案成为发展趋势和迫在眉睫的问题。

基于矿区信息化和智能化的"感知矿山"就是物联网技术成功应用在煤矿行业很好的例

证。图 2-6 显示了一个有关物联网的煤矿安防系统。

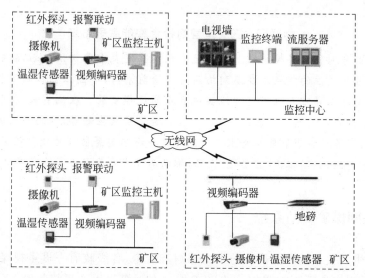

图 2-6 煤矿安防系统

通常来说,煤矿安全生产系统解决方案应该包含如下 3 个方面的实现目标:

(1) 煤矿井下瓦斯、风速、设备开停等运转情况的实时监测、分析和控制,同时将以上监测数据通过公用电话网络、无线网络、光纤光缆传送到各级煤矿安全生产管理部门。

(2) 煤矿安全生产监察监管动态管理,实时了解煤矿的安全生产工作状态,随时掌握煤矿的有关安全技术工作参数(包括安全技术参数、安全监察监管要求数据)的情况,各煤矿点能够实施有效的日常安全管理,煤监部门能够对各煤矿点的安全生产工作实施有效的监督管理。

(3) 在煤矿发生事故时,可提供煤矿点的基本技术数据、企业和政府的事故应急处理预案、事故救援资源的分布信息等,为市、省级公共安全应急指挥系统提供相应基础信息支持,为科学决策实施有效救援提供技术支持。

因此,煤矿安防物联网设计分成 3 个层次,分别是感知/监测层、网络/传输层、应用/处理层,如图 2-7 所示。

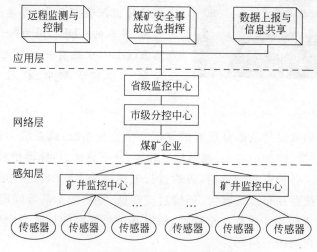

图 2-7 煤矿安全生产物联系统整体模型

1. 感知层

感知层主要由传感器组成,将传感器检测到的数据通过通信模块传送至控制计算机,实现数据检测与采集。感知层包括以下几方面:

(1) 传感器等数据采集设备,如地面井口、煤台、井下等场所安装的视频监控和传感设备。

(2) 数据接入到网关之前的传感器网络,包括矿井传感设备的数据接入、传输和汇总。

感知层主要由计算机、主控接口、分站及各种传感器组成,如图 2-8 所示。主控接口不断地轮流与各个分站进行通信,各分站接到主控接口的询问后,立即对收到的各测点(开关量、模拟量)进行检测变换和处理,同时就地时刻等待主控接口的询问以便把检测的参数送到地面主控接口,主控接口对收到的各种数据处理后同时传给计算机。计算机对收到的实时信息进行处理和存储,并通过显示器显示各种测量参数、实时或历史数据、曲线、图形和报表等。把感应器嵌入或装配到矿山

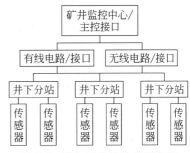

图 2-8　感知层内部结构示意图

设备、油气管道、矿工设备中,可以感知危险环境中工作人员、设备机器、周边环境等方面的安全状态信息,将现有的网络监管平台提升为系统、开放、多元的综合网络监管平台,实现实时感知、准确辨识、快捷响应及有效控制。

2. 网络层

网络层通过各种电信网络与互联网的融合,实现物体信息实时准确地传输与交互。网络层采用三级架构,即煤矿企业、市级分控中心、省级监控中心,以“分级监管,分级响应”的机制,搭建煤矿安全生产的物联网架构,实现煤矿安全生产的监控监管。网络层包括以下几方面:

(1) 矿井监控数据的上传。

(2) 煤矿企业的数据专线。

(3) 省监控中心以及煤矿集团、市分控中心的宽带数据专线。

网络层的目的其实是数据通信和数据传输:对于监控数据的上传,具备有线传输条件的,可采用有线传输;不具备有线传输条件的,可采用 WCDMA/GPRS VPN 方案,将监控数据上传到上级监控中心。在现有物理网络的基础上建立 VPN 逻辑虚拟专网,可提高网络安全。

VPN 可采用基于 L2TP 协议和专用 APN(access point name)的方案。基于 L2TP 协议的方案需要煤矿/煤监中心自建 Radius 服务,与运营商 AAA(authentication authorization accounting)共同完成无线拨入用户的认证和鉴权。采用专用 APN 的方案如图 2-9 所示。地面监控中心通过 WCDMA/GPRS 网络分配的专用 APN 进行拨号,通过 DNS(domain name server)解析 APN 对应的企业接入端的 GGSN(gateway GPRS support node),GGSN 将用户的认证请求送给 AAA 服务器完成用户身份的认证和 IP 等的授权。如果认证通过,GGSN 通过 GRE(generic routing encapsulation)封装与煤矿企业 VPN(virtual private network)路由器建立隧道连接,实现地面监控中心与上级监控中心的通信。

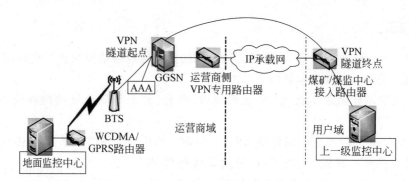

图 2-9　WCDMA/GPRS 无线 VPN 方案

3. 应用层

应用层利用云计算、模式识别等各种智能计算技术,对海量数据与信息进行分析和处理,对物体实施智能化的控制,包括远程监测与控制、煤矿安全事故应急指挥、信息上传与共享等。应用层主要包括 4 个方面:

(1) 主机与存储系统。

(2) 煤矿企业、市级、省级监控中心显示、调度、指挥系统。

(3) 煤矿企业上报信息的标准化工作。

(4) 门户网站及安全系统建设。

应用层的建设以云计算为框架进行规划,搭建统一的数据存储中心、数据共享中心、视频转发平台和统一展现门户等,提供统一、易用、便捷的业务功能。远程监测与控制可通过网络访问监控中心的数字视频服务器,监看井上、井下视频,监测井上、井下环境参数。图像监视系统分为前端和客户端。前端单元负责采集各监视点的视频信号,并将视频信号压缩编码传送到视频监控中心。工作人员可通过客户端来监视各种设备的运行状况,并可对前端的摄像机发布控制命令,对图像进行诸如取景、定位、光圈大小、聚焦远近和变倍等操作。安全事故应急指挥可随时视频监视矿井情况,并通过双向对讲机进行远程指挥、调度,实现整体协同作战,指导施救人员和井下作业人员进行抢险救灾。数据上报与信息共享用于上报异常报警、设备运行状况、人员考勤与进出记录等数据,下达上级的安全生产指示、应急预案等信息,实现各煤矿企业、监控中心间的信息共享。

煤矿行业中的物联网发展历史

1990 年 8 月,美国安菲斯公司研发的一套可实现超低频信号穿透岩层进行传输的无线急救通信系统(personal emergency device,PED)在悉尼附近的一所煤矿投入使用;随着 RFID 技术的兴起,基于 RFID 的井下人员定位监控系统也得到应用;此后高智能程度和可靠传感质量的、系统可靠性高的煤矿瓦斯监测系统也逐渐应用。目前,将 RFID、ZigBee 等物联网技术应用于煤矿安全管理已成为新的关注热点,其主要研究内容包括:①煤矿 RFID 频段的选择;②基于 RFID 的矿工身份识别定位和环境监测;③基于 ZigBee 的煤矿无线传感网;④UWB 技术应用于矿井无线通信系统。

2.1.4　智能电网物联网

作为整个社会经济最重要的基础设施之一,近百年来,电网和其输送的电能给整个世界持续带来了光明、动力和希望。近年来,随着我国经济的高速发展,社会经济对电力的需求呈现急速增长的态势。如果一味扩展电网规模而不解决传统电网中存在的电力的流失大、用电难以动态调控等问题,电网系统将难以适应经济发展的要求。同时随着风力发电、太阳能发电、燃料电池发电等分布式可再生资源数量的不断增加,电网跟电力市场、用户之间的协调和交换更加紧密,电能质量水平要求逐渐提高,传统的电网以及控制措施已经难以支持如此多的发展要求。

1. 什么是智能电网

智能电网即电网的智能化,也被称为"电网 2.0",如图 2-10 所示。它是建立在集成的、高速双向通信网络的基础上,通过先进的传感和测量技术、先进的设备技术、先进的控制方法以及先进的决策支持系统技术的应用,实现电网的可靠、安全、经济、高效、环境友好和使用安全的目标,其主要特征包括自愈,激励和保护用户,抵御攻击,提供满足 21 世纪用户需求的电能质量,容许各种不同发电形式的接入,启动电力市场以及资产的优化高效运行。

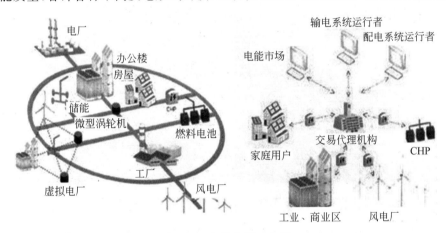

图 2-10　智能电网示意图

美国电力科学研究院将智能电网定义为:一个由众多自动化的输电和配电系统构成的电力系统,以协调、有效和可靠的方式实现所有的电网运作,具有自愈能力,可快速响应电力市场和企业业务需求;具有智能化的通信架构,实现实时、安全和灵活的信息流,为用户提供可靠、经济的电力服务。

在全世界大多数国家,不一定每个家庭都有互联网,但每户人家都和电网相通。目前全球大约有 15 亿台电表,近 20 万千米的电联线路,如果将这些电力设备通过网络连接起来,将会构成一个超级强大的电力系统物联网,通过这个网络构建"智能电网",为解决传统电力系统面临的各种难题带来了希望。

2. 智能电网的实例——中国国家电网公司"坚强智能电网"

当前,中国的电网正在向"一特四大"的目标逐步迈进。特高压骨干网架、大煤电、大水电、大核电、大可再生能源基地正在加紧施工建设。以特高压交直流系统互联为骨干网架的电能交换大通道正在我国逐渐形成。结合中国电网建设发展现状,适用于未来智能电网的结构体系将是由智能输电网、智能配电网、智能检测控制终端及智能控制中心四部分构成。最终的智能电网输电网结构体系将由以特高压交直流主干网架为基础,各电网大区互联的主干网架构成。智能配电网将以各特高压输电网节点为中心,向四周呈发散状,构成一回或多回的链式或环式结构,将电网中各节点连接起来。

我国智能电网的建设源于 2009 年 4 月国家电网公司总经理刘振亚与美国能源部长朱棣文会晤时,在华盛顿发表演讲所述"中国国家电网公司正在全面建设以特高压电网为骨干网架、各级电网协调发展的建厂电网为基础,以信息化、数字化、自动化、互动化为特征的自主创新、国际领先的'智能电网'"。随即,同年 5 月 21 日,国家电网公司首次公布了投资超过 2000 亿元的"坚强智能电网计划",如图 2-11 所示。该计划分 3 个阶段逐步推进:

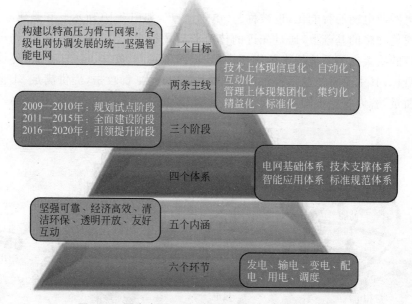

图 2-11　国家电网公司公布"坚强智能电网计划"

(1) 2009—2010 年为规划试点阶段,重点开展规划、制定技术和管理标准、开展关键技术研发和设备研制,以及各环节试点工作;

(2) 2011—2015 年为全面建设阶段,加快特高压电网和城乡配电网建设;

(3) 2016—2020 年建成统一的"坚强智能电网"。

中国国家电网公司

中国国家电网公司以投资、建设和运营电网为核心业务,供电服务面积占全国的 88% 以上,服务人口超过 10 亿人,是中国主要的能源供应企业之一,也是全球最大的公用事业企业。2008 年名列《财富》全球企业 500 强第 24 位;2009 年居《财富》杂志全球 500 强企业第 15 名;2010 年《财富》世界 500 强企业的最新排名,名列第 8。

从此,电能这个与工业化和信息化相伴的重要能源资源在中国开始走向"智能化"的道

路。随后,为凸显智能电网的战略意义,国家电网公司把《关于加快推进坚强智能电网建设的意见》作为 2010 年 1 号文件发布。

"坚强智能电网"以坚强网架为基础,以通信信息平台为支撑,以智能控制为手段,包含电力系统的发电、输电、变电、配电、用电和调度各个环节,覆盖所有的电压等级,实现"电力流、信息流、业务流"的高度一体化融合,是坚强可靠、经济高效、清洁环保、透明开放、友好互动的现代电网。在国家电网公司"坚强智能电网计划"中,大约有 60%～80% 的投资将用于实现远程控制、交互智能等非传统项目。

3. 智能电网三层控制结构

为保证各部分功能能够协调、稳定运行,必须明确智能电网中各部分的功能和控制策略。基于物联网体系的三层智能电网控制结构,可以描述这样一个系统功能,每层在智能电网中的职能侧重点有所区别,各层根据自身的职能起到相关的作用,如图 2-12 所示。

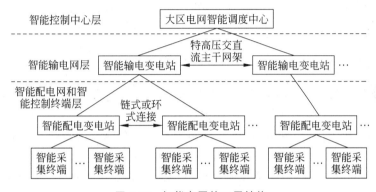

图 2-12　智能电网的三层结构

第一层为智能控制中心层。通过获取智能输电网实时运行信息,将采集到的数据送到高速计算机中,根据不同电网接线结构在相应的故障集中进行计算分析,得到各种故障条件下的电网动作预案。一旦电网发生故障,及时向调度员发出预警信息,并能够通过光纤网络向远方发出相应的稳控动作指令,实现电网稳定性在线分析,实时预警。通过把采集到的电网运行信息分类存储,以一定时间段为界限进行经济性运行分析,并把运行分析得到的最优潮流分布及控制策略提供给调度员,由调度运行人员决定经济运行控制方法,进行智能调度。

第二层为智能输电网控制层。其作用是将智能调度中心、智能配电网和大型用电客户有效地连接起来,一方面保证电网的安全可靠运行;另一方面通过完善的电力市场交易制度保证电力交易的顺利进行和各种清洁能源充分上网。智能输电网主要由交直流特高压、超高压输电线路、变电站、换流站等构成。智能变电站一方面将各自的运行情况信息送往智能调度中心;另一方面,将智能配电网和大型用电客户相连站点信息收集起来,由智能变电站的智能服务器及时对收集到的信息进行稳定性和经济性计算分析,将分析结果按重要等级分类,并给分析结论打上重要程度标识,将重要程度标识高的信息经数据优先送往智能调度中心。这样就可以将智能调度中心所需处理的海量信息分流,在智能输电网中完成部分信息计算分析工作,将较为重要的电网运行信息优先送往调度中心进行处理,降低智能调度中心的信息处理量,提高智能调度中心的信息处理速度。

第三层为智能配电网层和智能控制终端层。该层直接与用电客户相联系,收集用电客户信息,保证用电客户的供电可靠性和较高的电能质量,是售电行为的主要执行部分。智能配电网由各地市供电公司配电变电站及各用电用户终端组成,在物理上表现为智能配电网层中变电站服务器和各用电用户计量终端及信息交换系统。智能配电网层的主要职能表现为:将各智能控制终端的用电量及用电时段进行统计,按照不同用电时段计算出各用户应缴纳的用电费用,并将计算结果通过网络通知用户;智能配电网中变电站节点的计算服务器对其所带负荷按各不同时段进行统计,并与历史同期用电负荷进行对比,给出第二天负荷预测,并将预测结果送往智能输电网层;由智能配电网中计算服务器按照配电网网架结构,根据电网运行状态指标,进行给定故障集下的潮流计算和稳定计算,当配电网中发生故障时,服务器按照不同网架条件及不同故障情况,自动发出开关动作指令或给配电网调度发出开关动作建议。

上述三层结构描述了智能电网的控制体系,似乎和物联网处理的感知、传输、数据处理与控制应用3个层面相对应,而实际上,这个电网的控制结构之后隐藏了一个信息流的传输体系:智能终端和电网安全等相关信息的采集、信息的传输、信息的处理和控制信息反馈。为此我们需要指出的是,隐藏在智能电网之后的是一个功能强大的电力行业物联网建设。

4. 智能电网的技术进步

最初,智能电网的理念主要是想通过传感器连接资产和设备,提高数字化程度,建立数据的整合体系和数据的接受体系,并且利用已掌握的数据进行相关分析,以优化运行和管理。随后,我国提出了"互动电网"的概念,主要是指在创建开放的系统和建立共享的信息模式的基础上,通过电子终端在用户之间、用户和电网公司之间形成网络互动和即时连接,实现数据读取时的实时、高速、双向的总体效果,实现电力、电信、电视、远程加点控制和电池集成充电灯的多用途开发。"互动电网"的运行,可以整合系统中的数据,优化电网的管理,将电网提升为互动运转的全新模式,形成电网全新的服务功能,提高整个电网的可靠性、可用性和综合效率,使电网具备可靠、自愈、经济、兼容、集成和安全等特点。

表2-1把当前传统电网和智能电网做了比较,从中可以看出智能电网的一个突出的变化就是增强了电网与用户、管理者的实时互动,大大缩短了反应时间和处理时间,从而提高电网的高效性、可靠性和自愈性。

表 2-1　传统电网和智能电网的比较

项　　目	传 统 电 网	智 能 电 网
通信	没有或单项	双向
与用户交互	很少	很多
仪表形式	机电的	数字的
运行与管理	人工的设备校核	远方监视
功率的提供与支持	集中发电	集中和分布式发电并存
潮流控制	有限的	普通的
可靠性	倾向于故障和电力中断	自适应保护和孤岛化
供电恢复	人工的	自愈的
网络拓扑	辐射状的	网状的

　　另外，智能电网还可以解决清洁能源并入电网的"瓶颈"。由于风能、太阳能等可再生能源发电具有间歇性、不确定性、可调度性的特点，大规模接入后对电网运行会产生较大影响，由此出现了"上网难"的问题。以风力发电为例，由于风力不稳定，风电接入电网技术等问题，导致风电机组因此上不了网。智能电网通过发电、输电、变电、配电、用电和调度等环节，解决了清洁能源接入的瓶颈。

5. 智能电网的特点及关键技术

　　综合各国对智能电网内涵的理解，无论是"智能电网"，还是"互动电网"，从它们的概念中可以看出，电网的智能化，最根本的是电力系统的物联网建设，实现各种电力系统相关实体的联网化。智能电网具有以下 5 个特点，如图 2-13 所示。

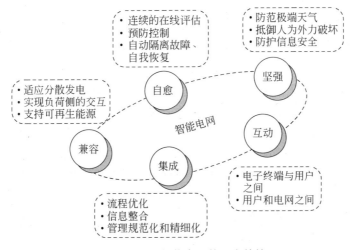

图 2-13　坚强智能电网的五个特性

- 坚强：电力网络分布合理，电力保护措施到位，电压等级协调发展，电网具有很好的静态稳定性和动态稳定性，在遭受扰动时，可以及时处理。
- 自愈：利用广域测量系统等技术实现对全电网的检测，实时获得电网的运行情况，快速灵敏地诊断故障和积极预防故障；在故障发生时，可以快速准确地有选择性地切除故障，保证无故障部分的安全运行，并可以实现坏网自动恢复正常供电。
- 兼容：电网可以做到对集中式发电和分布式发电模式都适应，具有多种能源接入的功能，尤其是清洁再生能源，做到能建立一个环保的电力系统。
- 互动：有着优良的用户接口，可以最大化地实现人机互动、人机联系、人机模拟，实现对电力系统的优化设计。
- 集成：通过统一的规范和平台实现电网信的整合，电力生产和企业管理具备更加细致、更高的标准和流程，以及完善的考核评估体系，不断提高企业的管理和运营水平。

　　智能电网的关键技术基于先进的信息技术和通信技术，电力系统将向更灵活、清洁、安全及经济的"智能电网"的方向发展。智能电网以包括发电、输电、配电和用电各环节的电力系统为对象，通过不断研究新型的电网控制技术，并将其有机结合，实现电力系统各个环节的信息的智能交流，各个环节有机联系，交互地优化电力生产、输送和使用。

（1）分布式发电：分布式发电是指针对特定的用户，在其附近设置机组，满足其负荷需要。由于用户需求负荷的波动变化，分布式发电也会具有一定的波动性，用户的间歇性负荷需求也会造成分布式发电的间歇性。这对分布式发电的并网控制带来了困难，因为波动的、间歇的负荷容易对大电网造成冲击及各种不良影响，所以要优化设计分布式发电的并网技术。

（2）通信技术：要实现电网的智能化管理，就必须实时地实现信息的交互和联系，这需要建立一个灵敏性好、高度集成、具有双向性的快速反应的通信系统。这种通信系统有助于电网在满足电能输送的基础上实现实时信息的快速处理和大电网大区域信息交互。这样智能电网就可以做到实时掌握自身系统的各种反应系统稳定特征的参数变化，诊断预测故障，还可以实现大区域的交互联系，增强系统的稳定性。

（3）数据处理技术：要实现电网的智能化管理，离不开动态实时数据提供决策依据。获得动态实时的网络运行状态数据，离不开量测技术；量测技术是电网的基础部件，可以及时获得原始的基本数据并进行初步的转化处理，变成可以被上层系统理解处理的数据，为系统决策做参考。

（4）先进软件与可视化技术应用：基于各种先进理论和算法的电力系统分布式智能、高级应用软件，用以监视关键设备、支持各类事件的快速诊断与及时响应，促进资产管理、系统与市场运行效率的提高。先进的可视化展示、电力系统仿真与培训工具，增强各级运行人员的决策能力。

通过以上 4 个方面"智能电网"关键技术的总结，我们发现，隐藏在智能电网之后的是功能强大的电力行业物联网，智能电网功能的实现，离不开物联网工程的建设。图 2-14 给出了智能电网结构和信息流处理的流程，从中可以清晰地看到一个行业物联网对智能电网的功能支撑作用。

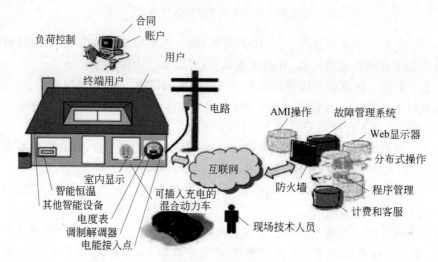

图 2-14　智能电网蕴含的行业物联网

6. 智能电网的发展历程

2005 年，坎贝尔发明了一种技术，利用的是群体(swarm)行为原理，让大楼里的电器互相协调，减少大楼在用电高峰期的用电量。随后坎贝尔发明了一种无线控制器，与大楼的各个电器相连,并实现有效控制。例如,一台空调运转 15 分钟,以把室内温度维持在 24℃;而另外两台空调可能会在保证室内温度的前提下,停运 15 分钟。这样,在不牺牲每个个体的前提下,整个大楼的节能目标便可以实现。这些技术赋予电器以智能,提高了能源的利用效率。

2006 年,欧盟理事会的能源绿皮书《欧洲可持续的、竞争的和安全的电能策略》(*A European Strategy for Sustainable,Competitive and Secure Energy*)强调智能电网技术是保证欧盟电网电能质量的一个关键技术和发展方向。这时候的智能电网应该是指输配电过程中的自动化技术。

2006 年中期,一家名叫"网点"(Grid Point)的公司开始出售一种可用于监测家用电器耗电量的电子产品,可以通过互联网通信技术调整家用电器的用电量。这个电子产品具有一部分交互能力,可以看作智能电网中的一个基础设施。

2006 年,美国 IBM 公司曾与全球电力专业研究机构、电力企业合作开发"智能电网"解决方案。这一方案被形象比喻为电力系统的"中枢神经系统",电力公司可以通过使用传感器、计量表、数字控件和分析工具,自动监控电网,优化电网性能,防止断电,更快地恢复供电,消费者对电力使用的管理也可细化到每个联网的装置。这个可以看作智能电网最完整的解决方案,标志着智能电网概念的正式诞生。

2007 年 10 月,我国华东电网正式启动了智能电网可行性研究项目,并规划了从 2008 年至 2030 年的"三步走"战略,即:在 2010 年初步建成电网高级调度中心,2020 年全面建成具有初步智能特性的数字化电网,2030 年真正建成具有自愈能力的智能电网。该项目的启动标志着中国开始进入智能电网领域。

2008 年,美国科罗拉多州的波尔得(Boulder)成为全美第一个智能电网城市,每户家庭都安装了智能电表,人们可以很直观地了解当时的电价,从而把一些事情,例如洗衣服、熨衣服等安排在电价低的时间段。电表还可以帮助人们优先使用风电和太阳能等清洁能源。同时,变电站可以收集到每家每户的用电情况。一旦有问题出现,可以重新配备电力。

2008 年 9 月,谷歌与通用电气联合发表声明对外宣布,他们正在共同开发清洁能源业务,核心是为美国打造国家智能电网。

2009 年 1 月,美国白宫最新发布的《复苏计划尺度报告》宣布:将铺设或更新 3000 英里输电线路,并为 4000 万美国家庭安装智能电表——美国行将推动互动电网的整体革命。

2009 年 2 月,地中海岛国马耳他在周三公布了和 IBM 达成的协议,双方同意建立一个"智能公用系统",实现该国电网和供水系统数字化。IBM 及其合作伙伴将会把马耳他两万个普通电表替换成互动式电表,这样马耳他的电厂就能实时监控用电,并制定不同的电价来奖励节约用电的用户。这个工程价值高达 9100 万美元(合 7000 万欧元),其中包括在电网中建立一个传感器网络。这种传感器网络和输电线、各发电站以及其他的基础设施一起提供相关数据,让电厂能更有效地进行电力分配并检测到潜在问题。IBM 将会提供搜集分析数据的软件,帮助电厂发现机会,降低成本以及该国碳密集型发电厂的排放量。

2009 年 2 月 10 日,谷歌表示已开始测试名为谷歌电表(Power Meter)的用电监测软件。这是一个测试版在线仪表盘,相当于谷歌正在成为信息时代的公用基础设施。

2009 年 3 月,谷歌向美国议会进言,要求在建设"智能电网(smart grid)"时采用非垄断性标准。

2010 年 1 月 12 日,我国国家电网公司制定了《关于加快推进坚强智能电网建设的意见》,确定了建设坚强智能电网的基本原则和总体目标。

从上述智能电网的发展历史可以看出,智能电网也是由最初单一的电网监控、用电监控,逐步走向全行业的物联网建设,其中活跃着的是 IBM、谷歌等引领潮流的信息技术公司,而不是单纯的电力部分和电力行业。这也从一个侧面表明信息技术推动各行业发展,推动各行业物联网发展,渗透进任何一个行业,成为这个时代技术革新和生产力发展的最主要推动力量。

2.2　物联网的共性特征

我们讨论了智慧物流、智能家居、煤矿安防和智能电网 4 个方面的物联网建设,本节旨在总结这些不同的行业物联网的共性特征,发掘出物联网的核心技术和核心研究内容,以构成我们物联网工程专业的关键技术内容。

2.2.1　物联网的体系结构

毫无疑问,物联网具有其共性特征,我们可以清晰地看到 3 个层次:感知层、网络层和应用层,如图 2-15 所示。

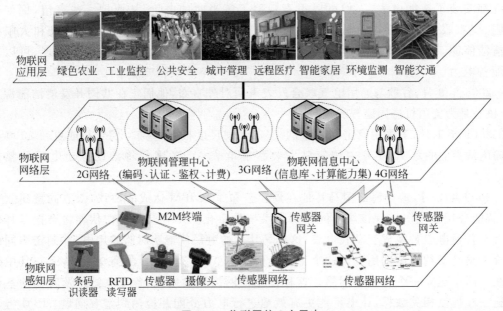

图 2-15　物联网的 3 个层次

(1)感知层主要负责数据采集与感知,获取物理世界中发生的物理事件和数据,包括各类物理量、标识、音频、视频数据。物联网的数据采集涉及传感器、RFID、多媒体信息采集、二维码和实时定位等技术,通过传感器网络组网和协同信息处理技术实现传感器、

RFID 等数据采集,获取数据的短距离传输、自组织组网以及多个传感器对数据的协同信息处理。

（2）网络层实现更加广泛的互联功能,把感知到的信息无障碍、高可靠性、高安全性地进行传送。需要传感器网络与移动通信技术、互联网技术相融合。经过十余年的快速发展,移动通信、互联网等技术已比较成熟,基本能够满足物联网数据传输的需要。

（3）应用层主要负责物联网在这个行业的拓展应用,目前典型的应用行业有环境监测、绿色农业、工业监控、公共安全、城市管理、远程医疗、智能家居、智能物流和智能交通等。

也有一种观点认为物联网是一个巨大无比的、跨行业应用、跨技术种类整合的网络,将这个巨大的物联网分解为 3 个子网:传感子网、传输子网和应用子网,分别对应于感知、网络传输和行业应用 3 个层次。图 2-16 给出了这 3 个子网的示意图。

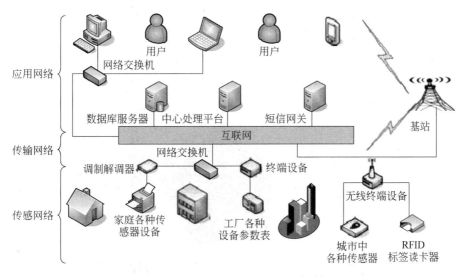

图 2-16　3 个方面的物联网子网

虽然图 2-15 和图 2-16 代表了两种观点,但是这两种观点本身并不冲突,冲突的只是表达的方式。如果说有所不同,其不同点在于是前者主要思考"物联网是用来干什么的",即从物联网的功能的角度进行描述,而后者则是考虑"物联网是什么",即从物联网组成部分的角度进行描述。

我们需要讨论的一个内容是,后者强调了互联网。物联网,英文名称是 the Internet of things,因为其中有一个关键词 Internet,所以很多人强调互联网在物联网中是不可或缺的组成部分时,往往引用这个概念。当然,也有人从物联网的功用的角度,认为一切具有感知设备、传输设备和行业应用三者为一体的网络就是物联网。如此一来,小到最初的电梯监控系统都成为物联网。

在这方面的争执中,我们不妨对比一下"互联网"的概念,如果我在家里"上网",可以访问这个世界上任何一个网页、任何一台提供服务的服务器,那么毫无疑问,这个上网是指"互联网"。但是一些企业、行业有"内网",这个内网具有互联网的一切基本结构,仅仅少了一个出口——和互联网互通,多了一层"限制"——只能单位内员工访问和交流,那么这个"上网"

显然不是互联网。为此,我们可以肯定地说,一个企业内部应用的视频监控系统、一个设施设备的监测系统,尽管它具备了感知、传输和应用控制 3 个层次的结构,但是它显然不是物联网。但是当这一套系统连上了 Internet,从物理上,任何人在任何地方都可以通过访问互联网得到这些信息流,进行监视甚至控制,即使从技术上通过权限管理屏蔽了未经授权的访问,但是这依然成为一个微型的物联网应用。当然,我们也不能粗暴地说,上了互联网才有可能是物联网。若是还有一套基本、基础的网络传输设施,实现了全世界各个地方的互联互通,那么能和这个基础网络互联,也可以称为物联网。唯有如此,才具有"物物互联"的客观可能性,否则永远只是"有限的物"的互联。这也正如——无论一个单位的内网有多大,如中国银行系统的内网、铁路售票系统的内网,甚至教育系统的"教育网",只要它用自己单位的"网闸"断开了和互联网的连通,不管多少人在使用多么巨大的局域网,依然不能称为在使用互联网。

也有人把物联网比作人体,把感知层、传送层和应用层和人体的感知细胞、神经以及手脚口鼻的反馈功能对应,如图 2-17 所示。将感知层对应于人体的皮肤和五官,网络层对应于人体的神经中枢;支撑子层的数据处理和分析对应于人体的大脑;应用层对应于人的手脚功能等器官分工,甚至更高层面上人所从事行业的社会分工。

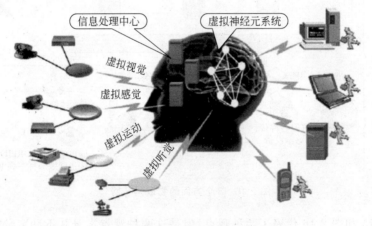

图 2-17　物联网与人体结构的对应

2.2.2　物联网的技术体系

对应于物联网的体系结构,其技术体系就有脉络可循。图 2-18 给出了物联网的技术结构图。除了每个层次对应的技术之外,还有一个跨层的共性技术,公共技术不属于物联网技术的某个特定层面,而是与物联网技术架构的 3 层都有关系,它包括标识与解析、安全技术、网络管理和服务质量(QoS)管理。

应用层技术包含两个方面:一个是应用支撑平台子层;另一个是应用服务子层。其中,应用支撑平台子层用于支撑跨行业、跨应用、跨系统之间的信息协同、共享、互通的功能,其关键技术包含中间件技术、数据挖掘技术等;应用服务子层包括智能交通、智能医疗、智能家居、智能物流、智能电力等行业应用。

根据物联网的技术体系可知,在各个不同的应用领域,使用了不同的、相似的或相同

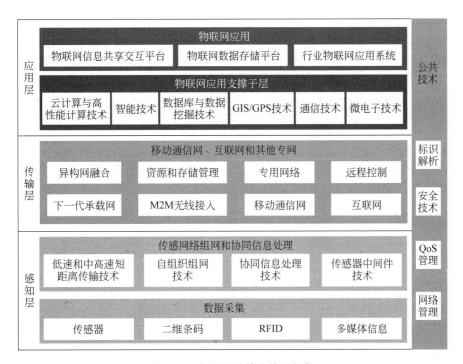

图 2-18 物联网的技术体系框架

的关键技术。然而只有各个类型的物联网相互联通，不同行业的物联网实现互联与信息共享，才能实现泛在意义上的国家物联网。这里需要解决的第一个问题就是物联网的发展需要技术标准和行业标准，否则各搞一套，最后各类物联网在大融合中出现标准不一等技术瓶颈。

物联网标准与产业市场先机

有研究机构预计，10 年内物联网可能大规模普及，这一技术将会发展成为一个上万亿元规模的高科技市场，产业规模要比互联网大 30 倍。在产业发展的过程中，谁先制定了物联网的体系标准，谁就有了分配权。因此在国际标准体系上占据更多话语权，就能在未来发展中抢占先机。标准能统一一个行业的知识产权，如果一个产品不符合行业标准，就没有竞争力。历史的事实是：20 年前的互联网浪潮中国没能走在前面；10 年前制定 3G 标准时，中国也曾提出 TD-SCDMA 标准，但没有得到国际认可；当前在移动通信从 3G 走向 4G 时，中国的 TD-LTE 技术为全球业界热捧，在国际电信联盟确定 4G 标准时，中国有望在新一代移动通信技术革命中占据先机。

根据物联网技术与应用密切相关的特点，可将相关技术分为技术基础和应用子集两个层面，如图 2-19 所示。在技术和应用两个层面上，都应该设立相关的标准，在标准体系指导下，制定系统的物联网标准才能让物联网产品研发和应用得到良性发展。通过对各类物联网所使用技术和当前应用领域的划分，可以按照图 2-19 讨论相关的物联网标准的体系：技术基础包括通用规范、接口标准、协同处理组件、网络安全等多个方面的技术基础规范和产品，而应用子集类也应有其行业规范和标准体系。

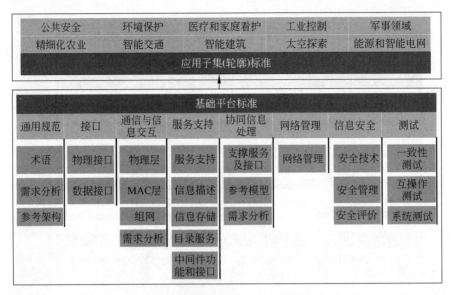

图 2-19 物联网的技术标准的体系框架

2.3 物联网关键技术

IBM对智慧地球的3I描述是"更透彻的感知、更全面的互联和更深入的智能",并非偶然地,这个3I恰好对应了物联网感知、传输和应用3个层次,而这3个"更"则对应着3个方面技术的应用和技术的进步。

2.3.1 感知技术

"物联网"是将物体联结起来的网络,而物体的存在、属性、移动和变化,需要被感知。物联网对物体的感知依赖的是感知技术,通过装置在各类物体上的射频识别、传感器、二维码等,经过接口与无线网络相连,从而实现对物体的感知。感知层是物联网发展和应用的基础,RFID技术、传感和控制技术、短距离无线通信技术(WiFi、蓝牙、ZigBee等)是感知层涉及的主要技术。其中又包括芯片研发、通信协议研究、RFID材料、智能节点供电等细分技术。本节概要介绍与物联网起源密切相关的两类感知技术:射频识别(RFID)技术和无线传感网(WSN)技术。

1. RFID技术

RFID又称电子标签,是一种通信技术,可通过无线电信号识别特定目标并读写相关数据,而无须识别系统与特定目标之间建立的机械或光学接触。RFID标签分为被动、半被动、主动3类。由于被动式标签具有价格低廉、体积小巧、无需电源的优点,目前市场上使用的RFID标签主要是被动式的。RFID技术主要用于绑定对象的识别和定位,通过对应的阅读设备对RFID标签Tag进行阅读和识别。RFID技术在物流领域应用广泛,成为物联网源头技术之一。

2. WSN 技术

WSN 多指以电池供电的、具有弱计算机能力、传输能力和存储能力的传感器节点以自组织方式形成的资源受限网络,已经在医疗、工业、农业、商业、公共管理、国防等领域得到了广泛应用。

传感器网络利用部署在目标区域内的大量节点,协作地感知、采集各种环境或监测对象的信息,获得详尽而准确的信息,并对这些数据进行深层次的多元参数融合、协同处理,抽象环境或物体对象的状态。此外,还能够依托自组网或定向链路方式将这些感知数据和状态信息传输给观察者,将逻辑上的信息世界与客观上的物理世界融合在一起,改变人类与物理世界的交互方式。

无线传感器节点是物联网伸入自然界的触角,主要负责信息的采集并将其他如光信号、电信号、化学信号转变为电信号并送给微控制器,根据应用环境,环境参数设置有所不同,对传感器的选择也有所区别;无线收发器负责与网关之间的通信;微控制器负责协调系统的工作,接受传感器发送的信息并控制无线收发器的工作。电源及电源管理模块为系统的工作提供可靠的能源。

传感器网络的广泛使用还存在很多挑战和困难:

- 传感器处理能力和传感能量有限。由于传感器由电池提供能量且在运行过程中电池不能被补充或者替换,为了节省能量,每个节点不能总是处于活动状态。因此,能量往往成为进行传感网项目设计的首要考虑因素。
- 由于能量匮乏、物理损害以及环境的干扰,传感器节点有倾向于失败的危险。因此,传感器网络协议应该具有智能性和自适应性。
- 单个节点产生的信息通常是不准确或者不完全的,因此进行追踪时需要多个传感器节点进行协作。

2.3.2　传输技术

传输层是物联网的神经中枢,建立在现有的移动通信网和互联网基础上,包括各种接入设备、通信以及与互联网的融合。从更抽象的意义上,物联网实现的是物理世界、虚拟世界、数字世界与社会间的交互,如图 2-20 所示。

典型的物联网通信模式主要分为"物与物"和"物与人"通信:

- "物与物"通信技术主要实现"物"与"物"在没有人工介入的情况下的信息交互。譬如,物体能够监控其他物体,当发生应急情况,物体能够主动采取相应措施。M2M 技术就是其中的一种形式,但是目前 M2M 技术实现的大多是大型 IT 系统的终端设备。

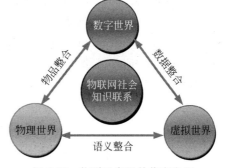

图 2-20　物联网实现的信息交互

- "物与人"通信技术主要实现"物"与"人"之间的信息交互(包括人到物,以及物到人的通信)。例如,人对物体的远程控制,或者物体主动将自身状态和感知到的信息报告给人。

除了典型的"物与物""物与人",物联网中的信息交流还包括"人与人",但是万物在物联网模式下如何才能实现通信呢? 一个普遍乐观的看法是,未来的物联网会给每一个联网的物体或人分配一个 IPv6 地址进行通信。对此,有专家认为,IPv6 在技术上比较好地解决了 IPv4 的问题,包括安全性、移动性、质量上都有了改善,是一个相对比较好的技术。但是它也存在很大的危机,如 IPv6 是以固定有线网为主设计的,在无线移动环境下应用比较困难。而且物联网末梢节点需要的是"轻量级"通信协议,无法承载 IPv6。而且 IPv6 地址和 IPv4 一样,均有双重性,是位置信息和用户信息的捆绑,这种捆绑对安全性和移动性而言,本身就存在先天的弊端。

IPv4 与物联网发展

截至 2010 年 3 月,全球可分配的 A 类 IPv4 地址段只剩下 22 个,预计 2012 年,亚洲地址管理分支机构 APNIC 的 IPv4 地址池将耗尽,届时我国公司将无法再申请到 IPv4 地址。事实上,我国已获得的 IPv4 地址份额只占到全球的 6.3%,这和我国巨大的市场并不相称。物联网终端数量持续上升,逐渐成为上百亿的数量级,从国际和国内两个方面看,尚不能满足互联网和移动互联网的地址需求的 IPv4,对物联网业务发展问题势必带来很大的问题。

IP 地址之外的另一个问题是通信带宽问题,未来物联网数据迅速增加,对通信带宽和传输速率的要求会比现在高很多,因此各地出现了宽带提速计划。据美国联邦通信委员会透露,将在 2020 年向美国家庭提供更快速的网络,包括向 1 亿美国家庭提供速度为 100Mbps 的网络,还计划在 2020 年前向学校和政府部门等社区机构提供 1Gbps 高速网络。超高速宽带也受到欧盟的青睐。欧盟委员会在近日推出"欧洲 2020 战略"建议方案提出了构建"创新型联盟"的设想。这一战略指出,到 2013 年,全面普及宽带网,到 2020 年,所有互联网接口的速度将达到 30Mbps 以上,其中 50%的家庭用户的网速要在 100Mbps 以上。

我国仍处于"低速宽带"阶段。我国互联网网速平均速率仅为 1.774Mbps,排名全球 71 位,大部分以 512kbps 或 2Mbps 为主。在接入速率上与日本、韩国等发达国家还有很大的差距。目前,韩国互联网平均传输速度到达 20.4Mbps,位于全球第一,日本次之,达到 15.8Mbps。接入速率远远落后于世界先进水平,已成为我国宽带发展的瓶颈。据 OECD (Organization for Economic Co-operation and Development,经济合作与发展组织)的统计, 2007 年 10 月,OECD 主要国家的平均网络下行速率为 17.4Mbps,日本超过 90Mbps。而中国大多数下行速率都不超过 4Mbps。同时,因为是共享宽带,在高峰时段速率会更低。

FTTP(光纤到户)

FTTP(fiber to the premise,光纤到用户所在地),北美术语,它包括 FTTB(fiber to the building)、FTTC(fiber to the curb)以及狭义的 FTTH。FTTP 将光缆一直扩展到家庭或企业。由于光纤可提供比最后一公里使用的双绞线或同轴电缆更多的带宽,因此运营商利用它来提供语音、视频和数据服务。FTTP 具有 25Mbps 到 50Mbps 或更高的速度,相比之下,其他类型的宽带服务的最大速度约为 5Mbps 到 6Mbps。此外 FTTP 还支持全对称服务。

此外,业内专家认为,要实现物联网的通信,还应解决以下问题:

(1) 高能效通信方式的实现。

(2) 多频率射频前端和协议模式研究。

(3) 基于软件无线电(SDRs)和认知无线电(CRs)的物联网通信体系架构。

(4) 物联网扩频通信和频谱分配的研究。

2.3.3 应用层支撑技术

应用层包含一个应用支撑子层,感知数据的管理与处理技术是其中的一个核心技术,包括传感网数据的存储、查询、分析、挖掘、理解以及基于感知数据决策和行为的理论和技术。

云计算平台作为海量感知数据的存储、分析平台,也是物联网支撑技术的重要组成部分,是应用层众多应用的基础。通信网络运营商在物联网网络层占据重要的地位,拥有占据信息传输渠道的得天独厚条件,通信运营商必将投入到正在高速发展的云计算平台中,在产业链中占据另一有利位置。

物联网应用层利用经过分析处理的感知数据,为用户提供丰富的特定服务。物联网的应用可分为监控型(物流监控、污染监控)、查询型(智能检索、远程抄表)、控制型(智能交通、智能家居、路灯控制)、扫描型(手机钱包、高速公路不停车收费)等。应用层拓展的关键是行业软件开发、应用条件下的智能控制等开发技术,是各类信息技术的综合使用,其目的是为用户提供丰富多彩的物联网应用,一方面推动物联网的普及,为大众服务,另一个方面也给整个物联网产业链带来利润,转而继续推动物联网产业的发展。

2.4 是或不是物联网

至此,我们已经通过几个大家公认的物联网系统总结出物联网的共性的体系结构、技术体系,并讨论其关键技术。我们可以试图来分析一下,一些流行的系统、概念,如智能物理系统(cyber-physical system,CPS)、传感网、绿野千传和呼叫中心等,是不是物联网。虽然当前对物联网的认知已经不再是一个话题,但是保留这种当年的讨论,可以给读者以回顾历史的厚重感,并因此了解一个新技术、一个新概念、一个新产业发展的初期纷扰。

2.4.1 CPS

业界对 CPS 是不是物联网还是有争执的。有很多专家直接声称,"这个东西在中国叫物联网,在美国叫 CPS"。那么 CPS 到底是不是物联网的另一个名称?又或者 CPS 到底是不是物联网?和物联网有什么联系和区别?实际上,物联网和 CPS 是两项相对独立的技术,两者因为关键技术相近,应用案例相似,有很多相通之处,常常给人带来概念上的混淆,导致有人认为两者只是"叫法上的不同,实质上却是相同的"。

1. CPS 的概念及发展历程

CPS 是一个综合计算、网络和物理环境的复杂系统,通过 3C(computation、

communication、control)技术的有机融合与深度协作,实现现实世界与信息世界相互作用,提供实时感知、动态控制和信息反馈等服务。CPS在信息方面就像一面镜子,通过传感技术与通信技术将现实世界与信息虚拟世界一一对应起来。它的控制反馈功能又把镜子两侧的世界互动了起来。信息世界可以控制物理世界的事物或环境,物理世界亦可以影响信息世界的事物或环境。CPS让现实世界和信息世界形成一个闭环系统。

CPS系统可以用迪斯尼探索(QUEST)中有一个看起来与普通视频游戏差别不大的驾车游戏来描述。屏幕上显示的图像是装在一辆真实小车上的摄像机拍摄的,而这辆小车是行驶在一个真实迷宫里;游戏者操纵虚拟世界里的小车,也同时操纵着现实世界里的小车,后者再把现实世界的图像传回虚拟世界。由此可见,不同于物联网强调网络的连通作用,CPS更强调网络的虚拟作用。

从发展历史来看,CPS主要由美国国家科学基金会推动,美国国家科学基金会已经先后资助了99个CPS项目,吸引了大量的学者参与。2006年10月美国国家科学基金会召开了CPS的专题研讨会(workshop),并成立了一个专门的研究小组,由数十位著名教授组成。在2006年至2008年间还召开了若干专题的CPS研讨会。

自2008年4月起美国每年举行一次CPS周(CPSWeek),聚集世界各国的学者共同讨论技术发展;实施系统领域国际知名学术会议RISS(IEEE Real-Time Systems Simposium,实时嵌入式系统研讨会)从2008年开始为CPS开辟了专题(Session);分布式计算领域著名学术会议ICDCS于2009年组织了CPS的专题研讨会;2010年4月,由ACM和IEEE联合支持的第一届CPS国际学术会议ICCPS(International Conference on Cyber-Physical Systems)在斯德哥尔摩召开。

2. CPS的关键技术与应用案例

就定义而言,物联网与CPS的相同点颇多。它们都需要感知技术、计算技术、信息的传递与交互技术;两者的目的都是增加信息世界与物理世界的联系,使计算能力能更有效地服务于现实应用。但是它们也有明显的不同,下面通过实际应用案例来对两者的差别进行分析。

(1)自适应的农田灌溉系统:感知到农田水分和湿度之后,自适应地进行喷水加湿或者灌溉。在这个过程中,感知和控制一体化,完成了对农田的监控以及对监控信息的反馈,是典型的CPS。然而,正如前面分析的,如果这个自适应控制系统在物理上无法通过Internet实现异地访问和控制,则不能成为物联网。

(2)智能红绿灯:通过传感当前十字路口的车流情况并与周围十字路口交换信息,自适应调节红绿灯的转换周期,从而最好地保证十字路口的吞吐量,这是CPS在智能交通中的典型应用,但是我们无法称呼那个停在十字路口的独立的铁疙瘩为物联网,显然的事实是,它没有实现物物的互联。

(3)无人驾驶车辆:和智能红绿灯一样,一辆独立的无人驾驶车辆是典型的CPS,却不是物联网,同样明显的事实是,它并不具有物联网的三层结构,也不曾实现物和物的联系,仅仅是一个"感知-反馈"系统。

事实上,也有很多典型的物联网系统不是CPS,例如,通过网络查询快递的物流信息就是一项简单的物联网应用,但是这不是CPS,因为查询者无法控制快递的过程;另外,公交手机支付系统,目前在我国若干城市开始试行了,即把手机当作交通一卡通来支付无人售票的公共交通费。这一应用只是感应手机的ID号与网络中的信息匹配,并从中扣取费用,所以这项应用涉及公交行业无线视频监视平台、智能公交站台、电子票务和车管专家等业务,而用户又可以在互联网的终端随时查询.自己的余额和消费信息等,明显属于物联网范畴。但是这个智能支付不产生对现实世界的控制,因此也不是 CPS。

2.4.2 WSN

也有一种观念认为传感网就是物联网。事实上,传感网就是无线传感器网络的另一种表达,熟悉物联网概念和应用的人都知道,这是物联网前端感知子网的重要组成部分。然而一旦传感网被大量部署并接入 Internet,成为可以以"任何地点、任何时间、任何人、任何物"的形式部署的泛在传感器网络(ubiquitous sensor networks),那就具备了现代物联网的基本特征,同样,若把智能传感器的感知范围扩展为 RFID、视频感知等所有的数据采集技术,则泛在传感器网络等同于现在我们提到的物联网。

WSN 是面向应用的,其产生和发展一直都与应用相联系,多年来经过不同领域研究人员的演绎,WSN 技术在军事领域、精细农业、安全监控、环保监测、建筑领域、医疗监护、工业监控、智能交通、物流管理、自由空间探索、智能家居等领域都得到了广泛的应用。

2005 年,美国军方成功测试了由美国 Crossbow 产品组建的枪声定位系统,为救护、反恐提供有力手段。美国科学应用国际公司采用无线传感器网络,构筑了一个电子周边防御系统,为美国军方提供军事防御和情报信息。由于无线传感器网络具有密集型、随机分布的特点,使其非常适合应用于恶劣的战场环境,包括侦察敌情,监控兵力、装备和物资,判断生物化学攻击等多方面用途。美国国防部远景计划研究局已投资几千万美元,帮助大学进行"智能尘埃"传感器技术的研发。哈伯研究公司总裁阿尔门丁格预测,智能尘埃式传感器及有关的技术销售将从 2004 年的 1000 万美元增加到 2010 年的数十亿美元。

中科院微系统所主导的团队积极开展基于 WSN 的电子围栏技术的边境防御系统的研发和试点,已取得了阶段性的成果,2010 年应用于世博会场馆的入侵检测系统引起了世界的瞩目。

英特尔研究实验室研究人员曾经将 32 个小型传感器连进互联网,以读出缅因州"大鸭岛"上的气候,用来评价一种海燕筑巢的条件。由此展现出无线传感器网络可以跟踪候鸟和昆虫的迁移,研究环境变化对农作物的影响,监测海洋、大气和土壤的成分等。图 2-21 便是大鸭岛生态环境监测系统。

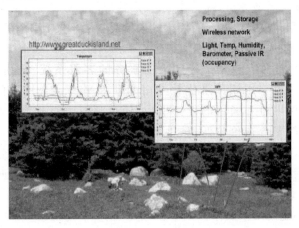

图 2-21 大鸭岛生态环境监测系统

罗彻斯特大学的科学家使用无线传感器创建了一个智能医疗房间,使用微尘来测量居住者的重要征兆(血压、脉搏和呼吸)、睡觉姿势以及每天 24 小时的活动状况。英特尔公司也推出了无线传感器网络的家庭护理技术。该技术是作为探讨应对老龄化社会的技术项目 CAST(center for aging services technologies)的一个环节开发的。该系统通过在鞋、家具以及家用电器等家中道具和设备中嵌入半导体传感器,帮助老龄人士、阿尔茨海默氏病患者以及残障人士更好地完成家庭生活。利用无线通信将各传感器联网可高效传递必要的信息从而方便接受护理,并减轻护理人员的负担。

2.4.3 呼叫中心

呼叫中心又叫做客户服务中心,它是一种基于 CTI(computer telephony integration)技术、充分利用通信网和计算机网的多项功能集成,并与企业连为一体的一个完整的综合信息服务系统,利用现有的各种先进的通信手段,有效地为客户提供高质量、高效率、全方位的服务。初看起来呼叫中心好像是企业在最外层加上一个服务层,实际上它不仅仅为外部用户,也为整个企业内部的管理、服务、调度、增值起到非常重要的统一协调作用。

1. 呼叫中心的技术发展历史

呼叫中心的发展大体上经历了 5 个阶段,从最初的人工热线电话系统,到今天集成各种联络方式的多媒体通信中心,各个阶段的特点如下:

第一代呼叫中心是常见的人工热线电话系统,指一个由两人或更多人组成的、在一个特定地方用专用设备处理电话业务的小组。这些人就是通常所说的呼叫中心代理(人)。一个呼叫中心可以只提供信息接收服务,或者只提供信息发送服务,或者是一个混合式呼叫中心,其呼叫中心代理会负责这两项工作。其硬件设备为普通电话机或小交换机(排队机),造价低、功能简单、自动化程度低,一般仅用于受理用户投诉、咨询。这种基本人工操作、对话务员的要求相当高的电话呼叫中心,劳动强度大、功能差,已明显不适应时代发展的需要,仅适合小企业或业务量小、用户要求不高的企业、单位使用。

第二代呼叫中心是交互式自动语音应答系统,广泛采用了计算机技术,如通过局域网技术实现数据库数据共享;语音自动应答技术用于减轻话务员的劳动强度,减少出错率;采用自动呼叫分配器均衡坐席话务量、降低呼损,提高客户的满意度等。但第二代呼叫中心需要采用专用的硬件平台与应用软件,还需要投入大量资金用于集成和客户个性化需求,灵活性差、升级不方便、风险较大、造价也较高。

第三代呼叫中心是兼有自动语音和人工服务的客服系统,采用 CTI 技术实现了语音和数据同步。它主要采用软件来代替专用的硬件平台及个性化的软件,由于采用了标准化的通用的软件平台和通用的硬件平台,使得呼叫中心成为一个纯粹的数据网络。该系统所采用的硬件平台造价较低,软件系统可以不断增加新功能,特别是中间件的采用使系统更加灵活,系统扩容升级方便;无论是企业内部的业务系统还是企业外部的客户管理系统,不同系统间的互通性都得到了加强;同时还支持虚拟呼叫中心功能(远程代理)。

第四代呼叫中心是网络多媒体客服中心,是一种基于 Web 的呼叫中心,能够实现 Web Call、独立电话、文本交谈、非实时任务请求,具有接入和呼出方式多样化的特点。该系统支持电话、VOIP 电话、计算机、传真机、手机短信息、WAP、寻呼机、电子邮件等多种通信方式，能够将多种沟通方式格式互换，可实现文本到语音、语音到文本、E-mail 到语音、E-mail 到短消息、E-mail 到传真、传真到 E-mail、语音到 E-mail 等自由转换。该系统还引入了语音自动识别技术，可自动识别语音，并实现文本与语音自动双向转换，即可实现人与系统的自动交流。

第五代呼叫中心是基于 UC(unified communication)、SOA(service oriented architecture)和实时服务总线技术的，具备 JIT(just in time)管理思想和作为全业务支撑平台 TSP(totally service platform)的呼叫中心。表 2-2 从运营管理、技术平台以及功能作用等几个方面对第五代呼叫中心与前 4 代进行了比较。

表 2-2　现代呼叫中心发展历史

呼叫中心	运营与管理	技术与平台	作用与地位
第一代	话务人员负责投诉和咨询电话，呼叫需要排队	人工热线电话系统	处理简单的业务，是企业里的从属部门，属于成本部门
第二代	具备录音、监听功能，能够提供基本的呼叫报表	交互式自动语音应答系统	具备了初步与客户互动的能力，属于成本部门
第三代	有排班管理系统，能全面进行数据分析，开始开展外呼业务	兼有自动语音和人工服务	可以进行电话营销，实现数据与语音的融合；成为企业开展业务的根本，由成本部门向利润部门转变
第四代	拥有统一整合的数据模型，客户联络融入整个企业	客户互动中心	在企业运营过程中，通过呼叫中心整合工作流程，成为企业面向客户的窗口
第五代	容许客户以各种联络方式联系呼叫中心，呼叫中心如同管理电话一样管理这些联络方式	统一通信多媒体中心	呼叫中心已成为企业管理客户、扩展销售的重要门户

2. 呼叫中心主要应用领域

呼叫中心主要应用于客服部门、销售部门、技术维修部门以及物流部门，在这些部门，呼叫中心作为响应客户需求的中心，发挥如下作用：

(1) 通过信息共享，快速、准确地满足用户查询和申报服务，服务质量大大提高。

(2) 便于建立用户专属的服务档案，建立人性化的服务体系，极大提升了客户满意度，进而促进用户忠诚度。

(3) 以较少的工作人员完成更多更好的服务，节省开支。

(4) 减少纸面作业，便于信息、资料共享，节省办公开支，保密性也较好。

(5) 整合电子商业工作流，简化了商业运作，促进企业管理。

(6) 此外，利用呼叫中心建立的庞大客户资料库，亦可进行电话、网络推销，提供市场调查、咨询服务等增值业务出租，产生较大的经济效益。还可以提供呼叫中心出租业务，为其他企业和政府提供服务。

3. 呼叫中心与物联网的关系

通过对比物联网与呼叫中心的概念、历史以及功能，可以看出，物联网实现的是物与物、人与人和人与物之间的互联、互通性;而呼叫中心只是涉及了物联网中人与人的交互中的一部分,即企业和客户之间的连通,它只是为现代社会提供便捷、全能的客户沟通解决方案,并未实现物联网意义上的物物互联,如图 2-22 所示。

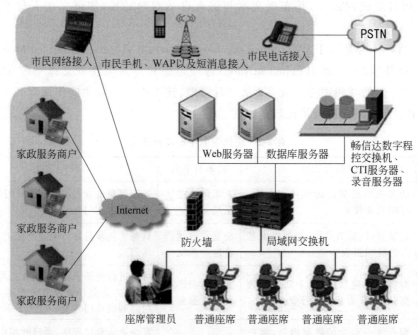

图 2-22　家政服务呼叫中心网络拓扑图

2.4.4　绿野千传

"绿野千传(GreenOrbs)"是香港科技大学、清华大学刘云浩教授组织的一个大规模的传感网应用实例,其目的是突破自组织传感器网络大规模应用壁垒。从科学研究的角度看,它的主要目的是以传感网系统应对长期大规模的连续环境监测遥感、精确的林业测量和林业研究的需求,试图通过一个具体的应用场景来回答研究界和工业界关注的 3 个问题:

(1) 长期、大规模 WSNs 面临的基本挑战是什么?

(2) 有哪些研究和技术问题必须要解决?

(3) 未来 WSNs 研究潜在的设计空间在哪?

"绿野千传"是一个在森林中部署、包含 1000 个以上节点且持续工作一年以上的 WSN系统。通过在"绿野千传"中的经历,对于这种长期、大规模 WSNs 所面临的挑战以及潜在的设计空间,诸如能耗、调度与同步、路由效率、链路估计、封装、部署、诊断、容错等问题,对传感网络的应用具有一个深刻的认识。

"绿野千传"有两个方面的典型应用。第一种应用是郁闭度测量。郁闭度被定义为架空植物垂直阴影与地面总面积的比值。郁闭度是一个广泛使用的描述森林状况的指标,此外在生态系统管理和灾害预报中也有许多重要的用途。传统林业中郁闭度的测量要么准确性差,要么需要高昂的成本。而基于定量测量技术的无线传感器网络,"绿野千传"可以实现准确和经济的大森林郁闭度测量。

> **低碳的"森林方案"**
>
> 　　2007 年 9 月 8 日,时任国家主席胡锦涛在悉尼 APEC 非正式会议上提出了"森林方案",强调通过森林的恢复和增长来增加碳吸收,减缓气候变化;2009 年 9 月 22 日在纽约 G20(二十国集团)气候变化峰会上,他也提出用"森林碳汇"来减缓气候变化——发展林业是应对全球气候变化的战略选择。因此林业方案在我国生态可持续发展中占据了独特的地位。

　　"绿野千传"的另一个应用是森林火灾风险评估。传统的方法基于对宏观天气预报的分析,包括温度、湿度和风力,但只能提供不准确的评估。事实上,真正的火灾危险更多地与当地的实际情况和地面的人类活动相关。通过在森林中部署传感器节点,"绿野千传"可以监测当地环境的关键因素,并以此作为准确火灾风险评估的重要输入。

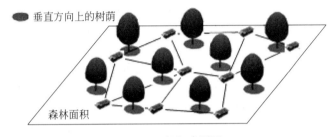

图 2-23　郁闭度测量

　　作为大规模传感网络的典型应用,"绿野千传"是不是物联网,就要留作习题给本书的读者思考与讨论了。

　　表 2-3 中列举了几个在学术界有影响的无线传感器系统。

表 2-3　在学术界有影响的无线传感器系统

系统名称	研制单位	系统规模	部署时长	部署方式	电源类型
VigilNet	弗吉尼亚大学	200	3～6 个月	室外应用系统	干电池
Motelab	哈佛大学	190	常年运转	室内试验平台	有线电源
SensorScope	洛桑理工学院	97	6 个月	室外应用系统	干电池
Trio	加州伯克利	557	4 个月	室外应用系统	太阳能电池
GreenOrbs	香港科大	120 个逐步增加至 1000 个以上	2009 年 5 月至今	森林生态监测	不可再充电设置

思考题

1. 列举几个你所了解的物联网的典型应用。

2. 罗列一下智能电网的特点及关键技术。

3. 名词解释：3I,CPS,CTI。

4. 物联网的关键技术有哪些？请说明它们在物联网中的作用是什么。

5. 画出物联网的体系结构，并尝试罗列各层次的关键技术。

6. 总结出物联网必须具备的特征，并据此回答"绿野千传"是不是物联网。

7. （思考创新题）你身边的、熟悉的领域里，哪些算物联网的应用，哪些可以应用物联网提供更好的服务？请思考如何使用各类物联网关键技术搭建一个这样的物联网。

第3章　物联网感知与数据采集

一个具体的物联网应用涉及数据采集、数据传输和数据处理等多个环节。其中,数据感知和采集是物联网应用中的重要一环,前端数据质量的好坏直接影响到后端数据处理的精度和相应的控制功能能否正确实现。本章介绍物联网前端子网的节点感知和数据采集技术,内容涵盖了感知节点、RFID 读写系统、节点位置感知和定位以及数据采集原理等内容。

3.1　感知节点与传感芯片

本节介绍物联网中感知节点的组织结构、几类不同功能的典型传感器节点和常用的传感器板。

3.1.1　几类典型感知节点

目前,物联网中无线传感器网络硬件节点平台可以按多种划分标准进行分类,例如,按节点控制器类型划分(ATmega 系列、MSP430 系列和 ARM 系列等),按节点无线通信接口芯片划分(TR1000、CC1000、CC2420 和 nRF2401 等),也可以按节点的操作特性来划分。其中,按照节点操作特性来划分传感器节点,可以把传感器节点硬件平台分为 4 类,包括特定传感器平台、通用传感器平台、高性能传感器平台和网关节点平台。

ARM

ARM(advanced RISC machines)既可以认为是一个公司的名字,也可以认为是对微处理器的通称,还可以认为是一种技术的名字。通常认为,ARM 是专门从事基于 RISC(reduced instruction set computer,精简指令集计算机)技术的芯片设计开发公司,作为知识产权供应商,本身不直接从事芯片生产,靠转让设计许可由合作公司生产各具特色的芯片。

---

1. 特定传感器平台

特定传感器平台侧重于节点的超低功耗和体积微型化设计,但同时也决定了其处理能力和传输能力非常有限。例如,加州大学伯克利分校的 Spec 节点就是在 2.5mm×2.5mm 的硅片上集成了处理器、RAM、通信接口和传感器的一种节点,它依靠一个附带的微型电池供电,可以连续工作几年,不过,在其原型版本实现中只有单向的通信链路。另外,由加州大学伯克利分校在 1999 年研发的 Smart Dust 也是一种超微型的节点,其体积的设计目标是 1mm^3 左右。

　　为了减少体积和功耗,Smart Dust 放弃了传统的射频通信方式,而是采用光通信作为它的通信方式,由于采用了光通信的主动和被动两种工作模式,其功耗可以进一步降低。同时,Smart Dust 节点采用了微机电系统(micro electro mechanical systems,MEMS)技术,该技术融合了硅微加工、光刻铸造成型和精密机械加工等多种微加工技术,使得节点的长度在5mm 之内,Smart Dust 节点的大小如图 3-1 所示。Smart Dust 节点设计采用了 SoC(system on chip)技术,在一个芯片上集成了传感器、处理器、光通信装置等器件,即一块芯片就是一个计算机系统。SoC 技术成功地减小了节点的体积,而且降低了功耗。

图 3-1　Smart Dust 节点

2. 通用传感器平台

　　通用传感器平台对体积要求有所放宽,注重于节点的可扩展性和测试需求,但是同样对节点功耗有较严格的要求,目前,在实验研究和产品化中这类平台应用最多。该类型中以加州大学伯克利分校的 Mica 系列节点为典型代表,主要包括 Rene、Mica、Mica2、Mica2dot 和MicaZ 等不同版本,还包括性能增强版本 IRIS 节点。另外,还包括 Sun 公司生产的 Sun SPOT 节点、我国中科院计算技术研究所宁波分部设计生产的 GAINSJ 系列节点。

　　1) MicaZ 节点

　　MicaZ 节点是工作在 2.4 GHz、运行 IEEE 802.15.4 协议的节点模块,由美国Crossbow 公司生产,其实物如图 3-2(a)所示,可用于低功耗、低速率的无线传感器网络。MicaZ 节点采用 Atmel 公司的 ATMega128L 微处理器,该处理器是 8 位的 CPU 内核,工作在 7.37MHz,内部具有 128KB 的 Flash ROM,可用于存放程序代码和一些常数,具有 4KB 的 SRAM,用于暂存一些程序变量和处理结果。在 MicaZ 节点上的射频通信模块采用CC2420 芯片,支持 IEEE 802.15.4 标准,传输速率达到 250 kbps,具有硬件加密(AES-128)功能。MicaZ 节点能够通过标准 51 针扩展接口与多种传感器板和数据采集板连接,支持模

(a) MicaZ节点　　　　　　　　(b) GAINSJ节点

图 3-2　两个通用传感器节点平台

拟输入、数字 I/O、I2C、SPI 和 UART 接口，使其易于与其他外设连接，例如，可扩展连接 Crossbow 公司的 MTS400 传感器板，可以采集光、温度、气压、加速度/振动、声音和磁场等信息。

MicaZ 节点相比前几代 Mica 节点增加了一些新的特性，从整体上提高了 Mica 系列无线传感器网络产品的性能。其特点主要如下：

(1) IEEE 802.15.4/ZigBee 协议的射频(RF)发送器；

(2) 2.4～2.4835GHz 的全球兼容 ISM 波段；

(3) 直接序列扩频技术，抗 RF 干扰、数据隐蔽性好；

(4) 250 kbps 的数据传输率；

(5) 可运行传感网微操作系统 TinyOS 1.1.7 或者更高版本，也可运行 Crossbow 公司的可靠的 mesh 网络软件操作平台 Moteworks；

(6) 即插即用，可连接 Crossbow 的所有传感器板、数据采集板、网关。

2) GAINSJ 节点

GAINSJ 节点采用了 Jennic 公司的 SoC 芯片 JN5139，此芯片集成了 MCU 和 RF 模块。GAINSJ 节点实物如图 3-2(b)所示，节点板上具有温/湿度传感器，与 PC 采用 RS-232 通信接口相连，而且提供了 JN5139 的 I/O 扩展端口，并将其引到节点的插排上，用户可以根据不同的应用需求进行设计开发。每个 GAINSJ 节点都拥有 ZigBee License，用户可以无限制地使用而不必再为此支付任何费用。

GAINSJ 节点的主要特点如下：

(1) 节点将 JN5139 SoC 芯片和温/湿度传感器等集成于一体。

(2) 芯片的 CPU 采用 16MHz 32 位 RISC 核，通信接口兼容 2.4GHz 的 IEEE 802.15.4 标准。

(3) 芯片具有 128 KB 的 Flash 存储器和 96KB 的 RAM 存储器。

(4) 无线通信接口的工作频率在 2400～2483.5MHz 范围内。

(5) 节点无线传输速率不超过 250kbps。

(6) 节点上具有两个复位开关、一个电源选择开关和 3 个 LED 指示灯。

(7) 通过 RS-232 接口与 PC 通信，节点上具有外扩 40 针 I/O 接口。

GAINSJ 开发套件提供了完整且兼容 IEEE 802.15.4 标准和 ZigBee 规范的协议栈，可以实现多种网络拓扑：Star、Cluster、Mesh。在此基础上用户可以根据协议栈提供的 API 设计自己的应用，组成更复杂的网络。

与 GAINSJ 硬件节点配合使用的套件功能强大，该套件提供了资源丰富的软/硬件开发平台，以及针对 GAINSJ 节点的 WSN 网络可视化软件。套件中还提供了基于 C 语言的开发环境、调试器和 Flash 编程器、网络分析工具等，使得用户可以将该套件广泛应用于工业、科研和教学等领域。

Crossbow 公司

克尔斯博科技有限公司(Crossbow Technology Inc.)成立于 1995 年，是无线传感器网络和惯性传感器系统顶级终端解决方案供应商。克尔斯博领导新一代的技术革命，通过无线传感器网络技术沟通了物理世界与数字世界，并将 MEMS 技术广泛应用在陆海空领域。

3. 高性能传感器平台

高性能传感器平台的主要特点是处理能力强、存储容量大、接口丰富。该类节点的典型代表是 Crossbow 公司生产的 Imote2，如图 3-3 所示。它采用 ARM7 TDMI 内核，可通过蓝牙接口与 PDA 等设备连接，由于功能强大，相应的系统功耗也有所增加。

Imote2 是一款先进的无线传感器节点平台，集成了 Intel 公司低功耗的 PXA271 XScale CPU 和兼容 IEEE 802.15.4 的 CC2420 射频芯片。Intel PXA271 处理器可工作于低电压（0.85V）、低频率（13MHz）的模式，可进行低功耗操作，该处理器支持几种不同的低功耗模式，如睡眠和深度睡眠模式。Imote2 节点使用动态电压调节技术，频率范围可从 13MHz 达到 416MHz。如图 3-3 所示，Imote2 的正反两面都设计有扩展接口等标准组件，正面提供标准 I/O 接口，用于扩展基本的芯片；反面附加高速接口，用于特殊 I/O。正反两面都可以连接电池板为系统提供电源。Imote2 可用于数字图像处理、状态维修、工业监控和分析、地震及振动监控等领域。

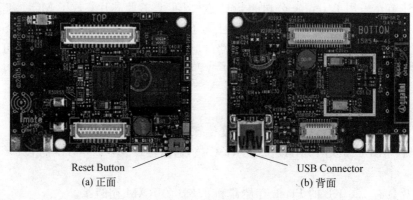

Reset Button
(a) 正面

USB Connector
(b) 背面

图 3-3　Imote2 节点

4. 网关节点平台

网关平台是无线传感器网络中不可缺少的部分，通常，它的处理能力和接口带宽比其他几类更高。它实现的是无线传感器网络与其他类型网络之间，或者是不同无线传感器网络之间的数据交换，由通用接口使用协议转换功能实现，详细内容见 3.1.3 小节。

3.1.2　节点组织结构

传感器节点一般由微控制器模块、无线通信模块、传感器模块和电源管理模块 4 个部分组成，如图 3-4 所示。微控制器模块负责控制整个传感器节点的操作，存储和处理节点采集到的数据以及其他节点转发来的数据。无线通信模块负责与其他传感器节点进行无线通信，交换控制信息和收发采集数据。传感器模块负责监测区域的信息采集和信号调理。电源管理模块为传感器节点提供运行所需要的能量，节点通常采用电池供电。某些传感器节点可能还包括外部存储器模块和定位模块等。

1. 微控制器模块

传感器节点信息处理的核心模块是微控制器，由于研究内容与应用对象的不同，使得选

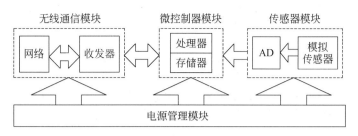

图 3-4　传感器节点组成

择的节点微控制器处理能力也大相径庭,这也是无线传感器网络面向应用特性的具体体现。加州大学伯克利分校研制的 Mica 系列传感器节点强调资源有限并注重商品化,因此,这些节点多采用在当时成本比较低的 8 位通用微控制器,而且多以星形拓扑结构组网,处理的数据也比较简单,更多时候节点只起到了数据采集的作用。

目前,许多前端传感器节点(数据采集用)都使用 ATMEL 公司 AVR 系列的 ATMega128L 处理器,以及 TI 公司生产的 MSP430 系列处理器,如图 3-5 所示。而汇聚节点(负责数据融合或数据转发的节点)则采用了功能强大的处理器,比如,ARM 处理器、8051 内核处理器或 PXA270 处理器等。

(a) ATMega128L 处理器

(b) MSP430系列处理器

图 3-5　传感器节点使用的微处理器

2. 无线通信模块

无线数据可以通过激光、红外线和射频 3 种介质进行传输。尽管激光与红外线具有能耗低、无需天线和保密性好等优点,但定向传输的特性限制了它们的应用范围,不适合传感器节点的随机布置行为。射频通信具有易于使用和易于集成等优点,使其成为理想的传感器节点通信方式。目前,传感器网络节点多采用射频芯片构建通信模块。但是采用射频通信会给节点的微型化带来困难,因为射频通信基于电磁波,为优化数据发射与接收的性能要求,天线的尺寸应为载波波长的 1/4。若载波频率为 2.4GHz,则天线的长度应为 31.25mm;而若要求天线长度为 1mm,则载波的频率应是 75GHz,目前的低功耗射频技术还无法达到这一指标。另外,射频的保密性差,通信容易被窃听,射频通信的能量开销对于能量受限的传感器节点而言也过于高昂。

现在的传感器网络节点使用较多的射频收发器是 TR1000 和 CC2420。TR1000 射频芯片仅具有基本的信号调制和信道采样功能,其他高层的功能则要由软件和其他硬件完成,这增加了微控制器的负担,加大了系统实现难度。作为第一款符合 IEEE 802.15.4 标准的射频芯片 CC2420,其内部集成了完整的 MAC 层协议,并且通过使用 ZigBee 联盟推出的网络协议栈也使得基于 CC2420 的射频通信开发过程相对容易。

3. 电源管理模块

节点的供电单元通常由电池和直流转直流电源模块(DC/DC)组成,DC/DC 模块是为传感器节点的用电单元提供稳定的输入电压。由于电池在为负载供电时,随着电量的释放,输出电压不断降低,因此通常采用升压型 DC/DC,这样可以使得电池的容量得到更为充分的利用。DC/DC 的转换效率对电池的寿命有着很大的影响,过低的转换效率会使电池的许多能量消耗在 DC/DC 上,减少了电池向传感器节点的能量供给。另外,随着电池输出电压的降低,DC/DC 会不断提高电池的放电电流,以维持节点正常工作所需的最低功率,但由于受到电池固有的额定容量效应影响,过大的放电电流会加快电池的损耗。

某些电源管理 IC 芯片能够监视电池的剩余容量,这使得节点清楚当前的能量状态。传感器网络可根据节点的能量状态动态调整网络的拓扑结构,使剩余能量多的节点承担较繁重的任务,剩余能量少的节点则转为低功耗状态,以平衡节点间的能量开销。对于节点而言,仅仅使用单一电源供电可能无法解决其尖锐的能量问题,传感器节点本身应具备能量搜集功能,能够从太阳能、机械振动等方式获得能量,这需要解决从功能材料、功率调理电路到微结构制造等一系列问题。

4. 传感器模块

节点的传感单元由能感受外界特定信息的传感器组成,相当于传感器网络的"眼睛"和"鼻子"。根据传感器感受信息性质的不同,可以把传感器分为物理量传感器、化学量传感器和生物量传感器。物理量传感器能感受声、光、热、磁和图像等信息,化学量传感器通常对某种气体敏感,而利用生物量传感器可对微生物进行快速检测,这对于军事、医疗、食品卫生等方面意义重大。此外,根据传感器提供的信号不同,可分为模拟量传感器和数字量传感器。模拟量传感器需要通过 A/D 转换接口才能与微控制器相连接,而采用数字量传感器能够简化系统设计,开发人员只须掌握如何通过微控制器的通用接口读出它的信息,不必关心信号的放大、滤波和模数转换等问题。

3.1.3 网关节点

通俗地讲,从一个网络向另一个网络发送信息,必须经过一道"关口",这道关口就是网关(gateway)。网关又称为网间连接器、协议转换器,网关在传输层及以上实现网络互联,是最复杂的网络互联设备,仅用于两个高层协议不同的网络互联。究其本质而言,网关是一种进行功能转换的计算机系统,在使用不同通信协议、数据格式,甚至体系结构完全不同的两种网络之间,实现功能的互通。

在传感器网络应用中,网关节点是无线传感器网络与有线网络/GPRS 网络连接的中转站,负责转发来自上层的命令(如查询、分配 ID 等)和来自下层节点的感知数据,具有数据融合、请求仲裁和路由选择等功能,是无线传感器网络中的一个重要组成部分。传感器网络的网关节点通常是一个嵌入式硬件设备,其硬件部分通常由微处理器单元、存储单元、无线射频收发模块和以太网通信模块等组成,如图 3-6 所示。

传感器网络网关设备的微处理单元主要用来处理从传感器节点采集到的数据以及完成

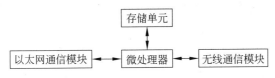

图 3-6　传感器网络网关节点的结构

一些控制功能。在设计传感器网关节点时,使用的微处理器包括 ARM 处理器、8051 内核处理器和 Intel PXA255/IXP420 等。这些处理器有较高处理速度,并兼有低功耗及高度集成性等特点。为了将采集到的数据传输到互联网上,网关设备还需要配有以太网通信模块,通过有线方式把传感器节点采集到的数据传输到互联网上,用户可以通过现场或者互联网终端来观测传感器采集到的数据。网关同时还配有与传感器节点相同的无线收发模块,该模块可以用于接收传感器节点发送的感知数据。

在 2007 年 10 月,Crossbow 公司发布了一款高性能处理平台 Stargate,可应用于嵌入式 Linux 系统的单片机、机器人控制卡、定制的 802.11a/b 网关和无线传感器网络网关。随后,又发布了高性能嵌入式传感器网络网关 NB100,作为 Stargate 的替代产品,NB100 具有丰富的用户接口、I/O 接口和预装的开发平台,便于使用。作为一个简易网关,我们也可以用节点 MicaZ 和编程板 MIB520 组合实现网关功能,在传感器网络和 PC 之间完成数据转发。

3.1.4　传感器与传感器板

1. 传感器

传感器是指能感受规定的被测量,并按照一定的规律将其转换成可用输出信号的器件或装置。传感器好比人的五官,人通过五官感知和接收外界信息,然后通过神经系统传输给大脑进行加工处理。类似地,传感器则是一个控制系统的"电五官",它感测到外界的信息后,再反馈给控制系统的处理器单元进行加工处理。

传感器种类繁多,具体应用时,必须根据实际需求选择合适的传感器。传感器有多种分类标准,按传感器感知的物理分量分类,可以分为温度、湿度、速度、位移、力、气体成分等传感器;按传感器工作原理分类,可以分为光电、电压、电阻、电容、电感、霍尔、光栅、热电耦等传感器;而按传感器输出信号的性质分类,可以分为开关量型传感器、模拟量型传感器和数字型传感器。美国 Crossbow 公司基于 Mica 系列节点开发了一系列的传感器板,采用的传感器有光敏电阻 ClairexCL94L、温敏电阻 ERT-J1VRl03J、加速度传感器 ADI ADXL202、磁传感器 Honeywe11HMC1002 等。

图 3-7 给出了数字传感器的组成结构。该传感器一般由敏感元件、转换元件、转换电路三部分组成。敏感元件是用来感受被测量的,并输出与被测量成特定关系的某一物理量;敏感元件的输出作为转换元件的输入,转换元件把某物理量输入转换成某电参数量;转换电路将转换元件输出的电参数量进行放大整形,并把该电变量模拟信号转换成数字信号输出。该数字信号与原始的被测量之间存在着对应关系,这种对应关系通常可以通过查表或用传递函数来进行描述。

2. 传感器板

为了便于使用,常常在一块电路板上集成多个传感器,比如,可以包括光强传感器、温度传感器和磁力传感器等,这样的电路板便称为传感器板(sensor board)。目前,市场上出现了许多配合传感器网络节点使用的传感器板,其中,以 Crossbow 公司的传感器板影响较大。下面介绍几种 Crossbow 公司的典型传感器板和数据采集板。

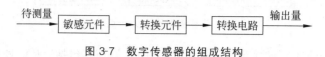

图 3-7　数字传感器的组成结构

1) MTS310 传感器板

MTS310 传感器板如图 3-8(a)所示。它是一款包含多种传感器类型的传感器板,能够采集光强、温度、声音、二维加速度和二维磁力信息。在该传感器板上还包括一个蜂鸣器。通过板上的 51 针接口,MTS310 传感器板可与 Mica2、MicaZ 和 IRIS 节点连接使用,实现振动和磁场异常监测、目标定位和声跟踪等功能。

(a) MTS310传感器板　　　　　　　　(b) MDA100数据采集板

图 3-8　传感器板和数据采集板

2) MDA100 数据采集板

MDA100 传感器和数据采集板含有精密热敏电阻、一个光传感器/光电池和通用原型区,如图 3-8(b)所示。通用原型区支持 51 针扩展接口,可连接 Mica2 和 MicaZ 等节点,并提供带有 42 个未连接焊点的实验电路板,供用户灵活使用。

3) MTS420 传感器板

MTS420 是 Crossbow 公司与加州大学伯克利分校和 Intel Research Labs 联合开发的高性能传感器板,如图 3-9(a)所示,能够测量 4 个环境参数,包括有光、温/湿度、气压及振动,并提供 GPS 模块,板上具有 2KB 的 EEPROM 存储器。

(a) MTS420传感器板　　　　　　　　(b) MDA320数据采集板

图 3-9　高性能传感器板和数据采集板

MTS420 传感器板应用了新一代 IC 表贴式传感器,这种节能的电子元件延长了电池的使用寿命,提高了系统性能,使其更适合于无需维护或需要很少维护的传感器节点现场。这种多功能的传感器板适用范围非常广,从简单的无线气象站到用于环境监控的完整 mesh 网络,可应用于包括农业、工业、林业、暖通(HVAC)等许多产业。

4)MDA320 数据采集板

MDA320 是一款高性能数据采集板,如图 3-9(b)所示,具有 8 通道的模拟输入,以及 64KB 的 EEPROM 用于存储板载传感器的标定数据,它是为低成本且要求精确采集和分析类的应用而设计的。用户可以很方便地在该数据采集板上连接各种类型的传感器,如压力、红外传感器等,以扩展传感器节点的功能。

3.2　RFID 读写系统

RFID 读写系统主要由电子标签和读写器构成,但也需要结合使用许多其他组件,例如,计算机、通信网络和软件系统。电子标签、读写器和所有这些组件共同工作,组成了完整的解决方案。本节将详细介绍电子标签和读写器。

3.2.1　RFID 标签

1. RFID 技术的发展历史

RFID 技术是一种非接触式的自动识别技术,其基本原理是利用射频信号和空间耦合(电感或电磁耦合)传输特性,实现对被识别物体的自动识别。

RFID 被称做是一种新的技术,但实际上它比条形码技术还要古老。1840 年,法拉第(图 3-10)发现了电磁能,后来,麦克斯韦(图 3-11)建立了电磁辐射传播理论,提出了麦克斯韦方程组,20 世纪初,人类利用无线电波发明了雷达,通过无线电波的反射来检测和锁定目标。RFID 技术就是无线电技术与雷达技术的结合。奠定 RFID 基础的技术最先在第二次世界大战期间得到发展,当时是为了鉴别飞机,因此又被称为"敌友"识别技术,该技术的后续版本至今仍在飞机识别中使用。1948 年,美国科学家哈里·斯托克曼(Harry Stockman)开展的利用反射能量进行通信的项目可能是最早对 RFID 技术进行的研究,并且其发表的《利用反射功率的通信》论文奠定了射频识别技术的理论基础。

图 3-10　法拉第

图 3-11　麦克斯韦

> 有两个人对麦克斯韦影响最深。一个是物理学家和登山家福布斯,他培养了麦克斯韦对实验技术的浓厚兴趣;另一个是逻辑学和形而上学教授哈密顿,他用广博的学识影响着他,并用出色而怪异的批评能力刺激麦克斯韦去研究基础问题。在他们的影响下,加上麦克斯韦个人的天才和努力,麦克斯韦终于在科学上有所建树。

条形码技术产生于 20 世纪 40 年代后期,但直到 60 年代后期和 70 年代前期,这项技术才变得比较实用。当时,由于需要识别飞机的情况并不多,加之成本比 RFID 低廉,条形码技术成为自动识别技术的首选。但是随着 RFID 技术成本的逐渐降低,工业界开始用它来做更多的事情,RFID 技术在 50 年代得到了进一步的开发。60 年代,RFID 开始被用于身份识别和监测有害物质。1979 年,RFID 开始被用来鉴别和跟踪动物,到了 1991 年,美国俄克拉何马州的电子公路收费系统第一次批量使用 RFID 技术,1994 年,美国所有的轨道车都用电子标签来进行鉴别。近年来,由于半导体制造业和无线技术的发展,RFID 技术的成本得以进一步降低,特别是在多目标识别、高速运动物体识别和非接触识别等方面,RFID 技术显示出其巨大的发展潜力,这掀起了 RFID 技术研究、制造和应用的浪潮。RFID 技术已经成为 21 世纪最有发展潜力的技术之一。

2. RFID 标签的组成

RFID 电子标签一般由天线、调制器、编码发生器、时钟及存储器等模块组成。一种可能的组织结构如图 3-12 所示。

在该结构中,时钟把所有电路功能时序化(timing),以使存储器中的数据在精确的时间内被传送到读写器。存储器中的数据是应用系统规定的唯一性编码,在电子标签被安装在识别对象上以前已经被写入。标签数据被读出时,编码发生器对存储器中的数据进行编码,而调制器接收由编码器编码后的信息,并通过天线电路将此信息发射/反射到读写器。数据写入时,由控制器控制,将天线接收到的信号解码后写入到存储器。

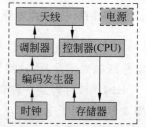

图 3-12 RFID 标签组织结构

RFID 标签是 RFID 系统中存储物体可识别数据的电子装置,通常安装在被识别对象上,存储被识别对象的相关信息,标签存储器中的信息可由读写器进行非接触式读写。

图 3-12 所示结构的电子标签具有以下功能:

(1) 具有一定的存储容量,可以存储被识别物品的相关信息。

(2) 在一定工作环境及技术条件下,存储在电子标签中的数据能够被读出或写入。

(3) 数据信息编码后,及时传输给读写器。

(4) 可编程,并且在编程以后,永久性的数据不能再修改。

(5) 对于有源标签,通过读写器能够显示电源的当前工作状态。

(6) 能够维持对识别物品的识别及相关信息的完整。

3. RFID 标签的分类

RFID 电子标签可以根据 5 种不同的方式进行分类,分类方式包括标签供电方式、标签的工作频率、标签的读写类型、标签的工作方式和标签的作用距离。

1）根据供电方式划分

根据标签的供电方式,可以把标签划分为有源标签和无源标签。有源标签是指内部有电池提供电源的电子标签。有源标签的作用距离较远,但是寿命有限、体积较大、成本较高,并且不适合在恶劣环境下工作,需要定期更换电池。无源标签是指内部没有电池提供电源的电子标签。无源标签通过耦合读写器发射的电磁场能量作为自己的工作能量,这种标签的作用距离相对于有源标签要近,但是重量轻、体积小,寿命可以非常长,成本低,而且可以制作成各种各样的体积和形状,便于使用。

2）根据工作方式划分

根据 RFID 标签的工作方式,可以把标签分为主动式标签和被动式标签。主动式标签就是利用自身的射频能量主动发射数据给读写器的电子标签,主动标签一般具有电源模块,它的识别距离较远。为了防止电源消耗在不必要的负载上,当主动标签离开读写器的场区时,标签内的数字芯片将自动进入省电的"低功耗"模式,直到电子标签从读写器接收到一个足够强的信号,使芯片重新被激活并开始正常工作。

被动式标签是指在读写器发出查询信号后,被触发才进入通信状态的电子标签。它使用调制散射方式发射数据,必须利用读写器的载波来调制自己的信号,主要应用在门禁或交通应用中。被动式标签既可以是有源标签,也可以是无源标签。

3）根据读写类型划分

根据 RFID 标签的读写类型,可以把标签分为只读型标签和读写型标签。只读型标签是指在识别过程中,内容只能读出不可写入的电子标签。只读型标签所具有的存储器是只读的存储器。只读型标签又可以分为以下 3 种。

(1) 只读标签。该类标签的内容在标签出厂时就已经被写入,识别时只能读出,不可再写入。只读标签的存储器一般由 ROM 组成。

(2) 一次性编程只读标签。该类标签可在应用前一次性编程写入,在识别过程中不可改写。一次性编程只读标签的存储器一般由 PROM 或 PAL 组成。

(3) 可重复编程只读标签。该类标签的内容经擦除后可重复编程写入,但在识别过程中不可改写。可重复编程只读标签的存储器一般由 EEPROM 或 GAL 组成。

在识别过程中,标签的内容既可被读写器读出,又可由读写器写入的电子标签是读写型标签。读写型标签可以只具有读写型存储器,也可以同时具有读写型存储器和只读型存储器。显然,读写型标签的使用过程中数据传输是双向的。

4）根据作用距离划分

根据标签的作用距离,可以把标签分为密耦合标签、近耦合标签、疏耦合标签和远距离标签。密耦合标签作用距离小于 1cm,近耦合标签作用距离大约为 15cm,而疏耦合标签作用距离大约为 1m,远距离标签作用距离最远,从 1m 到 10m,甚至可达更远的距离。

5）根据工作频率划分

根据标签的工作频率,可以把标签分为低频标签、中高频标签和超高频与微波标签三类。

(1) 低频标签。

低频标签工作频率范围为 30～300kHz,典型的工作频率有 125kHz 和 133kHz 两种。低频标签一般为无源标签,其工作能量通过电感耦合方式从读写器耦合线圈的辐射近场中获得。低频标签与读写器之间传送数据时,低频标签需要位于读写器天线辐射近场区内,工作距离一般情况下小于1m。图3-13给出了纸带式低频标签。

低频标签主要用在短距离、低成本的应用中。典型应用场合有动物识别、容器识别、工具识别、电子闭锁防盗(带有内置电子标签的汽车钥匙)等。低频标签具有省电、廉价的特点,工作频率不受无线电频率管制约束,可以穿透水、有机组织、木材等,非常适合近距离、低速度、数据量要求少的应用。

(2)中高频标签。

中高频射频标签的工作频率一般为3～30MHz,典型工作频率为13.56MHz。该频段的射频标签,从射频识别应用角度来说,其工作原理与低频标签完全相同,即采用电感耦合方式工作。中高频标签一般也采用无源标签,其工作能量同低频标签一样,也是通过电感(磁)耦合方式从读写器耦合线圈的辐射近场中获得。标签与读写器进行数据交换时,标签必须位于读写器天线辐射的近场区内,阅读距离一般情况下也小于1m。中频标签可以方便地做成卡状,可以应用在电子车票、电子身份证、电子闭锁防盗等方面。

(3)超高频与微波标签。

超高频与微波频段的射频标签简称为微波射频标签,其典型工作频率为433.92MHz、862(902)～928MHz、2.45GHz和5.8GHz。微波射频标签可分为有源标签与无源标签两类。工作时,射频标签位于读写器天线辐射的远场区内,标签与读写器之间的耦合方式为电磁耦合。读写器天线辐射场为无源标签提供射频能量,而将有源标签唤醒。工作距离一般大于1m,典型情况为4～6m,最大可达10m以上。微波射频标签的读写器天线一般均为定向天线,只有在读写器天线定向波束范围内的射频标签才可被读/写。

由于工作距离的增加,应用中有可能在阅读区域中同时出现多个微波射频标签,从而需要对多个标签同时进行读取。目前,先进的射频识别系统均将多标签识读问题作为系统的一个重要特征。微波射频标签的数据存储容量一般限定在2Kb(2K位)以内,再大的存储容量几乎没有太大意义,典型的数据容量指标有1Kb、128b、64b等,例如,由Auto-ID Center制定的产品电子代码(EPC)的容量为90b。微波射频标签主要应用在移动车辆识别、电子身份认证、仓储物流应用和电子闭锁防盗等场合。在图3-14中,微波射频标签粘贴在汽车挡风玻璃上,收费站安装有RFID阅读器,当该车经过收费站时,RFID阅读器读取车辆挡风玻璃上的标签,识别车辆,可实现不停车收费。

图3-13　纸带式低频标签

图3-14　汽车用超高频标签

3.2.2　RFID读写器

1. RFID读写系统

RFID读写系统的核心模块包括读写器和标签,其基本组织模型如图3-15所示。读写

器对发送的信息首先编码,然后加载到某一频率
的载波信号上经天线向外发送,进入读写器工作
区域的电子标签接收此信号,标签的有关电路对
此信号进行解调、解码、解密,然后判断接收的信
息是否是命令请求、密码或权限等。若为读命令,
标签的控制逻辑电路则从存储器中读取有关信
息,经加密、编码、调制后通过天线再发送给读写
器,读写器对接收到的信号进行解调、解码、解密

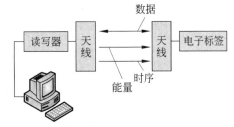

图 3-15　RFID 系统的基本模型

后送至中央信息系统进行有关数据处理。若为修改信息的写命令,则标签的有关控制逻辑
促使内部电荷泵提升工作电压,对 EEPROM 中的内容进行改写。若标签判断其对应的密
码和权限不符,则返回出错信息。

　　由图 3-15 可见,在射频识别系统工作过程中,始终以能量为基础,通过一定的时序来实
现数据的交换。因此,在 RFID 工作时涉及到能量提供、工作时序和数据交换。

　　对无源标签来说,当标签离开射频识别场时,标签由于没有能量的激活而处于休眠状
态,当标签进入射频识别场时,读写器发射出来的射频信号激活标签电路,标签通过整流的
方法将射频信号转换为电能存储在标签的电容中,从而为标签的工作提供能量,完成数据的
交换。有源标签始终处于激活状态,处于主动工作状态,与读写器发射出的射频信号相互作
用,具有较远的识读距离。

　　读写器和标签之间的工作涉及先后次序问题,也就是一般由读写器主动唤醒标签,这时
标签要做出应答。它们之间的数据通信包括读写器向标签发送数据和标签向读写器发送数
据。在读写器向标签发送数据时,既可以离线数据写入,也可以在线数据写入,无论是只读
标签还是可读写标签,都有离线写入的情况。

　　读写器与电子标签之间的通信方式是通过无接触耦合,根据时序关系,实现能量传递和数
据交换。按照读写器与标签之间射频信号的耦合方式,可以把它们之间的通信分为电感耦合
和电磁反向散射耦合两种方式。电感耦合如图 3-16(a)所示。依据电磁感应定律,通过空间高
频交变磁场实现耦合。电感耦合方式一般适合于中、低频工作的近距离 RFID 系统,典型的工
作频率有 125kHz、225kHz 和 13.56MHz,识别距离小于 1m。电磁反向散射耦合如图 3-16(b)
所示。依据电磁波的空间传播规律,发射出去的电磁波碰到目标后发生反射,从而携带回相应
的目标信息。电磁反向散射耦合方式一般适合于高频、微波工作的远距离 RFID 系统,典型的
工作频率有 433MHz、915MHz、2.45GHz 和 5.8GHz,识别作用距离大于 1m。

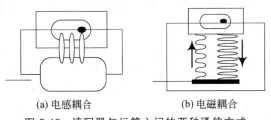

(a) 电感耦合　　　　　　　(b) 电磁耦合

图 3-16　读写器与标签之间的两种通信方式

2. 读写器的结构

各种读写器虽然在耦合方式、通信流程、数据传输方式,特别是在频率范围等方面具有

很大的差别,但是在功能原理上,以及由此决定的结构设计上,各种读写器十分类似。读写器的结构框图如图 3-17 所示。

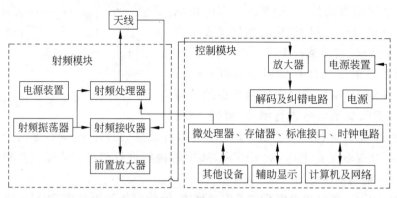

图 3-17　读写器结构框图

读写器一般由天线、射频模块、控制模块构成。

1）天线

天线是发射和接收射频载波信号的设备。在确定的工作频率和带宽条件下,天线发射由射频模块产生的射频载波,并接收从标签发射或反射回来的射频载波信号。

2）射频模块

射频模块由射频振荡器、射频处理器、射频接收器和前置放大器组成。射频模块可以发射和接收射频载波。射频载波信号由射频振荡器产生并被射频处理器放大,该载波通过天线发射出去;另一方面,射频模块将接收的标签发射/反射回来的载波解调后传给控制模块。

3）控制模块

控制模块一般由放大器、解码及纠错电路、微处理器、时钟电路、标准接口以及电源组成。它可以接收射频模块传送过来的信号,解码后获得标签内部信息。或者将要写入标签的信息编码后传送给射频模块,完成写标签操作。控制模块还可以通过标准接口,比如RS-232 接口,将标签内容和其他信息传送给后台计算机。

由图 3-17 可见,读写器可将来自主机的读写命令及数据信息发送给电子标签,发送数据前,可能需要对数据进行加密操作;电子标签返回的数据经读写器解密后送回主机,在主机端,完成标签数据信息的存储及管理等。

目前的便携式 RFID 读写器(如图 3-18 所示)是适合于用户手持使用的 RFID 读写器,一般由 RFID 读写模块、天线和掌上电脑构成,并且采用可充电电池来进行供电,本身需要一定的数据存储能力,其操作系统可以采用 Windows CE 或其他嵌入式操作系统。根据使用环境的不同,便携式 RFID 读写器可以具有其他一些特征,如防水、防尘等。这种读写器一般带有液晶显示屏,并配备有键盘来进行操作和写入数据,可以通过 RS-232

图 3-18　便携式读写器

接口或者其他无线接口实现与主机系统的通信。便携式读写器一般采用内置天线,便于移动使用,可实现远距离、全方位识别,操作简便,上电后即可工作。

3. 读写器的分类

根据射频识别应用的不同,各种读写器在结构及制造形式上千差万别,大致可以将读写器划分为小型读写器、手持型读写器、平板型读写器、隧道型读写器以及出入通道型读写器和大型通道型读写器。

1) 小型读写器

小型读写器的天线尺寸较小,其主要特征是通信距离短。因此,该类读写器适合应用在零售店等不能设置较大天线的场所,用于逐件读取商品标签。

2) 手持型读写器

手持型读写器是由操作人员手工读取 RFID 电子标签中信息的设备。手持型读写器可在内部文件系统中记录所读取电子标签的信息,并在读取 RFID 电子标签信息的同时,通过无线局域网(WLAN)等方式将接收到的信息发送给主机。手持型读写器中装有为发射射频信号提供电能的电池,电池寿命是该类读写器使用中经常遇到的问题,为了延长使用寿命,此类设备的输出功率较低,因此通信距离也比较短。

3) 平板型读写器

由于平板型读写器的天线大于小型读写器,因此通信距离比小型读写器长。此类读写器多用于运货托盘管理、工程管理等需要自动读取 RFID 电子标签的场合。

4) 隧道型读写器

一般情况下,当 RFID 电子标签与读写器成 90° 时会出现读写困难。隧道型读写器在内壁的不同方向设置了多个天线,可以从各个方向发射无线射频信号,因此能够正确读取通道内处于各种角度的电子标签。

5) 出入通道型读写器和大型通道型读写器

当持有 RFID 电子标签的人员通过时,出入通道型读写器可以自动读取电子标签的信息。出入通道型读写器多用于考勤管理、防盗等场合。大型通道型读写器多用于自动读取贴有 RFID 电子标签的车辆或货物的信息,如高速路口的不停车收费 RFID 识别系统。

4. 读写器的发展趋势

随着 RFID 技术的发展,RFID 识别系统的结构和性能也会不断提高,越来越多的应用对 RFID 系统的读写器提出了更高的要求。未来的 RFID 读写器将会有以下特点。

(1) 多功能。

为了适应市场对 RFID 系统多样性和多功能的要求,读写器将集成更多、更方便实用的功能。另外,为了满足某些应用的需求,读写器将具有更多的智能性,具有一定的数据处理能力,可以按照一定的规则将应用系统处理程序下载到读写器中。这样,读写器就可以脱离中心计算机,做到脱机工作,完成门禁、报警等功能。

(2) 接口模块化、小型化、便携式、嵌入式。

接口模块化、小型化、便携式、嵌入式是读写器市场发展的一个必然趋势。随着 RFID 技术应用的不断增多,人们对读写器使用是否方便提出了更高的要求,这就要求不断采用新的技术来减小读写器的体积,使读写器携带方便、易于使用,与其他系统连接方便,从而使得接口模块化。

（3）成本更低。

目前,相对来说,大规模 RFID 应用的成本还是比较高的,随着市场的普及以及技术的发展,读写器乃至整个 RFID 系统的应用成本将会逐渐降低,最终会实现大量需要识别和跟踪的物品都使用电子标签,未来读写器的价格将大幅降低。

（4）智能多天线端口。

为进一步满足市场需求和降低系统成本,读写器将会具有智能的多天线接口。这样,同一个读写器将按照一定的处理顺序,智能地打开、关闭不同的天线,使得系统能够感知不同的天线覆盖区域内的电子标签,增大识别系统的覆盖范围。

（5）多种数据接口。

由于 RFID 技术应用领域的不断扩展,需要识别系统能够提供多种不同形式的接口,如RS-232、RS-485、USB、红外、以太网和无线网络接口等。

（6）多频段兼容。

目前,缺乏一个全球统一的 RFID 工作频率,不同国家和地区的 RFID 产品具有不同的频率。为了适应不同国家和地区的需要,读写器将朝着兼容多个频段、输出功率数字可控等方向发展。未来的读写器将会支持多个频率点,能自动识别不同频率的标签信息。

3.2.3 RFID 延伸技术 NFC

NFC(Near Field Communication,近距离无线通信技术),由非接触式射频识别(RFID)及互联互通技术整合演变而来。与 RFID 不同的是,NFC 具有双向连接和识别的特点,在单一芯片上结合感应式读卡器、感应式卡片和点对点的功能,能在短距离内与兼容设备进行识别和数据交换。NFC 是一种短距高频的无线电技术,在 13.56MHz 频率运行于 $10\sim15cm$ 距离内,其传输速度有 106kb/s、212kb/s 或 424kb/s 三种,通过射频信号自动识别目标并获取相关数据,识别工作无须人工干预,任意两个设备接近而不需要线缆接插,就可以实现相互之间的通信,满足两个无线设备间的信息交换、内容访问和服务交换。

2003 年,当时的飞利浦半导体公司和索尼公司计划基于非接触式卡技术发展一种与之兼容的无线通信技术。飞利浦派了一个团队到日本和索尼工程师一起闭关三个月,然后联合对外发布关于一种兼容当前 ISO14443 非接触式卡协议的无线通信技术,取名为 NFC。该技术规范定义了两个 NFC 设备之间基于 13.56MHz 频率的无线通信方式,在 NFC 的世界里没有读卡器,没有卡,只有 NFC 设备。该规范定义了 NFC 设备通信的两种模式:主动模式和被动模式,并且分别定义了两种模式的选择和射频场防冲突方法、设备防冲突方法,定义了不同波特率通信速率下的编码方式、调制解调方式等最最底层的通信方式和协议,解决了如何交换数据流的问题。

NFC 具有成本低廉、方便易用和更富直观性等特点,这让它在某些领域显得更具潜力。NFC 通过一个芯片、一根天线和一些软件的组合,能够实现各种设备在几厘米范围内的通信,而费用仅为 $2\sim3$ 欧元。NFC 芯片装在手机上,手机就可以实现小额电子支付和读取其他 NFC 设备或标签的信息。NFC 的短距离交互大大简化整个认证识别过程,使电子设备间互相访问更直接、更安全和更清楚。通过 NFC,计算机、数码相机、手机、PDA 等多种设备之间可以很方便快捷地进行无线连接,进而实现数据交换和服务。但是使用这种手机支付方案的用户必须更换特制的手机,手机用户凭着配置了支付功能的手机就可以行遍全国:

他们的手机可以用作机场登机验证、大厦的门禁钥匙（如图 3-19 所示）、交通一卡通、信用卡、支付卡等。

1. 技术原理

与 RFID 一样，NFC 信息也是通过频谱中无线频率部分的电磁感应耦合方式传递，支持 NFC 的设备可以在主动或被动模式下交换数据。

在主动模式下，每台设备要向另一台设备发送数据时，都必须产生自己的射频场，如图 3-20 所示，发起设备和目标设备都要产生自己的射频场，以便进行通信，这是对等网络通信的标准模式，可以获得非常快速的连接设置。通信双方收发器加电后，任何一方可以采用"发送前侦听"协议来发起。

图 3-19　内置 NFC 的手机
可用作门禁钥匙

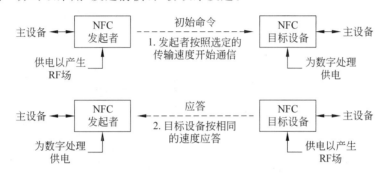

图 3-20　NFC 主动工作通讯模式

在被动模式下，启动 NFC 通信的设备，也称为 NFC 发起设备（主设备），在整个通信过程中提供射频场（RF-field），如图 3-21 所示，它可以选择 106kb/s、212kb/s 或 424kb/s 其中一种传输速度，将数据发送到另一台设备。另一台设备称为 NFC 目标设备（从设备），不必产生射频场，而使用负载调制（load modulation）技术，即可以相同的速度将数据传回发起设备。此通信机制与基于 ISO14443A、MIFARE 和 FeliCa 的非接触式智能卡兼容，因此，NFC 发起设备在被动模式下，可以用相同的连接和初始化过程检测非接触式智能卡或 NFC 目标设备，并与之建立联系。

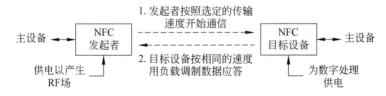

图 3-21　NFC 被动工作通讯模式

在被动模式下，目标是一个被动设备。被动设备从发起者传输的磁场获得工作能量，然后通过调制磁场将数据传送给发起者。

移动设备主要以被动模式操作，这样可以大幅降低功耗，延长电池寿命。在一个具体的应用过程中，NFC 设备可以在发起设备和目标设备之间转换自己的角色。利用这项功能，电池电量较低的设备可以要求以被动模式充当目标设备，而不是发起设备。

2. 工作模式

目前 NFC 具有三种工作应用模式,如图 3-22 所示。

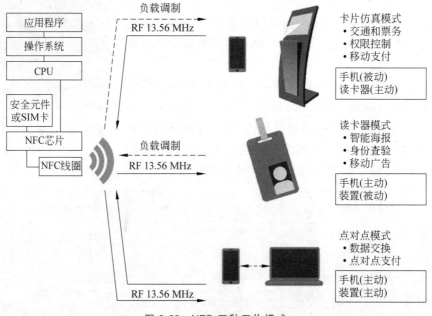

图 3-22　NFC 三种工作模式

(1) 卡模式(card emulation)。

卡模式其实就是相当于一张采用 RFID 技术的 IC 卡,可以替代大量的 IC 卡(包括信用卡)使用的场合,如商场刷卡、公交卡、门禁管制、车票、门票等。此种方式下,有一个极大的优点,那就是卡片通过非接触读卡器的 RF 域来供电,即使寄主设备(如手机)没电也可以工作。

(2) 点对点模式(P2P mode)。

点对点模式和红外线差不多,可用于数据交换,只是传输距离较短,传输创建速度较快,传输速度也快些,功耗低(蓝牙也类似)。将两个具备 NFC 功能的设备无线链接,能实现数据点对点传输,如下载音乐、交换图片或者同步设备地址簿。因此通过 NFC,多个设备如数位相机、PDA、计算机和手机之间都可以交换资料或者服务。

(3) 读卡器模式(reader/writer mode)。

读卡器模式作为非接触读卡器使用,比如从海报或者展览信息电子标签上读取相关信息,取代二维码功能,也可实现 NFC 手机之间的数据交换。即利用一台 NFC 装置去读取并写入在 NFC 标签上预存的资料。

3. NFC 标签类型

NFC 标签是无需电源的被动式装置,可用来与主动式 NFC 装置(主动式 NFC 读写器)通信。在使用时,用户以具有 NFC 功能的设备与其接触,标签从读写器获得很小的电源驱动标签的电路,标签内存里的小量信息数据传输到读写器,尽管数据量很小,却可能是把设备导向到某个网址(URL)。NFC 标签所含储存的数据可为任何形式,但一般是用来存储网址(URL)以供 NFC 装置找到进一步的信息。

基本标签类型有四种,以 1 至 4 来标识,各有不同的格式与容量。

- 第 1 类标签(Tag 1 Type):此类型基于 ISO14443A 标准,具有可读、重新写入的能力,用户可将其配置为只读。存储能力为 96 字节,用来保存网址 URL 或其他小量数据富富有余。内存可被扩充到 2k 字节,通信速度为 106kb/s。此类标签简洁,成本效益较好,适用于许多 NFC 应用。
- 第 2 类标签(Tag 2 Type):此类标签也是基于 ISO14443A,具有可读、重新写入的能力,用户可将其配置为只读。其基本内存大小为 48 字节,但可被扩充到 2k 字节。通信速度也是 106kb/s。
- 第 3 类标签(Tag 3 Type):此类标签基于 Sony FeliCa 体系。目前具有 2k 字节内存容量,数据通信速度为 212kb/s,尽管成本较高,此类标签较为适合较复杂的应用。
- 第 4 类标签(Tag 4 Type):此类标签被定义为与 ISO14443A、B 标准兼容。制造时被预先设定为可读/可重写或者只读。内存容量可达 32k 字节,通信速度介于 106kb/s 和 424kb/s 之间。

4. NFC 与 RFID 对比

NFC 与现有非接触智能卡技术兼容,目前已经成为得到越来越多主要厂商支持的正式标准。NFC 与 RFID 相比,区别在于如下 4 点。

- 工作模式:NFC 将非接触读卡器、非接触卡和点对点功能整合进一块单芯片,而 RFID 必须有阅读器和标签组成。RFID 只能实现信息的读取以及判定,而 NFC 技术则强调的是信息交互。NFC 手机内置 NFC 芯片,组成 RFID 模块的一部分,可以当作 RFID 无源标签使用进行支付费用;也可以当作 RFID 读写器,用作数据交换与采集,还可以进行 NFC 手机之间的数据通信。
- 传输范围:NFC 是一种提供轻松、安全、迅速的通信的无线连接技术,其传输范围比 RFID 小,RFID 的传输范围可以达到几米、甚至几十米,但由于 NFC 采取了独特的信号衰减技术,相对于 RFID 来说 NFC 具有距离近、带宽高、能耗低等特点。
- 应用方向:NFC 更多的是针对于消费类电子设备相互通信,有源 RFID 则更擅长在长距离识别。因此 RFID 更多地被应用在生产、物流、跟踪、资产管理上,而 NFC 则在门禁、公交、手机支付等领域内发挥着巨大的作用。
- 安全功能:由于 NFC 的部分应用与安全密切相关,因此能否提供安全的解决方案至关重要。用于 NFC 的非接触式智能卡技术基于先进的智能芯片,可安全地存储财务或个人信息,通过识别功能授权合法用户接入某些服务。非接触式智能卡部署了安全的硬件和先进的加密技术,这些技术的读取范围只有 10cm 左右。

5. NFC 手机应用

NFC 设备熟悉的主要是应用在手机应用中,NFC 技术在手机上应用主要有以下五大类。

(1)接触通过(touch and go),如门禁管理、车票和门票等,用户将储存车票证或门控密码的设备靠近读卡器即可,也可用于物流管理。

(2)接触支付(touch and pay),如非接触式移动支付,用户将设备靠近嵌有 NFC 模块的

POS 机可进行支付,并确认交易。

(3) 接触连接(touch and connect),如把两个 NFC 设备相连接,进行点对点(peer-to-peer)数据传输,例如下载音乐、图片互传和交换通讯录等。

(4) 接触浏览(touch and explore),用户可将 NFC 手机靠近街头有 NFC 功能的智能公用电话或海报,来浏览交通信息等。

(5) 下载接触(load and touch),用户可通过 GPRS 网络接收或下载信息,用于支付或门禁等功能,用户可发送特定格式的短信至家政服务员的手机来控制家政服务员进出住宅的权限。

　　　　Apple Pay 是苹果公司发布的基于 NFC 的手机支付功能,于 2014 年 10 月在美国正式上线。自上线来,已经占据数字支付市场交易额的 1%。三分之二的 Apple Pay 新用户在 11 月份多次使用这项服务。Apple Pay 用户平均每周使用 Apple Pay 1.4 次。

　　　　用户可用苹果手机进行免接触支付,免去刷信用卡支付步骤。用户的信用卡、借记卡信息事先存储在手机中,用户将手指放在手机的指纹识别传感器上,将手机靠近读卡器,即完成支付,所有存储的支付信息都是经过加密的。

3.3 节点定位

无线传感器网络是用来监测网络部署区域内各种环境信息的,但是在不知道节点位置的情况下,传感器节点感知的许多数据往往没有意义。换句话说,传感器节点的位置信息在传感器网络的诸多应用中扮演着十分重要的角色。本节介绍与节点定位相关的内容。

3.3.1 GPS 与位置计算

1. GPS 概述

目前,可以提供精确定位的全球定位系统包括美国的 GPS 定位系统、中国的北斗定位系统、俄罗斯的 GLONASS 定位系统和欧盟的伽利略定位系统,这其中只有美国的 GPS 全球定位系统已经应用成熟,一般的定位设备都是基于此系统完成定位功能。

GPS 全球定位系统(如图 3-23 所示)是美国政府 20 世纪 70 年代开始研制建设的,于 1994 年全面建成,并投入使用。GPS 定位系统采用广播方式来发送信号,因此,终端用户只需要拥有一台终端设备就可以使用该系统,而且无须付费。该系统具有很多优点,比如,可以全天候使用、全球覆盖率高达 98% 等。

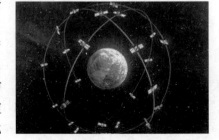

图 3-23　GPS 全球定位系统

北斗定位系统

北斗定位系统是中国自行研制开发的区域性有源三维卫星定位与通信系统(CNSS)。北斗卫星定位系统致力于向全球用户提供高质量的定位、导航和授时服务,其建设与发展遵循开放性、自主性、兼容性等原则,该全球卫星定位系统在逐步完善过程中。

GPS 系统的用户设备部分叫 GPS 信号接收器,该接收器的定位功能实际上是通过计算接收器到不同卫星的距离来完成的,这一过程称为测距。例如,如果一个无线电信号从一颗卫星传输到地球上的一个 GPS 接收器的时间为 0.07324s,则接收器可以算出卫星在 22 000km 之外,因为 0.07324s 乘以无线电的传输速度 300 000km/s 等于 22 000km。这意味着接收器必定位于一个半径为 22 000km 的球面上的某个地方,卫星是该球面的中心。一旦接收器利用另外两颗卫星执行了相同测距运算,可以得到 3 个相交的球面,而它们只能在两点上相交。由于其中的一个点通常是一个不可能的方位,这个点要么远远高于地球表面,要么过低,所以可以排除这个不在地球表面上的点,剩下的就是接收器的位置。GPS 系统中除了利用 3 颗卫星来进行定位,还需要第四颗卫星来提供时间信息。

无线电波以 300 000km/s 的速度传输,从卫星发射信号到接收器收到该信号,只需要大概 0.06s。如果接收器的时间精度是百万分之一秒,那么折算出来的距离误差就是 300m。在卫星上的时钟是原子钟,可精确地同步到精度为几十亿分之一秒,而接收器的时钟是普通石英钟,精度远达不到百万分之一秒。如果接收器上也使用原子钟,而每个原子钟造价大约是二十万美元,远远超出普通用户所能承受的支付压力。因此,第四颗卫星的信号实际上是提供时间基准,有了时间基准,接收器就可以测量出从其他 3 颗卫星到达接收器的时间,然后把时间转换成 GPS 接收器到其他 3 颗卫星的距离。

GPS 定位的基本原理是利用高速运动卫星的瞬间位置作为已知的起算数据,采用空间距离后方交会的方法,确定待测节点的位置,其工作原理如图 3-24 所示。

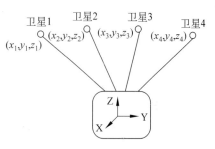

图 3-24　卫星定位原理

假设 t 时刻在地面待测点上打开 GPS 接收器,可以容易测定 GPS 信号到达接收器的时间 Δt,再加上接收器所接收到从卫星传输过来的数据和其他一些数据,可以确定式(3-1)成立。

$$
\begin{aligned}
&[(x_1 - x)^2 + (y_1 - y)^2 + (z_1 - z)^2]^{\frac{1}{2}} + c(V_{t1} - V_{t0}) = d_1 \\
&[(x_2 - x)^2 + (y_2 - y)^2 + (z_2 - z)^2]^{\frac{1}{2}} + c(V_{t2} - V_{t0}) = d_2 \\
&[(x_3 - x)^2 + (y_3 - y)^2 + (z_3 - z)^2]^{\frac{1}{2}} + c(V_{t3} - V_{t0}) = d_3 \\
&[(x_4 - x)^2 + (y_4 - y)^2 + (z_4 - z)^2]^{\frac{1}{2}} + c(V_{t4} - V_{t0}) = d_4
\end{aligned}
\tag{3-1}
$$

在式(3-1)中,待测点坐标 (x,y,z) 和 V_{t0} 为未知参数,$d_i = c\Delta t_i (i=1,2,3,4)$ 分别为卫星 $i(i=1,2,3,4)$ 到接收器之间的距离。$\Delta t_i (i=1,2,3,4)$ 分别为卫星 $i(i=1,2,3,4)$ 的信号到达接收器所经历的时间。c 为 GPS 信号的传播速度(即光速)。4 个方程中 x、y、z 为待测节点的空间直角坐标,x_i、y_i、$z_i(i=1,2,3,4)$ 分别为卫星 $i(i=1,2,3,4)$ 在 t 时刻的空间直角坐标,可由卫星发送过来的数据求得。$V_{ti}(i=1,2,3,4)$ 分别为卫星 $i(i=1,2,3,4)$ 的卫星钟的钟差,由卫星传输过来的数据提供。V_{t0} 为接收器的钟差。由式(3-1)可以算出待测点的坐标 x、y、z 和接收器的钟差 V_{t0}。

GPS 定位适用于无遮挡的室外环境,用户节点能耗高、体积大,成本也比较高,这使得 GPS 定位系统适用于低成本、自组织网络的困难比较大。

2. 节点位置的计算

带有 GPS 设备的节点虽然能提供节点自身位置信息,但成本较高,所以通常情况下系统中并不是所有的节点都带有 GPS 设备,这就存在普通节点的定位问题。我们把系统中的节点分为信标节点和未知节点。信标节点是指那些通过携带上述 GPS 定位设备等手段可以获得自身精确位置的节点,但信标节点在系统中所占的比例很小。除信标节点外,其他都是未知节点,未知节点将信标节点作为定位的参考点,它们通过信标节点的位置信息来确定自身位置。例如,在如图 3-25 所示的无线传感器

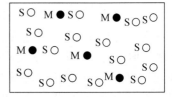

图 3-25　信标节点和未知节点

网络中,M 代表信标节点,S 代表未知节点。S 节点通过与邻近 M 节点或已经得到位置信息的 S 节点之间通信,根据一定的定位方法计算出自身的位置。

节点定位过程中,未知节点在获得到邻近信标节点的距离,或者获得到邻近信标节点之间的相对角度后,可以计算出自己的位置,主要有如下方法。

1) 三边测量法

三边测量法(trilateration)的原理如图 3-26 所示。

已知 A、B 和 C 这 3 个节点的坐标分别为 (x_a, y_a)、(x_b, y_b) 和 (x_c, y_c),以及它们到未知节点 D 的距离分别为 d_a、d_b、d_c,假设节点 D 的坐标是 (x, y)。

那么式(3-2)成立。

$$\begin{cases} \sqrt{(x-x_a)^2 + (y-y_a)^2} = d_a \\ \sqrt{(x-x_b)^2 + (y-y_b)^2} = d_b \\ \sqrt{(x-x_c)^2 + (y-y_c)^2} = d_c \end{cases} \tag{3-2}$$

由式(3-2)可以得到节点 D 的坐标为:

$$\begin{bmatrix} x \\ y \end{bmatrix} = \begin{bmatrix} 2(x_a - x_c) & 2(y_a - y_c) \\ 2(x_b - x_c) & 2(y_b - y_c) \end{bmatrix}^{-1} \begin{bmatrix} x_a^2 - x_c^2 + y_a^2 - y_c^2 + d_c^2 - d_a^2 \\ x_a^2 - x_c^2 + y_b^2 - y_c^2 + d_c^2 - d_b^2 \end{bmatrix}$$

2) 三角测量法

三角测量法(triangulation)的原理如图 3-27 所示。

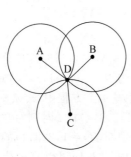

图 3-26　三边测量法原理

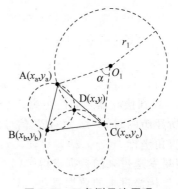

图 3-27　三角测量法原理

已知 A、B 和 C 这 3 个节点的坐标分别为 (x_a, y_a)、(x_b, y_b) 和 (x_c, y_c)，节点 D 相对于节点 A、B 和 C 的角度分别为 $\angle ADB$、$\angle ADC$ 和 $\angle BDC$，假设节点 D 的坐标是 (x, y)。

对于节点 A、C 和角 $\angle ADC$，如果弧段 AC 在 $\triangle ABC$ 内，那么能够唯一确定一个圆。设圆心 $O_1(x_{O1}, y_{O1})$，半径为 r_1，那么 $\alpha = \angle AO_1C = (2\pi - 2\angle ADC)$，式(3-3)成立。

$$\begin{cases} \sqrt{(x_{O1} - x_a)^2 + (y_{O1} - y_a)^2} = r_1 \\ \sqrt{(x_{O1} - x_c)^2 + (y_{O1} - y_c)^2} = r_1 \\ (x_a - x_c)^2 + (y_a - y_c)^2 = 2r_1^2 - 2r_1^2 \cos \alpha \end{cases} \quad (3\text{-}3)$$

由式(3-3)能够确定圆心 O_1 点的坐标和半径 r_1。同理，对节点 A、B 和角 $\angle ADB$ 以及节点 B、C 和角 $\angle BDC$ 分别确定相应的圆心 $O_2(x_{O2}, y_{O2})$、半径 r_2 和圆心 $O_3(x_{O3}, y_{O3})$、半径 r_3。

最后，利用三边测量法，由点 $O_1(x_{O1}, y_{O1})$、$O_2(x_{O2}, y_{O2})$ 和 $O_3(x_{O3}, y_{O3})$ 及它们到 D 点的距离确定 D 点的坐标。

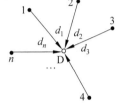

图 3-28　极大似然估计法原理

3）极大似然估计法

极大似然估计法（maximum likelihood estimation）原理如图 3-28 所示。

已知节点 1、2、3…等 n 个节点的坐标分别为 (x_1, y_1)、(x_2, y_2)、(x_3, y_3)、…、(x_n, y_n)，它们到节点 D 的距离分别为 d_1、d_2、d_3、…、d_n，假设节点 D 的坐标为 (x, y)。

那么式(3-4)成立。

$$\begin{cases} (x_1 - x)^2 + (y_1 - y)^2 = d_1^2 \\ \vdots \\ (x_n - x)^2 + (y_n - y)^2 = d_n^2 \end{cases} \quad (3\text{-}4)$$

从第一个方程开始分别减去最后一个方程，得式(3-5)。

$$\begin{cases} x_1^2 - x_n^2 - 2(x_1 - x_n)x + y_1^2 - y_n^2 - 2(y_1 - y_n)y = d_1^2 - d_n^2 \\ \vdots \\ x_{n-1}^2 - x_n^2 - 2(x_{n-1} - x_n)x + y_{n-1}^2 - y_n^2 - 2(y_{n-1} - y_n)y = d_{n-1}^2 - d_n^2 \end{cases} \quad (3\text{-}5)$$

式(3-5)的线性方程表示格式为 AX=b，其中：

$$A = \begin{bmatrix} 2(x_1 - x_n) & 2(y_1 - y_n) \\ \vdots & \vdots \\ 2(x_{n-1} - x_n) & 2(y_{n-1} - y_n) \end{bmatrix}, \quad b = \begin{bmatrix} x_1^2 - x_n^2 + y_1^2 - y_n^2 + d_n^2 - d_1^2 \\ \vdots \\ x_{n-1}^2 - x_n^2 + y_{n-1}^2 - y_n^2 + d_n^2 - d_{n-1}^2 \end{bmatrix},$$

$$X = \begin{bmatrix} x \\ y \end{bmatrix}$$

利用标准的最小均方差估计方法，可以得到节点 D 的坐标估计值为 $\hat{X} = (A^T A)^{-1} A^T b$。

根据定位过程中是否测量实际节点之间的距离，定位算法可分为基于距离的（range-based）定位算法和距离无关的（range-free）定位算法。前者是利用测量得到的距离或角度信息来进行位置计算，而后者一般是利用节点的连通性和多跳路由信息交换等方式来估计节点间的距离或角度，并完成位置估计。

3.3.2 基于距离的节点定位

基于距离的定位机制是通过测量相邻节点之间的实际距离或方位进行定位,具体过程通常分为如下3个阶段:

第一阶段是测距阶段,未知节点首先测量获得到邻居节点的距离或角度,然后进一步计算到邻近信标节点的距离或方位。

第二阶段是定位阶段,未知节点在计算出到达3个或3个以上信标节点的距离或角度后,利用三边测量法、三角测量法或极大似然估计法计算出未知节点的坐标。

第三阶段是修正阶段,对求得的节点的坐标进行求精,提高定位精确度、减少误差。

1. AHLos 算法

加州大学洛杉矶分校的 Andreas Savvides 等人设计了一种称为"Medusa"的无线传感器节点试验平台,并在此基础上提出了 AHLos(ad-hoc localization system)定位算法。在 Medusa 节点平台上,他们采用到达时差(time difference of arrival,TDOA)技术来测量距离,在超声波信号的3m射程内,精度可达2cm,工作原理如图3-29所示。其中,c_1 和 c_2 分别为射频信号和超声波信号的传播速度。根据 $\dfrac{L}{c_2} - \dfrac{L}{c_1} = t_2 - t_1$,可得距离 $L = (t_2 - t_1)\dfrac{c_1 c_2}{c_1 - c_2}$。

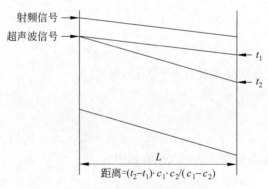

图 3-29　TDOA 测距原理

在 AHLos 算法的初始阶段,信标节点广播其位置信息,未知节点测量与邻居信标节点之间的距离和接收信标节点的位置信息。如果邻居信标节点数目大于或等于3个,就采用最大似然估计方法计算其位置。一旦未知节点完成自身位置的估计就转化为信标节点,并广播其位置信息,以便那些原本邻居信标节点数目不足3个的未知节点能逐渐拥有足够的信标节点来估计其位置。

AHLos 算法中定义了3种子算法,分别是原子多边算法、迭代多边算法和协作多边算法。

1) 原子多边算法

该算法实质上就是最大似然估计,当未知节点的邻居信标节点(非转化后的信标节点)数目大于等于3个时,执行原子多边算法,即最大似然估计。

2）迭代多边算法

未知节点的原始信标节点数目不足 3 个，在经过一段时间后，部分未知节点升级为信标节点。当原始信标节点和转化后的信标节点总数大于或等于 3 个时，执行最大似然估计计算其位置信息。

3）协作多边算法

由于信标节点比例小，而且大多数情况下是随机部署的，因此，很可能有些未知节点永远无法执行原子多边算法或迭代多边算法。此时，未知节点试图利用多跳的局部信息来估计其位置。如果未知节点能够获得足够多的信息形成具有唯一解的由多个方程组成的超定系统（over-determined system），就可以同时定位多个节点。如图 3-30 所示，未知节点 2 和 4 都有 3 个邻居节点，且 1、3、5、6 都是信标节点，根据拓扑中的 5 条边建立 5 个二次方程式，而只包含 4 个未知数，属于超定系统，可以计算出节点 2 和 4 的位置。

AHLos 算法将已定位的未知节点升级为信标节点可以缓解信标节点稀疏的问题，不过，这样会造成较大的误差累积（error accumulation）。

2. 基于到达角度的 APS 算法

基于到达角度的 APS（ad hoc positioning system）定位算法是由美国罗格斯大学的 Niculescu 等人提出的，其思想是利用两个超声波接收器测量节点之间的角度，然后根据这些角度信息估计节点位置。节点接收到的信号相对于自身轴线的角度称为信号相对接收节点的到达角度（angle of arrival，AOA）。如图 3-31 所示，假设两个超声波接收器相距 L，两接收器连线的中点为节点所在位置，连线的中垂线作为确定邻居节点方向的基准线。在获得距离 x_1、x_2 和 L 后，根据几何关系就可以知道方向角 θ。当 θ 在 $\pm40°$ 之间时，θ 的精度可达到 $5°$。

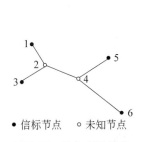

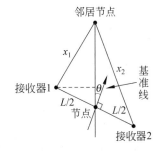

图 3-30　协作多边算法　　　　图 3-31　基于到达角度的 APS 算法测向

相应地，节点定位具体如图 3-32（a）所示，未知节点 D 测得与信标节点 A、B 和 C 的方向角，可以计算出 $\angle ADB$、$\angle ADC$ 和 $\angle BDC$，找出由信标节点 A、B 和 C，$\angle ADB$、$\angle ADC$ 和 $\angle BDC$ 所确定的圆周的交点，即可求得 D 点的坐标。

还有一种情况如图 3-32（b）所示，已知未知节点 D 相对于信标节点 A、B 的角度 $\angle ADB$，根据简单的等弧对等角的几何原理，可以判定节点 D 在经过 A、B 的某个圆 O 的圆周上。已知信标节点 A、B 的坐标和 $\angle ADB$，则可以求出圆 O 的圆心坐标。这样可以将 n 个节点的三角测量问题转换为 C_n^2 个节点的三边测量问题，或者是形成 3 个节点的三角测量问题，基于 AOA 的 APS 定位算法采用了这种计算方法。

如前所述，一般情况下，信标节点的数量比较少，未知节点的邻居节点不完全是信标节点，

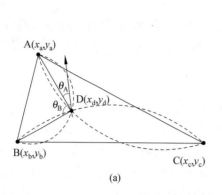
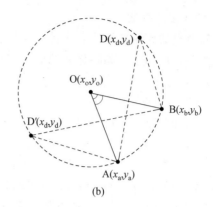

图 3-32 根据与信标节点的方向角定位

使得未能直接与信标节点通信的未知节点不能够测量出自己相对信标节点的角方向,基于
AOA 的 APS 算法研究人员提出了"方位转发"(orientation
forwarding)方法来解决这个问题,如图 3-33 所示。

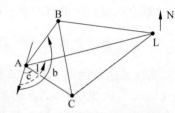

未知节点 A 测得与邻居未知节点 B 和 C 的方向角
(∠b,∠c),而 B 和 C 已经测量或者通过方位转发得到与信
标节点 L 的方向角。如果 B 和 C 互为邻居节点,则可以求
得△ABC 和△BCL 的所有内角,即四边形 ABLC 的 4 个内
角已经确定,从而可以求得∠CAL,于是未知节点 A 相对于
信标节点 L 的方向角(如图中虚线所示)等于∠CAL+∠c。然后,节点 A 可以将它对 L 的
方向角的估计转发给其他邻居节点,以便更远的节点能够估计相对于 L 的方向角。

图 3-33 APS 算法的方位转发

3.3.3 距离无关的节点定位

虽然基于距离的定位能够实现精确定位,但对节点的硬件要求往往很高。出于硬
件成本、能耗等因素的考虑,人们提出了距离无关的定位技术。距离无关的定位技术就
是无须测量节点间的绝对距离或方位的定位技术,降低了对节点硬件的要求,但定位误
差有所增加。

目前,有一类距离无关的定位方法,它通过已经完成定位的邻居节点或信标节点确定包
含未知节点的区域,然后把这个区域的质心作为未知节点的坐标,而质心算法正是运用这种
思想来完成定位的。

南加州大学研究助理 Bulusu 等人提出的质心算法(centroid algorithm)是一种典型的距离
无关的定位算法,在自由室外环境中,利用未知节点与信标节点之间的连通性实现节点定位。
多边形的几何中心称为质心,多边形顶点坐标的平均值就是质心节点的坐
标,如图 3-34 所示。

多边形 ABCDE 的顶点坐标分别为 A(x_1, y_1),B(x_2, y_2),C$(x_3,$
$y_3)$,D(x_4, y_4),E(x_5, y_5),其质心坐标$(x, y) = (\dfrac{x_1 + x_2 + x_3 + x_4 + x_5}{5},$
$\dfrac{y_1 + y_2 + y_3 + y_4 + y_5}{5})$。相应地,质心定位算法首先确定包含未知节点

图 3-34 质心定位

的区域,计算这个区域的质心,并将其作为未知节点的位置。

质心算法把信标节点以规则网格的形状部署在一定区域中,信标节点标记为 R_1, $R_2,\cdots,R_n$。在定位时,未知节点监听信标节点周期性(周期为 T)广播的位置信息,在一定时间 t_0 后,根据式(3-6)计算与信标节点之间的连接指标(connectivity metric)。对于每个未知节点,其与信标节点 R_i 的连接指标定义如下:

$$CM_i = \frac{N_{\text{recv}}(i,t_0)}{N_{\text{sent}}(i,t_0)} \times 100\% \tag{3-6}$$

其中,$N_{\text{recv}}(i,t_0)$ 表示到时间 t_0 为止,未知节点接收到来自 R_i 的位置信息数目;$N_{\text{sent}}(i,t_0)$ 表示到时间 t_0 为止,R_i 所发送的位置信息数目。

为了提高连接指标的可靠性,质心算法设定信标节点至少发送 S 个位置信息,相应地,时间 t_0 设置为 $(S+1-\varepsilon) \cdot T, 0 < \varepsilon \ll 1$。如果未知节点与信标节点 R_i 的连接指标超过某阈值,则认为其处于 R_i 的无线电信号覆盖区域内,即其与 R_i 连通。假设未知节点确定的若干个连通信标节点为 $R_{i1}, R_{i2}, \cdots, R_{ik}$,相应的坐标为 (x_{i1}, y_{i1})、$\cdots$、(x_{ik}, y_{ik}),那么未知节点将取这些信标节点的覆盖区域的质心,即其估计位置 $(x_{\text{est}}, y_{\text{est}}) = \left(\dfrac{x_{i1}+\cdots+x_{ik}}{k}, \dfrac{y_{i1}+\cdots+y_{ik}}{k} \right)$。

质心算法完全利用未知节点与信标节点是否连通来进行定位,实现简单易行,也不需要节点之间进行协调,具有良好的可扩展性。质心算法的定位精度虽然不高,属于粗粒度定位算法,但对于那些对位置精度要求不太苛刻的应用可以满足其要求。

3.4　数据采集与 A/D 转换

物联网后台处理的许多数据都来自前端感知模块采集到的数据,本节简单介绍物联网前端数据采集模块的组成和 A/D 转换的工作原理。

3.4.1　数据采集模块组成

在物联网应用中,前端被控实体的信号可以是电量(如电流、电压),也可以是非电量(如加速度、温/湿度、磁力、水流量等),这些量在时间和幅值上都是连续变化的,把它们称为模拟量。现在的计算机都是数字计算机,只能处理数字量,而传感器节点作为一种特殊的计算机,也只能处理数字信号。因此,各种非电模拟量都必须通过传感器变换成相应的电信号,再通过 A/D 转换器转换为数字量送给传感器节点处理。物联网前端的数据采集模块组成结构如图 3-35 所示。

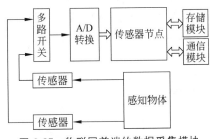

图 3-35　物联网前端的数据采集模块

如前所述,感知物体的信号很多都是非电模拟量,需要通过不同传感器把这些非电信号转变为电信号。A/D 转换部件通常提供了多个模拟量通道,可以实现对多个模拟量的转换,但同一时刻,只能处理一路模拟量的转换。因此,在图示结构中利用模拟多路开关实现模拟量的选择。传感器节点在得到 A/D 转换的数字量后,在节点级上进行初步的数据处理,比如,在分簇结构中,簇头可以对簇内成员发来的数据做数据融合操作,而普通节点可以做初步的数字滤波,以提高采集数据的精度。数据处理的结果可以暂存在节点的数据存储模块中,或者通过通信模块发送给其他节点,最终传输到物联网后端,实现远程数据处理。

3.4.2 A/D 转换原理

根据不同的转换原理,A/D 转换器可以分为计数式、双积分式、并行式和逐次逼近式等。计数式 A/D 转换器结构简单,但转换速度慢,且转换时间随输入不同而变化。双积分式 A/D 转换器速度不够理想,但其抗干扰能力强、转换精度高。并行式 A/D 转换器的转换速度快,但因结构复杂而成本较高。传感器节点中广泛采用逐次逼近式 A/D 转换器作为模数接口电路,它的转换速度较高、转换时间稳定,且结构不复杂。下面仅对逐次逼近式 A/D 转换器的转换原理作简单介绍。

逐次逼近式 A/D 转换器也称为逐次比较 A/D 转换器。它由 N 位结果寄存器、N 位 D/A 转换器、电压比较器和控制逻辑等部件组成,其原理框图如图 3-36 所示。

图中,N 位 D/A 是数模转换部件,完成 N 位数字量到模拟量的转换,比如,把数字量 0 转变为 0V 电压,把满量程的数字量 FFFH(N 值为 12)转换为输出约为 V_{ref} 的电压,相应地,把数字量 800H 转变为 $0.5V_{ref}$ 的电压。

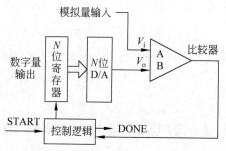

图 3-36 逐次逼近式 A/D 转换

逐次逼近式 A/D 转换采用二分搜索法,逐次比较、逐步逼近来实现模拟量到数字量的转换,整个转换过程是一个"试探"的过程。START 信号有效,控制逻辑进行初始化,将 N 位的逐次逼近寄存器各位清 0,进入 A/D 转换阶段。首先将 N 位逐次逼近寄存器最高位 D_{n-1} 置 1,然后此 N 位的数字量经 N 位 D/A 转换得到一个占整个量程一半的模拟电压 V_o。比较器将此 V_o 与模拟输入电压 V_i 比较,如果 $V_i > V_o$,则保留 D_{n-1} 位为 1,否则把 D_{n-1} 位清 0,至此,第一次操作结束。然后,控制逻辑将 N 位寄存器的次高位 D_{n-2} 置 1,该 N 位的数字量送 D/A 转换,得到的 V_o 再与 V_i 比较,以决定 D_{n-2} 位保留为 1 还是清 0,第二次操作结束。依此类推,最后,控制逻辑将 N 位结果寄存器的最低位 D_0 置 1,然后将 D_{n-1}、D_{n-2}、…、D_0 一起送 D/A 转换,转换得到的结果 V_o 与 V_i 比较,决定 D_0 位保留为 1 还是清 0,至此,转换结束信号 DONE 有效。N 位结果寄存器的状态便是与输入的模拟量 V_i 对应的数字量,即图中 N 位寄存器的结果为对应的数字量输出。

思考题

1. 感知节点的分类有哪些?
2. 简述节点的组织结构。
3. 简述网关节点的组织结构。
4. 描述传感器节点的组成结构以及各部分的作用。

5. 介绍几种典型的传感器板和数据采集板。

6. 简述 RFID 标签的组成。

7. 对比 RFID 与 NFC 的工作原理。

8. 试对 RFID 读写器与标签做一个简单的分类。

9. 读写器与标签的通信方式有哪两种?

10. 简述读写器与标签的发展趋势。

11. 请根据自己的认识,写出 RFID 系统的主要特点。

12. 简述 GPS 定位的基本原理。

13. 位置计算的方法有哪些? 各自的原理是什么?

14. 简述基于距离的节点定位与距离无关的定位的区别,各自的优缺点。

15. 基于距离的节点定位具体过程是什么?

16. 简述质心定位算法是如何进行节点定位的。

17. 简述逐次逼近式 A/D 转换的过程。

第 4 章　物联网的数据传输

物联网前端节点采集数据后,一方面由于节点自身资源(计算能力、存储能力和通信能力等)有限,只能进行初步的数据处理;另一方面,更为重要的是,后端的应用监控中心需要对感知的数据进行数据融合、挖掘以提取出有用信息,从而可以监视和控制被控对象,这就需要在物联网内部进行数据传输。因此,物联网中的数据传输是物联网应用的重要基础。本章从传输介质和物联网重要子网的角度介绍物联网通信技术、无线组网技术、介质访问技术和网络传输等物联网数据传输的相关技术。

4.1　物联网通信技术

物联网中的数据传输涉及多种不同的计算机网络,比如因特网(Internet)、无线传感器网络(WSN)、无线局域网(WLAN)和卫星通信网络等。这些网络都采用分层结构,降低了网络设计和实现的复杂性。目前,有两种重要的分层网络体系结构:7 层的 OSI 参考模型和4 层的 TCP/IP 参考模型,这两种分层模型都涉及在网络传输介质上的数据传输技术。

传输介质也称为传输媒介或传输媒体,它是数据传输系统中发送器和接收器之间的物理通路。传输介质分为导向型和非导向型。导向型传输介质以电磁波沿着固定传输媒体传播,实现有线传输方式,包括铜线、光纤等。非导向型传输介质以电磁波在自由空间中传播,实现无线通信方式。

4.1.1　光纤通信

在中国,光通信技术的使用可以追溯到公元前 11 世纪的西周王朝,那时候适逢外敌入侵,戍边的将士在烽火台上白天用狼粪,晚上用柴火——从而"狼烟四起"(如图 4-1 所示),将报警信息传递到其他烽火台。欧洲人用旗语传送信息。1684 年,英国人罗伯特·虎克(Robert Hooke,1635—1703 年,如图 4-2 所示)利用悬挂的数种明显符号来进行通信。

图 4-1　狼烟四起

图 4-2　罗伯特·虎克

1793 年,法国人克洛德·却柏(Claude Chappe)利用十字架左右木臂上下移动所呈现出的位置和角度来表示各个符号,这被称为旗语(semaphore)。据说,1814 年被放逐的拿破仑从厄尔巴岛潜逃回巴黎的消息就是利用此方法迅速传遍欧洲。

图 4-3 高锟

1880 年,美国人贝尔(Bell)发明了用光波作载波传送话音的"光电话",贝尔光电话是现代光通信的雏形。但是普通光源强度和纯度都成为制约光通信发展的因素。1960 年,美国人梅曼(Maiman)发明了第一台红宝石激光器,给光通信带来了新的希望。激光器的发明和应用使沉寂了 80 年的光通信进入了一个崭新的阶段。然而,由于没有找到稳定可靠和低损耗的传输介质,对光通信的研究曾一度走入低潮,现代意义上的光通信依然困难重重。1966 年,高锟(C. K. Kao,如图 4-3 所示)和霍克哈姆(C. A. Hockham)发表了关于传输介质新概念的论文,指出了利用光纤(optical fiber)进行信息传输的可能性和技术途径,奠定了现代光通信——光纤通信的基础。

高 锟

英籍华裔物理学家,生于中国上海。作为光纤通信、电机工程方面的专家,高锟被誉为"光纤通信之父"(father of fiber optic communications),曾任香港中文大学校长。由于开创性地提出光导纤维在通信上应用的基本原理,描述了长程及高信息量光通信所需绝缘性纤维的结构和材料特性,2009 年,高锟与威拉德·博伊尔、乔治·埃尔伍德·史密斯共享诺贝尔物理学奖。

---

1. 光纤通信系统结构

光纤通信系统的整体结构如图 4-4 所示,主要包括三部分:发送端、接收端和光纤传输系统。发送端的信源产生需要发送的数据,并由电发射机转变为电信号。接收端接收来自光纤传输系统的电信号,由电接收机将其转换为原始数据,再送达信宿。由此可见,光纤传输系统输入的是电信号,输出的仍然是电信号。

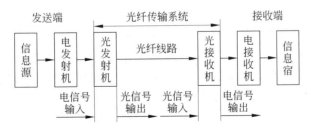

图 4-4 光纤通信系统组成

核心的光纤传输系统由三部分组成:光发射机、光接收机和光纤。

1) 光发射机

在光纤传输系统中,作为光源的半导体组件通常是发光二极管(light-emitting diode,LED)或是激光二极管(laser diode)。使用半导体器件作为光源的好处是体积小、发光效率高、可靠性强,以及可以将波长优化,更重要的是半导体光源可以在高频操作下直接调制,非常适合光纤通信系统的需求。LED与激光二极管的主要差异在于前者所发出的光为非同调性(noncoherent),而后者则为同调性(coherent)的光。

LED利用电激发光(electroluminescence)的原理发出非同调性的光,频谱通常分散在30~60nm之间。LED的一个缺点是发光效率差,通常只有输入功率的1%可以变换成光功率,大概在$100\mu W$左右。然而,由于LED成本低廉,在低价的应用中十分普遍。常用于光通信的LED主要材料是砷化镓或砷化镓磷,后者的发光波长为1300nm左右,比砷化镓的810~870nm更适合用于光纤通信。LED光源通常用在传输速率为10~100Mbps的局域网(local area network,LAN)中,传输距离在数千米之内。值得指出的是,因为LED的频谱范围较广,导致色散较为严重,从而限制了LED传输系统中传输速率与传输距离的乘积。

半导体激光的输出功率通常在100mW左右,且为同调性的光源,相比较而言,方向性较强,通常与单模光纤的耦合效率可达50%。激光的输出频谱较窄,有助于增加传输速率以及降低模态色散(model dispersion),可以在相当高的操作频率下进行信号的调制。

电信号对光信号的调制方式包括直接调制和外调制,如图4-5所示。

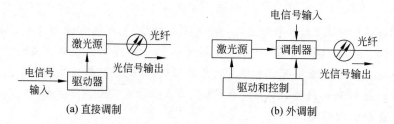

(a) 直接调制   (b) 外调制

图 4-5 两种调制方案

直接调制是指用电信号直接调制半导体激光器或发光二极管的驱动电流,使输出的光信号随电信号变化而实现。这种方案技术简单,成本较低,容易实现,但是调制速率受激光器的频率特性所限制。外调制指的是把激光的产生和调制分开,电信号输入用独立的调制器调制激光器输出的光信号而实现。外调制调制速率高,然而技术实现较复杂,成本高,因此通常只有在大容量的波分复用和相干光通信系统中才会使用该调制技术。

2) 光接收机

光接收机负责把从光纤线路输出的、产生畸变和衰减的微弱光信号转换为电信号,并经放大和处理后恢复成发射前的电信号。构成光接收机的主要组件是光探测器(photo-detector),利用光电效应将入射的光信号转为电信号。光探测器通常是以半导体为基础的光二极管(photo diode),例如P-N结二极管、雪崩型二极管(avalanche diode)等。此外,"金属-半导体-金属"(metal-semiconductor-metal,MSM)光探测器也因为与电路集成性能好,而被应用在光再生器(regenerator)或波分复用器中。

光接收机的整体构成模块如图4-6所示。光接收机电路通常使用转阻放大器(transimpedence amplifier,TIA)以及限幅放大器(limiting amplifier)处理由光探测器变换出的光电流。转阻放大器和限幅放大器可以将光电流变换成幅度较小的电压信号,再通过后端的比较器电路变换成数字信号。对于高速光纤通信系统而言,通常情况下,信号衰减较为严重,为避免接收机电路输出的数字信号变形、超出预定范围,一般会在接收机电路的后级加上时钟和数据恢复电路(clock and data recovery,CDR)以及锁相回路(phase-locked loop,PLL)将信号做适度处理再输出。

图 4-6 光接收机结构

3）光纤

光纤是一种将信息从一端传送到另一端的传输介质，是由纤芯、包层和涂敷层构成的多层介质结构的对称圆柱体，未经涂覆和套塑时称为裸光纤，如图 4-7 所示。

纤芯材料的主体是二氧化硅，里面掺杂着其他的微量材料，如二氧化锗、五氧化二磷等，掺杂的作用是提高材料的光折射率。纤芯直径约为 $5\sim75\mu m$，纤芯外面有包层，包层有一层、两层（内包层、外包层）或多层（称为多层结构），但是总直径在 $100\sim200\mu m$ 范围内。包层的材料一般用纯二氧化硅，也可以掺杂微量的三氧化二硼或者四氟化硅，掺杂的作用是为了降低材料的光折射率。射入纤芯的光信号经包层界面反射，使光信号在纤芯中传播前进，光线在光纤中的传播原理如图 4-8 所示。

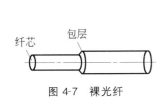

图 4-7 裸光纤

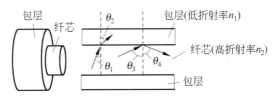

图 4-8 光线在光纤中的传播

在纤芯中，光线以某一角度进入包层时，入射光线与光线轴线之间的夹角称为光线入射角，图 4-8 中，θ_1 和 θ_3 均为入射角。由于折射率 $n_2 > n_1$，所以随着入射角的逐渐增大，包层界面有一个发生全反射的临界入射角 θ_0。如果入射角 $\theta > \theta_0$，光线进入光纤后，当射到光纤的内包层界面时发生全反射，从而光线将在纤芯和包层的界面上不断产生全反射、向前传播。在图中，由于入射角 θ_3 大于临界入射角 θ_0，所以发生了全反射，使得光信号在纤芯中向前传播。通常情况下，光线在光纤内需要经过几千、几万甚至更多次的全反射，才能从光纤的一端传到另一端。

按照光纤中传输的模式数量来分，光纤可分为多模光纤和单模光纤。所谓模式，实际上是电磁场的一种分布形式。多模光纤纤芯的直径是 $15\sim50\mu m$，大致与人的头发粗细相当，在一条多模光纤中，可以同时传播多条不同入射角度的光线。由于存在较大失真，多模光纤适合于近距离传输。单模光纤纤芯的直径为 $8\sim10\mu m$，与一个光的波长相当，纤芯外面包围着一层折射率比纤芯低的玻璃包层，以使光线在纤芯内保持直线传输。多模光纤和单模光纤中光信号的传输如图 4-9 所示。

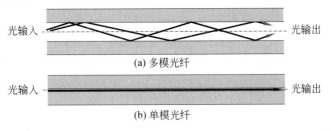

(a) 多模光纤

(b) 单模光纤

图 4-9 多模光纤和单模光纤的比较

光纤有两项主要特性:损耗和色散。光纤每单位长度的损耗或者衰减(dB/km)关系到光纤通信系统传输距离的长短和中继站间隔距离的选择,光纤的色散使得光信号在光纤内传输一段距离后逐渐扩散重叠,使得接收端难以判别信号的高低。

光波在光纤中传输,随着传输距离的增加而光功率逐渐下降,这就是光纤的传输损耗。光纤本身损耗的原因大致包括两类:吸收损耗和散射损耗。吸收损耗是光波通过光纤材料时,有一部分光能变成热能,造成光功率的损失。散射损耗是由于光纤的材料、形状、折射率分布等的缺陷或不均匀,使光纤中传导的光发生散射,由此产生的损耗为散射损耗。

光信号中的不同频率成分或不同的模式在光纤中传输时,由于速度的不同而使得传播时间不同,因此造成光信号中的不同频率成分或不同模式到达光纤终端有先有后,从而产生波形畸变,导致光纤的色散。从光纤色散产生的原理来看,它包括模式色散、材料色散和波导色散3种。在单模光纤中只有基模传输,因此不存在模式色散,只有材料色散和波导色散。由于光纤中色散的存在会使得输入脉冲在传输过程中展宽,产生码间干扰,增加误码率,这样就限制了通信容量和传输距离。

值得指出的是,光纤与光缆这两个名词容易混淆。多数光纤在使用前必须由几层保护结构包覆,以满足工程施工的强度,包覆后的缆线即被称为光缆。光纤外层的保护结构可防止周围环境对光纤的伤害,如水、火、电击和外部压力等。光缆中的光纤一般是指经过两次涂敷后的光纤芯线,它的实物和剖面结构如图4-10所示。

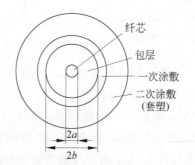

图 4-10　光纤实物和剖面结构

2. 光纤通信技术的优缺点和相关应用

光纤通常用于高带宽以及长距离的应用,因为其具有低损耗、高容量,以及不需要太多中继器等优点。光纤另外一项重要的优点是即使跨越长距离的数条光纤并行,光纤与光纤之间也不会产生串音(cross-talk)的干扰,这和传输电信号的传输线正好相反。例如,石英光纤在$1.55\mu m$波长区的损耗可低到$0.18dB/km$,光纤通信系统的最长中继距离已达数千千米,而同轴电缆通信的中继距离只有几千米。鉴于光纤属绝缘体,不怕雷电和高压,且电磁源不能干扰频率比它们高得多的光信号,因此,光纤具有很强的抗干扰能力。另外,光纤通信是保密性能最好的通信方式之一,光在光纤中传输时不会漏出光纤和向外辐射电磁波。光纤主材是普通的石英砂(SiO_2),它在地壳的化学成分中占了一半以上,可以说是取之不尽、用之不竭。1kg高纯度石英玻璃可以制成成千上万千米的光纤,从而使得光纤体积小、重量轻、柔软易弯曲、敷设非常方便。

然而光纤也有一些缺点,比如,容易折断,在工程施工时时常发生挖断光缆的事件;光纤连接困难,对断面是否垂直、焊接点是否有气泡等要求较高;光纤通信过程中怕水、怕冰、怕弯曲,2006 年 10 月曾经有报道,我国的新疆某地区因大雪导致光纤故障。

光纤常被电信公司用于传递电话、互联网或是有线电视的信号,有时利用一条光纤就可以同时传递上述的所有信号。与传统的铜线相比,光纤的信号衰减(attenuation)与遭受干扰(interference)的情形都改善很大,特别是长距离以及大数据量传输的使用场合中,光纤的优势更为明显。光纤通信的各种应用可概括如下:

(1) 通信网。

(2) 构成因特网的计算机局域网和广域网。

(3) 有线电视网的干线和分配网。

(4) 综合业务光纤接入网。

图 4-11 给出当今世界范围内的光纤通信系统,由图可见,光纤在横跨大洋的通信过程中起着极其重要的作用,在大西洋、太平洋等多个海域广泛敷设了洲际光纤通信系统。

图 4-11　世界范围内的光纤通信系统

3. 光纤通信技术的发展历史

1976 年,美国在亚特兰大进行的现场试验标志着光纤通信从基础研究发展到了商业应用的新阶段。此后,光纤通信技术不断创新:光纤从多模发展到单模,工作波长从 $0.85\mu m$ 发展到 $1.31\mu m$ 和 $1.55\mu m$(短波长向长波长),传输速率从几十 Mbps 发展到几十 Gbps。随着技术的进步和大规模产业的形成,光纤价格不断下降,应用范围不断扩大。目前,光纤已成为信息宽带传输的主要媒介,光纤通信系统将成为未来国家信息基础设施的支柱。其发展历史主要经历了如下 3 个阶段:

第一阶段(1966—1976 年),这是从基础研究到商业应用的开发时期。

1970 年,美国康宁(Corning)公司研制成功损耗 20dB/km 的石英光纤,把光纤通信的研究开发推向一个新阶段。1972 年,康宁公司高纯石英多模光纤损耗降低到 4dB/km,1973 年,美国贝尔(Bell)实验室的光纤损耗降低到 2.5dB/km,1974 年降低到 1.1dB/km。1976 年,日本电报电话(NTT)公司将光纤损耗降低到 0.47dB/km(波长 $1.2\mu m$)。1976 年,第一条速率为 44.7Mbit/s 的光纤通信系统在美国亚特兰大的地下管道中诞生。

第二阶段(1976—1986 年前后),这是以提高传输速率和增加传输距离为研究目标和大力推广应用的大发展时期。

1976 年和 1978 年,日本先后进行了速率为 34Mbps 的突变型多模光纤通信系统以及速率为 100Mbps 的渐变型多模光纤通信系统的试验。1980 年,美国标准化 FT-3 光纤通信系统投入商业应用。1983 年,日本敷设了纵贯日本南北的光缆长途干线。随后,由美、日、法、英发起的第一条横跨大西洋 TAT-8 海底光缆通信系统于 1988 年建成。

第三阶段(1986 年前后—2000 年之后),这是以超大容量、超长距离为目标,全面深入开展新技术研究的时期。

第一条横跨太平洋的 TPC-3/HAW-4 海底光缆通信系统于 1989 年建成。从此,海底光缆通信系统的建设得到了全面展开,促进了全球通信网的发展。20 世纪 90 年代初期,采用激光器为光源,传输波长为 $1.55\mu m$ 光信号的单模色散位移光纤的比特率为 $2.5\sim10$Gbps,最大中继距离为 100km。这个阶段的缺点是采用电的方式中继。到了 20 世纪 90 年代后期,仍然采用激光器为光源,传输波长为 $1.55\mu m$ 光信号的单模非零色散位移光纤采用波分复用和光放大技术,单波长信道比特率为 2.5～10Gbps,传输距离达 14 000km,并提出了光通信智能化的概念。

4.1.2 射频通信

射频(radio frequency,RF)通信是指该频率的载波能通过天线发射出去(反之亦然),以交变的电磁场形式在自由空间以光速传播,碰到不同介质时传播速率发生变化,也会发生电磁波的反射、折射、绕射、穿透等,从而引起各种损耗。进行射频通信的电磁波频率较高,一般常指几十到几百 MHz 的频段,即 VHF-UHF 频段。更高的频率则称为微波。广义地说,在电磁波频谱上微波是指频率为 300MHz～300GHz 的无线电波,其相应的波长范围在 1mm～1m。因而,移动通信中的 CDMA、GSM 等系统所采用的 800MHz、900MHz 频段都属于微波范畴。

射频通信技术可以应用在有线和无线传输介质中,然而在无线通信领域具有广泛的、不可替代的作用。交变电流通过导体时,导体周围会形成交变的电磁场,即电磁波。在电磁波频率低于 100kHz 时,电磁波会被地表吸收,不能形成有效的传输。但当电磁波频率高于 100kHz 时,电磁波可以在空气中传播,并经大气层外缘的电离层反射,形成远距离传输能力,即能够进行射频通信。在发送端,将电信号源(模拟或数字的)用高频电流进行调制(调幅/调频/调相),形成射频信号,经过天线发射到空中;另一方面,在接收端,将射频信号接收后进行反调制,还原成电信号,这一过程称为无线传输。

在物联网中广泛采用的射频识别(RFID)技术就是基于射频通信。微软、IBM、飞利浦和日立等巨头企业,都对 RFID 技术倾注了巨大的热情;TI、Intel 等美国集成电路厂商都在 RFID 领域投入巨资进行 RFID 芯片开发,而 IBM 和微软等企业已经积极开发相应的软件及系统来支持 RFID 的应用。RFID 射频识别系统的基本工作流程如下:

(1)阅读器通过天线发送一定频率的射频信号,当射频卡进入发射天线工作区域时产生感应电流,射频卡获得能量被激活。

(2)射频卡将自身编码等信息通过内置天线发送出去。

(3)阅读器天线接收到从射频卡发送来的射频信号,阅读器对接收的信号进行解调和解码,然后送到后台主机系统进行相关数据处理。

(4)后台主机系统判断该卡的合法性,针对不同的设定做出相应的处理和控制,发出指令信号控制执行机构产生一定的动作。

这种射频通信技术利用无线射频方式在阅读器和射频卡之间进行非接触、双向数据传输,以达到目标识别和数据交换的目的。与传统的条形码、磁卡及 IC 卡相比,射频通信卡具有非接触、阅读速度快、无磨损、不受环境影响、寿命长、便于使用的优点,而且具有防冲突功能,能够在一张卡上分扇区同时处理多种信息,便于实现"一卡通"工程。在国内外,基于射频通信的识别技术已被广泛应用于工业自动化、商业自动化、交通运输控制等众多领域。

4.1.3 宽带通信

宽带,顾名思义是传输带宽很宽的意思。美国提出把 200kbps 以上的传输带宽定义为宽带,即每秒传输 20 万个"比特",相当于 2.5 万个英文字符或 1.25 万个中文字符。

200kbps 的带宽使网络上传输的小窗口图像能够比较清晰地显示,如果采用宽带来传输声音信息,则语音质量极高。宽带通信网络是一种全数字化、宽带、具有综合业务能力的智能化通信网络。宽带通信网的显著特点就是在数据传输上突破了速度、容量和时间、空间的限制。宽带通信网络大致可分为宽带骨干网络和宽带接入网络。

1. 宽带骨干网络

宽带骨干网络的发展经历了帧中继、IP、ATM 等技术,经过几十年的发展,目前,IP 技术成为主流的宽带网络技术,未来将朝着以光互联网技术为主流的超宽带信息网络方向发展。

1) 帧中继

帧中继(frame relay,FR)是一种面向连接的快速分组交换技术,是 20 世纪 80 年代初发展起来的一种数据通信技术,它是从 X.25 分组通信技术演变而来的。由于传输技术的迅速发展,数据传输的误码率大大降低,分组通信的差错恢复机制显得过于烦琐,帧中继将分组通信的 3 层协议简化为两层,即在 OSI 分层模型的第二层以简化的方式传送数据,仅完成物理层和链路层的核心功能,网络不进行纠错、重发、流量控制等,而是将这些功能留给智能终端去处理。通过这种改进,帧中继技术大大缩短了分组的处理时间,提高了效率。但是帧中继的最大问题是没有业务质量等级的相关规定,不能确保高优先级业务的服务质量(quality of service,QoS)要求。

2) 异步传输模式

异步传输模式(asynchronous transfer mode,ATM)是一种快速分组交换技术,ITU-T 推荐其为宽带综合业务数据网(B-ISDN)的信息传输模式。ATM 将信息组织成信元,其包含的来自某用户信息的各个信元不需要周期性出现,从而实现异步传输。

ATM 信元是固定长度的分组,共有 53 个字节,分为两个部分。前面的 5 个字节为信头,主要完成寻址的功能;后面的 48 个字节为信息域,用来装载来自不同用户、不同业务的信息。话音、数据、图像等所有的数字信息都要经过分段,封装成统一格式的信元在网络上传输,并在接收端恢复成所需格式。ATM 技术简化了交换过程,去除了不必要的数据校验,采用易于处理的固定信元格式,因此,ATM 交换速率大大高于传统的数据网,如 X.25、帧中继等。

ATM 网络采用一些有效的业务流量监控机制,且对网络上用户的数据进行实时监控,把网络拥塞发生的可能性降到最小。根据不同业务不同的优先级,ATM 网络对不同优先级的业务分配不同的网络资源。因此,ATM 提供对话音、图像等实时业务的 QoS 保证。虽然 ATM 交换速度快,具有流量控制功能,提供服务质量保证和灵活的带宽分配,但是 ATM 网络的开销大、协议复杂,使得 ATM 设备成本高,维护比较复杂。

3) IP 网络技术

在 Internet 发展过程中,20 世纪 70 年代中后期,人们逐渐意识到不可能使用一个网络来满足所有的通信问题,因此提出 IP 技术以实现异种网络之间的互联,达到资源共享和交换数据的目的。IPv4 网络技术通过为网络主机分配一个 32 位的 IP 地址来达到唯一标识主机的目的,用户数据封装在 IP 分组中,为了将 IP 分组由源主机递送到目的主机,IP 通过路由协议建立源主机到目的主机的路由,路由器根据目的 IP 地址和保存的路由表实现 IP 分组的逐跳(hop by hop)转发,直到目的主机。

最初,IP 网络技术主要是针对一些简单的数据业务提供服务,如电子邮件、文件传输、远程登录等。随着 IP 技术在 Internet 上的成功应用以及 Internet 的飞速发展,人们要求 IP 不仅能支持简单的数据业务,同时也要能传送语音、图像等实时业务。因此,为了保证语音、图像等实时业务的 QoS,需要改进传统的尽力而为的 IP 技术,以提供 QoS 保证。在 IPv4 体系中,提供服务质量保证的 IP 体系结构有 InterServ 和 DiffServ 两种。InterServ 基于流预留资源,DiffServ 基于区分业务,对于不同类型的业务,采用不同的队列调度策略。DiffServ 由于在网络边界对业务流进行汇聚,不需要维护基于流的状态信息,因此,同 InterServ 相比,DiffServ 具有良好的可扩展性,更适合大型的 IP 网络。

随着 Internet 规模的爆发式增长,以及越来越多的移动终端接入 Internet,IPv4 的缺点逐渐显露出来,主要包括 IP 地址空间紧张、不支持节点的移动性、安全性差、不提供 QoS 保证等。为了解决这些问题,下一代因特网 IPv6 技术应运而生,IPv6 采用 128 位的地址空间,同时支持节点的移动性、提供 QoS 保证,并具有良好的安全性。因此,IPv6 极可能最终取代 IPv4。

2. 宽带接入网络

宽带接入网络分为有线接入方式和无线接入方式。

1) 光纤接入技术

光纤接入网又称光纤用户环路(FITL),它是在交换局中设有光线路终端(OLT),在用户侧有光网络单元(ONU),OLT 与 ONU 之间用光纤连接。ONU 可以用多种方式连接用户,一个 ONU 可以连接多个用户。根据 ONU 与用户的距离,光纤接入网又有多种方式,有光纤到路边(FTTC)、光纤到大楼(FTTB)以及光纤到户(FTTH)等几种形式。从光纤接入网是否含有电源,可分成有源光网络和无源光网络两大类。

从光接入网系统的接入方式来看,目前,光纤用户环路有两种接入方式:综合的 FITL 系统和通用的 FITL 系统。综合的 FITL 系统是通过一个开放的高速数字接口与数字交换机相连,这种方式代表了 FITL 的主要发展方向。通用的 FITL 系统在 FITL 和交换机之间需要应用一个局内终端设备,在北美称之为局端(COT)。COT 的功能是进行数模转换并将来自 FITL 系统的信号分解为单个的话带信号,以音频接口方式经音频主配线架与交换机相连。这种方式适合于任何交换机环境,包括模拟交换机和尚不具备标准开放接口的数字交换机。然而,由于需要增加局内终端设备、音频主配线架和用户交换终端,这种方式的成本和维护费用要比综合的 FITL 系统高。

光纤接入网由于采用光纤作为传输介质,具有传输距离远、带宽大、维护费用低等优点,是有线宽带接入技术的理想方案,代表了宽带接入网的发展方向。但是由于光纤接入初期投资大,很难在短期内得到广泛应用。

2) 本地多点分配系统

本地多点分配系统(local multipoint distribute system,LMDS)是一种宽带无线接入方式,宽带无线接入技术具有很好的应用前景。

LMDS 系统通常由基础骨干网、基站、用户终端设备和网管系统组成。骨干网可由 ATM 或 IP 的核心交换平台及因特网、PSTN 网互联模块等组成。基站实现骨干网与无线信号的转换,可支持多个扇区,以扩充系统容量。一般来说,用户终端都有室外单元(含定向天线和微波收发设施)和室内单元(含调制解调模块及网络接口)。LMDS 系统可采用的调制方式主要包括相移键控(PSK)和正交幅度调制(QAM)。

LMDS 的主要优点是可同时支持话音、数据和图像业务的传送,初期投资少,容易扩容和升级。主要缺点是传输距离短,容易受到天气和地形限制的影响。

4.1.4 载波通信

两部电话机用导线直接相连,音频电流通过电缆线从发送端送往接收端就可以实现最简单的音频通信。在这种通信方式中,线路上传送的是音频信号,在一对线路上只能传送一路语音信息。为了提高通信线路的利用率,使得一对线路上可以同时进行多路通信,就需要采用载波通信。载波就是起"运载信息"作用的电磁波,通常以正弦波或周期性脉冲实现。载波通信是指利用载波传输信息,主要的方法是把表示信息的信号加到载波上,使载波的频率、幅度或相位发生相应的变化(即进行调制)。经过调制的信号中包含有原始信号的信息,该载波信号传输到对方后,经过解调、滤波等一系列操作后,可以恢复出原始信号(即进行解调),最终实现信息的传递。例如,传统的载波电话通信是把低频话音信号叠加到高频的载波上,使得载波的振幅随语音信号幅度的变化而变化。

利用载波技术还可以实现"频分复用",即在同一条线路上,利用各种不同频率的高频载波来"载送"多路信号,使它们在同一条线路上同时传送多路信号而互不干扰,信号传到对方后再进行还原和各路分离,这样就实现了信号的多路通信。

1. 载波通信工作原理

载波通信是通过频率搬移来实现多路通信的,频率搬移实际上就是改变原始信号的频率,可以利用非线性元件(例如,半导体二极管)的变频作用来完成这个操作。

为避免各路信号互相混淆,应该将不同的原始信号移动到各个不同的频带位置,然后再用同一对线路进行传输。因为各路信号的传输频率不同,在同一线路上传输就互不干扰,所以在接收端可以用滤波器将不同频率位置的信号区分出来再进行频率变换,还原出原始信号。在语音通信中,当以 12kHz 做载频,语音信号的频带为 0.3~3.4kHz,经过频率变换后,得到的频率范围如图 4-12 所示。

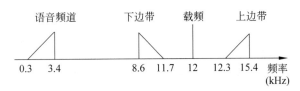

图 4-12 语音信号的频率变换

频率变换后,输出信号中产生了上边带和下边带,虽然二者的频率和幅度与变频前的语音信号不同,但是都由语音信号和载波信号共同作用而产生,其频率分别是载频和语音频率的和与差,所以它们都带有语音信号的特性。通信时,可以任选一个边带进行信号传输而将另一个边带去除,以完成传送语音信息的任务,这种传输方式称为单边带传输。另外,把载频和上下边带都用来传输的方式称为双边带传输。

当在一根通信线路上传送一路音频信息时,还可以利用一台单路载波机进行频率变换和分割,使得在同一线路上能够同时传送两个话路的信号而互不影响。

目前,载波技术有单载波技术、多载波技术和电力线载波技术等。单载波技术有较好的固定接收效果和较低的制造成本,并具有较高的传输效率。多载波技术包括多载波调制技术和多载波基站,二者位于不同的技术层面。多载波调制的传输系统是下一代移动通信多媒体业务的主要实现方式之一,而多载波基站的收发信机支持多个载波,便于实现网络扩容。在3G网络部署和扩容过程中,经常使用多载波基站。第三代移动通信系统中,在原有单载波基站的基础上推出多载波基站,例如,按照载波数量划分为二载波、三载波和四载波基站。基于基站的资源架构和多载波基站,可以快速实现3G网络的平滑扩容。因此,多载波基站成为3G移动通信网络扩容的主要实现方式之一。

2. 电力线载波通信

电力线载波(power line carrier,PLC)通信是指利用高/低压电力线作为信息传输介质,对模拟或数字信号进行高速传输的一种通信方式。电力载波通信由于复用输电线路传送载波信号,电力线路架到哪里,就可以把载波通信的信号传送到哪里,不需要额外布线,降低了布线及施工成本,因此在某些应用上具有潜在的价值,如在家庭自动化系统、远程抄表系统等应用场合。然而,由于电力线上的干扰及噪声相当大,线路阻抗很不稳定,信号传输损耗大,要利用电力线实现有效和可行的通信有相当的难度。

电力线载波通信系统结构如图4-13所示,主要包括电力载波机、高频电缆、结合滤波器、耦合电容器、阻波器、电力线路等。

该结构中,耦合电容器和结合滤波器组成一个带通滤波器,防止50Hz工频电流进入载波设备,只使高频载波信号顺利通过,并使高频电缆的输入阻抗与电力线路

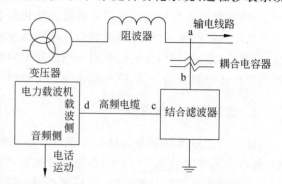

图4-13 电力线载波通信系统

的输入阻抗相匹配,以减小干扰,获得最大的传输功率。线路阻波器串联在线路上,用来减少高频载波信号传输的损失,又不阻碍工频电力信号的传输。国际电工委员会(IEC)建议电力载波机的使用频率一般为30~500kHz,在我国国内使用的频带为40~500kHz。

电力线载波通信的发展过程中,其相关领域的应用并不是一帆风顺的。2000年以来,各大网络运营商大规模推出ADSL、光纤、无线网络等多种宽带接入业务,留给电力线通信的生存空间已经不断被其他接入方式压缩。然而,随着新型家庭智能系统应用的兴起,PLC为自身带来了一个新的发展舞台。在目前的家庭智能系统中,以PC为核心的家庭智能系统占主导地位,可以将所有家用电器需要处理的数据交给计算机来完成。因此需要在家电与PC之间构建一个数据传送网络,无线通信是一种较好的选择,不需要再额外布线,且家电位置可灵活移动。但是在家庭环境中,"墙多"这一特征严重影响着无线信号传输的质量,特别是在别墅和跃层式住宅中这一缺陷更加明显。而使用PLC通信技术,不需要重新架设网络,只要有电线,就能进行数据传递,这成为解决智能家居数据传输的最佳方案之一。同时,因为数据仅在家庭范围内传输,束缚PLC应用的诸多困扰将不复存在,比如,配电变压器对电力载波信号的阻隔作用、三相电力线之间造成的较大信号损失(10~30dB)等。而且,具备远程通信功能的PLC调制解调模块的成本也远低于无线模块,总体上降低了家庭智能系统

的成本。

4.2　无线网络技术

无线网络传输是物联网前端数据传输的重要支撑技术,通过无线介质,前端节点将感知的数据在多节点协同下,以多跳(经过多个中间节点转发)方式传递到物联网网关节点(无线和有线的桥接),再实现 Internet 的远程数据采集和控制。本节主要从无线局域网、无线自组网、无线个域网和无线传感网 4 个方面来介绍无线网络技术,以对无线数据传输有个初步的认识。

4.2.1　无线局域网

无线局域网(wireless LAN,WLAN)是一种不使用任何导线或传输电缆连接的局域网,它使用无线电波作为数据传送的介质,传送距离一般只有几十米。无线局域网用户通过一个或多个无线访问点(wireless access points,WAP)接入无线局域网,而 WAP 连接在无线局域网的主干网络上,这种主干网络通常使用有线电缆(cable)作为传输介质。无线局域网现在已经广泛应用在宾馆、候机楼、大学校园和其他公共区域。

1. 无线局域网发展历程

无线网络的初步应用可以追溯到 70 年前的第二次世界大战期间,当时美国陆军采用无线电信号进行资料的传输。他们研发出一套无线电传输技术,并且采用强度相当高的加密机制,得到美军和盟军的广泛使用。若干年后,这项技术改变了我们的生活。1968 年,在夏威夷大学,由诺曼·艾布拉姆森等人着手开发一种新型无线网络,在 1971 年,他们创造了世界上第一个基于封包式技术的无线电通信网络,这种无线网络被称为 Aloha NET 网络,可以算是相当早期的无线局域网络(WLAN)。Aloha NET 网络包括 7 台计算机,它们采用双向星型拓扑横跨夏威夷的 4 座岛屿,中心计算机放置在瓦胡岛(Oahu Island)上。从这时开始,无线局域网正式诞生。

无线局域网利用射频技术,取代双绞铜线(twisted)所构成的有线局域网络,使得无线局域网络能利用简单的存取架构让用户达到信息随身化。20 世纪 70 年代中期,无线局域网的前景逐渐引起人们注意,并被大力开发,为人们的工作和生活带来了极大的便利。80 年代以后,美国和加拿大的一些业余无线电爱好者、无线电报务员开始尝试设计并建立了终端节点控制器,将各自的计算机通过无线发报设备连接起来,这种业余无线电爱好者使用无线联网技术要比无线网络的商业化早得多。1985 年,美国联邦通信委员会(Federal Communications Commission,FCC)授权普通用户可以使用 ISM 频段,从而把无线局域网推向了商业化。FCC 定义的 ISM 频段为:$902 \sim 928$MHz、$2.4 \sim 2.4835$GHz、$5.725 \sim 5.85$GHz 共3 个频段。1996 年,我国无线电管理委员会开放 $2.4 \sim 2.4835$GHz 频段。ISM 频段为无线电网络设备供应商提供了所需的频段,只要发射机功率的带外辐射满足无线电管理机构的要求,则无须提出专门的申请就可以使用 ISM 频段。

早期计算机网络采用无线介质仅仅是为了克服地理障碍,或是为了免除布线的烦恼,使网络安装简单、使用方便,而对网络中节点的移动能力并不重视。然而,进入 20 世纪 90 年代以后,随着功能强大的便携式计算机的普及使用,人们可以在办公室以外的地方随时使用携带的计算机工作,并希望仍然能够接入其办公室的局域网,或能够访问其他公共网络。这样,支持移动计算能力的计算机网络就显得越来越重要了。

IEEE 802工作组负责局域网标准的开发。1990年11月,IEEE成立了802.11委员会,开始制定无线局域网标准,无线网络技术逐渐走向成熟。IEEE 802.11(WiFi)标准诞生以来,先后有多个标准制定或者酝酿。IEEE 802.11无线局域网标准的制定是无线局域网发展历史中的一个重要里程碑,它规范了无线局域网络的媒体访问控制(medium access control,MAC)层和物理(physical,PHY)层。特别地,由于底层无线传输介质的不同,IEEE在统一的MAC层下面规范了各种不同的实体层,以适应当前的情况及未来的技术发展。1999年,IEEE 802.11工作组又批准了IEEE 802.11标准的两个分支:IEEE 802.11a和IEEE 802.11b,在传输速率上进一步满足了用户的需求。

IEEE 802.11b标准是无线局域网物理层的一个扩充,规定采用2.4GHz ISM频段,调制方式采用补偿编码键控(CCK)。它的一个重要特点是:多速率机制的介质访问控制确保当工作站之间的距离过长或干扰太大、信噪比低于某一个门限的时候,传输速率能够从11Mbps自动降低到5.5Mbps,或者根据直接序列扩频技术调整到2Mbps或1Mbps,具有自适应性。IEEE 802.11a标准也扩充了无线局域网的物理层,规定该层使用5GHz频段,采用正交频分复用(OFDM)调制数据,传输速率为6~54Mbps,这样的速率既能够满足室内的应用,也能够满足室外的应用。

2. 无线局域网的组成

无线局域网可以分为两大类:第一类,有固定基础设施的无线局域网(即符合IEEE 802.11系列标准);第二类,无固定基础设施的无线局域网。由于第二类无线局域网又称做无线自组网,内容较独立,这部分将在后续小节作专门介绍,本小节仅针对第一类无线局域网作详细介绍。

IEEE 802.11无线局域网由无线网卡、无线接入点(WAP)、计算机和有关设备组成,采用单元结构,每个单元称为一个基本服务集(base service set,BSS)。一个基本服务集覆盖的地理范围称为基本服务区(base service area,BSA),无线局域网可由若干个基本服务区组成,在每个服务区内通过无线接入点与骨干网(可以是有线,也可以是无线)相连,整体组织结构如图4-14所示。

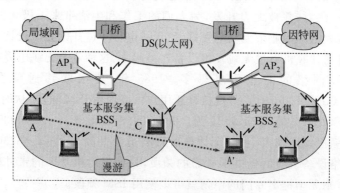

图4-14 无线局域网组成

一个基本服务集包括一个无线接入点和若干个移动站。基本服务集可以是孤立的,也可通过接入点(AP)连接到主干分配系统(distribution system,DS),然后再接入到另一个基本服务集,构成一个更大的扩展服务集(extended service set,ESS)。扩展服务集还可以通过称为门户(portal)的设备为无线用户提供到非 802.11 无线局域网(例如,有线连接的 Internet、其他有线局域网等)的接入,门户的作用就相当于一个网桥,可实现一定的路由器功能。在基本服务集内,无线接入点也称为基站,其作用类似于一个路由器,所有的移动站在本基本服务集以内都可以直接相互通信,但在和本基本服务集以外的站通信时要通过本基本服务集的接入点进行转发。图中,移动站 A 可以和移动站 C 直接通信,因为它们在同一个服务区内,而移动站 A 要和移动站 B 通信的话,则要通过各自的接入点(AP)进行转发,数据的传输路径为 A→AP_1→AP_2→B。

移动站 A 从某一个基本服务集漫游到另一个基本服务集时,仍然可保持与另一个移动站 B 进行通信的能力。当站 A 从 BSS_1 移动到 BSS_2 时,移动站 A 首先选择无线访问点 AP_2 作为新的接入点,即要求加入这个新的基本服务集所在的子网,这样站 A 和 AP_2 之间创建了一个虚拟线路,这是一个关联(association)的过程。在关联过程中,涉及二者的身份认证,比如,只有合法的用户才能得到 AP_2 的许可,加入 BSS_2 基本服务集。此后,移动站 A(A′)就和 AP_2 互相使用 802.11 关联协议进行对话,同时,在 BSS_2 服务集内,在包括站 A(A′)的各站之间可以相互直接通信。

3. 无线局域网的网络协议体系结构

现有的计算机网络一般都遵循分层体系结构,比如,ISO 的 7 层体系结构 OSI/RM 模型、TCP/IP 的 4 层体系结构。无线网络仅仅工作在 OSI/RM 模型的下面 3 层,即物理层、链路层和网络层,这 3 层称为通信子网层,如图 4-15 所示。实际上,有线网络中,这 3 层也称为通信子网层,实现计算机网络向终端用户(end user)提供的网络数据传输功能,其具体内容将在后续的计算机网络课程中讲述。由图可见,无线局域网包含了物理层和数据链路层的功能,实现了在一个网络内部的介质访问功能,最终可完成数据的传输。

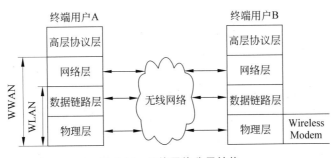

图 4-15　无线网络分层结构

IEEE 802.11 系列标准的无线局域网协议体系结构如图 4-16 所示。该协议结构包括多种物理层标准、MAC 子层和 LLC 子层。

1) 物理层

在 802.11 系列协议结构中,物理层与 OSI 模型的物理层对应得很好,主要允许红外线(IR)、跳频扩频(FHSS)、直接序列扩频(DSSS)、正交频分多路复用(OFDM)和 HR-DSSS 几种传输技术。在这 5 种技术中,每一种都能够把一个 MAC 帧从链路的一端发往另一端,然

图 4-16　802.11 系列无线局域网体系结构

而,由于使用的技术不同,它们的工作频率和能够达到的速度各不相同,各自的适用范围也不相同。几种物理层标准如下:

(1) IEEE 802.11FHSS 物理层使用 79 个信道,每个信道的带宽为 1MHz,从 2.4GHz 的 ISM 频段依次往上递增,使用一个伪随机数发生器来产生调频序列,在 2.4GHz 的频段上提供 1~2Mbps 的传输速率。

(2) IEEE 802.11DSSS 物理层使用巴克序列(barker sequence)编码,传输一位数据时以 11 个时间片的信息组合来表示这一位,仍然工作在 2.4GHz 频段上,提供 1~2Mbps 的传输速率。

(3) IEEE 802.11 IR 物理层使用与电视遥控器相同的红外技术,提供 1~2Mbps 的传输速率。

(4) IEEE 802.11b HR-DSSS 物理层工作在 2.4GHz 频段上,提供 1~11Mbps 的传输速率。

(5) IEEE 802.11a OFDM 物理层工作在 5GHz 频段上,用到了 52 个不同的频率,48 个用于数据传输,4 个用于传输同步信息,是第一个高速 WLAN,能提供 6~54Mbps 的传输速率。

(6) IEEE 802.11g OFDM 物理层,是 802.11b 的增强版本,工作在 2.4GHz ISM 频段上,采用与 802.11a 一样的 OFDM 调制技术,理论上传输速率可达到 54Mbps。

2) 数据链路层

在 802.11 中,MAC 子层负责确定信道的分配方式,即决定下一时刻由谁来传输数据。MAC 层上面是 LLC 逻辑链路控制子层,它的任务是隐藏 802.11 物理层各个标准之间的差异,使得这些标准对于网络层来说是一致的。

802.11 的 MAC 子层支持两种操作方案来处理无线环境的复杂性。第一种方案称为分布式协调功能(DCF),使用载波监听机制来实现节点间数据发送的合理顺序;第二种方案称为点协调功能(PCF),它使用基站来控制服务单元内各站的活动,涉及一个集中决策规则。所有的 802.11 实现标准都必须支持 DCF,而 PCF 则根据需要选择使用。

在 802.11 的 MAC 子层 DCF 方案中,采用的介质访问机制是带冲突避免的载波监听多路访问(CSMA/CA)协议。该协议工作时,会采用类似 CSMA/CD 的工作过程,发送站在发送数据前首先监听信道,如果信道忙,则推迟发送直到发现信道空闲,一旦信道空闲,发送站立即发送数据帧,但与 CSMA/CD 协议不同的是,在发送过程中并不检测冲突(因为可能无法检测),如果发生冲突,发送站使用二进制指数退避算法等待一段时间,然后再试直至未发生冲突。在 CSMA/CA 协议中,为避免冲突,它的基本思想是让发送方 S 激励接收方 R 发送一个短帧 F,以让接收站 R 周围的其他站点都检测到这个帧,从而使得这些站在即将到来的一段时间里不向接收站 R 发送信息,保证了发送方 S 与接收方 R 之间的通信不受第三方的影响。

由于无线信道干扰比较大,使用长帧传输很容易出错,因此 802.11 允许在发送前对帧进行分段,每个段携带自己的校验和,被单独编号和确认,并使用一种停-等协议来传输。

在 802.11 的 MAC 子层 PCF 方案中,基站采用轮询法(polling)询问每个站有没有数据要发送,由于基站完全控制了各个站的发送顺序,因此不会有冲突产生。802.11 标准规定了轮询的机制,但轮询的频度、次序及各站点是否获得平等的服务等均由实现来决定。基站还要周期性地广播一个信标帧(Beacon Frame),帧中携带有诸如跳频序列、停留时间、时间同步等系统参数。信标帧将邀请新的站注册轮询服务,一旦一个站注册了一个恒定速率的轮询服务,则它就会获得所要求的带宽。由于无线移动设备通常用电池供电,为了节约能耗,基站还负责电源管理。在空闲的时候,基站可令移动设备进入休眠状态,进入休眠状态的设备一段时间后可被基站或用户唤醒。

4.2.2　无线自组网

无线自组织网络(wireless ad hoc network)也称为移动 Ad Hoc 网络(MANET),是一组带有无线收发装置的移动终端组成的一个多跳临时性自治系统,不需要现有信息基础网络设施的支持,可以在任何时候、任何地点快速构建,从而拓宽了移动通信网络的应用环境。在这种工作环境中,由于终端的无线通信覆盖范围有限,两个无法直接通信的用户终端可以借助其他终端的分组转发功能进行数据通信。

Ad Hoc 是一个拉丁词汇,在拉丁语中它的意思是"特别的,专门的,专为某一事而做的(for this purpose)"。20 世纪 70 年代,美国国防部高级研究计划局(DARPA)启动了"战场环境中的无线分组数据网"项目,研究在战场环境下利用分组无线网进行数据通信的方法。1983 年和 1994 年,DARPA 又分别启动了抗干扰自适应网络项目(survivable adaptive network,SURAN)和全球移动信息系统(global mobile information systems,GloMo)项目,对能够满足军事应用需要的移动通信系统进行更深入的研究。后来,IEEE 802.11 标准委员会采用了"Ad Hoc 网络"一词来描述这种特殊的自组织、无中心、多跳无线网络结构,Ad Hoc 网络由此诞生。由于无线 Ad Hoc 网络具有组网简单灵活、成本低以及生存能力强等特点,其应用范围不断扩大,由最先的军用领域扩大到地震、火灾等紧急通信场合。图 4-17 给出了两个 Ad Hoc 网络的应用事例。

(a) 灾难救援　　　　　　　　(b) Car to Car通信

图 4-17　两个 Ad Hoc 网络的应用事例

1. 无线自组网的结构

802.11 系列的无线局域网属于有网络基础设施的无线网络,它们需要类似基站或访问服务点这样的中心控制设备。Ad Hoc 无线自组网是一种无中心的分布式控制网络。一方面,这种无线网络的信息传输采用了计算机网络中的分组交换机制,而不是电话交换网中的电路交换机制;另一方面,用户终端是便携式的,比如笔记本电脑、PDA、车载计算机等,并配置有相应的无线收发设备,而且用户可以随意移动或处于静止状态。在 Ad Hoc 自组网中,每个用户终端兼具路由器和主机两种功能;而在常规网络中,路由器和主机通常是两个独立的设备。作为主机功能时,用户终端需要运行面向用户的应用程序,比如编辑器、浏览器等;而作为路由器功能时,用户终端需要运行相应的路由协议,根据路由策略和相关路由信息参与数据分组转发工作和路由信息维护工作。可见,Ad Hoc 网络的组织结构和工作方式与常规计算机网络存在很大的区别,其网络拓扑结构经常处于动态变化之中,图 4-18 给出了 Ad Hoc 网络的结构。

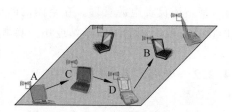

图 4-18　Ad Hoc 网络的结构

由图可见,Ad Hoc 自组织网络没有 802.11 系列网络的基本服务集中的接入点(AP),而是由一些处于平等状态的移动站之间相互通信构成的临时网络,网络中每个终端可以自由移动、地位相等,且功能类似。对于 Ad Hoc 网络环境,移动终端的各方面处理能力有限,且频率资源非常宝贵,终端的通信范围仅仅限制在一个小范围内。因此,两个长距离终端之间通信时,需要经过若干个中间移动站的转发。当移动站 A 和 B 通信时,要经过 A→C、C→D、D→B 这样一连串的存储转发过程。在源节点 A 到目的节点 B 的路径上,节点 C 和 D 都是转发节点,它们具有路由器的功能。实际上,Ad Hoc 网络中,每个节点都具有路由功能,它们在工作过程中会按照一定机制产生各自的路由表信息,在进行数据传输时,从路由表中取出下一跳节点地址,从而把数据转发给下一个节点,最终数据可以递送到目的节点。

路由协议是 Ad Hoc 无线自组织网络的重要组成部分,开发良好的路由协议是建立 Ad Hoc 网络的首要问题。与传统网络相比,Ad Hoc 网络路由协议的开发更具有挑战性,这是因为传统网络的路由方案都假设网络的拓扑结构是相对稳定的,而 Ad Hoc 网络的拓扑结构是不断变化的。另外,传统网络的路由方案主要依靠大量的分布式数据库,这些数据库保存在某些网络节点和特定的管理节点中,而 Ad Hoc 网络中的节点不会长期存储路由信息,并且这些存储的路由信息也不总是可靠的(因为拓扑结构在变)。理想的 Ad Hoc 网络路由协议必须具备维护网络拓扑的连通、及时感知网络拓扑结构的变化、高度的自适应性等功能。因此,针对 Ad Hoc 网络已经提出许多性能各异的路由算法,其中,一个比较经典的路由算法是按需距离矢量路由算法(ad hoc on-demand distance vector,AODV)。

2. 无线自组网的 AODV 路由算法

如前所述,AODV 是一种按需距离矢量路由协议,又称为反应式路由协议,运行该协议的节点不需要维持及时准确的路由信息,而是在需要发送数据时才查找路由。每个站动态地生成并维护一张不完整的路由表,当数据到达网络层时,该移动站首先搜索自身路由表,若有到目的站的有效路由则直接使用该路由发送数据,否则将启动路由建立过程。该协议的路由建立过程包括路由发现和路由维护,前者负责寻找相应的路由,后者负责维护一个已经生成的路由,直至目的站不可达或不再需要该路由。

1) 路由发现

节点发送信息时,先在自己的路由表中查找路由信息,如果不存在该类信息,则进行路由发现。源节点广播路由请求消息(RREQ),消息中包括目的节点地址、目的节点序列号、广播序列号、源节点地址、源节点序列号、上一跳地址和跳数。当中间节点收到 RREQ 时,首先根据该 RREQ 提供的信息建立到上一跳的反向路由,接着查找自己的路由表,若发现有到目的节点的有效路由,则通过反向路由单播回送路由应答消息(RREP),该 RREP 消息包括源节点地址、目的节点地址、目的节点序列号、跳数和生存时间;否则,再将收到的 RREQ 广播给邻居节点,直到该 RREQ 到达目的节点。由目的节点生成 RREP,并沿已建立的反向路由传输给源节点。当同一个 RREQ 有若干不同的 RREP 时(可能由不同的中间节点发出),源节点采用最先到达的那个 RREP。若几个 RREP 同时到达,源节点将选择目的节点序列号最大的路由,或者在目的节点序列号相同时,选择跳数最小的路由。至此,路由建立过程结束,并可以在其有效期内使用。反向路由指从目的节点到源节点的路由,用于将路由响应报文 RREP 回送至源节点,反向路由是源节点在广播路由请求报文的过程中建立起来的。前向路由是由源节点到目的节点方向的路由,用于以后数据报文的传送,前向路由是在节点回送路由响应报文 RREP 的过程中建立起来的。

2) 路由维护

AODV 通过 hello 包和 RERR 包来进行路由信息的维护。每个节点周期性地给相邻节点发送 hello 包,并且期望它的邻居会做出应答,以确定和邻居节点是否连接。如果一定时间后邻居节点还未送出应答信息,发送广播消息的节点就知道自己的邻居已经离开了自己的通信范围,就会开始链路修复过程,即广播一个 RREQ 消息给周围节点。若链路修复失败,节点向所有的邻居节点广播 RERR 包,RERR 包中的不可达节点列表不仅包括了链路断开的邻居节点,还包括了以此邻居节点为下一跳的路由条目的目的节点,通过 RERR 的广播,其他节点就知道链路断开了。

另一种路由维护的操作发生在数据沿着建立的路由传送过程中,中间节点在确定有有效路由,但下一跳节点无法到达(可能由于节点的移动导致链路断开)时,或者没有有效路由时(例如,有效期结束),则该节点将广播路由出错消息(RERR)给邻居节点。RERR 信息中包括无法到达的节点地址和序列号,所有收到 RERR 包的节点将相应的路由设置为无效,并同理广播 RERR,源节点收到 RERR 后将重启路由建立过程。

3. 无线自组网的特点

与其他通信网络相比,Ad Hoc 自组织网络独具特色,作为一种新型的无线、多跳、无中心分布式控制网络,它无需网络基础设施,具有很强的自组织性、鲁棒性、抗毁性和容易构建等特点。

(1) 自组织性。

无线 Ad Hoc 网络相对常规通信网络而言,最大的区别就是在任何时刻、任何地点不需要基础网络设施的支持,可以快速构建一个移动通信网络。它的建立不依赖于现有的网络通信设施,具有很强的自组织性。Ad Hoc 网络的这种特点非常适合战场联络、灾难救助、偏远地区通信等应用。

（2）拓扑结构的易变性。

在 Ad Hoc 网络中,移动主机兼具路由器的功能,而且可以在网中随意移动。主机的移动会导致主机之间的链路增加或消失,主机之间的拓扑关系不断发生变化,而且变化的方式和移动速度都不可预测。但是对于一般网络而言,网络拓扑结构则相对较为稳定。

（3）主机资源有限。

在自组 Ad Hoc 网络中,主机均是一些移动设备,如 PDA、便携计算机或掌上电脑。由于主机可能处在不停的移动状态下,主机的能源主要由电池提供,因此 Ad Hoc 网络能源有限。另外,自组网采用无线传输技术作为底层通信手段,而由于无线信道本身的物理特性,它所能提供的网络带宽相对有线信道要低得多。除此以外,考虑到竞争无线共享信道产生的碰撞、信号衰减、噪音干扰等多种因素,移动终端可得到的实际带宽远远小于理论中的最大带宽值。

（4）分布式控制。

自组网中的用户终端都兼备独立路由和主机功能,不存在网络中心控制点,用户终端之间的地位是平等的,网络路由协议通常采用分布式控制方式,因而具有很强的鲁棒性和抗毁性。然而自组网具有安全性较差、网络的可扩展性不强、生存时间短等缺点。

（5）有限的物理安全。

移动网络通常比固定网络更容易受到物理安全攻击,易于遭受窃听、欺骗和拒绝服务(DoS)等攻击。在现有的链路安全技术中,有些已被应用于无线 Ad Hoc 网络中以抵御攻击。

4.2.3 无线个域网

无线个人区域网(wireless personal area network,WPAN)是一种采用无线连接的个人区域网络,它被用在诸如便携式计算机、掌上电脑、蜂窝电话、附属设备以及小范围(一般在10m 以内)内的数字助理设备之间的通信。支持无线个人区域网的技术主要包括蓝牙、IrDA、ZigBee 和超宽带(UWB)等,其中,蓝牙技术在无线个人设备互联中使用最为广泛。

1. 蓝牙通信技术

蓝牙是一种新兴的通信技术,其传输使用的功耗很低,它可以应用到无线设备(如PDA、手机)、图像处理设备(照相机、扫描仪)、安全产品(智能卡、身份识别)、消遣娱乐(耳机、MP3)、汽车产品、家用电器、医疗健身、智能建筑等领域。蓝牙技术是由爱立信、诺基亚、Intel、IBM 和东芝等公司于 1998 年 5 月联合主推的一种短距离无线通信技术,它可以用于较小范围内,通过无线连接的方式实现固定设备或移动设备之间的网络互联,从而在各种数字设备之间实现灵活、安全、低功耗、低成本的语音和数据通信。蓝牙技术的一般有效通信范围为 10m,强的可以达到 100m 左右,其最高速率可达 1Mbps。

基于蓝牙技术的通信设备在网络中所扮演的角色有两类:主设备(master)和从设备(slave)。主设备一方面负责设定跳频序列,另一方面负责控制主、从设备之间的业务传输时间与速率;而从设备必须与主设备保持同步。在组网方式上,蓝牙使用时分复用介质访问技术(TDM)和扩频跳频技术(FHSS)组成不用基站的微微网(pionet)。在微微网内,主设备与从设备可以形成一点到多点的连接,任何从设备都可与主设备通信,这种连接不需要任何复杂的软件支持。一个主设备同时最多只能与网内的 7 个从设备相连接进行通信,为了扩大通信范围,多个微微网可以通过共享设备桥接构成散射网(scatternet)。图 4-19 给出了这种蓝牙系统的平面网络结构,一个虚线圆即表示一个微微网。

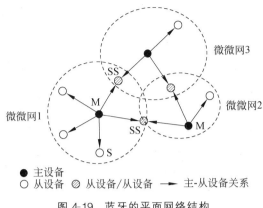

图 4-19　蓝牙的平面网络结构

图 4-19 中,M 是主设备,S 是从设备,在一个微微网内,主设备和从设备之间可以互相进行通信。由于蓝牙具有中心控制属性,两个从设备之间不能直接进行通信。相邻微微网之间如果需要通信,则要通过共享从设备进行通信,如图中的 SS 设备。共享的从设备 SS 在保持/休眠模式与活动模式两种状态之间切换,从而可以在这两个微微网中交替地处于活动状态,实现微微网之间的通信。

IEEE 802.15.1 标准是 IEEE 批准的用于无线个域网的蓝牙技术标准,该标准于 2002 年推出,但在实施过程中进行了修改,于 2005 年发布了它的修正版。IEEE 802.15.1 主要规定了 7 层 OSI 模型中的物理层和数据链路层内的 4 个子层标准。

第一层是无线层(wireless layer),实现在主站和从站之间发送比特流。该层的无线接口基于天线能力,其功率为 0~20dBm。蓝牙技术运行在 2.4GHz 频段并且传输距离在0.1~10m 范围内,采用 GFSK 调制技术,传输速率达 1Mbps。

第二层是基带层(base band layer),实现组合电路交换和分组交换。采用跳频扩频(FHSS)技术,把信道分成若干个长为 625μs 的时隙,每个时隙交替进行发射和接收,实现时分双工。为同步分组传输预留时间带,一个分组可占一个信道、3 个信道或者 5 个信道,每个分组以不同跳频发送。它可以完成成帧和信道管理的功能。时分双工可以防止收发信机之间的串扰,而跳频技术提高了抗干扰能力。

第三层是链路管理器层(link manager layer),主要负责在蓝牙设备间建立链路。链路管理器也对安全、基带数据包大小协商、电源模式、蓝牙设备的周期性控制及蓝牙设备在所属微微网中与主设备的连接状态等方面进行管理。

第四层是逻辑链路控制和适配协议(logical link control and adaptation protocol),提供无连接和面向连接服务的上层协议。这一层主要是完成协议的多路复用/分用,接受上层的分组分段传输,在接收端进行重组和处理服务质量等。

2. 红外通信技术

红外通信系统采用红外技术进行通信,该技术是一种利用红外线进行点对点、短距离通信的技术。红外线是波长在 0.75~1000μm 之间的无线电波,是人用肉眼看不到的光线,红外数据传输一般采用红外波段内波长在 $0.75\sim25\mu\text{m}$ 之间的近红外线。

为了建立一个统一的红外数据通信标准,1993 年,由 HP、COMPAQ、Intel 等 20 多家公司发起成立了红外数据协会(infrared data association,IrDA)。同年 6 月 28 日,来自 50 多家企业的 120 多位代表出席了红外数据协会的首次会议,并就建立统一的红外通信标准问题达成一致。为保证不同厂商基于红外技术的产品能获得最佳的通信效果,规定所用红外波长在 $0.85\sim0.90\mu\text{m}$ 之间。随后,红外数据协会相继制订了很多红外通信协议,有些注重传输速率,有些则注重功耗,也有二者兼顾。

1994 年,第一个 IrDA 的红外数据通信标准发布,即 IrDA1.0。IrDA1.0 标准简称串行红外协议(serial infrared,SIR),它是基于 HP-SIR 开发出来的一种异步、半双工红外通信方式,它以系统的异步通信收发器(universal asynchronous receiver/transmitter,UART)为依托,通过对串行数据脉冲的波形压缩和对所接收光信号电脉冲的波形扩展这一编/解码过程,实现红外数据传输。SIR 标准的最高数据速率只有 115.2Kbps。1996 年,发布了 IrDA1.1 协议,简称快速红外协议(fast infrared,FIR),采用脉冲相位调制(pulse position modulation,PPM)编/解码机制,最高数据传输速率可达到 4Mbps。

利用红外技术传输数据,无须专门申请特定频段的使用执照,具有设备体积小、功率低的特点。由于采用点到点的连接,数据传输所受到的干扰较小,数据传输速率高。因此,基于红外线的传输技术最近几年有了很大发展,目前广泛使用的家电遥控器几乎都是采用红外线传输技术,在手机和笔记本电脑等设备上也得到了广泛应用。红外线方式的最大优点是不受无线电干扰,但是红外线对非透明物体的透过性较差,导致传输距离受限制,其点对点的传输连接也无法灵活地组成网络。

3. 低速 WPAN

低速 WPAN 主要应用在工业监控、办公自动化和楼宇自动化等低功耗、低成本场合。1998 年 IEEE 成立了 802.15.4 工作组,致力于定义一种适应于固定、便携或移动设备使用的极低复杂度、低成本和低功耗的低速率无线连接技术——低速 WPAN。低速 WPAN 技术在网络的物理层和数据链路层遵循 IEEE 802.15.4 标准。在低速 WPAN 网络的网络层上,使用 ZigBee 组网技术,该技术是新一代无线通信技术。2002 年 8 月,英国 Invensys 公司、日本 Mitsubishi 公司、美国 Motorola 公司及荷兰 Philips 公司等发起成立了 ZigBee 联盟,推出了 ZigBee 协议标准。在很多场合,当 IEEE 802.15.4 标准与 ZigBee 技术这两个名词不作详细区分时,都是指低速 WPAN,但它们之间是有区别的,802.15.4 工作在物理层和链路层,而 ZigBee 工作在网络层。

1) ZigBee 工作频段

ZigBee 技术使用的频段有 868/915MHz 和 2.4GHz,频段特征如表 4-1 所示。

表 4-1　ZigBee 采用的频段

RF 频段	频段范围(MHz)	数据速率(Kbps)	信道号(个数)	地理区域
868MHz	868.3	20	0(1 个信道)	欧洲
915MHz	902~928	40	1~10(10 个信道)	美国、澳大利亚
2400MHz	2405~2480	250	11~26(16 信道)	全世界

这些频段范围都是免费开放的,实际应用中只使用频谱的一段,称之为信道(channel)。ZigBee 总共定义了 27 个信道(0～26),每个频段宽度不同,能提供的信道数也不相同。信道中心频率按下式计算:

$$F = 868.3 \text{MHz} \qquad\qquad k = 0$$
$$F = [906 + 2(k-1)] \text{MHz} \qquad k = 1,2,\cdots,10$$
$$F = [2405 + 5(k-11)] \text{MHz} \quad k = 11,12,\cdots,26$$

2) ZigBee 网络拓扑

利用 ZigBee 网络技术组建的低速率无线个域网(low rate wireless personal network, LR-PAN)中,基本成员称为"设备(device)",按照功能不同,这些设备可以分为两类:全功能设备(full function device,FFD)和精简功能设备(reduced function device,RFD)。RFD 功能非常简单,可以用最低端微控制器(MCU)实现,在网络里只能作为终端设备,与某一特定的 FFD 进行通信。比如,RFD 可以是家居里的一只红外传感器或照明开关,也可以是生产车间里的一只压力传感器。而 FFD 可以作为个域网的主协调器(network coordinator)、路由器(router)和终端设备。在一个 ZigBee 网络里至少有一个协调器,ZigBee 网络可以有如下两种网络拓扑。

(1) 星型网络。

星型拓扑(star network)如图 4-20 所示,每个终端设备和协调器直接相连,因此,两个终端设备之间发送数据必须通过协调器。这种结构使得协调器可能成为网络的瓶颈,但其组织简单,802.15.4 直接支持该结构,不需要路由查找操作。这种星型网络最多可以有 255 个节点,其中一个是主设备,其余是从设备,网络规模较小。

(2) 树型网络。

树型拓扑(tree network)如图 4-21 所示,协调器与作为它孩子节点的路由器和端节点直接相连,路由器可以与充当它孩子节点的其他路由器和端节点相连。这种层次结构可以看作是树,通信规则如下:

- 一个孩子节点只能直接和父节点通信。
- 一个父节点只能直接与它孩子节点和父节点通信。
- 在两个节点之间发送消息时,消息必须沿树向上传到两节点最近的共同祖先,然后再沿树向下传送。这种拓扑结构扩大了网络的规模,能够覆盖更大范围。该网络可以通过"多级跳"的方式来通信,而且还可以组成极为复杂的网络,具备自组织和自愈功能。

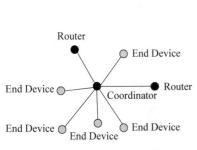

图 4-20　ZigBee 星型网络

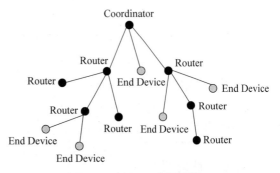

图 4-21　ZigBee 树型网络

3) ZigBee 协议栈

借鉴 ISO 的 7 层 OSI/RM 模型,ZigBee 协议栈分为 4 层,从下到上依次为物理层(PHY)、媒体访问控制层(MAC)、网络层(NWK)和应用层(APL)。ZigBee 的物理层和MAC 层使用 IEEE 802.15.4 标准,网络层和应用层由 ZigBee 联盟制定。每一层向上一层提供服务。应用层由应用支持子层(APS)、ZigBee 设备对象(ZDO)和应用商定义的应用支持子层组成。

物理层与传输介质(这里主要指无线电波)相关,负责物理介质与数据比特的相互转化,以及数据比特与上层(数据链路层)数据帧的相互转化。MAC 层负责寻址功能,通过CSMA/CA 机制解决信道访问时的冲突,此外,也负责数据帧的装配以及接收到的数据帧的解析。

网络层提供路由、多跳转发功能,实现并维护星型、树型和网格网络。对端节点而言,主要实现加入和离开网络;而路由节点需要实现发现邻居、路由查找、构造到某节点的路由等功能。协调器的任务包括启动网络、为新加入网络的节点分配地址等。

应用支持子层(APS)需要维护路由绑定表以及在绑定设备间转发消息,设备对象(ZDO)主要确定设备在网络中的角色,发现设备及设备提供的服务,初始化绑定请求,响应绑定,以及在网络设备之间建立安全关系。

4.2.4 无线传感网

物联网的核心和基础仍然是互联网(Internet),它是在互联网基础上进行的延伸和扩展,其用户端拓展到了任何物体与物体之间进行信息交换和通信,即依托无线传感网(WSN)进行物与物之间的信息交互。Internet 为人们提供了快捷的通信平台,极大地方便了人们的信息交流,而 WSN 则扩展了人们的信息获取能力,将客观世界的物理信息同传输网络连接在一起,在物联网中将为人们提供最直接、最有效、最真实的物的信息。

无线传感器网络是一种新型的网络,最早的研究来源于美国军方。无线传感器网络作为新一代的传感器网络,具有非常广泛的应用前景,各国都非常重视它的发展。美国 2003年的 MIT《技术评论》杂志在论述未来十大新兴技术时,将无线传感器网络列为第一项未来新兴技术;2009 年,IBM 公司提出的"智慧地球"计划构建在无线传感器网络之上;同年,我国温家宝总理对无锡"感知中国"项目作出重要指示,将物联网(含传感网)作为我国战略性产业重点支持。可以预计,无线传感器网络的广泛应用是一种必然趋势,它的出现将会给人类社会带来极大的变革。

中科院上海微系统与信息技术研究所

中国科学院上海微系统与信息技术研究所(简称微系统所)在 1999 年,与国际同步,开始研究传感器网络,是国内最早开展传感网研究的单位之一。微系统所已经成为国家传感器网络标准化秘书处承担单位,成立了中科院无线传感网与通信重点实验室,在设备方面拥有市值几亿元的设计仿真平台。

---

1. 无线传感网结构

无线传感器网络通常由传感器节点(sensor node)、汇聚节点(sink node)和管理节点构成，如图 4-22 所示。大量传感器节点随机部署在监测区域内部或附近，能够通过自组织（self-organizing）的方式构成网络。传感器节点监测到的数据沿着其他传感器节点（作为中继节点）逐跳地传输到汇聚节点，最后通过 Internet 或者卫星网络到达管理节点。用户通过管理节点可以对传感器网络进行配置和管理，发布监测任务以及收集监测信息。无线传感器网络将网络技术引入到智能传感器中，使得传感器不再是单个的感知单元，而是能够交换信息、协调控制的有机结合体，实现了物与物的互联，把感知触角深入物理世界的各个领域，可以感知包括温/湿度、声音、振动、磁力、加速度、图像等许多不同的物理信息。

无线传感器网络内部的感知节点（含中继节点）一般由传感器模块、处理器模块、无线通信模块和能量供应模块四部分组成，几类节点实物如图 4-23 所示。传感器模块负责监测一定区域内信息的采集和数据转换。处理器模块负责控制整个传感器节点的操作，比如，存储和处理本身采集到的数据以及其他节点发来的数据。无线通信模块负责与其他传感器节点进行无线通信，交换控制消息和收发已采集的数据。能量供应模块为节点提供运行所需要的能量，通常采用微型电池供电。为了降低网络成本，作为前端监控区域内大量随机布设的节点，它们在处理能力、存储能力、通信能力和供电能力方面存在诸多限制，因此，合理的资源利用和能量节约是无线传感器网络应用中的关键问题，直接影响到无线传感网监控系统的工作寿命和服务质量（QoS）。

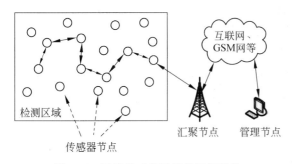

图 4-22　无线传感器网络的组织结构

图 4-23　无线传感器节点实物

2. 无线传感网协议栈

随着无线传感器网络技术的深入发展，目前已经有多个传感器网络的协议栈。无线传感器网络协议栈与传统的计算机网络和通信网络不同，具有二维结构。协议栈自底向上可以划分为物理层、数据链路层、网络层、传输层、应用层，而传感器网络特有的网络管理平面则可以划分为能量管理平台、移动管理平台以及任务管理平台，其协议结构如图 1-10 所示。

各层协议和管理平台具有不同的功能，各个实体模块既独立工作，又相互协调配合，共同完成无线传感网的传输功能。物理层负责数据传输的介质规范，为系统提供一个简单但健壮的信号调制和无线收发系统，比如，物理层将决定传感器节点的无线信号工作频率是 2.4GHz 还是 886MHz。

数据链路层负责将数据封装成帧，协调无线介质的访问，减少传感器节点因广播数据而发生的冲突，同时负责数据帧检测、介质接入和差错控制等，它保证了无线传感器网络中点对点、一点到多点的可靠连接。由于传感器网络具有不同于传统无线网络的众多特性，使得 802.11 无线局域网标准不能完全适用于无线传感器网络。因此出现了许多针对无线传感网的介质访问控制协议，主要包括 B-MAC、S-MAC、T-MAC、WiseMAC 和 APP-MAC 等，它们各具特色,分别工作在不同的应用场景中。

网络层负责路由发现、路由选择和路由维护,使得传感器节点可以进行有效的相互通信。路由算法执行效率的高低直接决定了传感器节点网络开销与总传输数据的比率,可以说,"路由算法"是网络层的最核心内容。根据数据包转发的工作原理来划分,传感器网络的路由协议可以分为平面路由和层次路由两种。平面路由是指对于传感器网络的任何节点来说,它们在网内的角色都是相互平等的,在一个有限的区域内只有唯一的一个具有对内数据汇聚、对外通信功能的汇聚节点(sink)。泛洪(flooding)是最简单的平面路由算法,中间节点只须将数据沿所有相邻节点的可能路径转发,必然可以到达目的节点。泛洪路由的缺点是在数据传输过程中存在大量无用的重复广播信息,造成了广播信息的"内爆"(implosion)和"重叠"(overlap),使得传感器节点的能量很快就被耗尽,网络生存时间很短。层次路由与平面路由不同,大多数传感器节点的地位都是平等的,但是存在少数比普通节点级别高的簇头节点(cluster head)。普通节点先将数据发送给簇头节点,再由簇头节点将数据发送给Sink节点。根据网络的需要,又可将簇头节点进一步划分为几个等级,构成多层次的传感器网络结构。几种典型的层次路由算法包括 LEACH、TEEN 和 PEGAGIS 等。

传输层负责数据流的传输控制,是保证通信服务质量的重要一层。无线传感器网络分层结构的相关工作主要集中在物理层、数据链路层和网络层,而传感器网络传输层协议较少。如果信息只在传感器网络内部传递,传输层并不是必需的,但是如果希望传感器网络通过 Internet 与外部网络进行通信,则传输层将必不可少。应用层为不同的应用提供了一系列基于监测任务的应用软件和一个相对统一的高层接口。

能量管理平台、移动管理平台和任务管理平台负责控制传感器节点如何使用能量,监测并注册节点的移动、跟踪邻居节点位置和维护到 Sink 节点的路由,帮助传感器节点协调监测任务,平衡各节点的功耗和降低整个网络系统的功耗。

3. 无线传感网的应用和特点

无线传感器网络的应用前景非常广阔,能够广泛应用于各种领域,随着传感器网络的快速发展和广泛应用,传感器网络对人们的日常生活和社会产业的变革都将带来极大的影响和推动。在军事应用领域,传感器网络具有可快速部署、自组织、隐蔽性强和密集性的特点,因此非常适合应用于恶劣的战场环境中,如监测兵力、监察敌情等。在环境科学应用领域,无线传感器网络可以布置在野外环境中获取环境信息、野生动物信息,避免人员接触危险环境,例如,可以利用传感器网络检测火山活动状况、洪水情况等。在医疗护理应用方面,如果在住院病人身上安装特殊用途的传感器节点,可以达到远距离监测人体各项健康数据的目的,比如呼吸、心率、血压等,发现异常能够迅速抢救病人。在工业控制及检测应用领域,使用无线传感器网络对企业生产车间、仓库进行检测,既可靠安全,又降低人力资源和成本。像在桥梁、矿井、核电厂这种特殊场合,利用无线传感网进行事故监测还可以避免人员伤亡。图 4-24 给出了无线传感器网络在桥梁监测和野生动物监测方面的应用。

无线传感器网络是一个由大量节点组成、采用无线通信、动态组网的多跳自组织网络,与现有的其他无线网络相比,无线传感器网络因其所应用的特殊环境和需求以及节点资源受限,决定了无线传感器网络具有不同于传统无线网络的特点。

(1)资源受限。

通常随机布设的传感器节点性能都比较弱,在电源能量、处理能力、存储能力和通信能力方面十分受限,节点能源在许多情况下不可以补充,因此,传感器网络首要设计目标是能量的高效利用。

(2) 大规模。

鉴于传感器节点价格低廉、性能受限,为了获取精确信息,在监测区域内通常部署大量节点,其数量可能达到成千上万。节点分布式地采集、处理大量信息能够提高监测的精确度,降低对单个节点传感器的精度要求,大量冗余节点的存在使得系统具有很强的容错性能,增大了覆盖的监测区域,减少了盲区。

(3) 多跳路由。

传感器网内节点通信距离有限,一般在几十米到几百米范围之内,节点只能与它的直接邻居(immediate neighbor)通信。如果希望与其射频覆盖范围之外的节点进行通信,则需要通过中间节点(relay node)进行转发。无线传感器网络的多跳路由也是由普通节点完成,没有专门的路由节点。因此,每个节点既可以是信息的发起者,也可以是信息的转发者。

(4) 自组织。

在无线传感器网络的应用中,许多情况下,传感器节点被放置在没有基础设施的地方,而且节点位置不能预先确定,节点之间的邻居关系也不能预先确定。传感器网络工作时,要求传感器节点具有自组织能力,能够自动进行配置和管理,通过拓扑控制机制和网络协议自动形成转发监测数据的多跳无线网络。另一方面,在传感器网络工作过程中,部分节点由于环境因素、能量耗尽和蓄意入侵等原因会造成节点失效,为了保证节点的冗余,一些新的节点将加入网络。因此,节点个数动态地增加或减少,传感器网络的自组织性要能够适应这种网络拓扑结构的动态变化。

(a) 桥梁监测　　　　　　　(b) 野生动物监测

图 4-24　无线传感器网络的应用

4.3　介质访问技术

计算机网络可以使用点对点信道,如广域网(WAN)、家庭用户的 Internet 接入网;也可以使用广播信道,如以太网(Ethernet)、无线局域网(WLAN)等。点对点信道由于是在两个用户之间专有使用,不存在与其他用户的使用冲突问题,而在广播信道中,多个用户共享广播信道。因此,一个突出的问题是,当多个用户要竞争使用信道时,该信道的使用权该分配给谁。本节针对共享的广播信道,介绍物联网中一些常用的介质访问技术,用于解决不同网络中共享信道的分配问题,包括基于预分配的介质访问技术、基于竞争的介质访问技术和混合式介质访问技术。

4.3.1 基于预分配的介质访问

预分配的介质访问技术是一种静态的复用信道分配方案,在多个用户之间预先分配共享信道的使用资源,比如,给各个用户分配时间片、各自可使用的信道频率等,即在信道上多个用户进行信道复用(multiplexing)。在网络通信中,多路复用技术的使用极大地提高了信道的传输效率,取得了广泛的应用。多路复用技术就是在发送端将多路信号进行组合,然后在一条专用的物理信道上实现传输,接收端再将复合信号分离出来。本小节分别介绍时分复用、频分复用和码分复用 3 种预分配介质访问技术。

1. 时分复用

时分复用(time division multiplexing access,TDMA)是根据网络用户数目,以信道传输时间作为分割对象,通过在信道上为多个用户分配互不重叠的时间片来实现多用户的信道复用,这种复用技术更适合于数字数据信号的传输。时分复用的工作示意如图 4-25 所示。

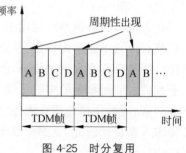

图 4-25 时分复用

在通信源端进行信号合并的电路称为复用器。它从各个用户端接收输入信号,然后把每个信号分割成小片段,并把分割后的片段按顺序循环放入信道中。在电缆的另一端,每个信号被多路分用器拆分出来,然后传送给目的用户。

例如,在电话语音通信中,时分复用是把一个传输通道进行时间分割,以传送若干话路的信息。把 n 个话路设备连接到一条公共的电话线路上,按一定的次序轮流给各个设备分配一段使用话路的时隙(time slot)。当轮到某个电话设备时,该设备与话路接通,执行通话操作。而此时,其他电话设备与话路的连接均中止。正在通话的设备时间片用完后,通过时分多路转换开关把话路连接到下一个要通话的设备上。时分复用是数字电话多路通信的主要方法,脉码调制(PCM)通信就是一种常见的时分多路复用数字电话通信。

目前,我国采用与欧洲一致的 PCM 脉码调制 E1 标准(30 路 PCM),其速率达到 2.048Mbps。在进行数字电话通信时,首先必须对模拟的电话信号进行采样、量化,根据采样定理,采样频率不能低于语音信号频率的两倍,这样在接收端就可以无失真地恢复原始的语音信号,人的语音频率通常在 0~3.4kHz 范围之内。因此,采样频率一般定为 8kHz,相当于采样周期 T 为 125μs。E1 标准是将 30 路音频信号复用在一条通信线路上,每路音频模拟信号在送到多路复用器之前要通过一个 PCM 编码器。编码器对语音信号每秒采样 8000 次,每次的采样值用 8 位编码。30 路 PCM 脉码信号在复用时,依次将一个 8 位的编码值插入一个时分复用帧中,每个信号占用一个时隙。在一个时分复用帧中,除 30 路语音信号外,还有两个时隙:一个用于帧同步;一个用于传送信令(比如,用户的拨号信令)。因此每帧由 $32 \times 8 = 256$ 位组成,由于发送一帧需要 125μs,这样,E1 标准的数据传输速率为 2.048Mbps。

时分复用技术的优点是控制简单、实现起来容易,但是如果某用户没有足够多的数据,不能有效地使用它的时间片,则造成信道资源的浪费。另一方面,有大量数据要发送的用户又由于没有足够多的时间可利用,本时间片结束后要等到下一个自己的时间片才能继续发送,延迟了很长时间。

统计时分复用(statistic time division multiplexing access,STDMA)是一种改进的时分复用技术,能根据用户实际需要动态地分配线路资源。只有当用户有数据要传输时才给他分配时间片,当用户暂停发送数据时,不给他时间片,此时,线路的传输能力就可以被其他用户使用。采用统计时分复用时,每个用户的数据传输速率可以高于平均速率,最高可达到线路总的传输能力。这种方法提高了线路利用率,但是技术复杂性比较高,所以这种方法主要应用于高速远程通信中,例如,异步传输模式(ATM)采用统计时分复用技术。

2. 频分复用

在物理信道能够提供比单个原始信号宽得多的带宽(信道带宽是指在该信道上能通过的信号的频率范围)时,可以将该物理信道的总带宽按频率分割成若干个和传输的单个信号带宽相同的子信道,每一个子信道传输一路信号。频分复用(frequency division multiplexing access,FDMA)就是在发送端利用不同频率的载波将多路信号的频谱调制到不同的频段,以实现一条信道上多路信号的复用。频分复用的多路信号在频率上不会重叠,合并在一起通过一条信道传输,到达接收端后,可以通过中心频率不同的带通滤波器使各路信号彼此分离出来。

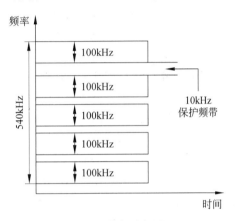

图 4-26　频分复用

频分复用的示意图如图 4-26 所示。频分复用的工作原理是每路信号以不同的载波频率进行调制,而且各个载波频率是完全独立的,占用不同的子信道,即各个信号所采用的频带互不重叠,而且相邻子信道之间用"保护频带"隔离,这样,各个子信道就能独立地传输各自的信号。

电话通信中的频分复用过程如图 4-27 所示。用户在分配到一定的频带后,在通信过程中始终都占用这个频带,所有的用户在同样的时间占用不同的带宽资源。在使用频分复用

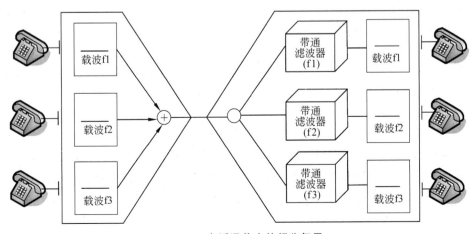

图 4-27　电话通信中的频分复用

时,因为每一个用户占用的带宽不变,则当复用的用户数增加时,复用信道总的带宽需求将随之增大。例如,传统的电话通信每一个标准话路的带宽是 4kHz(即语音信号的 3.4kHz 加上两边的保护频带),那么如果有 100 个用户进行频分复用,则复用后总的带宽需求就是 400kHz。

频分复用的优点是信道利用率高,允许复用的路数多,分路也很方便,并且频带宽度越大,则在此频带宽度内能容纳的用户数就越多。缺点是设备复杂,不仅需要大量的调制器、解调器和带通滤波器,而且还要求接收端提供相干载波。此外,在传输过程中存在非线性失真,频分复用信号抗干扰能力较差,不可避免地会产生路际串音干扰。

3. 码分复用

码分复用(code division multiplexing access,CDMA)技术的出现源于人们对更高质量的无线通信的需求。第二次世界大战期间,因战争需要而研究开发出 CDMA 技术,其思想初衷是防止敌方对己方通信的干扰,这项技术在战争期间被广泛应用于军事抗干扰通信,后来由美国高通公司更新成为商用蜂窝电信技术。1995 年,第一个 CDMA 商用系统(被称为 IS-95A)被美国高通公司运行之后,CDMA 技术理论上的诸多优势在实践中得到了检验,从而在北美、南美和亚洲等地得到迅速推广和应用。此后,全球许多国家和地区,包括美国、中国、韩国、日本等都已建成 CDMA 商用网络。在美国,CDMA 作为主要移动通信技术,10 个移动通信运营公司中有 7 家选用该技术。我国于 2002 年 1 月 8 日由中国联通公司正式开通 CDMA 网络并投入商用,2008 年 10 月 1 日后转由中国电信经营,手机号段为 133、153、189 等。

目前,在笔记本电脑和个人数字助理(PDA)等移动计算机的联网通信技术方面大量用到 CDMA 技术。CDMA 技术是建立在正交编码、相关接收理论基础之上,运用扩频技术解决无线通信选址问题。CDMA 系统利用自相关性大、互相关性小的码序列作为地址码,在一条信道上允许许多用户的信号相互叠加在一起进行传输,同时还叠加有噪声,系统利用本地产生的地址码对接收到的信号及噪声进行解调。如果与本地产生的地址码完全相关,则可还原成原来的窄带信号,再经过窄带滤波后,信噪比将得到很大提高,从而把所需的信号分离出来。

在 CDMA 中,每一个比特时间再划分为 n 个短的间隔,称为码片(chip),n 通常取值为 64 或 128。为便于说明 CDMA 的工作原理,我们取 n 值为 8。

使用 CDMA 的每一个站被指派一个唯一的 n 位的码片序列。一个站如果要发送比特 1,则发送它自己的 n 位码片序列。如果要发送比特 0,则发送该码片序列的二进制取反(码片序列中,所有位 0 变 1、1 变 0)。例如,指派给 A 站的 8 位码片序列是 01101001,当 A 站发送比特 1 时,它就发送序列 01101001,而当 A 站发送比特 0 时,就发送 10010110。为了便于计算,我们将码片序列中的 1 写为 +1,而把 0 写为 -1,因此,这里 A 站的码片序列可表示为 (-1+1+1-1+1-1-1+1),这个码片序列可以用向量 A 表示。

为了避免通信冲突,在 CDMA 系统中分配给不同站的码片必须相互正交。设站 S 的码片用向量 **S** 表示,站 T 的码片用向量 **T** 表示。S 和 T 的码片正交,在数学上可表示为:

$$S \cdot T = \frac{1}{n}\sum_{i=1}^{n} S_i T_i = 0 \qquad (4\text{-}1)$$

即两个码片正交,它们的内积(inner product)为 0。

同样有式(4-2)成立。

$$S \cdot \overline{T} = \frac{1}{n}\sum_{i=1}^{n} S_i \overline{T}_i = -\frac{1}{n}\sum_{i=1}^{n} S_i T_i = -S \cdot T = 0 \qquad (4\text{-}2)$$

例如,站 S 的码片序列是 00011001,站 T 的码片序列是 01011110,则它们对应的码片向量分别是 $S = (-1-1-1+1+1-1-1+1)$,$T = (-1+1-1+1+1+1+1-1)$,将向量 S 和 T 带入式(4-1),可以看出这两个码片是正交的。

S 和 T 的正交码片在数学上还有如下特性,如式(4-3)所示。

$$S \cdot S = \frac{1}{n}\sum_{i=1}^{n} S_i S_i = \frac{1}{n}\sum_{i=1}^{n} S_i^2 = \frac{1}{n}\sum_{i=1}^{n} 1 = +1$$

$$S \cdot \overline{S} = \frac{1}{n}\sum_{i=1}^{n} S_i \overline{S}_i = \frac{1}{n}\sum_{i=1}^{n}(-1) = -1 \qquad (4\text{-}3)$$

$$S \cdot \overline{T} = \frac{1}{n}\sum_{i=1}^{n} S_i \overline{T}_i = -\frac{1}{n}\sum_{i=1}^{n} S_i T_i = -S \cdot T = 0$$

站 T 要发送数据给站 T',为了保证站 T' 能正确接收到 T 发来的数据,T' 需要拥有和 T 一样的码片。在 T' 接收时,只要用自己的码片与接收到的码片序列做内积运算,如果结果为 +1,则接收到来自 T 的数据位 1;如果内积结果为 -1 的话,则接收到来自 T 的数据位 0。现在假设站 S 也接收到 T 的数据,S 用自己的码片序列和接收到来自 T 发送的序列做内积,无论 T 发送的是数据位 1 还是 0,根据式(4-1)和式(4-2)其内积结果均为 0,此时,T 发送的数据对 S 来说相当于噪声,而且被 S 滤除了。我们可以这样来理解 CDMA 的工作原理: 在一个国际会议上,来自德国的两个人之间相互用德语来交谈,来自法国的两个人之间相互用法语来交谈,而来自俄罗斯的两个人之间相互用俄语来交谈,他们在用自己的语言交谈时,其他语言的谈话好比噪声,但对自己的交流又没有影响(相当于没听见),CDMA 中站的码片就相当于这里的德语、法语和俄语,而且是正交的,所以相互之间不产生影响。

CDMA 系统以码片序列来表示数据位,相当于采用了扩频技术,具有抗干扰、抗多径衰落、保密性强等优点。

4.3.2　基于竞争的介质访问

1. ALOHA 网络介质访问

ALOHA 是夏威夷人表示致意的问候语,它也是 1968 年美国夏威夷大学的一项研究计划的名字,目的是要解决夏威夷群岛之间的通信问题。ALOHA 网络可以使分散在各岛的多个用户通过无线电信道来使用中心计算机,从而实现一点到多点的数据通信。该项目由诺曼·艾布拉姆森领导开发,于 1971 年成功建立 ALOHA 网络,是世界上最早的无线电计算机通信网络,使用无线电广播的分组交换技术。

ALOHA 网络基于随机介质存取机制,可以以无线信道或有线信道工作,其工作的思想很简单,只要用户有数据要发送,就尽管让他们发送,当然,这样会产生冲突从而造成帧的破坏。但是由于广播信道具有反馈性,因此,发送方可以在发送数据的过程中进行冲突检测,将接收到的数据与缓冲区的数据进行比较,就可以知道数据帧是否遭到破坏。同样的道理,其他用户也是按照此过程工作。如果发送方知道数据帧遭到破坏(即检测到冲突),那么它可以等待一段随机长的时间后重发该帧。如果在数据传输时,不能进行冲突检测,发送方就需要通过接收方的确认信息来了解发送帧是否正确送达对方。

按照 OSI 模型的层次划分,ALOHA 协议处于数据链路层,分为纯 ALOHA 协议和分槽 ALOHA 协议。在纯 ALOHA(Pure ALOHA)协议中,任何用户有数据发送就可以发送,每个用户通过监听信道来判断是否发生了冲突,一旦发现有冲突则随机等待一段时间,然后再重新发送。在这种任何用户任意时刻都能发送数据的情况下,能够成功发送出去的帧占总发送帧的比例较小。据统计,在满足一定概率的条件下,纯 ALOHA 网络的吞吐量最大为 18%。分槽 ALOHA(Slotted ALOHA)是对纯 ALOHA 协议的一个改进。改进之处在于,它把信道在时间上分为离散的时间片(时槽),每个用户只能等到一个时槽的开始时刻进行传输,而且每次传输数据的时间必须小于或者等于一个时槽,从而避免用户发送数据的随意性,减少了数据产生冲突的可能性,提高了信道利用率。改进后,分槽 ALOHA 缩短了帧易受碰撞的周期,从而使信道利用率提高一倍,最大吞吐量可以达到 37%。图 4-28 给出了两种 ALOHA 网络中系统吞吐量随帧流量变化的关系。

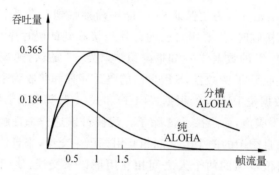

图 4-28　ALOHA 网络吞吐量与帧流量的关系

2. 带冲突检测的载波监听多路访问

ALOHA 网络系统中每个用户可以自由发送数据,而不管其他用户当前是否正在发送,使得存在较多冲突,导致吞吐量比较低。一个自然的想法是,要求每个用户在发送数据前先监听信道,仅当信道空闲时才允许发送数据,这样可以减少冲突的概率,从而提高网络吞吐量,载波监听多路访问协议就是基于这样的思想。

带冲突检测的载波监听多路访问(carrier sense multiple access with collision detection,CSMA/CD)机制的典型应用场合是以太网(Ethernet)。以太网的基本想法是把一些相距不太远的计算机通过缆线相互连接起来,使得它们可以很方便、可靠地进行一定速率的数据通信。以太网使用的传输介质是总线式广播信道,当一台机器发送数据时,总线上其他站点都可以接收到这个数据。因此,在这种广播信道上为了实现一对一的通信,每个站点需要预先分配一个物理地址,在发送的数据中给出目的站点的地址,就能够实现一对一通信。在以太网中,站点可以检测到其他站点在做什么,从而可以相应地调整自己的行为。

CSMA/CD 协议的控制过程包含 4 个方面的内容:监听、发送、冲突检测和冲突处理。

1) 监听

每个站点在发送数据之前,通过专门的检测模块先监听一下总线上是否有数据正在传送,即判断线路是否忙。如果忙,则进入后述的"退避"处理阶段,再反复进行监听,直到总线空闲。如果空闲,则按某种规则决定如何把数据送上总线。

2）发送

当确定可以发送后,通过发送模块向总线发送数据。

3）冲突检测

数据发送后,也可能发生数据碰撞,因此需要对数据边发送、边接收,以判断总线上是否发生冲突。当几个站点同时向总线上送出数据时,由于信号的相互叠加,总线上的信号电压变化会大幅提高,站点的适配器(即网络接口/网卡)能够监测出这种变化,判断出总线上发生了冲突。总线信号出现失真,接收站点无法从中恢复出有用的信息。当正在发送数据的站检测到总线冲突时,适配器就要立即停止发送,免得浪费资源,然后随机等待一段时间再监听信道,确定信道是否空闲。

4）冲突处理

当发送数据的站确认发生冲突后,进入冲突处理阶段。有两种冲突发生情况:

（1）若在监听中发现线路忙,则等待一定延时后再次监听,若仍然忙,则继续延迟等待,一直到可以发送为止。每次的延时时间由一定的算法确定。

（2）若发送过程中发现数据碰撞,先主动发送阻塞信息、强化冲突,以进一步通知其他站点,再监听信道直到空闲,延时一段时间后重新发送,每次的延时时间由退避算法确定。常用的冲突控制算法有截断二进制指数退避算法(truncated binary exponential backoff,BEB)、多项式后退算法(PB)和线性增值后退算法(LIB)等。

值得指出的是,在一个站点检测到信道空闲,发送数据后在总线上仍然存在冲突的可能性,是因为总线信道本身具有传播延迟(信号在一定长度信道上传播所花的时间)。当总线上两个站点监听到总线上没有信号时,这两个站点都可能向总线上送出数据帧,从而必然在总线上发生冲突。因此,为确认发出去的帧一定不会发生冲突,该站点需要边发送、边监测,直到 2τ 时间后仍未监测到冲突,此时可以肯定这一帧已经成功发送出去。τ 是单程端到端的最大传播时延。

在监听阶段,站点监测到总线忙时,该站点将避让一段时间后再尝试。根据延时所采用的不同退避机制,载波监听多路访问可分为如下几种。

（1）1-坚持 CSMA：站点在发送数据前先监听信道,若信道忙则坚持监听直至发现信道空闲,一旦信道空闲立即发送数据,发现冲突后随机等待一段时间,然后重新开始监听信道。

该协议虽然在发送数据前先监听信道,且在信道空闲后再发送数据,但仍有可能发生冲突,主要原因是信号传播延迟不可忽略。

（2）非坚持 CSMA：在发送之前,站点会侦听信道状态,如果没有其他站点在发送,它就开始发送。但如果信道正在使用之中,该站点将不再继续侦听信道,而是等待一个随机的时间后,再重复上述过程。非坚持 CSMA 的信道利用率高于 1-坚持 CSMA,但延迟特性要差。

（3）p-坚持 CSMA：该协议适用于时分复用信道。站点在发送数据前先监听信道,若信道忙则等到下一个时间片再监听,若信道空闲则以概率 p 发送数据,以概率 $1-p$ 将发送推迟到下一个时间片。如果下一个时间片信道仍然空闲,则仍以概率 p 发送,以概率 $1-p$ 将发送推迟到再下一个时间片。此过程一直重复,直至该帧发送出去或另一个用户开始发送。若发生后一种情况,该站的行为与发生冲突时一样,即等待一个随机时间后重新开始。

p-坚持 CSMA 是一种既能像非坚持算法那样减少冲突,又能像 1-坚持 CSMA 那样减少介质空闲时间的折中方案。

3. 无线传感器网络 MAC 协议

无线传感器网络的 MAC 控制的主要任务是协调共享介质的访问,以便传感器网络节点能够公平有效地分享通信资源。传统的基于 CSMA 方式的 MAC 协议是基于载波监听和退避机制,但它们并不太适合无线传感器网络,因为它们都基本假设数据传输业务的随机性,并且趋向于支持独立的点到点的业务流。例如,对于一个基于基础设施的蜂窝系统,其 MAC 协议的基本设计目标是提供高质量的服务质量(QoS)和带宽效率,且主要致力于资源分配策略。然而无线传感器网络一般没有像基站这样的中央控制节点,同时,网络节点能耗直接影响无线传感器网络的使用寿命,因此,在设计无线传感器网络的 MAC 协议时,有几个问题值得重点关注,如能量节省、网络效率(公平性、实时性、吞吐率和信道利用率等)和可扩展性。在无线传感器网络的能耗模型中,节点的射频通信模块占能耗的最大部分。MAC 协议的性能对无线传感器网络节点节能具有重要的影响,典型的 MAC 协议有 B-MAC 和 S-MAC 等。

1) B-MAC

B-MAC(Berkeley-MAC)协议是传感网微操作系统 TinyOS 上默认的 MAC 实现,该协议采用信道估计和退避算法分配信道,通过链路层保证传输可靠性,利用低功耗技术减少空闲监听,实现低功耗通信。

在进行信道估计时,节点利用接收信号强度指示(RSSI)值,采用指数加权移动平均算法计算出信道的平均噪声,再将一小段时间内最小 RSSI 值与平均噪声相比较,从而确定信道的冲突状态。退避算法根据应用需求可以选择初始退避和拥塞退避两种方式。

2) S-MAC

美国加州大学信息科学院的 Wei Ye 和 Estrin 等人通过实验证实了无线传感器网络中无效的能量消耗主要来自以下几个方面:

(1) 空闲监听。由于节点不知道邻居节点什么时候会向自己发送数据,射频通信模块一直处于接收状态,会消耗大量能量。

(2) 数据冲突。多个邻居节点同时向同一节点发送多个数据帧,信号相互干扰,使得接收方无法准确接收数据,而发送方重发数据将造成大量的能量浪费。

(3) 控制开销。传感器网络为了能够正常工作,节点之间需要交换一些控制信息。比如,询问邻居节点的 HELLO 报文、为建立路由信息的 REQUEST 报文。这些控制报文不传送有效数据,消耗了节点能量。

在无线局域网 IEEE 802.11MAC 协议的基础上,Wei Ye 等人提出了第一个完全针对无线传感器网络设计的 S-MAC(sensor MAC)协议,该协议具有节能、可扩展和冲突避免三大优点。S-MAC 协议的主要工作思想如下。

(1) 周期监听和睡眠机制。

S-MAC 协议将时间按帧划分,构成若干个时间帧,帧的长度由应用程序决定,帧内分为监听和睡眠两个阶段,如图 4-29 所示。监听和睡眠阶段的持续时间根据应用程序要求进行设置,当节点进入睡眠阶段时,该协议关闭无线电模块以节约能量,同时设置一个唤醒定时器。节点还需发送周期性同步信息以同步邻居节点(通过虚拟簇方式),相邻节点也可采用相同的监听/睡眠策略,新节点加

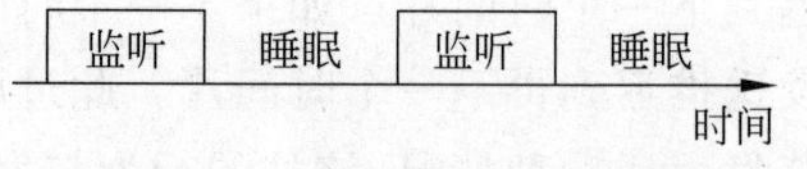

图 4-29 周期性的监听/睡眠

入进来时,需要广播它们各自的监听/睡眠计划,这样使得 S-MAC 具有良好的扩展性。类似于 802.11,S-MAC 协议采用 RTS、CTS、DATA、ACK 机制发送数据,发送数据期间不会进入睡眠阶段。但是不可避免地,该机制由于采用周期睡眠会带来一定的数据传输延迟;此外,会占用大量的存储空间来缓存数据,这在资源受限的无线传感器网络中对节点性能造成了一定的挑战。

（2）冲突和串音避免机制。

为了减少通信冲突和避免串音,S-MAC 协议采用了物理和虚拟载波(类似于 802.11,使用网络分配矢量 NAV)监听机制和 RTS/CTS 握手交互机制。与 IEEE 802.11 MAC 协议不同的是,当邻居节点正在通信时,S-MAC 协议使得节点直接进入睡眠阶段;而当接收节点处于空闲并进入监听时,就会被唤醒。串音分组通常是指不需要的分组,它随着节点密度和业务负载增加而变得更加严重,因而造成能量浪费。串音可以通过更新基于 RTS/CTS 的 NAV 来避免,当 NAV 不为零就进入睡眠阶段,以避免串音现象发生。一个可以遵循的原则是:在节点发送数据期间,当发送方和接收方的所有邻居监听到 RTS/CTS 后就应当进入睡眠阶段,从而不影响节点的数据传输。

（3）消息传递机制。

S-MAC 协议采用了消息传递机制以很好地支持长消息的发送。对于无线信道,传输差错和消息长度成正比,短消息传输成功的概率要大于长消息。消息传递技术指的是将长消息分为若干个短消息,采用 RTS/CTS 交互的握手机制来预约这个长消息发送的时间,集中、连续发送全部短消息,既可以减少控制报文的开销,又可以提高消息发送的成功率。

（4）流量自适应监听机制。

在多跳无线传感网中,节点周期性睡眠会导致通信延迟的累加。S-MAC 协议采用了流量自适应监听机制,以减小通信延迟的累加效应。在一次通信过程中,通信节点的邻居节点在通信结束后不立即进入睡眠阶段,而是保持监听一段时间。如果邻居节点在该时间段内收到 RTS 分组,则可立即接收数据,无须进入下一次监听工作阶段,从而减少数据分组的传输延迟。如果这段时间没有收到 RTS 分组,则转入睡眠阶段直到下一次监听工作阶段。

4.3.3　混合式介质访问

1. IEEE 802.15.4 标准

1）802.15.4 标准层次结构

IEEE 无线个人区域网(WPAN)的 TG4 任务组制定了 802.15.4 技术标准,目的是为低成本、低能耗的简单设备提供有效覆盖范围在 10m 左右的低速连接,实现短距离通信。802.15.4 标准满足国际标准组织(ISO)的开放系统互连(OSI)参考模型,它定义了单一的 MAC 层和多样的物理层,如图 4-30 所示。

由图可见,IEEE 802.15.4 定义了两个物理层标准,分别是 2.4GHz 物理层和 868/915MHz 物理层,它们都基于直接序列扩频(direct sequence spread spectrum,DSSS),使用相同的物理层数据包格式;区别在于工作频率、调制技术、扩频码片长

| ZigBee Profiles |
| 网络应用层 |
| 数据链路层 |
| IEEE 802.15.4 LLC, 802.2LLC |
| IEEE 802.15.4 MAC |
| 868/915 PHY, 2400 PHY |

图 4-30　802.15.4 标准的层次结构

度和传输速率等方面。2.4GHz波段为全球统一无须申请的ISM频段,有助于基于IEEE 802.15.4标准的ZigBee设备的推广和生产成本的降低。2.4GHz的物理层通过采用高阶调制技术能够提供250kbps的传输速率,有助于获得更高的吞吐量、更小的通信时延和更短的工作周期,更加节约能耗。868MHz是欧洲的ISM频段,915MHz是美国的ISM频段,这两个频段的引入避免了2.4GHz附近各种无线通信设备的相互干扰。868MHz的信道传输速率为20kbps,而916MHz信道是40kbps,这两个频段上无线信号传播损耗较小,因此可以降低对接收机灵敏度的要求,获得较远的有效通信距离,从而可以用较少的设备覆盖给定的区域。

2) 802.15.4的MAC子层

在IEEE 802.15.4网络中,根据设备所具有的通信能力,可以分为全功能设备(FFD)和精简功能设备(RFD)。FFD设备之间以及FFD设备与RFD设备之间都可以通信。RFD设备之间不能直接通信,只能与FFD设备通信,或者通过一个FFD设备向外转发数据,这个与RFD相关联的FFD设备称为该RFD的协调器(coordinator)。另外,有一个称为PAN网络协调器(PAN coordinator)的FFD设备,是LR-WPAN网络中的主控制器,它除了直接参与应用以外,还要完成成员身份管理、链路状态信息管理以及分组转发等任务。

802.15.4网络根据应用的需要可以组织成星型网络,也可以组织成点对点网络。在星型结构中,所有设备都与中心设备PAN网络协调器通信。在这种网络中,网络协调器一般使用持续电力系统供电,而其他设备采用电池供电。星型网络适合个人计算机的外设、家庭自动化和个人健康护理等小范围的室内应用。与星型网不同,点对点网络只要彼此都在对方的无线通信范围之内,任何两个设备之间都可以直接通信。同样地,点对点网络中也需要网络协调器,负责实现链路状态信息管理、设备身份认证等功能。点对点网络模式支持类似Ad Hoc网络的多跳路由方式进行数据传输,可以构造更复杂的网络结构,适合设备分布范围广的应用,比如在工业控制、库存跟踪、智能农业和智能交通等方面有非常好的应用背景。

无论是在星型网络还是在点对点网络中,802.15.4 MAC子层都要使用物理层提供的服务,实现设备之间的数据帧传输,而MAC子层的功能主要包括以下几个方面:

(1) 协调器产生并发送信标帧,普通设备根据协调器的信标帧与协调器同步。

(2) 支持PAN网络的关联(association)和取消关联(disassociation)操作。

(3) 使用CSMA-CA机制访问信道。

(4) 支持时槽保障(guaranteed time slot,GTS)机制。

关联操作是指一个设备在加入一个特定网络时,向协调器注册以及身份认证的过程。802.15.4网络中的设备有可能从一个网络切换到另一个网络,这时就需要进行关联和取消关联操作。

GTS机制与TDMA机制相似,但它可以动态地为有收发请求的设备分配时槽,使用GTS机制需要设备间的时间同步,802.15.4使用"超帧"机制来实现时间同步。

(1) 超帧。

802.15.4以超帧(super frame)为周期,组织WPAN网络内设备的通信,超帧结构如图4-31所示。每个超帧从网络协调器发出的信标帧(beacon frame)开始,在这个信标帧中包含超帧将持续的时间以及协调器对这段时间的分配等信息。网络中的普通设备接收到信标帧后,就可以根据其中的控制信息安排各自的行为,例如,进入休眠状态直到这个超帧结束。

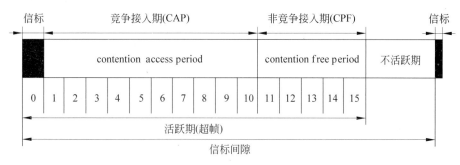

图 4-31　802.15.4 的超帧结构

在超帧对应的时间内,按通信时间划分为活跃期和不活跃期。在不活跃期间,PAN 网络中的设备不会相互通信,从而可以进入休眠状态以节省能量。超帧的活跃期由 3 个阶段组成:信标帧发送时段、竞争访问时段(contention access period,CAP)和非竞争访问时段(contention free period,CFP),具体来说,超帧的活跃期被划分为 16 个等长的时槽。每个时槽的长度、CAP 时段包含的时槽数等参数都由协调器设定,并且通过信标帧广播到整个网络。

在超帧的 CAP 时段,802.15.4 网络设备使用带时槽的 CSMA/CA 访问机制,并且任何通信都必须在竞争访问时段结束前完成。而在非竞争时段,协调器根据上一个超帧内的网络设备申请 GTS 的情况,将非竞争时段划分成若干个 GTS。每个 GTS 由若干个时槽组成,时槽数目在设备申请 GTS 时指定。如果申请成功,申请设备就拥有了它指定的时槽数目,因而不需要竞争信道。

超帧规定非竞争时段必须跟在竞争时段后面。竞争时段的功能包括网络设备可以自由收发数据,域内设备向协调器申请 GTS 时段,新设备加入当前 PAN 网络等。非竞争阶段中,由协调器指定的设备发送或者接收数据包,如果某个设备在非竞争时段一直处于接收状态,那么拥有 GTS 使用权的设备就可以在 GTS 阶段直接向该设备发送信息。

(2) 802.15.4 介质访问模型。

802.15.4 网络有信标使能通信和信标不使能通信两种模式。

在信标使能的网络中,PAN 网络协调器定时广播信标帧。信标帧表示一个超帧的开始,设备之间通信使用基于时槽的 CSMA/CA 信道访问机制,PAN 网络中的设备都通过协调器发送的信标帧进行同步。在时槽 CSMA/CA 机制下,每当设备需要发送数据帧或命令帧时,它首先定位下一个时槽的边界,然后等待随机数目个时槽。等待完毕后,设备开始检测信道状态,如果信道忙,设备需要重新等待随机数目个时槽,再检查信道状态,重复这个过程直到有空闲信道出现。在该机制下,确认帧的发送不需要使用 CSMA/CA 机制,而是紧接着接收帧发回源设备。

在信标不使能的通信网络中,PAN 网络协调器不发送信标帧,各个设备使用非时槽 CSMA/CA 机制访问信道。每当设备需要发送数据或者发送 MAC 命令时,它首先等候一段随机的时间,然后检测信道状态,如果信道空闲,该设备立即开始发送数据;如果信道忙,设备需要继续等待一段随机时间和检测信道状态,直到能够发送数据。在设备接收到数据帧或命令帧而需要回应确认帧时,确认帧紧跟着接收帧发送,而不使用 CSMA/CA 机制竞争信道。

IEEE 802.15.4 网络的 MAC 层使用 4 种类型的帧:信标帧、数据帧、确认帧和 MAC 命令帧,其设计目标是用最低复杂度实现多噪声无线信道环境下的可靠数据传输。每种类型的帧都由帧头、负载和帧尾三部分组成。帧头由帧控制信息、帧序列号和地址信息组成；负载具有可变长度，内容由帧类型决定；帧尾是帧头和负载数据的 16 位 CRC 校验序列。

MAC 帧里面使用的设备地址有两种格式：16 位的短地址和 64 位的扩展地址。16 位短地址是设备与 PAN 网络协调器关联时由协调器分配的网内局部地址。64 位扩展地址是全球唯一的，在设备进入网络之前已经分配好。16 位短地址只能保证在 PAN 网络内部是唯一的，因此，在使用 16 位短地址通信时需要结合 16 位的 PAN 网络标识符才能有效识别通信设备。两种地址的地址信息长度不同，导致了 MAC 帧头的长度是可变的，一个数据帧使用哪种地址类型由帧中控制字段的内容指示。

2. Z-MAC

针对无线传感器网络，Rhee 等人综合 CSMA 和 TDMA 各自的优点，在 2005 年提出了一种混合机制介质访问协议 Z-MAC(zebra MAC)。

Z-MAC 按时间帧使用信道，一个时间帧包含若干个时隙。以 CSMA 作为基本访问机制，时隙的占有者具有该时隙中数据发送的优先权，但其他节点也可以在该时隙内发送信息帧。当节点之间产生碰撞，时隙占有者的后退时间短，从而真正获得时隙的信道使用权。Z-MAC 使用竞争状态标示来控制进入不同的 MAC 机制，节点在 ACK 重复丢失和碰撞后退频繁的情况下，将由低竞争状态转变为高竞争状态，由 CSMA 机制切换为 TDMA 机制。也就是说，Z-MAC 在较低网络负载下，类似于 CSMA 机制，而在网络进入高竞争的状态之后，类似于 TDMA 机制。

Z-MAC 协议不需要精确的时间同步，有着较好的信道利用率和网络扩展性。协议能够即时适应网络负载的变化，但是 CSMA 和 TDMA 两种机制的同步和转换会产生较大的能量损耗以及一定的网络延迟。

4.4 网络传输技术

一个具体的物联网应用，比如野外环境监测，涉及前端数据采集/预处理、中间层的数据传输和后端的数据智能处理。作为物联网应用的核心环节，可靠的网络数据传输技术直接影响到物联网应用项目能否正确工作、完成相应的功能。本节从互联网数据传输、网络接入技术和网关管理等几个方面对数据传输技术做初步介绍。

4.4.1 Internet 的数据传输

1. Internet 概述

Internet 的中文名称叫"因特网"，人们也常把它称为"互联网"。Internet 并不是一个具体网络的名称，它是全球规模最大、开放的、由众多网络互联而成的一个广泛集合，有人称之为"计算机网络的网络"。因特网允许计算机通过拨号、局域网或其他方式接入，并以 TCP/IP 协议进行数据通信。由于接入的主机越来越多，Internet 的规模越来越大，网络上的资源变得日趋丰富，它正在成为人们交流、获取信息的一种重要手段，对人类社会的各个方面产生着越来越重要的影响。

1957 年,原苏联发射了世界上第一颗人造地球卫星,美国朝野为之震惊。为了寻求对策,美国国防部设立了一个高级研究计划署(ARPA),研究可生存性强的计算机网络技术。1969 年,由美国加州大学洛杉矶分校和斯坦福研究所等 5 个站点连成的计算机网络投入使用,这就是 ARPAnet,即 Internet 的前身。它最初采用"主机"协议,后改用"网络控制协议(NCP)",直到 1983 年,ARPAnet 上的协议才完全过渡到 TCP/IP。后来,加州大学伯克利分校把该协议作为其 BSD UNIX(berkeley software distribution UNIX)操作系统的一部分,使得该协议流行起来,从而诞生了真正的 Internet。1986 年,美国国家科学基金网(NSFnet)为了达到信息资源共享的目的,把全美的主要研究中心和 5 个科研教育用的计算中心的近 80 000 台计算机联成网络。随后,ARPAnet 逐步被 NSFnet 替代,到 1990 年,ARPAnet 退出历史舞台,NSFnet 成为 Internet 的骨干网。

1991 年,美国有 3 家公司开始分别经营自己的 CERFnet、PSInet 及 Alternet 网络,可以在一定程度上向客户提供 Internet 联网服务和通信服务。这 3 家公司组成了"商用 Internet 协会"(Commercial Internet Exchange Association,CIEA),该协会宣布用户可以把它们的 Internet 子网用于任何的商业用途,由此,Internet 网络的商业活动逐步展开。1995 年 4 月 30 日,NSFnet 正式宣布停止运作,其转变为研究网络,而由美国政府指定了 3 家私营企业(Pacific Bell、Ameritech Advanced Data Services and Bellcore 和 Sprint)维护和运营 Internet 骨干网。至此,Internet 骨干网的商业化进程彻底结束。

简而言之,Internet 是指通过 TCP/IP 协议将世界各地的网络连接起来,实现资源共享、提供各种应用服务的全球性计算机网络。Internet 使用路由器将分布在世界各地、数以千计的、规模不一的计算机网络互联起来,成为一个超大型互联网络,网络之间采用的 TCP/IP 互联协议屏蔽了不同物理网络的实现细节,使得用户感觉像是在使用一个单一的网络,可以没有区别地访问 Internet 上的任何主机。Internet 逻辑结构如图 4-32 所示。

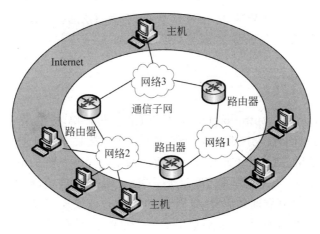

图 4-32　Internet 的逻辑结构

需要注意的是,有几个网络的常用名词的含义需要区分。Internet 指的是一个遵从 TCP/IP 协议、将全世界各种计算机网络互联起来的网络。Intranet 叫内联网,指的是基于 TCP/IP 协议的、在企业内部运作的网络系统。Extranet 叫外联网,它指的是使用 TCP/IP

技术,使企业与其客户或其他企业相连,完成共同目标的计算机网络。

2. Internet 数据传输

Internet 向用户提供了许多服务,其中包括:

(1) 电子邮件(E-mail)。E-mail 可以使用户在网络上随时随地写信、发信,使用方便,还可以传输多媒体文件(例如图像和声音),订阅电子杂志,参与学术讨论等,E-mail 是 Internet 上使用人数最多的一项服务。

(2) 万维网(WWW)。WWW 服务是目前 Internet 上最受欢迎的一种信息服务形式,它将 Internet 上各种类型的信息(包括文本、音频、视频图像、动画、电影等)以"超链接"方式组织在一起,用户通过使用客户端软件阅读这些信息,构筑成一张巨大的信息链接网络。

(3) 文件传输(FTP)。FTP 服务可以将一台计算机上的文件可靠地传送到另一台计算机上,用户可以将文件从远程机器上下载到本地计算机,也可以将本地计算机上的文件上传到远程主机,实现了文件共享。

(4) 远程登录(Telnet)。Telnet 就是指用户通过 Internet 注册、登录到网络上的另一台远程计算机,分享该主机提供的资源和服务,用户感觉就像独占该主机,像在本地主机上操作一样。

(5) 网络 IP 电话。IP 电话是利用 Internet 实时传送语音信息的服务,使用 IP 电话可以大大降低通信成本。

上述这些 Internet 服务无一例外地都要在网络上进行数据传输。Internet 上的数据传输控制机制主要包括 TCP 和 UDP 两个传输层协议,它们负责实现端到端(ender to ender)的数据传输。这两个协议在 TCP/IP 体系结构中的层次如图 4-33 所示。

图 4-33　TCP/IP 体系结构

WWW 之父: Tim Berners Lee

Tim Berners Lee 是 WWW 发展的驱动力,他在 CERN 工作的时候写了第一个 WWW 客户程序和第一个服务器程序,并且制定了一些标准,如 URL、HTML 和 HTTP 等。

---

1) TCP 协议

传输控制协议(transfer control protocol,TCP)工作在传输层,提供用户进程之间面向连接的、可靠的传输服务。TCP 在发送数据前,需要在发送方和接收方之间通过"三次握手"建立一个连接,而数据在发送出去后,发送方会等待接收方给出一个确认性的应答,否则发送方将认为该数据丢失,并重新发送此数据。通信结束后,需要关闭 TCP 连接,释放网络资源。

之所以 TCP 要提供可靠通信服务,是因为 TCP 工作的底层网络是不可靠的,在这样的网络中,当网络出现性能瓶颈时,可能会把用户传输的数据丢弃,或者由于某种原因,使得用户数据分组不按顺序到达。因此,通过 TCP 协议来解决这些问题,保证数据可靠传输。这就好像 8 角钱一封的平信,邮政局在投递时不保证一定能送达收信人,这就是底层网络工作的模式。而对于重要的信件我们需要邮寄挂号信,邮政局在投递平信的基础上会增加一些服务措施。发信时,邮局会给发信人一个发信凭据,在挂号信送达收信人时,需要收信人签收。TCP 协议就像我们邮寄"挂号信"一样,保证数据可靠送达。上述的电子邮件、万维网、文件传输和远程登录都是基于 TCP 传输协议,这些应用选择 TCP 的主要原因在于 TCP 提供了可靠的数据传输服务,能够保证所有数据最终正确到达目的地。

除了面向连接,作为一个十分复杂的传输控制协议,TCP 最主要的特点如下:

(1) 面向字节流。TCP 并不关心上层用户交下来的数据的含义,而是把这些要传输的数据视为无结构的字节流,忠实地把这些字节按照发送顺序传输到接收方,在接收方 TCP 的上一层把这些字节流再还原为有意义的用户数据。

(2) 可靠传输服务。接收方根据收到报文中的校验和判断传输的正确性。如果正确,进行应答发送确认报文,否则丢弃数据报文。如果发送方在规定的时间内未能获得应答报文,自动进行重传。

(3) 全双工传输。收发双方的 TCP 模块之间可以进行全双工的数据流交换。在 TCP 连接的两端都有发送缓冲区和接收缓冲区,用来存放双向收发的数据。

(4) 流量控制。TCP 模块通过滑动窗口机制支持收发 TCP 模块之间的端到端流量控制。一般来说,网络系统总是希望数据传输得快一些,但是如果发送方数据发送得过快,接收方就可能来不及接收,从而造成数据的丢失。因此,TCP 流量控制的核心思想是由接收方的接收能力来决定发送方的发送速度。

(5) 拥塞控制。某段时间内,若对网络中某资源的需求超过了该资源所能提供的可用部分,即产生了拥塞(congestion),网络的性能就会逐步变坏。TCP 通过慢开始(slow start)、拥塞避免(congestion avoidance)、快重传(fast retransmit)和快恢复(fast recovery)4 种算法实现拥塞控制以保障网络性能。

2) UDP 协议

用户数据报协议(user datagram protocol,UDP)工作在传输层,主要用来支持那些需要在计算机之间快速传输数据的网络应用,包括网络视频会议、IP 电话和 DNS 域名解析等在内的众多客户/服务器模式的网络应用都使用 UDP 协议。

UDP 是面向无连接的通信协议,以报文为单位进行传输。UDP 对上层交下来的报文既不拆分,也不合并,而是保留这些报文的边界,简单地添加 UDP 首部后交给网络层处理。一旦把数据发给网络层,就不再保留这些数据的备份,它使用尽最大努力的交付方式,即不保证可靠传输到目的方。由于通信时不需要建立连接,所以 UDP 可以实现广播发送,这在某些应用场合十分方便,而在 TCP 中只能实现点对点通信。

作为不可靠传输控制协议,UDP 的主要特点如下:

(1) UDP 是一个无连接协议。传输数据之前,发送方和接收方不需要建立连接,当发送方想传送数据时,就简单地处理后把它送到网络层。在发送端,UDP 传送数据的速度仅仅是受应用程序生成数据的速度、计算机的能力和传输带宽的限制;在接收端,UDP 把每个报文段放在队列中,应用程序每次从队列中读一个报文。

(2) 由于传输数据前不建立连接,因此也就不需要维护连接状态,包括收发状态等,使得一台服务器可同时向多个客户端传输相同的消息。

(3) UDP 协议数据单元的首部很短,只有 8 个字节,相对于 TCP 报文的 20 个字节的首部,其额外开销很小。

(4) UPD 没有拥塞控制,只受应用程序生成数据的速率、传输带宽、收发主机性能的限制,因此网络出现的拥塞不会使源主机的发送速率降低。UDP 支持一对一、一对多、多对一和多对多的交互通信。

（5）时延小。由于 UDP 无连接、无拥塞控制、无流量控制、报文首部开销小，所以相比较 TCP，UDP 的实时性非常好。

总体来说，UDP 是一种不可靠的传输协议，在某些情况下 UDP 会变得非常有用，因为 UDP 具有 TCP 望尘莫及的速度优势。TCP 具有流量控制、拥塞控制和安全保障机制，但是在实际执行过程中这些措施会占用大量的网络开销，使速度受到严重影响。UDP 由于不具有信息可靠传递机制，而是将安全和可靠等功能移交给上层应用来完成，因此速度得到了保证，这在时间敏感的应用中十分重要。

4.4.2　网络接入与融合

1. 宽带接入技术

在物联网应用中，后端用户需要连入 Internet 实现前端采集数据的分析、处理和控制。为了提高用户的上网速率和降低网络布设成本，以 xDSL 技术为主的多种宽带接入技术不断涌现。

xDSL 技术就是利用数字技术对现有的模拟电话用户线进行改造，使它能够承载宽带业务。标准模拟电话信号的频带被限制在 $300\sim3400\text{Hz}$ 的范围内，但是用户电话线实际可通过的信号频率超过 1MHz，这样，在电话线上仅仅传输语音信号就浪费了大量宝贵的频谱范围。xDSL 技术设法对用户电话线进行改造，把 $0\sim4\text{kHz}$ 的低端频谱范围仍然保留给传统电话使用，而把原来没有被利用的高端频谱分配给用户上网使用。DSL 是数字用户线（digital subscriber line）的缩写，前缀 x 表示在数字用户线上实现的不同宽带方案，其中，ADSL 是一种典型的应用方案。

ADSL（asymmetric digital subscriber line）即非对称数字用户线，其上行和下行速率做成不对称。上行是指从用户到 Internet 服务商（Internet service provider，ISP），其速率一般在 $32\sim640\text{kbps}$ 之间，而下行是指从 ISP 到用户，速率达到 $32\text{kbps}\sim6.4\text{Mbps}$ 之间。作为一个重要的技术手段，ADSL 采用自适应调制技术使得用户线能够以尽可能高的速率传输数据，而且可以根据用户线的具体条件自适应地调整传输速率。ADSL 在用户线（铜线）的两端各安装一个 ADSL 调制解调器，当 ADSL 启动时，用户线两端的调制解调器就测试当前可用频率和各子信道受到的干扰情况，并在每一个频率上测试信号的传输质量。家庭用户通过 ADSL 技术接入 Internet 的结构如图 4-34 所示。远端模块由用户 ADSL Modem 和

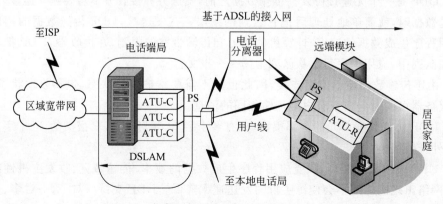

图 4-34　家庭用户通过 ADSL 技术介入 Internet

滤波器组成,用户端 ADSL Modem 通常被称为 ATU-R(ADSL transmission unit-remote)。在电话端局 ADSL Modem 通常被称为 ATU-C(ADSL transmission unit-central),多个这样的 ATU-C 构成接入多路复合系统 DSLAM(DSL access multiplexer)。使用 ADSL 最大的优点是可以充分利用用户家中的电话线实现 Internet 接入,不需要重新布线。

另一种接入方式是通过局域网连入 Internet,其结构如图 4-35 所示。实验室局域网中的主机需要添置一块以太网适配器(网卡),网卡通过含 RJ-45 插头的网线与局域网的集线器连接,这样该主机便连接到实验室局域网。作为一种层次化的网络,实验室局域网连到校园主干网,而校园主干网再通过 CERNET 地区网和主干网连到 Internet。实验室主机为了能访问 Internet 上的资源,需要安装许多网络软件,包括网卡驱动软件、支持以太网接口的 TCP/IP 协议软件包。另外,还需要配置一些网络工作参数,比如,分配给主机的 IP 地址、主机所在网络的掩码、默认网关和域名服务器的 IP 地址等。

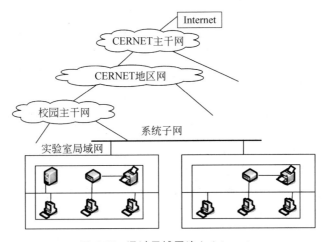

图 4-35　通过局域网连入 Internet

2. 多网融合

多网融合技术有两个层面的含义:一是基于 IP 协议的控制网与信息网的"接入融合";二是各个子系统信息间的"内容融合"。基于 IP 协议是实现接入融合的基础,而要实现内容融合还要由高层管理软件进行系统联动和系统融合,才能最大限度地发挥系统效能。

一个多网融合的例子是传感器网络与互联网的融合。具体来说,就是把传感器嵌入到电网、铁路、隧道、公路、桥梁、建筑、大坝、供水系统和油气管道等各种物体中,然后将传感网与现有的互联网整合起来。在这个巨大的网络中,物品(商品)之间能够彼此进行"交流",而无需人的干预。

另一个涉及面最广和有预案进行的是三网融合。三网融合是指电信网、广播电视网和 Internet 在向宽带通信网、数字电视网、下一代互联网演进过程中,其技术功能趋于一致,业务范围趋于相同,网络互联互通、资源共享,能为用户提供数据、话音和广播电视等多种服务。三网融合能够实现网络资源的共享,避免低水平重复建设,形成适应性广、维护容易、费用低的高速多媒体基础信息网络。

三网融合将产生巨大的 IP 地址需求,这种需求来自两方面:一方面,以 IPTV 为代表的视频业务需要更大的 IP 寻址空间;另一方面,物联网等相关业务的大规模开展将使 IP 的使用拓展到更广泛的网络空间。

2010 年 7 月,我国正式批准北京、哈尔滨、南京、上海、杭州、武汉等 12 座城市为首批三网融合试点城市,加速三网融合。三网融合涉及电信、电视、互联网三大产业,因此,融合带来的巨大市场前景将使众多行业获益。

4.4.3 网关与路由

1. 网关

网关(gateway)顾名思义就是连接两个网络的设备,也称为协议转换器(把一种协议转成另一种协议)。在许多情况下,网关在传输层及以上实现网络互联,是最复杂的网络互联设备,用于两个高层协议不同的网络互联。网关的结构和路由器(router)有点相似,路由器可以用做网关,此时,这样的网关工作在网络层,而网关不能用做路由器。网关既可以用于广域网互联,也可以用于广域网与局域网、异构局域网之间互联。

在早期的 Internet 中,网关即指路由器,后来网关通常指网络层之上的网络互联设备。目前的网关主要有 3 种类型:协议网关、安全网关和应用网关。比如,在使用不同通信协议,甚至体系结构完全不同的两种网络系统之间,协议网关作为一个翻译器,实现两个网络之间协议功能的无缝连接。与网桥(bridge)只是简单地传输信息不同,网关对收到的信息要重新打包,以适应目的网络系统的需求。另一方面,网关也可以提供过滤和安全功能。应用网关在应用层上进行数据格式转换。例如,一台主机执行的是 ISO 电子邮件标准,另一台主机执行的是 Internet 电子邮件标准,如果这两台主机需要交换电子邮件,那么必须经过一个电子邮件网关进行数据格式转换,这个电子邮件网关就是一个应用网关。

沿用 Internet 早期的说法,若要使两个完全不同的网络(异构网)连接在一起,一般使用网关。这个网关能根据用户通信目标主机的 IP 地址决定是否将用户发出的信息送出本地网络,同时,它还将外界发送给属于本地网络主机的信息接收过来,它是一个网络与另一个网络相联的通道。为了使 TCP/IP 协议能够寻址,该通道被赋予一个 IP 地址,这个 IP 地址称为网关地址。显然一个网关至少有两个 IP 地址,使用网关的网络结构如图 4-36 所示。

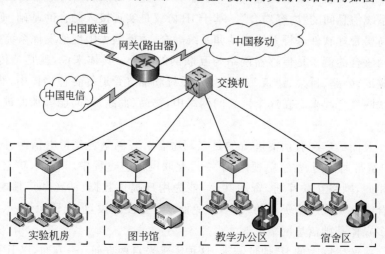

图 4-36 本地网络通过网关与外网相联

2. 路由

要让互联网络上的两台计算机能够相互通信,就必须有一种能够描述如何从一台计算机到另一台计算机通信的机制,这一机制称为路由选择(routing)。实现路由选择的设备叫路由器(router),它是第三层网络设备,工作在网络层,它比交换机(switch)要"聪明"一些。路由器能理解数据包中的 IP 地址,如果它接收到一个数据包,就检查其中的 IP 地址,如果目标地址是本地网络的就不理会,如果是其他网络的,就将数据包转发出本地网络,交到下一跳路由器。路由选择是个非常复杂的问题,它是网络中所有路由器(含主机)共同协调工作的结果,路由选择的工作环境往往是不断变化的,而且这种变化通常无法事先知道,比如,某台路由器突然出现故障。

负责路由选择的算法称为路由算法,从路由算法的自适应性角度来说,分为两大类。

1) 静态路由选择

静态路由选择即非自适应路由选择,其特点是简单和开销较小,但不能及时适应网络状态的变化。静态路由算法很难算得上是算法,只不过是在开始路由前由网管建立的表映射,这些映射自身并不改变,除非网管去改动。使用静态路由的算法较容易设计,在网络通信可预测及简单的网络中工作得很好。

由于静态路由算法不能对网络环境改变做出及时反应,通常被认为不适用于现在的大型、易变的网络。

2) 动态路由选择

动态路由选择即自适应路由选择,其特点是能较好地适应网络状态的变化,但实现起来较为复杂,开销比较大。动态路由算法通过分析收到的路由更新信息来适应网络环境的改变。如果有信息表示网络发生了变化,路由软件就重新计算路由并发出新的路由更新信息,这些信息在网络内部扩散,促使更多的路由器重新计算并对路由表做相应的改变。

动态路由算法可以在适当的地方以静态路由作为补充。例如,默认路由(default route),作为所有不可路由分组的去向,保证了所有的数据总能得到处理。

3. Internet 的路由

Internet 的规模非常大,由成千上万个网络构成,如果让所有的路由器都知道所有的网络应该怎样到达,则这种路由表将非常巨大,处理效率低,同时所有这些路由器之间交换路由信息所需的带宽将会使得因特网通信链路达到饱和。因此,Internet 采用层次式的路由选择算法,包括如下两大类路由选择协议。

1) 内部网关协议

内部网关协议(interior gateway protocol,IGP)是在一个自治系统(autonomous system,AS)内部使用的路由选择协议。目前,这类路由选择协议使用得最多,如 RIP 和 OSPF 协议。

路由信息协议(router information route,RIP)是一种内部网关协议,用于一个自治系统内部路由信息的传递。RIP 协议基于距离矢量算法,使用"跳数"来衡量到达目的地址的路由距离。协议中规定,一条有效路由信息的度量(metric)不能超过 15 跳,这就使得该协议不能应用于大型网络,对于跳数达到 16 的目标网络来说,即认为其不可到达。该路由协议应用到实际中时,很容易出现"计数到无穷大"的现象,这使得路由计算收敛很慢,在网络拓扑结构发生变化以后,需要很长时间路由信息才能稳定下来。

2) 外部网关协议

若源主机和目的主机处在不同的自治系统中,当数据包传到一个自治系统的边界时,就需要使用一种协议将路由选择信息传递到另一个自治系统中,这样的协议就是外部网关协议(external gateway protocol,EGP)。在外部网关协议中,目前使用得最多的是 BGP-4。

4.5 资源受限网络的弱时间同步

在我们的日常生活中,当我们在做一些团队活动时,通常需要大家进行时间的同步,即把时钟调到同一个值上。分布式系统中每个节点都有各自的本地时钟,由于一些内在因素,如温度变化、电磁干扰和时钟固有偏差,使得节点之间很难达到长时间的同步。计算机网络作为一个分布式系统,其时间同步机制是网络技术的一个重要方面。

4.5.1 时间同步概述

时间同步也叫"对钟",它是所有分布式系统都要解决的一个重要问题。在集中式系统中,由于任何模块都可以从系统唯一的全局时钟中获取时间,因此可以认为不存在时钟偏差问题。而在分布式系统中,由于物理上的分散性,系统无法为彼此间相互独立的模块提供一个统一的全局时钟,而由各模块独自维护它们的本地时钟。这些本地时钟在计时速率、运行环境上具有不一致性,所以即使所有本地时钟在某一时刻都被校准,一段时间后,这些本地时钟之间仍会出现时间不一致的现象。为了让这些本地时钟再次达到相同的时间值,必须进行时间同步。

时间同步问题在 Internet 等网络范围内进行了广泛研究,像 NTP、GPS 和无线测距等技术已经用于提供网络的全局同步,能够保证 Internet 的时钟协调工作。这些技术在各自的应用领域能达到良好的同步精度,但并不适用于无线传感器网络这样的资源受限网络。

1. 基于 GPS 的时间同步

GPS 是美国国防部为满足对海陆空设施进行高精度导航和定位的需要而建立的,该系统包括空间星座、地面监控和用户设备三部分。其中,空间部分是由若干颗卫星组成,每颗卫星上装有精密的铷、铯原子钟,并由监控站经常进行校准,达到时间同步。每颗卫星不断发射包含其位置和精确到十亿分之一秒时间的数字无线信号,接收设备可以用其进行时间校准,达到与时间的同步,同步精度可达纳秒(ns)级。这种方法可以为每个节点提供一个准确的全局时钟,但卫星信号的穿透性差,要求网络节点必须在卫星的覆盖范围之内,使得GPS 不适用于户内无线传感器网络。

2. NTP

在 Internet 中被广泛采用的时间同步协议是由美国德拉瓦大学 David L. Mills 教授提出的网络时间协议(network time protocol,NTP),它已被证明是一种非常有效、安全而且健壮性好的协议。NTP 协议客户端通过统计、分析和计算数据包的来回时间实现与服务器的同步,服务器通常具有微秒级的精度,时间服务器则通过外部时间源进行同步,比如使用

GPS。NTP 的组织结构如图 4-37 所示。

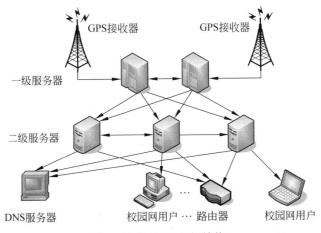

图 4-37　NTP 的组织结构

该层状结构中,每一层均有若干时间服务器,如一级时间服务器、二级时间服务器,其他均为客户机。一级时间服务器通过卫星方式与世界标准时间(UTC)同步,二级时间服务器可选择若干个一级时间服务器及本级时间服务器作为同步源来实现与 UTC 时间的间接同步,而客户机则可以通过指定一个或多个上一级时间服务器来实现与 UTC 的同步。这样的组织方案使得 NTP 协议的可靠性依赖于时间服务器的冗余性和时间获取的多样性,而且客户机离一级时间服务器越远,其同步精度越低。

4.5.2　无线传感网的时间同步

在许多无线传感网的应用中,传感器节点采集到的数据如果没有时间和空间信息是没有任何意义的,而且准确的时间同步是实现无线传感网自身协议运行、节点定位、感知数据融合、目标跟踪和节点节能等技术的基础。因此,时间同步是无线传感器网络的一项重要支撑技术。然而在传感器网络应用中,时间同步与传统网络有着很大的不同。传感器网络资源(CPU 能力、通信能力、存储能力和供电能力)受限、节点密度高、拓扑易变,处理这样的网络需要能够适应这种特殊条件的时间同步算法。

目前,为无线传感器网络设计的时间同步机制主要包括 RBS、TPSN、LTS 等算法。

1. RBS 算法

参考广播同步(reference broadcast synchronization,RBS)算法由 J. Elson 等人提出,基于 Receiver-Receiver 机制实现接收节点之间的时间同步,如图 4-38 所示。该算法中,节点发送参考消息给它的相邻节点,这个参考消息并不包含时间戳。它的到达时间被接收节点用做参考,来对比本地时钟。此算法并不是同步发送者和接收者,而是使接收者彼此同步。RBS 算法的主要优点是排除了发送方延迟的不确定性,同步精度较高,误差的来源主要是传输时间和接收时间的不确定性;缺点是能耗太大,不适合有限能量供应的应用场合。

2. TPSN 算法

传感器网络时间同步协议(timing-sync protocol for sensor networks,TPSN)由 Ganeriwal

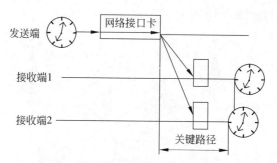

图 4-38 RBS 算法

等人提出,是一种层次结构的时间同步算法。类似于传统网络的 NTP 时间同步协议,采用发送者与接收者之间进行成对同步的工作方式,提供全网范围内节点的时间同步。在网络中有一个根节点,可配置如 GPS 的复杂硬件设备,作为整个网络系统的时钟源。

该算法分为层次发现阶段和同步阶段。在层次发现阶段,网络中的每个节点会分别指定一个层次级别。发起时间同步初始化的节点称为根节点,它的级别为 0,每个节点的级别字段反映了它距离根节点的跳数。根节点通过广播时间同步数据包启动同步阶段,每个节点以类似 SNTP(simple network time protocol)的方式和它的父节点交换时间戳。作为其他所有节点的父节点,根节点提供一个精确的时间参照。TPSN 已证明比 RBS 的性能要高一倍,缺点在于没有计算节点的时间偏差,其精度受到限制,且不能适应拓扑结构的变动。

3. LTS 算法

基于树的轻量级同步(lightweight tree-based synchronization,LTS)算法是由 J. Greunen 等人提出,基于 pair-wise 同步方案,该算法的目的并不是提高精确度,而是减小时间同步的复杂度,最小化同步的能量开销。LTS 算法是一种网络级的时间同步算法,是通过牺牲一定精度来减少能量开销。算法的思想是构造一个包括所有节点的具有较低深度的生成树,然后沿着树的边来进行两两同步。

思考题

1. 简述光纤通信系统的结构。
2. 简述光纤通信技术的优缺点。
3. 简述无线局域网的网络协议体系结构。
4. 什么叫无线自组网?其结构如何?其特点是什么?
5. 无线传感器网络的结构是什么?
6. 简述 CSMA/CD 介质访问机制的工作原理。
7. 简述时分复用、频分复用和码分复用 3 种预分配介质访问技术的工作原理。
8. TCP 的特点有哪些?
9. UDP 的特点有哪些?
10. 解决时间同步问题的技术有哪些?简述其原理。

第5章 操 作 系 统

操作系统(operating system,OS)是建立在裸机上的第一层软件系统,属于计算机的系统软件。没有操作系统,整个计算机将无法正常工作。本章先说明操作系统的基本功能,然后重点介绍几类物联网前端节点常用的微操作系统。

5.1 操作系统概述

本节对操作系统的分类和功能作简单介绍,使读者可以对操作系统在计算机系统中的地位有一个初步了解。

5.1.1 操作系统的功能及分类

计算机系统包括硬件和软件两大组成部分,硬件是所有软件运行的物质基础,软件能充分发挥硬件潜能和扩充硬件功能,完成各种系统及应用任务,两者相互促进、相辅相成、缺一不可。图 5-1 给出了一个计算机系统的软硬件层次结构,由图可见,操作系统是最接近硬件的底层软件,是对计算机硬件的功能的扩展,主要具有资源管理、信息的存储和保护、并发任务的调度等功能,并向上层软件运行提供有力的支撑环境。通过引入操作系统,计算机用户不再直接面对底层硬件,不需要处理硬件的物理细节,甚至不需要了解硬件的底层工作原理,把用户从烦琐的硬件控制中解放出来。总之,操作系统向用户提供了一个逻辑的计算机,屏蔽了计算机底层的工作细节,通过应用编程接口(API)向用户提供通用服务,使得用户在更友好的操作界面上工作,提高了计算机用户的工作效率。

图 5-1 计算机系统的层次结构

API

API(application programming interface,应用程序编程接口)是一些预先定义的函数,目的是提供应用程序与开发人员基于某软件或硬件的访问一组例程的能力,而又无须访问源码,或理解内部工作机制的细节。API 除了有应用"应用程序接口"的意思外,还特指 API 的说明文档,也称为帮助文档。

按照向用户提供什么样的操作界面,操作系统可以分为图形界面操作系统和字符界面操作系统。图 5-2 给出了目前常用的图形操作系统。图 5-2(a)是微软公司目前最新的 Windows 10 系统,向用户提供更加人性化的桌面,方便访问常用程序及操作,实现了对无线互联网的优化支持和对触摸屏的支持。图 5-2(b)是 Linux 下的桌面操作系统,同样可以以图形界面操作计算机,方便易用。

 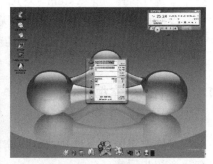

(a) Windows 10桌面操作系统　　　　　　　　(b) Linux下的KDE桌面操作系统

图 5-2　两种图形界面操作系统

图 5-3 给出了两种字符界面操作系统:DOS 操作系统和 Linux 的 shell 环境,它们提供了以字符串命令操作计算机的方式。目前,图形和字符界面两种操作系统共存于操作系统市场,在家庭、办公等环境多数用图形界面的操作系统,而在学术界往往更趋向于应用字符界面操作系统。

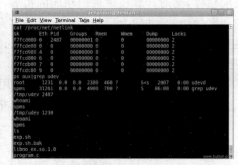

(a) DOS操作系统　　　　　　　　　　　(b) Linux shell界面

图 5-3　两种字符界面操作系统

在操作系统发展过程中,不同历史阶段出现了不同特点的操作系统,主要包括简单批处理、多道程序批处理、分时操作系统、个人计算机操作系统、网络操作系统、分布式操作系统和实时操作系统。它们的出现有其特定的历史背景,比如以大型主机为中心的计算机时代,出现了分时操作系统,在该操作系统的控制下,多个用户分时共享计算机,提高了主机的利用效率,但是用户感觉上好像是在独占这台计算机。再比如,在嵌入式系统发展迅猛的当今,相应地出现了实时操作系统,该操作系统适应嵌入式系统的实时性需求,能够提供系统任务的实时管理,保障系统正确可靠地运行。

5.1.2　操作系统的任务调度

1. 任务的概念

在操作系统中,任务(task)是一个具有独立功能的、无限循环程序段的一次运行活动,也称为进程(process),是操作系统内核调度的单位,具有动态性、并行性和异步独立性等特点。动态性指任务的状态不断变化,比如,任务可能处于就绪态、运行态和等待态。在多任务系统中,任务的状态将随系统的执行而不断变化。并行性指系统中同时存在多个任务,这些任务在宏观上是同时运行的。异步独立性指每个任务各自按相互独立的、不可预知的速度运行,如果需要的话,任务之间将要交换信息,即任务间进行通信。

图 5-4 为 Windows XP 操作系统的任务管理器,显示了系统中当前有哪些任务在运行。

图 5-4　Windows XP 操作系统的任务管理器

一个任务主要包含四部分内容:代码,即一段可执行的程序;数据,即程序需要处理的相关变量和缓冲区等;堆栈,即用来临时存放程序执行过程中中间信息的存储区域;程序执行的上下文环境(context),包括了任务优先级、任务的状态等任务属性以及 CPU 的各种寄存器内容。

如上所述,操作系统中的任务具有多种属性,包括任务的优先级(priority)、周期(period)、计算时间(computation)和截止时间(deadline)等。任务的优先级表示任务对应工作内容在处理上的优先程度,优先级越高,表明任务越需要得到优先处理。优先级可分为静态优先级和动态优先级。静态优先级表示任务的优先级被确定后,在系统运行过程中将不再发生变化;动态优先级则意味着在系统运行过程中,任务的优先级是可以被动态改变的。周期表示任务周期性执行的时间间隔。任务的计算时间指任务在特定硬件环境下被完整执行所需要的时间,也称为任务的执行时间(execution time)。由于任务每次执行的软件环境的差异性,导致任务在每次具体执行过程中计算时间各有不同,因此通常用最坏情况下的执行时间(worst-case time)来表示,也可以用统计时间(statistic time)来表示。任务的截止时间表示任务需要在该时间到来之前被执行完成。

2. 任务管理

在计算机系统中为便于进行任务管理,按照任务运行过程中所处的不同阶段,将任务划分为多个不同的状态。任务拥有的资源情况不断变化,导致任务状态不断变化。一个简单的系统,任务会包含以下 3 种状态。

(1) 等待(waiting)状态:任务在等待某个事件的发生。

(2) 就绪(ready)状态:任务在等待获得处理器使用权。

(3) 运行(running)状态:任务已占用处理器,所包含的代码正在被执行。

在单处理器系统中,任何时候都只有一个任务在 CPU 中执行,如果没有任何事情可做,CPU 就运行空闲任务执行空操作。任何一个可以执行的任务都必须处于就绪状态,内核的调度器从就绪任务队列中选择一个满足条件的任务执行,从而任务进入运行态,处于运行状态的任务如果被高优先级任务所抢占,任务又会回到就绪状态。除了运行和就绪状态外,任务还可以处于等待状态,例如,任务在需要等待 I/O 设备或者其他任务的数据时,就处于等待状态。处于等待状态的任务如果需要的资源得到满足,就会转换为就绪状态,等待调度执行。图 5-5 给出了任务的状态迁移过程。

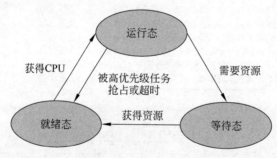

图 5-5　任务的状态迁移

I/O

I/O 是 input/output 的缩写,即输入输出。每个设备都会有一个专用的 I/O 地址,用来处理自己的输入输出信息。CPU 与外部设备、存储器的连接和数据交换都需要通过接口设备来实现,前者被称为 I/O 接口,而后者则被称为存储器接口。存储器通常在 CPU 的同步控制下工作,接口电路比较简单;而 I/O 设备品种繁多,其相应的接口电路也各不相同,因此,习惯上说到接口只是指 I/O 接口。

在操作系统内部,任务管理是通过任务控制块(task control block,TCB)这个数据结构实现的。任务控制块包含了任务执行过程中所需要的所有信息,不同内核的任务控制块包含的信息通常都不太一样,但大都包含任务名字、任务执行的起始地址、任务的优先级、任务的上下文(寄存器、堆栈指针和指令指针等)和任务的队列指针等内容。操作系统使用任务控制块链表来跟踪、管理系统内部所有的任务,涉及许多相关的数据结构。

3. 任务调度

操作系统通过调度程序（scheduler）来实现任务调度功能，调度程序也称为调度器。调度程序以函数的形式实现操作系统具体的调度算法，本身并不是一个任务，而是一个函数调用，可在内核的各个部分进行调用。调用调度程序的具体位置又称为调度点（scheduling point），调度点通常在中断服务程序的结束位置、任务因等待资源而处于等待状态时和任务处于就绪状态时等地方。

可以把一个调度算法描述为在一个特定时刻用来确定将要运行任务的一组规则。1973年，Liu 和 Layland 首先开始了关于实时调度算法的研究工作，随后，相继出现了很多调度算法，这其中包括任务是否允许打断、任务优先级何时确定等不同调度算法。

1）任务是否允许打断

根据任务在运行过程中能否被打断，调度算法分为非抢占式调度和抢占式调度两类。在非抢占式调度算法中，一旦任务开始运行，该任务只有在运行完成而主动放弃 CPU 使用权，或是因为等待其他资源被阻塞，才会停止运行。而在抢占式调度算法中，正在运行的任务可能被其他紧急任务打断，紧急任务占先运行。在现代的操作系统中，实时内核大都采用了抢占式调度算法，比如，μC/OS-Ⅱ微实时操作系统，使得关键任务能够打断非关键任务的执行，确保关键任务在截止时间之前运行结束。相对来说，抢占式调度算法更复杂，且需要更多的资源，并可能在使用不当的情况下造成低优先级任务出现长时间得不到执行的情况。非抢占式调度算法常用于那些任务需要按照预先确定的顺序执行，且只有当前任务主动放弃 CPU 资源后，其他任务才能得到执行的场合，例如，传感器微操作系统 TinyOS 就是非抢占式操作系统。

2）任务优先级何时确定

根据任务优先级的确定时机，调度算法分为静态调度和动态调度两类。在静态调度算法中，所有任务的优先级在设计时就确定下来，且在运行过程中不会发生变化（如单调速率调度算法 RMS）。在动态调度算法中，任务的优先级在运行过程中确定，且在运行过程中不断发生变化（如截止时间优先调度算法 EDF）。静态调度算法比较简单，但缺乏灵活性，不利于系统扩展。动态调度有足够的灵活性来处理系统的变化，但需要更多的额外开销。

4. 几个常见调度算法

1）基于优先级的抢占调度

在基于优先级可抢占的任务调度中，如果出现具有更高优先级的任务处于就绪状态，则当前任务将停止运行，把 CPU 的控制权交给更高优先级的任务，使更高优先级的任务得到执行。因此，实时内核要确保 CPU 的使用权总是被具有最高优先级的就绪任务所拥有。当一个具有比当前运行任务的优先级更高的任务进入就绪状态时，实时内核应及时进行任务切换，即保存当前正在运行任务的上下文，恢复具有更高优先级任务的上下文。

图 5-6 为基于优先级的可抢占调度方式下的多任务运行情况。任务 1 被具有更高优先级的任务 2 抢占，然后任务 2 又被具有更高优先级的任务 3 抢占。当任务 3 运行完成之后，任务 2 继续执行。当任务 2 运行完成之后，任务 1 才又得以继续执行。

2）时间片轮转调度

时间片轮转调度（round-robin scheduling）算法是指当有两个或多个就绪任务具有相同

组优先级,且它们是优先级别最高的就绪组时,调度器按照该组中任务就绪的先后次序调度第一个任务,让第一个任务运行一段时间;然后又调度第二个任务,让第二个任务又运行一段时间;依此类推,到该组最后一个任务也得以运行一段时间后,接下来又让第一个任务继续运行。这里,任务运行的这段时间称为时间片(time-slice)。

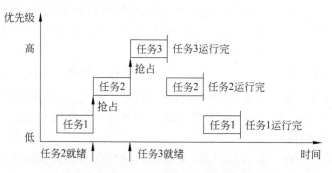

图 5-6　可抢占方式下的多任务调度运行

采用时间片轮转调度算法时,任务的时间片大小要适当选择,时间片大小的选择会影响系统的性能和效率。时间片太大,时间片轮转调度就没有意义;时间片太小,任务切换过于频繁,处理器开销大,真正用于运行应用程序的时间会减少。另外,不同的实时内核实现时间片轮转调度算法可能有一些差异,例如,有的内核允许同优先级组的各个任务具有不一致的时间片,而有的内核要求相同优先级组的任务具有一致的时间片。

图 5-7 为时间片轮转调度方式下的多任务运行情况。任务 1 和任务 2 具有相同的优先级,按照时间片轮转的方式轮流执行。当更高优先级的任务 3 就绪后,正在执行的任务 2 被抢占,高优先级任务 3 得到执行。当任务 3 运行完成后,任务 2 重新在未完成的时间片内继续执行。随后任务 1 和任务 2 又按照时间片轮转的方式执行。

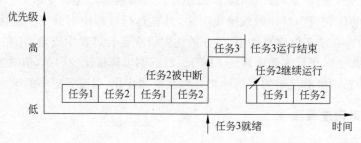

图 5-7　时间片轮转方式下的多任务调度运行

3) 单调速率调度算法

1973 年,Liu 等人在 ACM 上发表了题为 *Scheduling Algorithms for Multiprogramming in a Hard Real-Time Environment* 的论文,提出了单调速率调度算法(rate-monotonic scheduling algorithm,RMS),该论文奠定了实时系统中现代调度算法的理论基础。

RMS 的工作基础包括以下一些假设:

(1) 所有任务都是周期任务。

(2) 任务在每个周期内的计算时间都相等,保持为一个常量。

(3) 任务的相对截止时间等于任务的周期,相对截止时间为任务的绝对截止时间减去任务的就绪时间。

（4）任务之间不进行通信，也不需要同步。

（5）任务可以在计算的任何位置被抢占，不存在临界区。

RMS 是一个静态的固定优先级调度算法，任务的优先级与任务的周期表现为单调函数关系，任务周期越短，任务的优先级越高；任务周期越长，任务的优先级越低。RMS 是静态调度中的最优调度算法，即如果一组任务能够被任何静态调度算法所调度，则这些任务在 RMS 下也是可调度的。

任务的可调度性可以通过计算任务的 CPU 使用率，然后把得到的 CPU 使用率同一个可调度的 CPU 使用率上限进行比较来获得。这个可调度的 CPU 使用率上限成为可调度上限（schedulable bound），可调度上限表示给定任务在特定调度算法下能够满足截止时间要求的最坏情况下的最大 CPU 使用率。可调度上限的最大值为 100%，与调度算法密切相关。对于一组任务，如果任务的 CPU 使用率小于或等于可调度上限，则这组任务是可被调度的；如果任务的 CPU 使用率大于可调度上限，就不能保证这组任务是可被调度的，任务的调度性需要进一步分析。

在 RMS 中，CPU 使用率的可调度条件为：

$$\sum_{i=1}^{n} \frac{C_i}{T_i} \leqslant n(2^{\frac{1}{n}} - 1) \tag{5-1}$$

其中，C_i 是任务 i 的最大计算时间，T_i 是任务 i 的周期，C_i/T_i 是任务 i 对 CPU 的利用率。不等式（5-1）是一个充分条件，但不是一个必要条件，即如果任务的 CPU 使用率满足该条件，则任务是可调度的；但如果不满足该条件，也有可能被 RMS 所调度。

RMS 可调度的 CPU 使用率上限如表 5-1 所示。

表 5-1　RMS 可调度的 CPU 使用率上限

任务数量	可调度的 CPU 使用率上限	任务数量	可调度的 CPU 使用率上限
1	1	5	0.743
2	0.828	6	0.735
3	0.780	…	…
4	0.757	∞	$\ln 2$

5.1.3　操作系统的资源管理

在计算机系统中，能分配给用户使用的各种硬件和软件总称为资源，包括两大类：硬件资源和信息资源。其中，硬件资源分为处理器、存储器、I/O 设备等；信息资源则分为程序和数据等。操作系统的重要任务之一是根据各种资源的共性和个性，有序地管理计算机中的硬件、软件资源，跟踪资源使用情况，满足用户对资源的需求，协调各个任务对资源的使用冲突，为用户提供简单、有效的资源使用手段，最大限度地实现各类资源的共享，提高资源利用率。

1. 处理器管理

现代操作系统大多采用多道程序设计技术，系统内通常会有多个任务竞争使用处理器，这就需要系统对处理器进行调度。鉴于处理器调度涉及的任务调度内容在 5.1.2 小节已有

阐述,本小节仅对处理器管理作简单描述。处理器使用权在以下几种情况发生转移:

(1)当一个任务执行结束时,调度器会立刻选择一个就绪任务投入运行,如果有多个任务需要运行时,究竟选择哪一个任务投入运行,就由调度算法决定。

(2)当某个任务在执行过程中要进行I/O操作或等待其他信息时,系统不会浪费CPU时间来等待I/O操作的完成,而是由调度器进行处理器的调度,将CPU分配给其他就绪任务使用。

(3)在分时系统中,如果某个任务使用完本次分配的时间片而又未执行完成,也应该由调度器来进行任务调度,重新选择一个可以运行的任务投入运行。

(4)当系统支持可抢占优先级调度时,如果有一个优先级比当前执行任务优先级更高的任务进入可调度队列,此时,调度器会中断当前任务的执行,调度运行优先级高的任务。

(5)当有一个I/O中断发生时,意味着一个等待执行的任务需要的条件得到满足,又具有被调度执行的可能,此时也应该由调度器选择一个恰当的任务运行。

在所有处理器使用权发生转移的情况中都涉及CPU内部寄存器内容的保护和恢复。保护寄存器,即保存任务的上下文,比如,在8086CPU中,会保护AX、BX、CX和DX这4个通用数据寄存器,还会保存指针寄存器、状态寄存器(PSW)和相关段寄存器(CS、SS等),这样可以使得该任务在下次调度执行时恢复这些寄存器的内容,从前面打断的地方继续执行。

8086

8086是一个由Intel公司于1978年设计的16位微处理器芯片,是x86架构的鼻祖。8086以8080和8085(它与8080有汇编语言上的源代码兼容性)的设计为基础,拥有类似的暂存器集合,但是扩充为16位。

处理器作为计算机系统的关键资源,它的管理策略及调度算法会直接影响整个系统的运行效率。在多用户、多任务系统中,操作系统应该能够按照一定的策略与调度算法组织多个任务在系统中运行。

2. 存储管理

存储管理模块也是操作系统的重要组成部分之一,存储管理机制主要有单一分区、多分区、分页、分段及段页等多种不同管理方式。

1)单一分区存储管理

该方式下,整个内存除了操作系统外,其余的内存空间只分配给一个进程使用,如图5-8(a)所示。如果内存大小满足用户进程的要求,该用户进程可以使用;否则就不能运行,MS-DOS就是采用这种管理方式。单一分区存储管理方式实现简单,但内存利用率不高,不能实现多任务,且系统可靠性不高。

2)多分区存储管理

多分区存储管理方式将内存除操作系统之外的空间划分成多个分区,如图5-8(b)所示。每个分区分别分配给不同

图 5-8 单一分区和多分区管理

的进程使用,这样就简单地实现了多任务驻留内存,并以此提高了内存利用率。根据分区划分的方式,可以将多分区存储管理方式分为固定的分区管理方式和动态的多分区管理方式

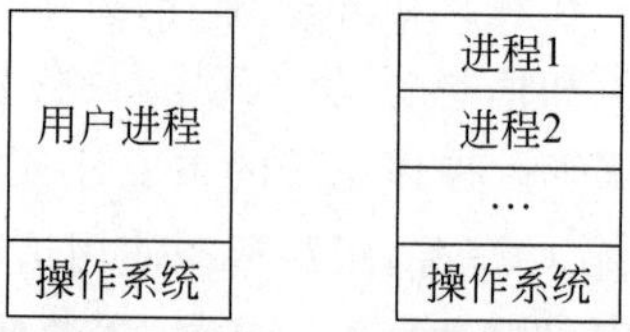

两种。

固定的多分区存储管理方式在系统启动后,分区的大小和数目就是确定的,不再发生变化。动态的多分区管理方式则以更复杂的管理为代价换取更为灵活的存储管理。系统最初就是一个大的分区,根据进程请求分区的大小进行动态划分。这样,可以进一步提高内存利用率,当然,由于分区动态的分配与回收,系统为此需要花费比较大的系统开销。

多分区存储管理方式可以提高多任务管理效率,大大提高内存的利用率,动态多分区存储管理还能够实现一定程度的虚拟存储功能,但这需要更多的系统开销。

3)分页存储管理

分页存储管理首先将用户进程空间划分为一些大小相同的称为"页"的单位,物理内存也划分为与"页"大小相同的一些"块"。分页存储管理就是为这些页分配物理块的过程,这样一来,一个进程分配的物理空间就无须连续,而是以页为单位分散在"块"中。

4)分段存储管理

这种管理方式将进程的虚拟空间按照逻辑性加以划分,可分为程序段、数据段、堆栈等,实际上,8086 的汇编语言程序就是按段组织的,然后利用动态分区存储管理方式进行内存管理,只不过内存分配的对象不再是整个进程,而是进程的一个段。

5)段页存储管理

由于分页可以获得很高的内存利用率,分段方式便于实现共享,为了最大限度地提高内存资源利用率,可以将分页和分段两种方式结合起来,即采用段页式存储管理。

段页式存储管理将分页与分段两种方式相结合,首先将进程划分为若干个段,在段内再分页,这样,最小的逻辑空间单位仍是页;而对于物理空间的管理则采用分页管理方式中的"块"管理即可。段页式存储管理同时具有分页、分段存储管理方式的优点。

3. I/O 设备管理

在计算机系统中配置了多种 I/O 设备,如键盘、鼠标、显示器、网卡、打印机和磁盘等,这些设备可以是共享的,也可以是独占的。在多用户、多任务环境下,为了提高这些设备的利用率,实现资源的有效共享,操作系统应该高效地管理这些设备,主要有查询和中断两种设备管理方式。

在现代操作系统中,处理器通常与进程的输入/输出是并行工作的,即处理器在进程输入/输出时并不等待,而是执行其他任务。那么设备完成输入/输出后,如何通知系统以便进程的下一步执行呢? 这就要借助于中断技术。

图 5-9 给出了外设以中断方式工作的组织结构。当设备完成了输入/输出后,会通过中断控制器向 CPU 发出硬件中断,这些设备的硬件中断事先都有固定的编号,称为中断号,同时,每个硬件中断都有相应的中断服务程序来完成特定的功能,比如,键盘中断服务程序负责把用户输入的按键值读

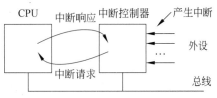

图 5-9　外部设备的中断管理结构

取到 CPU 内部,以做进一步处理。中断服务程序的入口地址通常事先放在中断向量表中,在 8086 系统中该表在系统启动后就驻留在内存的低端(地址范围为 0~3FFH)。CPU 检测到中断请求后,如果决定响应,CPU 会从总线上获得中断号,以中断号为索引到中断向量表中找到中断服务程序的入口地址,并转入中断程序。中断服务程序开始执行后,会通过中断

控制器向设备使用的 I/O 端口做出应答,进行数据的传输。此后,中断控制器又可以继续向 CPU 发出下一个中断请求。

在操作系统管理外部设备的过程中,会涉及中断处理程序、设备驱动程序、设备无关软件和用户 I/O 软件,它们工作在不同的层次上,既相互独立又相互配合,共同完成外部设备的数据传输。比如,设备驱动程序是运行在系统内核与设备控制器之间交互的代码。由于要对设备进行控制,因此,设备驱动程序往往要了解设备控制器的特性。设备类型不同,驱动程序也不同,一般驱动程序都会由设备厂商提供。设备无关软件是操作系统内核中比较复杂、管理功能较为集中的模块。设备无关软件的主要任务是执行对所有设备公共的 I/O 功能,除设备管理功能外,它还要向下为所有的设备驱动程序提供一个统一的接口,并实现逻辑设备到驱动程序的映射功能及缓冲管理,另外,设备无关软件要向上为用户 I/O 软件提供统一的逻辑设备。

4. 文件管理

文件是计算机系统中保存信息的一种主要形式,文件的命名、组织、操作、逻辑结构、存取方式、物理结构、目录管理等都是文件管理的内容,通常把操作系统中进行文件管理的部分归为文件系统。

文件管理要求能够对文件进行逻辑组织,并且安排文件在外存上的物理存储,这就要求文件管理能够管理外存空间。文件是用户频繁使用的信息,文件管理还应该解决用户操作文件的一系列问题,如文件的创建、打开、关闭、读、写、删除等。为了方便用户使用文件,文件系统一般都支持以文件名进行访问的操作方式,用户无须了解文件的物理组织结构。当系统中文件数目较多时,文件管理应该能够将文件按照一定的方式组织起来,如采用树型目录结构,提供文件的高效存取访问功能。

另外,文件信息的安全问题也是文件管理的一个任务,可以通过设置文件的保护属性实现文件的安全管理。当然,文件系统的可靠性和文件的共享也是文件管理应该考虑的问题。

5.2 几种流行嵌入式操作系统平台

嵌入式系统无处不在,它是指执行专用功能并被内部计算机控制的设备或者系统,从消费电子设备的 PDA、MP3、手机、智能家电和车载电子设备到工业领域的数控机床、智能工具和工业机器人等各个行业,无一不在应用着嵌入式技术。嵌入式系统不使用通用计算机,而且运行的是固化的软件(固件,firmware),终端用户很难或者不可能改变固件,因此,在其上运行的嵌入式操作系统在诸多方面有别于通用计算机操作系统,目前已经出现了许多性能优良的嵌入式操作系统平台。

5.2.1 嵌入式实时操作系统 μC/OS-Ⅱ

1. μC/OS-Ⅱ概述

μC/OS-Ⅱ是一个实时操作系统(real-time operating system,RTOS),在嵌入式应用领

域中,"实时"是一个相对的概念,即要求系统在容许的时间范围内完成任务。μC/OS-Ⅱ的开发者 Jean J. Labrosse(如图 5-10 所示)于 1992 年在《嵌入式系统编程》杂志的 5 月和 6 月刊登的文章推出了 μC/OS 的第一个版本,并把 μC/OS 的源码发布在该杂志的 BBS 上。后来,在此基础上经过修改和扩充又推出了第二版,并称做 μC/OS-Ⅱ。这个版本以其精巧、实用受到了业界及教育界的欢迎。μC/OS-Ⅱ是一种免费公开源代码、结构小巧、具有可剥夺实时内核的实时操作系统,其内核提供任务调度与管理、时间管理、任务间同步与通信、内存管理和中断服务等功能。它可以使各个任务独立工作,很容易实现实时而且无误的任务执行,使实时应用程序的设计和扩展变

图 5-10　Jean J. Labrosse

得容易,应用程序的设计过程大为简化。该微操作系统适合小型控制系统,具有执行效率高、占用空间小、实时性能优良和可扩展性强等特点,最小内核可编译至 2KB,目前,μC/OS-Ⅱ已经移植到几乎所有知名 CPU 上。μC/OS-Ⅱ的官方网站是 http://micrium. com/page/home。

2. μC/OS-Ⅱ 的特点

以 μC/OS-Ⅱ为代表的 RTOS 体现了一种新的系统设计思想和一个开放的软件框架,设计人员能够在不影响其他任务的情况下添加或删除一个任务。μC/OS-Ⅱ具有体积小巧、源代码公开、注解详细、实时性强、可移植性好、支持多任务、基于优先级的可剥夺型调度等特点,自 1992 年以来已经有好几百个商业应用。μC/OS-Ⅱ具体特点如下。

(1) 源代码公开。

许多商业实时操作系统内核不公开,但是 μC/OS-Ⅱ软件提供源代码,注解详细,组织有序,内核结构小巧清晰,工作原理易于理解。

(2) 可移植(portable)。

μC/OS-Ⅱ的绝大部分源代码是用 ANSI C 语言编写,具有很强的可移植性,只有与微处理器硬件相关的那部分代码是用汇编语言编写的,而且其代码量已经压到最低限度。μC/OS-Ⅱ可以在绝大多数 8 位、16 位、32 位以至 64 位微处理器、数字信号处理器上运行。μC/OS-Ⅱ移植的条件是 CPU 必须有堆栈指针、内部寄存器入栈和出栈指令,使用的 C 编译器必须支持内嵌汇编(inline assembly)或者该 C 语言可扩展、连接汇编模块,开/关中断能在 C 语言程序中实现。

(3) 可固化(ROMable)。

μC/OS-Ⅱ是为嵌入式应用而设计的,只要具备合适的系列软件(C 编译器、连接器、下载/固化工具),μC/OS-Ⅱ就可以植入到嵌入式计算机系统的 ROM 中。

(4) 可裁剪(scalable)。

μC/OS-Ⅱ的系统服务函数定义了条件编译开关量,对于不需要的服务可以通过条件编译予以裁剪,用户可以只使用 μC/OS-Ⅱ中应用程序需要的那些系统服务。代码最小可以裁剪到 2KB 左右,这样就可以最大限度地减少 μC/OS-Ⅱ所需的存储空间。

(5) 可剥夺(preemptive)。

μC/OS-Ⅱ完全是可剥夺型的实时内核,已经准备就绪的高优先级任务总是可以剥夺正在运行的低优先级任务的 CPU 使用权,这种内核的实时性比不可剥夺型内核要好。大多数

商业实时内核也是可剥夺型的，μC/OS-Ⅱ具有与它们类似的性能。

（6）任务栈独立。

μC/OS-Ⅱ中最多可以支持 64 个任务，分别对应优先级 0～63，其中，0 为最高优先级，63 为最低优先级，系统保留了 4 个最高优先级的任务和 4 个最低优先级的任务，用户可以使用的任务数有 56 个，μC/OS-Ⅱ允许每个任务有不同的栈空间，而且相互独立。中断发生时，可以将正在执行的任务挂起，中断嵌套层数可以达到 255 层。

（7）可确定性。

全部 μC/OS-Ⅱ的函数调用和服务执行时间具有可确定性，即它们的执行时间是可预知的，从而使得 μC/OS-Ⅱ系统服务的执行时间不依赖于应用程序任务的数量。

3. μC/OS-Ⅱ 系统的结构

μC/OS-Ⅱ实时操作系统主要是一个微内核，它仅仅包含了任务调度、任务管理、时间管理、内存管理和任务间的通信和同步等基本功能，没有提供 I/O 管理、文件系统、网络管理等服务。但是由于 μC/OS-Ⅱ具有良好的可扩展性和源码开放，这些非必需的功能完全可以由用户自己根据需要分别实现。μC/OS-Ⅱ的目标是实现一个基于优先级调度的抢占式实时内核，并在这个内核之上提供最基本的系统服务，如信号量、邮箱、消息队列、中断管理和内存管理等。

图 5-11 描述了 μC/OS-Ⅱ的体系结构，该结构将 μC/OS-Ⅱ分为 3 层，即硬件抽象层（hardware abstraction layer，HAL）、EOS(embedded operation system)内核和用户应用程序接口。HAL 对应 3 个文件，分别是汇编文件 OS_CPU_A.ASM，C 语言文件 OS_CPU_C.C 和头文件 OS_CPU.H，这一层是硬件相关的，主要提供对 CPU、定时器等硬件资源的管理，在不同平台上移植 μC/OS-Ⅱ时，需要修改这部分文件。

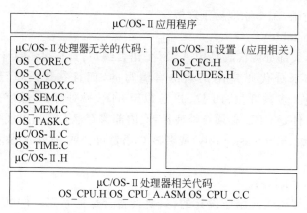

图 5-11　μC/OS-Ⅱ的体系结构

EOS 内核提供的服务和对应的文件包括实时时间管理(OS_TIME.C)、任务管理(OS_TASK.C)、进程间的通信和同步(OS_Q.C、OS_MBOX.C、OS_SEM.C)和内存管理(OS_MEM.C)等。

1）任务管理

μC/OS-Ⅱ提供了任务管理的各种函数调用，包括创建任务、删除任务、改变任务的优先级、任务挂起和恢复等。系统初始化时会自动产生两个任务：一个是空闲任务，它的优先最低,该任务仅对一个整形变量(OSIdleCtr)做加一计数;另一个是统计任务,它的优先级为次最低,该任务每秒钟计算一次处理器在单位时间内被使用的时间,并以百分比的形式存放在 usage 变量中。

2)时间管理

μC/OS-Ⅱ的时间管理是通过定时中断来实现的,该定时中断一般为 10ms 或 100ms 发生一次,时间频率取决于用户对硬件系统的定时器编程。一旦设置好,定时中断发生的时间间隔是固定不变的,该中断也称为一个时钟节拍。

3)任务间通信与同步

对一个多任务操作系统来说,任务间的通信和同步是必不可少的。μC/OS-Ⅱ中提供了 4 种同步对象,分别是信号量、邮箱、消息队列和互斥信号量。所有这些同步对象都有创建、等待、发送和查询的接口用于实现进程间的通信和同步。

4)内存管理

在 ANSI C 中使用 malloc 和 free 两个函数来动态分配和释放内存,但在嵌入式实时系统中,多次这样的操作会导致内存碎片。μC/OS-Ⅱ把连续的大块内存按分区管理,每个分区中包含整数个大小相同的内存块,但不同分区之间的内存块大小可以不同。用户需要动态分配内存时,系统选择一个适当的分区,按块来分配内存;释放内存时将该块放回它以前所属的分区,这样能有效解决碎片问题,同时执行时间也是固定的。

μC/OS-Ⅱ没有提供 GUI 和其他用户接口,在对用户应用程序提供的接口层面上只提供了系统 API 函数可用。μC/OS-Ⅱ与应用程序相关的代码包括 OS_CFG. H 和 INCLUDES. H,用户可以根据自己的需要来配置 OS_CFG. H,实现 μC/OS-Ⅱ的功能裁剪。

5.2.2　嵌入式 Linux

1. 嵌入式 Linux 概述

嵌入式 Linux 是对日益流行的 Linux 操作系统进行裁剪、修改,使之能在嵌入式计算机系统上运行的一种操作系统,早期的 Linux 内核由芬兰人 Linus(如图 5-12 所示)在赫尔辛基大学上学时完成,后来由众多的 Linux 爱好者逐步完善。

虽然 Linux 具有相当多的优点,例如内核稳定、功能强大、可裁剪和低成本等,但 Linux 最初并不是针对嵌入式系统设计的。Linux 内核本身不具备强实时特性,内核体积庞大,因此,想要把 Linux 用于嵌入式系统,必须对 Linux 进行实时化、嵌入式化。

嵌入式 Linux 遵循的 GNU GPL(GNU general public license,通用公共许可证)协议保证了其自身是开放源代码的自由软件,也就是说,只要遵守 GPL 协议,嵌入式 Linux 操作系统的源代码

图 5-12　Linux 之父 Linus

就可以免费获得。因此,使用嵌入式 Linux 开发嵌入式应用,用于购买操作系统软件的费用可以忽略不计。因为嵌入式 Linux 是开放源码的,这使得学习、修改、裁剪 Linux 成为可能。嵌入式系统的设计者可以对嵌入式 Linux 进行二次开发,去掉操作系统的附加功能,并且可以根据实际应用的需要优化系统代码,从而降低整个系统开销与能耗,这一点对于低成本和

能耗敏感的嵌入式系统十分重要。基于嵌入式 Linux 系统的软件移植比较容易，而且有许多应用软件支持，应用产品开发周期短，其应用领域非常广泛，主要的应用领域有信息家电、PDA、机顶盒、数字电话、Answering Machine、Screen Phone、交换机、路由器、ATM 机、医疗电子器械、交通运输、工业控制和航空航天领域等。图 5-13 给出了几种基于嵌入式 Linux 的电子设备。

(a) 嵌入式Linux手机　　　　(b) 嵌入式Linux播放器　　　　(c) 南京大学的嵌入式Linux机器人系统

图 5-13　基于嵌入式 Linux 的设备

Linux 之父 Linus

Linus Torvalds(李纳斯·托瓦兹)，Linux 内核的发明人及该计划的合作者，于 1969 年 12 月 28 日出生在芬兰的赫尔辛基，是当今世界最著名的计算机程序员、黑客之一。"有些人生来就具有统率百万人的领袖风范；另一些人则是为写出颠覆世界的软件而生。唯一一个能同时做到这两者的人，就是 Torvalds。"美国《时代》周刊对 Linux 之父 Linus Torvalds 给出了极高的评价。甚至，在《时代》周刊根据读者投票评选出的 20 世纪 100 位最重要人物中，Linus 居然排到了第 15 位，而从 20 世纪的最后几年就开始霸占全球首富称号的盖茨不过才是第 17 位。

嵌入式 Linux 系统包括内核和应用程序两部分。内核为应用程序提供一个虚拟的硬件平台，以统一的方式对资源进行访问，并且透明地支持多任务。嵌入式 Linux 的内核可以分为六部分：进程调度、内存管理、文件系统、进程间通信、网络和设备驱动。应用程序负责系统的部分初始化、基本的人机界面和必要的命令等内容。

2. 嵌入式 Linux 发展现状

在目前几款著名的嵌入式 Linux 系统中，占主流的主要包括 RT-Linux、KURT-Linux 和 μClinux 等，下面将介绍这几款应用较广泛的嵌入式 Linux 操作系统。

1) RT-Linux

美国新墨西哥理工学院计算机系的 Victor Yodaiken 等人早在 1996 年就开始对 RT-Linux 进行开发，是利用 Linux 进行实时系统开发比较早的尝试，其最新版本是 RTLinuxPro1.2 版。目前，RT-Linux 已成功应用于从航天飞机的空间数据采集、科学仪器测控到电影特技图像处理等众多领域。

RT-Linux 的原理是采用双内核结构,将 Linux 任务及 Linux 内核本身作为 RT-Linux 实时内核的一个优先级最低的任务,而实时任务优先级高于普通的 Linux 任务,即在实时任务存在的情况下运行实时任务,否则才运行 Linux 本身的任务。实时任务不同于 Linux 普通进程,它以 Linux 的内核模块形式存在。需要运行实时任务时,将这个实时任务的内核模块插入内核中,实时任务和 Linux 一般进程之间的通信通过共享内存或 FIFO 通道来实现。RT-Linux 的工作原理如图 5-14 所示。

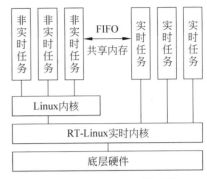

图 5-14　RT-Linux 工作原理

由图可见,RT-Linux 接管了机器的硬件,实时任务直接在 RT-Linux 实时内核的调度下运行,这样保证了任务的实时性。而通过将 Linux 本身作为实时内核优先级最低的任务,又使得 Linux 的常规操作可以正常运行。同时,实时任务和普通 Linux 进程之间可以相互配合,将需要强实时特性的任务放在实时内核内运行,将界面显示和用户监控功能放在 Linux 内部执行。这种实现方法既充分利用了 Linux 的强大功能,又可以保证关键任务的实时性。

2) KURT-Linux

KURT-Linux 由美国 Kansas 大学研制,研发 KURT-Linux 的最初目的是满足实时网络多媒体处理方面研究的需要,该系统直接改造 Linux 内核来获得实时性。ATM 网络和多媒体处理既要求有很高的实时性,又要求全面的操作系统服务,传统的分时操作系统和专用实时系统都不能同时满足这两方面的需要。因此,Kansas 大学研制人员通过改造 Linux 来满足要求,他们直接对 Linux 核心进行改造来实现目标,方法简洁,基本上达到了目的。

KURT-Linux 强化了 Linux 的时钟机制和调度机制。标准 Linux 将时钟间隔固定为 10ms,也就是在最好的情况下,Linux 也需要 10ms 才能进行一次重新调度,这显然无法满足实时操作系统的要求。KURT-Linux 通过修改 Linux 的时钟管理模块,使得时钟以微秒为单位在任何需要的时候都可以产生中断。这样既保证了响应的实时性,又避免了不必要的开销。

3) μClinux

众所周知,虚拟存储器管理是传统通用操作系统的一大特色功能,但是对于嵌入式实时系统来说是不实用的,这是因为绝大多数嵌入式设备都没有大容量的硬盘支持,而且虚拟存储器管理将影响系统的实时性能。μClinux 的基本思想就是去掉虚拟存储器管理功能,从而减小了内核的体积,又增强了系统的实时性能。μClinux 目前已移植到很多处理器平台上,包括 68K、PowerPC、ARM 等。

5.2.3 Windows CE 操作系统

1. Windows CE 概述

Microsoft Windows CE 是微软公司的嵌入式、移动计算平台,针对掌上型电脑类电子设备而设计,它是一个开放的、可裁剪、32 位嵌入式实时窗口操作系统。作为精简的 Windows 95 系统,Windows CE 的图形用户界面相当出色,与微软公司其他桌面版的窗口操作系统(Windows 98/2000/XP 等)相比,它具有可靠性好、实时性高、内核体积小的优点,所以被广泛用于各种嵌入式智能设备的应用开发中。图 5-15 给出了 Windows CE 的图形用户界面,图形化的操作界面便于用户使用。

以 1996 年发布的 Windows CE 1.0 为标志,微软公司开始进入嵌入式操作系统领域,2000 年发布 Windows CE 3.0 时,微软公司在该领域已经取得很大成功。2002 年 2 月,Windows CE. NET 的发布彻底奠定了它在嵌入式操作系统领域的成功,2004 年,微软又发布其最新版本 Windows CE 5.0。2006 年 11 月,微软发布其第六代嵌入式操作系统 Windows CE 6.0,并且 100% 开放核心源代码。截至 2004 年,使用 Windows CE 的嵌入式设备市场占有率已经跃居世界第一。同时,以 Windows CE 为内核的 Pocket PC 产品的市场占有率也跃居全球第一,占到全球总量的 54%,远远超出居于第二位的 Palm OS。另外,以 Windows CE 为内核的智能手机产品 Smart Phone 的市场份额也达到 20.2%,超过位于第二位的 Symbian 操作系统一个百分点。几款基于 Windows CE 的智能手机如图 5-16 所示。

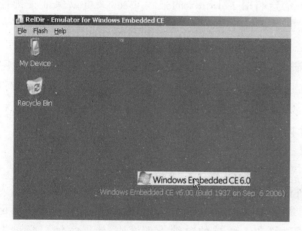

图 5-15　Windows CE 运行界面

图 5-16　Windows CE 手机

2. Windows CE 的特点

Windows CE 是一个抢先式多任务、多线程并具有强大通信能力的 32 位嵌入式操作系统,是微软专门为信息设备、移动应用、消费类电子产品和嵌入式应用等非 PC 领域而设计的战略性操作系统产品。它支持 32 位虚拟内存机制,按需分配内存和内存映射文件。Windows CE 的主要特点如下:

(1) 精简的模块化操作系统。

Windows CE 是高度模块化的嵌入式操作系统,用户可以为了满足特定的要求而对操作系统进行定制。在用户定制的操作系统中,不需要的模块可以被拿走,只有需要的模块才会被包含进来。Windows CE 的可裁剪性使其体积较小。一个最小的可运行 Windows CE 的内核占 200KB 左右,增加网络支持后需要额外增加 800KB,增加图形界面支持需要额外增加大概 4MB,而增加 Internet Explorer 支持需要额外增加 3MB。因此,可以根据嵌入式设备自身资源和应用需求,灵活选用各模块。

(2)良好的网络通信能力。

Windows CE 的网络模块提供了高效的网络应用平台,广泛支持各种通信硬件,并提供对诸多通信协议的支持,通过 API 接口,用户可以方便地进行各种网络应用开发。

(3)出色的用户图形界面。

Windows CE 延续了桌面 Windows 系统在图形用户界面上的优势,开发人员可以利用丰富灵活的控件库为嵌入式应用建立各种专门的图形用户界面。

(4)优秀的可移植性。

Windows CE 除了提供对不同处理器的支持外,还通过 OAL(OEM adaptation layer,硬件适配层)实现对不同硬件设备的兼容,开发者可以针对具体的硬件设备修改 OEM 适配层,实现 Windows CE 对硬件平台的支持。此外,Windows CE 系统的各个功能模块也是可裁剪的,开发者可以通过添加或删除相应的功能模块满足具体应用需求。

(5)完善的开发工具。

微软公司提供了 Platform Builder. net(PB)集成开发环境来定制 Windows CE .NET操作系统,它运行在桌面 Windows 环境下,开发者可以通过 Platform Builder 方便地实现Windows CE 系统的移植、功能模块裁减与驱动程序开发。在 Windows CE 平台上可以开发基于 Win32 API、MFC 或 .NET 框架压缩版的应用程序,这使得熟悉桌面 Windows 应用程序开发的人员可以较快地进行嵌入式开发。

3. Windows CE 体系结构

Windows CE 被设计成一种分层结构,如图 5-17 所示。从底层往上分别为硬件层、OEM 层、操作系统层和应用层。每一层分别由不同的模块组成,每个模块又由不同的组件构成。这种层次性的结构试图尽量将硬件和软件、操作系统与应用程序隔离开,以便于实现系统的移植,同时便于硬件、驱动程序、操作系统和应用程序等开发人员的分工合作。

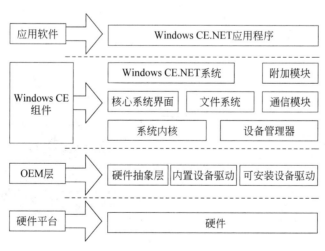

图 5-17 Windows CE 体系结构图

1)硬件层

底层硬件是 Windows CE 必不可缺的载体。硬件层是系统的硬件,包括微处理器、存储器、电源和各种外围设备。Windows CE 系统所需的最小硬件配置包括处理器、实时时钟、存储器等。但是硬件平台还可以支持其他外围设备,例如串口、网卡、键盘等。

2) OEM 层

OEM 层是硬件和操作系统的衔接层,在逻辑上位于硬件和 Windows CE 之间。其主要功能是对具体的底层硬件进行抽象,从而得出统一的接口,而这些接口则可以让操作系统内核与硬件进行通信。在 OEM 层中,硬件抽象部分是整个层的主体,它包含了与硬件高度相关的代码,用于实现操作系统内核与硬件之间的通信。系统引导程序(Boot Loader)负责初始化硬件平台,加载操作系统镜像文件到存储器中,并启动操作系统。一般而言,Boot Loader 可以通过 USB、串口和以太网等方式加载操作系统镜像。Windows CE 系统中的设备驱动程序既要实现 Windows CE 所定义的驱动程序接口,也要利用操作系统提供的服务,实现驱动程序的加载、调度和卸载。

3) 操作系统层

操作系统层是 Windows CE 操作系统的核心层,它与常用的操作系统相类似,既要给下层提供接口和服务,也要给上层应用程序提供相应的 API 接口。这部分主要包括如下几个软件模块:内核模块、设备管理模块、对象存储模块、网络通信模块和多媒体模块等。

4) 应用层

应用层就是应用程序的集合,它们通过 Win32 API 来获得操作系统的服务。该层包含 Windows CE 为用户提供的一些应用服务(如 Internet 客户服务、用户接口等),也可以是用户为特定嵌入式系统开发的应用程序。

5.2.4 Android 手机操作系统

1. Android 简介

Android 是基于 Linux 内核的操作系统,是谷歌公司在 2007 年 11 月 5 日发布的手机操作系统。Android 的早期版本由名为"Android"公司的 Andy Rubin(如图 5-18 所示)开发,谷歌公司在 2005 年收购"Android"后,继续对 Android 系统开发运营,它采用了软件堆层(software stack)的架构,主要分为三部分,其中,底层 Linux 内核只提供基本功能,其他的应用软件则由各公司自行开发,部分程序用 Java 语言编写。Android SDK 应用开发包提供了在 Android 平台上使用 Java 语言进行 Android 应用开发的环境,而应用程序运行在 Dalvik 虚拟机上,Dalvik 是由谷歌公司专为 Android 平台定制的 Java 虚拟机,运行在 Linux 内核之上。

图 5-18　Android 之父 Andy Rubin

2011 年年初数据显示,仅正式推出 3 年的 Android 操作系统已经超越称霸十年的 Symbian 操作系统,采用 Android 系统的厂商主要包括摩托罗拉、三星、索尼爱立信及多个中国厂商,如中国台湾的 HTC、联想、华为、中兴等,使之跃居全球最受欢迎的智能手机平台。Android 系统不但应用于智能手机,也在平板计算机市场迅速扩张。

目前,Android 是风靡全球的最新移动操作系统,但并不是所有人都有机会接触到最新的移动设备。为此,谷歌公司使用自己的 SDK 手机应用开发包发布了一款 Android 模拟器(如图 5-19 所示),以方便开发者在手机上运行程序之前先在模拟器上测试应用。该模拟器能在 Windows、Mac 或者 Linux 计算机上运行。Android 模拟器能够模拟移动设备上除接听和拨打电话之外的所有典型功能和行为,可以通过鼠标或键盘点击这些按键来为用户应用程序产生事件。

图 5-19　Android 模拟器

Android 之父 Andy Rubin

　　Andy Rubin(安迪·罗宾),谷歌工程副总裁,Android 开发的领头人。1963 年生于纽约州 Chappaqua 镇,大学毕业后,他加入以光学仪器知名的卡尔·蔡司公司担任机器人工程师,主要从事数字通信网络。1989 年加入苹果公司。后与人创办 Danger 公司,担任 CEO。离开 Danger 公司后,安迪又创办了 Android 公司。2005 年公司被谷歌收购。2007 年,Android 操作系统以开源项目形式发布,并成立了开放手机联盟作为支持组织,很快成为最具竞争力的手机操作系统之一。

---

2. Android 平台的组成

Android 不仅是一个嵌入式操作系统,它更是一种开源的体系架构。Android 平台大量应用了开源社区的成果,并针对移动设备将其进行了一系列优化。Android 平台主要的特性如下:

(1) 改进和优化的 Linux kernel。

(2) 使用 Dalvik 虚拟机。

(3) 大量可用的类库和应用软件,例如,浏览器 WebKit、数据库 SQLite。

(4) 谷歌已经开发出大量现成的应用软件,并可以直接使用很多谷歌在线服务。

(5) 基于 Eclipse 的完整开发环境。

(6) 优化的 2D 和 3D 图形处理系统。

(7) 多媒体方面对常见的音频、视频和图片格式提供支持。

(8) 支持 GSM、蓝牙、3G、WiFi、摄像头和 GPS 等设备。

Android 平台由应用程序、应用程序框架、开发库、Android 运行时和 Linux 内核五部分组成,如图 5-20 所示。

1) 应用程序

Android 平台默认包含了一些核心应用程序,包括电子邮件、短信、地图、浏览器和联系人管理程序等。这些应用程序(Applications)都是用 Java 语言编写的,用户也可以用自己编写的应用程序来替换 Android 提供的应用程序,这是由应用程序框架来保证的。

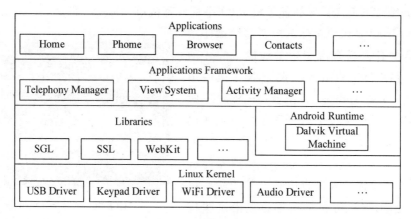

图 5-20　Android 平台构成

2）应用程序框架

应用程序框架（Applications Framework）是我们进行 Android 开发的基础，开发人员具有和核心应用相同的框架 API 的访问权限。应用程序的构建模式被设计成简单的可重用组件，任何一个应用程序都可以发布它的功能块，并且任何别的应用程序可以使用该功能块（需遵循框架的安全性限制），同样，重用机制也允许用户在相同的机器上替换组件。

3）开发库

应用程序框架是贴近于应用程序的软件组件服务，而更底层的则是开发库（Libraries），即 Android 的函数库，这一部分为应用程序框架提供实现支撑，包括媒体函数库、Surface Manager、WebKit、SGL 和 SQLite 等。

4）Android 运行时

Android 虽然采用 Java 语言来编写应用程序，但不使用 J2ME 来执行 Java 程序，而是用 Android 运行时（Android Runtime）中的 Dalvik 虚拟机。Dalvik 是一种基于寄存器的 Java 虚拟机，是专门为移动设备而设计的，它在开发的时候就考虑了用最少的内存资源来执行。

5）Linux 内核

Android 的核心系统服务依赖于 Linux 2.6 内核，它包括了显示驱动、摄像头驱动、Flash 内存驱动、Binder（IPC）驱动、键盘驱动、WiFi 驱动、Audio 驱动及电源管理部分。Linux 内核层（Linux Kernel）为我们在软件和硬件层建立了一个抽象层，使得应用程序开发人员无须关心硬件细节。对于手机开发商，如果想要 Android 平台运行到自己的硬件平台上就必须对 Linux 内核进行改造，通常要做的工作就是为自己的硬件编写驱动程序。

5.3　TinyOS：物联网前端微操作系统

无线传感器网络由大量微型、廉价、能量有限的多功能传感器节点组成，这些节点协同工作，分布式地自组织成网络传输系统。鉴于传感器网络的这些特殊性，无线传感器网络对操作系统的需求相对于传统操作系统来说有较大的差异。本节介绍物联网前端的无线传感网微操作系统 TinyOS，分析 TinyOS 的工作原理，介绍 TinyOS 平台的 nesC 编程语言，并以一个实例阐述基于 TinyOS 平台的应用开发过程。

5.3.1 TinyOS 概述

TinyOS 开源微操作系统由加州大学伯利克分校(UC Berkeley)开发,初始是作为美国国防部高级科研计划局的一个项目,此后,其以开源操作系统的方式向学术界和商业界公布,供全世界用户使用,主要应用于无线传感器网络方面,官方网站为 http://www.tinyos.net。1999 年,第一个 TinyOS 硬件平台 WeC 和 TinyOS 在伯克利实施。随后,Crossbow 公司、英特尔研究院等机构加入到 TinyOS 的研究开发项目中,2007 年 4 月在英国剑桥发布了 TinyOS 2.0.1,从此 TinyOS 进入 2.x 时代。

传感网微操作系统 TinyOS 采用基于组件(component-based)的架构,使得用户能够快速实现各种传感器网络应用。TinyOS 本身提供了一系列组件,这些组件包括定时器组件、信号感知组件、无线协议栈组件和存储管理组件等,程序员可以利用它们简单、方便地编制程序,来获取和处理传感器节点的数据,并通过无线射频信号传输给其他节点,一个应用程序可以通过顶层配置文件(top-level configuration)将各种组件链接起来,以实现它所需要的功能。TinyOS 的应用程序核心往往都很小,一般来说,核心代码和数据大概在 400B 左右,能够突破传感器节点存储资源少的限制,这能够让 TinyOS 有效地运行在无线传感器网络节点上并执行相应的管理工作。

作为一个微操作系统,TinyOS 在进程管理方面采用任务(task)和事件(event)并发模型。任务用在对时间要求不是很高的场合,它们之间按顺序执行,不相互抢占执行。而事件则用在对时间要求相对严格的应用中,并且事件可以优于任务和其他事件来执行。在内存管理方面,TinyOS 中只有唯一的一个栈,它被所有的任务和事件所共享。在用户开发语言方面,TinyOS 采用 nesC 程序设计语言。

5.3.2 TinyOS 的工作原理

1. 调度机制

无线传感器网络单个节点的硬件资源有限,所以 TinyOS 没有采用传统的进程调度方式。在 TinyOS 中并发模型由任务和硬件事件处理句柄(hardware event handlers)构成。任务是可以被延期执行的函数,一旦被调用,任务必须运行完成,且彼此之间不能相互抢占,因此,任务之间不存在上下文切换的问题,减少了任务管理的开销。事件是由硬件触发的,在中断服务程序中处理,这样的程序称为硬件事件处理句柄。在 TinyOS 中,任务和事件具有很大的不同。

1) 任务

TinyOS 的每个任务没有自己的私有上下文空间,而是所有的任务共享同一个上下文执行空间。创建任务时,TinyOS 的调度器将任务加入任务队列的队尾,任务调度器把此任务加入队列之后就立即返回,任务则延迟执行。在等待执行的任务队列中,各个任务之间采用先进先出(FIFO)的方式进行调度,任务之间不能相互抢占。为保证一定的实时性,任务不应该被挂起或者阻塞太长时间。虽然任务之间不能够相互抢占,但任务可被硬件事件句柄抢占。如果要执行一系列较长的操作,应该为每个操作分配一个任务,而不是使用一个过大的任务。因为任务不能被实时调度,所以任务适用于非抢占、时间要求不严格的应用中。

2) 事件

事件发生时,会产生一次事件的中断请求,继而转去执行硬件事件处理句柄,该句柄的执行可以抢占任务的运行或者其他硬件事件处理句柄。TinyOS 中有一些组件专门处理相应的事件,最低层的组件直接处理与硬件中断关联的事件,如外部中断、定时器事件以及计数器事件。

TinyOS 在进行任务调度时,任务调度队列采用简单的 FIFO 算法对任务进行管理。图 5-21 是 TinyOS 系统中任务调度执行生命期的持续过程。任务本身是一个函数(一段静态的代码),组件用 post 关键字布置任务,即隐式地调用了调度器的TOSH_post 函数将该任务放入任务队列。如前所述,TinyOS 的任务队列是个先进先出的循环队列,队列中任务之间是平等的,即内核根据任务进入队列的先后顺序依次调度执行。在任务被调度执行后(通过 TOSH_run_post()),任务将"运行至停止(run-to-completion)",随后,一次任务执行整个结束。如果队列中没有任务,处理器将进入睡眠状态,从而大幅度降低节点能耗。同时,TinyOS 等待事件激活一系列任务,这些任务不断进入任务队列,再调度执行这些任务。

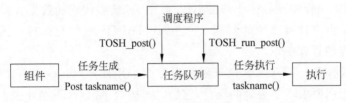

图 5-21　TinyOS 任务调度执行过程

2. 事件驱动机制

为了满足无线传感器网络较高的运行效率需求,TinyOS 使用基于事件的执行方式。能量管理是传感器网络应用中需要重点考虑的一个方面,基于事件的管理机制将产生较低的系统功耗。限制能量消耗的关键一点是当系统没有任务需要处理时,控制 CPU 进入极低功耗状态,而基于事件的驱动机制又可以促使 CPU 迅速处理新来的任务,保证了任务的实时性。在 TinyOS 中,当事件被触发后,在处理事件过程中,与事件关联的所有任务将被迅速处理,当该事件以及所有关联任务被处理结束时,CPU 再次进入睡眠状态。TinyOS 这种事件驱动方式使得系统高效使用 CPU 资源的同时,保证了能量的高效利用。

TinyOS 的事件驱动机制分为硬件事件驱动和软件事件驱动。硬件事件驱动也就是一个外部事件(即是一个硬件信号)发出中断请求信号,然后进入中断处理函数处理事件。而软件驱动则是通过 signal 操作触发一个软件实现的事件(实际上是一个函数)。这里所说的软件驱动,主要用于在特定的操作完成后,系统通知相应程序做一些适当的处理,在 TinyOS 应用中,这种通知过程是从底层向上层逐步进行的。除硬件中断的处理工作,其他都是由软件事件来驱动的。图 5-22 给出了事件驱动和任务调度的大致描述,其中,圆圈表示系统所处的状态,包括任务处理状态(Task)、睡眠状态(Sleep)和事件处理状态,且图中给出了状态的切换过程。值得注意的是,在事件处理过程中,可能会通过 post 操作产生新的任务存入任务队列。

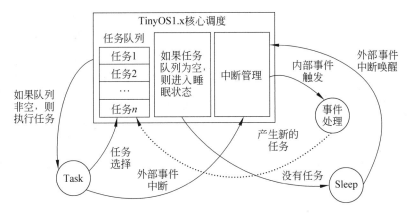

图 5-22　TinyOS 事件驱动任务调度过程

3. TinyOS 的组件模型

为进行模块化程序设计，TinyOS 微操作系统使用了经过特殊设计的组件模型（component-based model），组件分为配置（configuration）和模块（module）两类，都以单独的文件（后缀名是 nc）实现。组件模型允许应用程序开发人员方便、快捷地将各个功能独立的组件在模块文件中组合调用，并在配件文件中完成应用的整体装配，最终实现一个传感网的应用程序功能。

TinyOS 的组件层次结构如图 5-23 所示。各层组件完成自己的功能，并形成接口（interface）向上层提供服务，底层组件的实现细节对于上层是屏蔽的，即上层组件看不到、也不关心底层组件的功能如何实现，上层组件仅仅调用相应的接口函数完成预定功能。

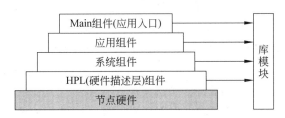

图 5-23　TinyOS 应用的分层结构

在 TinyOS 的组件层次结构中，库模块向所有的组件（含用户组件和系统组件）提供库函数，以完成特定的功能。节点的硬件位于框架的最低层，负责完成所有的硬件功能，并且完成传感器、收发器以及时钟等硬件事件的触发，具体操作交由上层处理。TinyOS 支持的节点类型主要有 Mica 系列、IRIS 和 Telosb 等。HPL（硬件描述层）组件是对底层硬件的抽象和封装，其实现代码位于 TinyOS 系统的 tinyos/tos/platform 目录下。它对上层屏蔽了所有硬件功能的细节，提供可以调用的接口给上层系统组件，并完成硬件中断的处理，如定时中断组件、RFM 射频组件，当把 TinyOS 应用于不同平台时，硬件 HPL 组件必须重写。系统组件用来完成提供给应用层组件的服务，位于 tinyos/tos/system 目录下。该层使用硬件描述层提供的统一接口完成更高级的软件功能，而不需要关注各种硬件的不同。应用组件是用户所定义的，用于实现具体的应用功能，位于 tinyos/apps 目录下。比如，闪灯应用Blink、传感器应用 Sense 等。Main 组件是用户程序应用入口，用来初始化硬件及调度并且开始执行调度程序。实际上,Main 组件只是配置,真正实现应用功能的 main 函数在 RealMain 模块中,TinyOS 在这里把 main 函数对用户进行了封装,使得用户无须了解 main 函数的具体实现细节。

任何一个 nesC 应用程序都是由一个或多个组件链接起来的,从而形成一个完整的可执行程序。组件提供并使用接口,这些接口是组件相互之间唯一的访问点,并且是双向的,一个组件可以使用或提供多个接口以及同一个接口的多个实例。接口内部声明了一组函数,称为命令(command),接口的提供者(provider)必须实现它们;同时,接口声明了另外一组函数,称为事件(event),接口的使用者(user)必须实现它们。对于一个组件而言,如果它要使用某个接口中的命令,它必须实现这个接口的相应事件。

组件之间的交互关系是上层组件调用下层组件中的命令函数,下层组件触发执行上层组件中的事件函数,如图 5-24 所示。

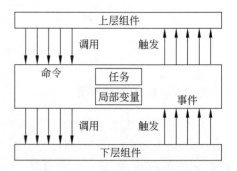

图 5-24　TinyOS 的组件接口关系

4. TinyOS 通信模型

TinyOS 中的通信模型采用 AM(active message)通信机制。AM 机制是加州大学伯克利分校为并行和分布式计算机通信而开发的一种高效的通信机制,其基本思想是让消息的本身带有消息处理程序的地址和参数,消息到达目的节点后系统立即产生中断调用,并由中断处理机制启动消息处理程序。该机制可以很好地实现通信与计算的重叠,并且不需要额外的通信缓冲区,在通信的接收方,消息中的用户数据可以直接进入应用程序预先为它分配好的存储区域。

TinyOS 的 AM 通信模型中,无线网络数据包的完整格式如图 5-25 所示。每个数据包包含多个数据字段,其中一些是 Active Message 字段,AM 消息格式定义在 tos/types/AM.h 文件中。

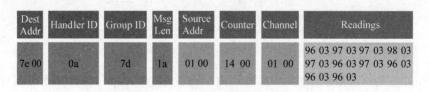

图 5-25　AM 通信模型数据包完整格式

Destination Address 字段占两个字节,表示该数据包的接收节点的目的地址。每个包都有一个处理句柄标识(Handler ID,占一个字节),接收节点会触发这个 ID 对应的事件,从而执行一段程序来处理这个数据包,可以认为这里的 Handler ID 起到"端口号"的功能,网内的不同节点可以把不同的事件关联到相同的 Handler ID。Group ID 字段是节点所在的组号,通过 Group ID 传感器网络节点可以实现组播功能。Message Length 字段占一个字节,表示本数据包中数据载荷(payload)的长度,可见,AM 通信模型支持变长载荷,有利于减少数据传输的能量开销。数据载荷字段存放本次数据包中真正要传输的内容,最长为 29 个字节,在图中,数据载荷存放了某应用中的应用数据,包括源节点地址、计数器、通道号和该通道的读数值,实际占用 26 个字节。最后,CRC 字段存放循环冗余校验信息,占两个字节。

系统的通信功能是基于组件结构、从低层到高层逐层实现的,各层之间相互独立,通过接口来提供通信服务,TinyOS 的消息传输组件层次结构如图 5-26 所示。上层的 GenericComm 组件与应用程序实现组件的交互,它向上层应用程序提供了基本的消息接收和发送接口,使用者可以直接调用其提供的接口,而不必关心数据发送和接收的实现细节。AMStandard 组件屏蔽了 UART 和无线 Radio 通信的不同细节,向 GenericComm 组件提供统一接口。

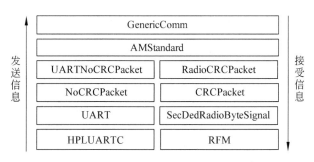

图 5-26　TinyOS 消息传输组件层次结构

1) UART 通信

图 5-26 的左半部分是节点使用 UART 串行口与 PC 的 UART 接口通信的组件。其中,UARTNoCRCPacket 组件完成串口 UART 的配置,具体的数据处理在 NoCRCPacket 组件里实现,NoCRCPacket 组件在对数据进行差错校验和完整性检查之后,交由串口组件处理。UART 串口组件按照串口的收发数据规则实现按字节进行数据处理,HPLUARTC 组件是串口的硬件抽象,完成最低层 UART 硬件功能的调用,使得上层使用者不必关心串口硬件处理细节。

2) 无线 Radio 通信

图 5-26 的右半部分是节点使用无线收发器与其他节点无线通信的组件。其中,RadioCRCPacket 组件完成无线 Radio 的配置,具体的数据处理交给 CRCPacket 组件进行,CRCPacket 组件在对数据进行差错校验和完整性检查后,再交由无线电组件处理。SecDedRadioByteSignal 组件按照无线信号的收发数据规则,实现按字节的数据处理,RFM 组件提供无线电硬件抽象,完成最低层 Radio 硬件功能的调用,使得上层使用者不必关心无线电硬件具体实现的细节。

5.3.3　nesC 语言程序设计

1. nesC 语言概述

TinyOS 是当前无线传感器网络应用开发所使用的主流操作系统,它最初是用汇编语言和 C 语言编写的。但是随着传感器网络技术研究的进一步深入,科研人员发现 C 语言不能有效、方便地支持面向传感器网络的应用和操作系统的开发。为此,经过仔细研究和设计,对 C 语言进行了扩展,由加州大学伯克利分校提出了支持组件化的 nesC(C language for network embedded systems)编程语言。nesC 语言把组件化/模块化思想和基于事件驱动的执行模型结合起来,从而使其更适应传感器网络节点这种资源严重受限的硬件条件。

nesC 是 C 语言的一个扩展,设计这个语言的初衷是为了实现结构化和基于事件的执行模式。nesC 语言充分吸取了 C 语言的诸多优点,又克服了相关弱点。C 语言可以为所有无线传感器网络节点的 MCU(micro control unit)生成高效的代码,提供所有硬件层的抽象软件实现。但是 C 语言在安全性和应用程序结构化方面做得不够好,在 nesC 语言设计过程中,通过控制表达能力来提供安全性,通过组件来实现结构化设计。nesC 的编译器在编译源程序过程中对程序进行整体分析(为安全性考虑)和整体优化,可以保障节点的性能。nesC 语言是一个静态语言,它的组件模型和参数化接口减少了许多动态内存分配的需求,在 nesC 程序里不存在动态内存分配,而且在编译期间就可以确定函数调用流程,这些限制使得整体程序分析和优化操作得以简化,同时操作也更加精确。此外,基于组件的 nesC 语言直接支持基于事件的并发控制模型。

C 语 言

C 语言是一种通用的、过程式的编程语言,广泛用于系统与应用软件的开发,具有高效、灵活、功能丰富、表达力强和较高的移植性等特点,在程序员中备受青睐。

C 语言是由 UNIX 的研制者丹尼斯·里奇(Dennis Ritchie)和肯·汤普逊(Ken Thompson)于 1970 年研制出的 B 语言的基础上发展和完善起来的。目前,C 语言编译器普遍存在于各种不同的操作系统中,如 UNIX、MS-DOS、Microsoft Windows 及 Linux 等。

---

2. nesC 语言特点

nesC 是一种新的用于编写结构化的、基于组件的应用程序语言,主要用于诸如传感器网络节点等嵌入式系统。nesC 具有类似于 C 语言的语法,但支持 TinyOS 的并发模型,同时具有结构化机制、命名机制,用 nesC 编写的组件能够与其他软组件链接在一起从而形成一个鲁棒的网络嵌入式应用系统。其主要特点如下:

(1) 结构和内容分离。nesC 应用程序由组件构成,这些组件装配在一起构成完整的应用程序。组件定义了两类作用域:一类用于它们的描述,包含接口请求的名字;另一类用于实现。组件之间存在任务(task)形式的内部并发操作。控制流程通过组件的接口进入另一个组件。

(2) 接口描述了组件的功能。组件可以提供接口,也可以使用接口。组件提供的接口描述组件为它的使用者所提供的功能,而组件使用的接口则描述组件在完成某个任务时需要的功能。

(3) 接口的双向性。组件的接口是实现组件间联系的通道。接口的定义指定了接口的提供者需要实现的一组函数(命令)、接口的使用者需要实现的一组函数(事件),从而使得不同的组件能够组合成新的功能,这种机制使得一个接口可以描述两个组件间的复杂交互作用。命令调用是由上往下的,比如,应用组件可以调用那些更接近硬件组件所提供的接口中的命令,而事件调用(触发)则是由下往上的,一般与特定的原始事件和硬件中断相关联,使得用户可以对底层事件的发生做出及时的处理。

(4) 组件通过接口彼此静态相连。静态相连增加了运行时效率和程序的健壮性,而且更有利于程序的静态分析。

（5）nesC 的并发控制模型是基于任务和中断处理来实现的。任务一旦开始运行,就一直运行到结束为止,中间不会被别的任务打断执行。但是中断处理程序可抢占任务或者其他的中断程序。如果中断处理程序引发了潜在的数据竞争,nesC 编译器会在编译时给出提示信息。

鲁棒

　　鲁棒性就是系统的健壮性,它是在异常和危险情况下系统生存的关键。比如说,计算机软件在输入错误、磁盘故障、网络过载或有意攻击的情况下,能否不死机、不崩溃,就是该软件的鲁棒性。所谓鲁棒性,是指控制系统在一定(结构、大小)的参数摄动下,维持某些性能的特性。根据对性能的不同定义,可分为稳定鲁棒性和性能鲁棒性。以闭环系统的鲁棒性作为目标设计得到的固定控制器称为鲁棒控制器。

---

3. nesC 程序设计

在 nesC 程序中有两种类型的组件,分别为模块(module)和配置(configuration)。模块提供应用程序具体实现的逻辑代码,实现一个或多个接口。配置是用来将其他组件(配置和模块)装配起来的组件,将各个组件所使用的接口与其他组件提供的接口连接在一起,这种行为称为导通(wiring)。每个 nesC 应用程序都有一个顶层配置(top-level configuration),该配置文件的名字与应用的名字一样,例如,在闪灯应用程序中,顶层配置的文件名就是blink. nc,其内容就是将应用程序所用到的所有组件导通起来,形成一个有机整体,顶层配置可以看成一个应用程序的入口。组件之间通过接口(interface)相互作用,完成组件间的服务功能。

1) 接口

接口是连接不同组件的纽带,它由一系列声明的函数组成。nesC 中的接口是双向的,它们实际上是组件提供者(provider)和组件使用者(user)之间的一个多功能交互通道。一方面,接口的提供者实现了接口的一组功能函数,这类函数称为命令(commands);另一方面,接口声明了接口的使用者需要实现的一组功能函数,这类函数称为事件(events)。接口的使用体现了组件之间复杂的交互关系,例如,在某些感兴趣的事件中注册相关操作后,当该事件发生时,会回调(callback)这些操作。

接口由 interface 类型定义,下面给出一个接口定义的例子:

```
interface SendMsg{
    command result_t send(uint16_t address, uint8_t length, TOS_MsgPtr msg);
    event result_t sendDone(TOS_MsgPtr msg, result_t success);
}
```

根据接口的定义可知,接口 SendMsg 包括一个命令"send"和一个事件"sendDone"。提供接口 SendMsg 的组件需要实现 send 命令函数,而使用该接口的组件则需要实现sendDone 事件函数。SendMsg 接口的提供者在数据发送任务完成后,会触发事件sendDone 以告知使用者本次发送是否成功,SendMsg 接口的使用者在对该事件的处理中决定后续的操作。

2) 模块

模块是 TinyOS 应用程序中的基本组件,主要包括命令、事件、任务等的具体实现。模

块由 module 类型定义,下面给出一个仅含接口的模块定义的例子:

```
module A1{                                      module A1{
    uses interface X;                           uses{
    uses interface Y;                               interface X;
}...                                                 interface Y;
                                                    }
                                                }...
```

一个模块中可以包含多个 uses 和 provides 命令。多个被使用(used)或被提供(provided)的接口可以通过使用"{"和"}"指定在同一个 uses 或 provides 中,上面两种 A1 模块定义方法是等价的。

接口的完整定义语法是 interface X as Y,这里可以明确指明接口名字为 Y,interface X 是 interface X as X 的简写形式。

一个包括接口定义、命令实现和事件实现的模块定义如下:

```
module BlinkM{
    provides   interface  StdControl;
    uses       interface  Timer;
    uses       interface  Leds;
}
implementaion{
    command result_t StdControl.init(){
        call Leds.init();
        return SUCCESS;
    }
    command result_t StdControl.start(){
        return call Timer.start(TIMER_REPEAT,1000);
    }
    command result_t StdControl.stop(){
        return call Timer.stop();
    }
    event result_t Timer.fired(){
        call Leds.redToggle();
        return SUCCESS;
    }
}
```

关键字 implementation 用来定义模块的具体实现代码。因为 BlinkM 模块提供了 StdControl 接口和使用了 Timer 接口,这意味着它在模块代码中必须实现相应的命令和事件,包括接口 StdControl 的 init 命令、start 命令和 stop 命令,接口 Timer 的 fired 事件。在相关函数的代码中又调用了使用接口的命令,例如,在接口 StdControl 的 init 代码中,调用了接口 Leds 的 init 命令,对 LED 发光二极管做初始化。整个应用程序控制红色的 LED 二极管每秒钟闪烁一次。

3) 配置

配置由 configuration 类型定义,下面给出闪灯模块对应的配置定义的例子:

```
configuration Blink{
}
implementation{
  components Main, BlinkM, SingleTimer, LedsC;
  Main.StdControl->SingleTimer.StdControl;
  Main.StdControl->BlinkM.StdControl;
  BlinkM.Timer->SingleTimer.Timer;
  BlinkM.Leds->LedsC;
}
```

配置 Blink 是闪灯应用程序的顶层配置，完成该应用中各个组件的导通操作。在 implementation 中给出了本应用程序涉及的几个组件，包括 Main 组件、BlinkM 组件、SingleTimer 组件和 LedsC 组件。通过"→"操作符实现接口的导通，确定了接口的使用者和提供者的关系，例如，BlinkM. Timer→SingleTimer. Timer 表示组件 SingleTimer 提供 Timer 定时器接口，而组件 BlinkM(实际上是模块)使用 Timer 接口。

5.3.4　应用开发示例：CntToLedsAndRfm

CntToLedsAndRfm 应用程序的功能是保持一个 4Hz 的定时计数器，它将当前的计数值输出到两个输出接口：LEDs 接口和无线通信堆栈，实现节点本地 LEDs 灯的闪烁和计数值发送到其他节点的功能。

nesC 程序的编译器为 ncc，它可以将包含顶层配置的多个组件文件编译为可执行的应用程序。一般而言，TinyOS 应用程序还需要一个标准的 Makefile 文件，以允许进行平台选择和提供在调用 ncc 时需要的某些选项。为实现该应用程序的功能，仅仅需要两个文件：CntToLedsAndRfm. nc 和 Makefile。

1. CntToLedsAndRfm 应用程序

该应用程序仅包含一个顶层配置(在 CntToLedsAndRfm. nc 文件中)，其他用到的都是 TinyOS 提供的系统组件，该顶层配置代码如下：

```
//CntToLedsAndRfm.nc:
configuration CntToLedsAndRfm{
}
implementation{
    components Main, Counter, IntToLeds, IntToRfm, TimerC;
    Main.StdControl→Counter.StdControl;
    Main.StdControl→IntToleds.StdControl;
    Main.StdControl→IntToRfm.StdControl;
    Main.StdControl→TimerC.StdControl;
    Counter.Timer→TimerC.Timer[unique("Timer")];
    IntToLeds→Counter.IntOutput;
    Counter.IntOutput→IntToRfm;
}
```

首先看关键字 configuration，表明这是一个配置文件，文件名为 CntToLedsAndRfm。

配置的实际内容是由跟在关键字 implementation 后面的花括号部分来实现的。components 这一行指定了该配置要用到的所有组件集合,包括 Main、Counter、IntToLeds、IntToRfm 和 TimerC 组件。配置实现的其他部分是将这些使用接口的组件与提供这些接口的其他组件链接起来,即组件的"导通"操作。

值得注意的是,一个接口需求可能会分散到多个实现中去。本例中,Main.StdControl 接口绑定到 Counter、IntToLeds、IntToRfm 以及 TimerC 等组件的 StdControl 上。这些组件从其名称就可以看出其含义,Counter 组件通过接收 Timer.fired() 事件来维持一个计数器;IntToLeds 组件和 IntToRfm 组件提供 IntOutput 接口,该接口有一个命令 output() 和一个事件 outputComplete(),前者带一个 16 位将要输出的数值,后者带一个 result_t 类型的参数。IntToLeds 组件将计数值的低 3 位显示在 LED 上,而 IntToRfm 组件将 16 位数值通过无线通信方式广播出去。

nesC 语言使用箭头(→)来指示和标识接口之间的关系,其意义为"绑定",即左边的接口绑定到右边的实现上。换而言之,使用接口的组件在左边,提供接口的组件在右边。绑定也可以使用隐式的写法,如:

```
IntToLeds←Counter.IntOutput;
Counter.IntOutput→IntToRfm;
```

其实就是:

```
IntToLeds.IntOutput←Counter.IntOutput;
Counter.IntOutput→IntToRfm.IntOrtput;
```

的简写形式。若箭头一边没有指定接口名,则 nesC 编译器默认情况下会尝试与非箭头那一边同名的接口进行绑定。这里需要注意的是,导通箭头既可以从左指向右,亦可反之。总之,箭头总是从使用接口的组件指向提供接口实现的组件。

语句 Counter.Timer→TimerC.Timer[unique("Timer")] 中包含了一种新的语法,称为"参数化接口(parameterized interface)"。参数化接口通过在运行或编译时赋予组件参数来提供一个接口的多个实例。TimerC 组件提供了这么一个接口:

```
provides interface Timer[uint8_t id];
```

表明它可以提供 256 个 Timer 接口的不同实例,每一个实例对应一个 uint8_t 值。本例中,希望 TinyOS 应用程序创建和使用多个定时器,且每个定时器都被独立管理。例如,某个应用程序组件可能需要一个定时器以特定的频率(如每秒一次)来触发事件以收集传感器数据;同时,另外一个组件需要另一个定时器以不同的频率来管理无线传输。这些组件中每个 Timer 接口分别与 TimerC 中提供的 Timer 接口的不同实例绑定起来,这样每个组件就可以有效地获取它自己"私有"的定时器了。使用带参数"Timer"的宏 unique("Timer") 可以保证应用中 Timer 的唯一性,组件使用的定时器不会发生冲突。

下面分别介绍 CntToLedsAndRfm 配置中用到的一些组件。

(1) Counter.nc 组件。Counter.nc 是一个模块,提供了整个功能的具体实现,它实现了计数,同时将当前的计数值输出到 LED 接口和无线通信接口。

(2) TimerC.nc 组件。TimerC.nc 是 Timer 接口的配置文件,提供了 Time 的参数化定义。

(3) IntToRfm.nc 组件。IntToRfm.nc 是一个配置。该组件提供了两个接口:IntOutput

和 StdControl,通过 IntOutput 接口将一个数据值通过无线通信方式广播出去。在该例中,配置 IntToRfm 提供的接口实际上就是与其对应的模块文件 IntToRfmM 中提供的该接口,接口的具体功能在 IntToRfmM 模块中实现。在配置 IntToRfm 的实现代码中有如下两句:

```
IntOutput=IntToRfmM;
StdControl=IntToRfmM;
```

其中,等号"="即表示配置 IntToRfm 提供的 IntOutput 接口"等同于(equivalent to)"模块 IntToRfmM 中提供的相同接口。这样做了之后,这两个组件中的 IntOutput 接口其实就是指同一个东西了。

(4) IntToLeds.nc 组件。IntToLeds.nc 是控制 LED 灯亮、暗的配置文件。通过 IntOutput 接口接收一个计数值,并将其用 LED 灯显示出来,其功能代码在对应的模块文件 IntToLedsM.nc 中实现。接口 IntOutPut 的输出命令 output()的实现如下:

```
command result_t IntOutput.output(unit16_t value)
{
    if(value&1)  call  Leds.redOn();
    else  call  Leds.redOff();
    if(value&2)  call  Leds.greenOn();
    else  call  Leds.greenOff();
    if(value&4)  call Leds.yellowOn();
    else  call  Leds.yellowOff();
    post outputDone();
    return SUCCESS;
}
```

程序根据计数器的值 value 对应的二进制位来控制灯的亮暗,将低 3 位显示在 LED 灯上。其中,红灯对应着最低位,绿灯对应着中位,黄灯对应着最高位。post outputDone()语句表示"布置"任务 outputDone 到调度器的任务队列中,这样可以使 TinyOS 对其调度执行。

2. Makefile 文件

一个 TinyOS 应用程序通常需要一个 Makefile 文件,本例用到的 Makefile 文件内容如下所示:

```
COMPONENT=CntToLedsAndRfm
PFLAGS+=-1%T/lib/Counters
include ../Makerules
```

该 Makefile 文件给出了应用程序的名字为"CntToLedsAndRfm",同时给出了生成可执行文件需要的工作参数,这些参数主要包含在文件 Makerules 中。

思考题

1. 什么是计算机操作系统? 它具有哪些基本功能?
2. 什么是任务? 任务有哪些属性?

3. 任务包含哪些状态？请就状态之间的变迁情况进行描述。

4. 描述几种常见的任务调度算法。

5. 操作系统管理的资源有哪些？

6. 存储管理机制有哪些？

7. μC/OS-Ⅱ的特点有哪些？

8. 简要描述嵌入式 Linux 系统和 Android 系统的区别。

9. 简述 Windows CE 的体系结构以及各层的基本作用。

10. TinyOS 的基本工作原理有哪些？分别加以简要说明。

11. 介绍 nesC 语言的特点以及其应用程序的基本组成模块。

第 6 章　物联网数据处理

物联网的兴起与发展是一场科技革命,它将逐步实现人与人、人与物、物与物的全面互联。物联网把新一代的 IT 技术充分运用到工作和生活的每一个角落,具体来说,物联网中的个体通过感应器来感知信息,然后通过中间传输网来传送信息,最后在数据处理中心进行智能处理和控制。随着物联网技术的广泛应用,我们将面对大量异构的、混杂的、不完整的物联网数据。在物联网的万千终端收集到这些数据后,如何对它们进行处理、分析和使用成为物联网应用的关键。本章对物联网中的后台数据库技术、数据挖掘技术和云计算与海计算技术逐一介绍。

6.1　后台数据库技术

数据库是一项专门研究如何科学地组织和存储数据、如何高效地获取和处理数据的技术。本节将对数据库的基本概念、关系型数据库及 SQL 查询语言作相关介绍。

6.1.1　数据库概述

1. 数据库相关的基本概念

数据(data)是描述事物的符号记录,数字、文本、声音和图像等都是数据。数据有多种表现形式,它们都能数字化后存入计算机,数据是数据库中存储的基本对象。有关数据库的基本概念有如下几个。

1) 数据库

数据库(database,DB)从字面上来看,就是存放数据的仓库,只不过这个仓库是在计算机存储设备上,而且数据是按一定格式存放的。

人们收集并抽取出一个应用所需要的大量数据之后,将其保存起来,以供进一步加工处理、进一步抽取出有用信息。随着信息技术、物联网技术的迅猛发展,数据量和数据的复杂度不断增加,人们需要更好地借助计算机和数据库技术科学地保存和管理大量的复杂数据,以便可以更快捷而充分地利用这些宝贵的信息资源。

所以,严格来讲,数据库是指长期存储在计算机内、有组织的、可共享的大量数据的集合。数据库中的数据按一定的数据模型组织、描述和储存,具有较小的冗余度(redundancy)、较高的数据独立性(independency)和易扩展性(expandability),并可为各种用户共享。

2) 数据库管理系统

数据库管理系统(database management system,DBMS)是位于用户与操作系统之间的一层数据管理软件,它允许用户对数据库中的数据进行操作,并将操作结果以某种格式返回给用户。数据库管理系统和操作系统一样是计算机的基础软件,也是一个大型、复杂的软件系统。

数据的冗余度与独立性

数据冗余度:通俗地讲就是数据的重复度。在一个数据集合中重复的数据称为冗余数据。

数据独立性:数据独立性包括数据的物理独立性和逻辑独立性。

数据库管理系统的主要功能如下:

(1) 数据定义功能。

DBMS 允许使用专门的数据定义语言(data definition language,DDL)建立新的数据库,并说明它的逻辑结构,即模式(schema)。这样,用户可以方便地对数据库中的数据对象进行定义。

(2) 数据组织、存储和管理。

DBMS 要分类组织、存储和管理各种数据,包括数据字典、用户数据、数据的存取路径等,要确定以何种文件结构和存取方式在存储级上组织这些数据,如何实现数据之间的联系。数据组织和存储的基本目标是提高存储空间利用率和方便存取,提供多种存取方法(如索引查找、Hash 查找、顺序查找)来提高存取效率。

(3) 数据操纵功能。

DBMS 允许用户使用专门的数据操纵语言(data manipulation language,DML)进行查询和更新操作,从而实现对数据库的基本操作,如查询、插入、删除和修改等。

(4) 数据库的事务管理和运行管理。

DBMS 在对数据库进行建立、运用和维护时采用统一管理、统一控制,以保证数据的安全性、完整性、多用户对数据的并发使用及发生故障后的系统恢复。

(5) 数据库的建立和维护功能。

具体来说,数据库的建立和维护包括数据库初始数据的输入、转换功能,数据库存储、恢复功能,数据库的重组织功能和性能监视、分析功能等,这些功能通常是由一些实用程序或管理工具完成的。

(6) 其他功能。

DBMS 还具有一些其他功能,例如,DBMS 与网络中其他软件系统的通信功能、一个 DBMS 与另一个 DBMS 或文件系统的数据转换功能、异构数据库之间的互访和互操作的功能等。

事　务

事务(transaction)是访问并可能更新数据库中各种数据项的一个程序执行单元(unit)。事务是恢复和并发控制的基本单位。事务应该具有 4 个属性:原子性、一致性、隔离性、持续性。

3）数据库系统

数据库系统（database system，DBS）是指一个采用数据库技术的计算机存储系统。广义地讲，数据库系统是由计算机硬件、操作系统、数据库管理系统以及在它支持下建立起来的数据库、应用程序、用户和维护人员组成的一个整体。狭义地讲，数据库系统由数据库、数据库管理系统和用户组成。需要指出的是，数据库的建立、使用和维护等工作只靠一个DBMS 远远不够，还需要专门的人员来完成，这些人员被称为数据库管理员（database administrator，DBA）。综上所述，数据库系统可以用图 6-1 表示。在不引起混淆的情况下，常常把数据库系统简称为数据库。

数据库系统在整个计算机系统中的层次结构如图 6-2 所示。

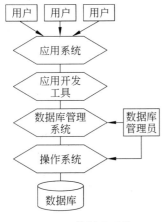

图 6-1　数据库系统

图 6-2　数据库在计算机系统中的层次结构

2. 数据管理技术的产生与发展

数据库技术是应数据管理任务的需要而产生的，数据管理则是对数据进行分类、组织、编码、存储、检索和维护，它是数据处理的中心问题。数据处理是指对各种数据进行收集、存储、加工和传播的一系列活动的总和。

在应用需求的推动下和计算机硬件、软件发展的基础上，数据管理技术经历了人工管理、文件系统、数据库系统 3 个阶段。

1）人工管理阶段

20 世纪 50 年代中期以前，计算机主要用于科学计算。当时的硬件状况是，外存只有纸带、卡片、磁带，而没有磁盘等直接存取的存储设备。软件状况是，没有操作系统，也没有管理数据的专门软件。数据处理方式是批处理。人工管理数据一般不需要将数据长期保存，只是在计算某一课题时将数据输入，用完就撤走。数据需要由应用程序自己设计和管理，没有相应的软件系统负责数据的管理工作。应用程序不仅要规定数据的逻辑结构，而且要设计物理结构，包括存储结构、存取方法和输入方式等，因此，程序员负担很重。数据是面向应用程序的，一组数据只能对应一个程序。在数据的逻辑结构或物理结构发生变化后，必须对应用程序做相应的修改，这就进一步加重了程序员的负担。

2）文件系统阶段

20 世纪 50 年代后期到 60 年代中期，计算机已大量用于数据的管理。硬件方面有了磁盘、磁鼓等直接存取存储设备。在软件方面，操作系统中已经有了专门的管理软件，一般称为文件系统。处理方式有批处理、联机实时处理。

这一阶段,数据由专门的软件即文件系统进行管理,文件系统把数据组织成相互独立的数据文件,利用"按文件名访问,按记录进行存取"的管理技术,可以对文件进行修改、插入和删除操作。文件系统实现了记录内的结构性,但大量文件之间整体无结构。程序和数据之间由文件系统提供存取方法进行转换,使应用程序与数据之间有了一定的独立性,程序员可以不必过多地考虑物理细节,将精力集中于应用程序算法。而且数据在存储上的改变不一定会反映在程序上,这大大节省了维护程序的工作量。

3) 数据库系统阶段

20 世纪 60 年代以来,计算机用于管理的规模更为庞大,数据量急剧增长,硬件已有大容量磁盘,且硬件价格不断下降。而软件价格则不断上升,使得编制、维护软件及应用程序成本相对增加。处理方式上,联机实时处理要求更多,分布处理也在考虑之中。鉴于这种情况,文件系统的数据管理满足不了应用的需求,为解决共享数据的需求,随之从文件系统中分离出了专门的软件系统,即数据库管理系统,用来统一管理数据。

该阶段利用数据库管理系统进行数据管理的结构如图 6-3 所示。数据独立于各相关的应用程序,通过专门的数据管理软件进行管理,应用程序通过数据库管理软件处理相关数据。

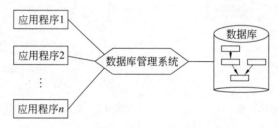

图 6-3　数据库系统中数据管理结构

数据库技术从 20 世纪 60 年代中期产生到现在仅仅 50 余年的历史,但其发展速度之快、使用范围之广是其他技术所不及的。20 世纪 60 年代末出现了最早的数据库——层次数据库,随后在 20 世纪 70 年代出现了网状数据库,在此阶段层次数据库和网状数据库占据了商用市场主流;在 20 世纪 70 年代,同时出现了处于实验阶段的关系数据库,后来,随着计算机硬件性能的改善、关系系统的使用简便,关系数据库系统已逐渐替代了网状数据库和层次数据库,成为当今最流行的商用数据库系统;20 世纪 90 年代,由于计算机应用的需求,数据库技术与面向对象、网络技术相互渗透,对象数据库技术和网络数据库技术得到了深入研究。

3. 数据库系统的特点

数据库是在计算机内按照数据结构来组织、存储和管理大量共享数据的仓库,它可以让各种用户共享,并具有最小冗余度和较高的数据独立性。DBMS 在数据库建立、运用和维护时对数据库进行统一控制,以保证数据的完整性、安全性,并会在多用户同时使用数据库时进行并发控制,在发生故障时对数据库进行恢复。

与人工管理和文件系统相比,数据库系统的特点主要有以下几个方面:

(1) 数据结构化。

数据库系统实现了整体数据的结构化,这是数据库系统的主要特征之一,它是数据库系统与文件系统的本质区别。所谓"整体"结构化是指在数据库中的数据不再仅仅对应于某一个应用,而是面向全组织。不仅数据的内部是结构化的,而且整体是结构化的,数据之间具有联系。

在文件系统中每个文件内部是有结构的,即文件由记录构成,每个记录由若干属性组成。例如,有公交车辆、驾驶员和驾驶员-公交车辆 3 个文件,它们的记录结构如下:

公交车辆文件的记录结构

车辆 ID	路线	车牌号码	入网时间	驾驶员姓名	始发站	终点站

驾驶员文件的记录结构

驾驶员 ID	姓名	性别	年龄	籍贯	驾驶证号	可驾车型

驾驶员-公交车辆文件的记录结构

车辆 ID	驾驶员 ID	驾驶员与车辆关系

在文件系统中,尽管其记录内部已有了某些结构,但记录之间没有联系。公交车辆、驾驶员和驾驶员-公交车辆是独立的 3 个文件,而事实上,这 3 个文件的记录之间是有联系的。在数据库系统中,通过将驾驶员-公交车辆文件中车辆 ID 和驾驶员 ID 定义为外部码,使其取值分别参照公交车辆文件中的车辆 ID 和驾驶员文件中的驾驶员 ID,来实现数据之间的关联。通过数据库系统实现了整体数据的结构化。也就是说,不仅要考虑某个应用的数据结构,还要考虑整个组织的数据结构。

在数据库系统中,不仅数据是整体结构化的,而且存取数据的方式也很灵活,可以存取数据库中的某一个数据项、一组数据项、一个记录或一组记录。而在文件系统中,数据的存取单位是记录,粒度不能细到数据项。

(2) 数据的共享性高、冗余度低、易扩充。

在数据库系统中,数据是从整体角度描述的,不再面向某个应用而是整个系统,因此,数据可以被多个用户、多个应用所共享。数据共享不仅可以很大程度上减少数据冗余、节约存储空间,还能够避免数据之间的不相容性与不一致性。所谓数据的不一致性就是同一数据的不同副本不一致。例如,某个员工联系方式的更改可能在人事管理记录中得到反映,而在系统的其他地方却没有,此时,员工信息出现不一致性。

由于数据是面向整个数据库系统的,是有结构的,它不仅可以被多个应用共享使用,而且容易增加新的应用,这也就使数据库系统的弹性大,易于扩充,可以适应各种用户的要求。可以选取出整体数据中的子集,通过增加或缩减数据子集来满足不同应用的需求。

(3) 数据独立性高。

数据独立性是数据库系统最重要的目标之一,它使数据能独立于应用程序。数据的独立性包括数据的物理独立性和数据的逻辑独立性。

物理独立性是指用户的应用程序与存储在磁盘上的数据库中的数据是相互独立的。即数据在磁盘上怎样存储由 DBMS 管理,用户程序不需要了解,应用程序要处理的只是数据的逻辑结构,这样当数据的物理存储改变时,应用程序不用改变。逻辑独立性是指用户的应用程序与数据库的逻辑结构是相互独立的,即当数据的逻辑结构改变时,用户程序也可以不变。

数据与程序的独立把数据的定义从程序中分离出去,加上数据的存取由 DBMS 负责,从而简化了应用程序的编制,大大减少了应用程序的维护和修改。

(4) 数据由 DBMS 统一管理和控制。

数据库中的共享是并发(concurrency)共享,即多个用户可以同时存取数据库中的数据甚至可以同时存取数据库中的同一个数据。为此,DBMS 必须提供一定的数据控制功能,包括数据的安全性(security)保护、数据的完整性(integrity)保护、并发(concurrency)控制和数据恢复(recovery)等。

4. 数据模型

数据库系统的核心与基础是数据模型(data model),数据模型是一个描述数据、数据联系、数据语言以及一致性约束的概念工具的集合,它是对现实世界数据特征的抽象。现实世界中对客观对象的抽象过程如图 6-4 所示。

针对不同的使用对象和应用目的,在不同的开发和设计阶段,数据库系统采用不同的数据模型。一般地,在开发实施数据库应用系统时需要使用到以下 3 个模型:概念模型、逻辑模型和物理模型。

概念模型(conceptual model)也称为信息模型,它主要用于数据库设计,按照用户的观点来对数据和信息建模。逻辑模型在逻辑层描述数据库的设计,主要包括层次模型(hierarchical model)、网状模型(network model)、关系模型(relational model)、面向对象模型(object oriented model)和对象关系模型(object relational model)等。这是按计算机系统的观点对数据建模,主要用于 DBMS 的实现。物理模型则在物理层描述了数据库的设计,是对数据最低层的抽象,它描述的数据是面向计算机系统的,比如,在系统内部的表示与存取方法、在磁盘或磁带上的存储与存取方法等。物理模型的具体实现是 DBMS 的任务,这是数据库设计人员所需了解的,一般用户则不必考虑物理细节。

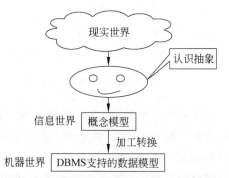

图 6-4 现实世界中客观对象的抽象过程

6.1.2 关系型数据库

关系数据库(relational database,RDB)是基于关系数据模型的数据库系统。本小节将介绍关系数据库的有关内容,主要包括关系数据库的研究与发展历程、关系数据库的基本概念,即关系模型的数据结构、关系操作和关系的完整性。

1. 关系数据库的研究与发展历程

1970 年,IBM 公司圣何塞研究中心的研究员 E. F. Codd(关系数据库之父,如图 6-5 所示)发表了著名的论文 *A Relational Model of Data for Large Shared Data Banks*(大型共享数据库的关系数据模型),开创了数据库系统的新局面。在该论文中,E. F. Codd 提出了关系数据模型的概念,即数据库管理系统应该将数据组织成二维表(也称为关系)的形式呈现给用户。开发人员使用关系数据模型,而不必关心数据的存储结构,并可以使用高级语言来描述其查询。这样可以大大提高数据库应用系统开发人员的工作效率。因其在数据库管理系统理论和实践方面的杰出贡献,E. F. Codd 于 1981 年获得计算机领域的最高

图 6-5 E.F.Codd

奖——图灵奖。

关系数据库以表的形式将数据提供给用户,且所有的数据库操作都是利用已保存在数据库中的表来产生新的表。关系数据库模型的主要特点如下:

(1) 关系模型的概念单一,实体以及实体之间的联系都用关系来表示。

(2) 以关系代数为基础,易于形式化表示。

(3) 数据独立性强,数据的物理存储和存取路径对用户隐藏。

(4) 关系数据库语言是非过程化的,这样可以将用户从通过编程一步一步引导查询操作执行的过程中解脱出来,大大降低了用户编程的难度。

关系数据库的发展历程可以分为 3 个阶段。

第一阶段从 20 世纪 70 年代初期 E. F. Codd 提出关系模型开始。这一阶段奠定了关系模型的理论基础,人们研究了关系数据库语言,并开发出了关系数据库管理系统的一些原型。其中,IBM 公司的 System R 和加州大学伯克利分校的 Ingres 等为这一时期的代表。

第二阶段从 20 世纪 70 年代后期开始,是关系数据库的应用阶段。这一时期从理论上解决了诸如查询优化、并发控制、完整性机制和故障恢复等一系列重大技术问题,从而使得关系数据库走向实用化和商业化。在这期间出现了比较典型的商业关系数据库管理系统如 Oracle、DB2 和 Informix 等。

第三阶段从 20 世纪 80 年代开始,自那时以来,分布式关系数据库系统成为数据库研究的重点,并且日趋成熟。目前,几乎所有主流的 DBMS 产品都支持分布式。这个时期的代表产品有 Oracle、Informix、DB2 和 SQL Server 等。

现在大多数商业 DBMS 已经开始提供面向对象的开发和应用,但它们依然是基于关系模型的。

2. 关系数据库的基本概念

1) 关系数据结构

关系模型的数据结构非常简单,只包含单一的数据结构——关系(relation)。它为人们提供了一种二维表的方法来描述数据,关系模型的中心概念为关系,一个关系由模式和模式的实例两部分构成。下面介绍关系模型中常涉及的概念。

(1) 关系实例。

关系实例就是指由行和列组成的表,一般人们就用"关系"来代表关系实例。

表 6-1 是一个学生的关系实例。

表 6-1　关系实例(学生 Student)

学生 ID	姓名	性别	年龄	所　在　系
001	张三	男	18	IS(信息系)
002	李四	女	19	MA(数学系)
003	王五	男	20	CS(计算机科学系)
004	李晨	男	19	IS(信息系)

(2) 属性。

关系表中的列称为属性,其中,表的第一行是属性名,其余各行是相应的属性值。表 6-1 中有学生 ID、姓名、性别、年龄和所在系 5 个属性。名称、类型和长度三者构成了属性的内容。

（3）域。

域是一组具有相同数据类型的值的集合。关系表中属性的取值范围就称为域，例如，属性"性别"的域为"男"和"女"两个值。

（4）元组。

关系表中的行称为元组或记录。例如，在表 6-1 中有 4 个元组。一般地，任意两个元组不能完全相同。所有元组的集合就是关系表本身。

（5）分量。

元组中的每一个属性的值称为元组的一个分量。例如，元组（001，张三，男，18，IS）有 5 个分量，对应"所在系"的分量是"IS"。对于同一属性，分量应该是同一类型的数据，即来自同一个域，且每一个分量都必须是不可再分的数据项。

（6）候选码。

如果关系中的某一属性组的值能唯一地标识一个元组，则称该属性为候选码。一个关系可以有多个候选码。在最简单的情况下，候选码只包含一个属性。而在极端情况下，所有属性都是候选码，此时称为全码。

（7）主码。

当一个关系中有多个候选码时，则从中选择一个候选码作为主码。对于一个关系，只能有一个主码。主码是能辨识记录的最小属性组。例如，对于关系"学生"中学生 ID 可以作为主码。

（8）主属性和非主属性。

包含在候选码中的属性称为主属性，其他的为非主属性。

（9）关系模式。

关系名和其属性集合的组合称为关系模式。设关系名为 R，其属性分别为 a_1、a_2 和 a_3，则关系模式可以表示为 $R(a_1, a_2, a_3)$。表 6-1 的关系模式可表示为学生（学生 ID，姓名，性别，年龄，所在系）。关系模式只是对数据特性的描述，因此，可以将关系模式理解为一个数据类型。这样，关系实例就是一个具体的值。

2）关系操作

关系模型给出了关系操作能力的说明，但不对 RDBMS 语言给出具体的语法要求，也就是说，不同的 RDBMS 可以定义和开发不同的语言来实现这些操作。

关系模型中常用的关系操作有查询（Query）操作和插入（Insert）、删除（Delete）及修改（Update）操作两大类。关系的查询表达能力很强，是关系操作中最主要的部分。查询操作又可以分为并、差、交、笛卡儿积、投影、选择、连接（Join）和除（Divide）等。

关系操作的特点是集合操作方式，即操作的对象和结果都是集合，这种操作方式也称为一次一集合（set-at-time）方式。下面介绍几个主要的查询操作。

（1）并（Union）。

关系 R 与关系 S 各有 n 个属性，且相应的属性值取自同一个域（以下均为此条件），则关系 R 与关系 S 的并记作 $R \cup S = \{t \mid t \in R \vee t \in S\}$，其结果仍为 n 个属性，由属于 R 或属于 S 的元组组成。

【例 6.1】 设有如表 6-2 所示的关系 R 和如表 6-3 所示的关系 S，求它们的并集。关系 R 和 S 并运算的结果如表 6-4 所示。（Sno 表示学号，Cno 表示课程号，Grade 表示成绩。）

表 6-2 关系 R

Sno	Cno	Grade
001	C01	88
002	C01	84
003	C02	90

表 6-3 关系 S

Sno	Cno	Grade
001	C01	88
004	C02	87

表 6-4 并运算 R∪S

Sno	Cno	Grade	Sno	Cno	Grade
001	C01	88	003	C02	90
002	C01	84	004	C02	87

（2）差（Except）。

关系 R 与关系 S 的差记作 R−S＝{t|t∈R∧t∉S}，其结果关系仍为 n 个属性，由属于 R 而不属于 S 的所有元组组成。

【例 6.2】 设有如表 6-2 和表 6-3 所示的两个关系 R 和 S，求它们的差集。对关系 R 和关系 S 的差集运算结果如表 6-5 所示。

（3）交（Intersection）。

关系 R 与关系 S 的交记作 R∩S＝{t|t∈R∧t∈S}，其结果关系仍为 n 个属性，由既属于 R 又属于 S 的所有元组组成。关系的并、差运算是基本运算，即它们是不能用其他运算表达的运算，而交运算为非基本运算，关系的交可由如下所示的差运算来表示：

$$R \cap S = R - (R - S)$$

【例 6.3】 设有如表 6-2 和表 6-3 所示的两个关系 R 和 S，求它们的交集。对关系 R 和关系 S 进行交运算的结果如表 6-6 所示。

表 6-5 差运算 R−S

Sno	Cno	Grade
002	C01	84
003	C02	90

表 6-6 交运算 R∩S

Sno	Cno	Grade
001	C01	88

（4）笛卡儿积（Cartesian Product）。

假设关系 R 和关系 S 的元组分别具有 n 列和 m 列，则关系 R 和 S 的笛卡儿积是一个 $n+m$ 列元组的集合，所得元组的前 n 列是关系 R 的一个元组，后 m 列是关系 S 的一个元组。若 R 有 k_1 个元组，S 有 k_2 个元组，则关系 R 和关系 S 的笛卡儿积有 $k_1 \times k_2$ 个元组。记作 R×S＝{t|t=(t_n,t_m),t_n∈R∧t_m∈S}，其中(t_n,t_m)=(R_1,…,R_n,S_1,…,S_m)。

如果关系 R 和 S 具有相同属性名，通常需要至少将一个属性名更改为不同的名字。为了使意义更清楚，如果属性 A 在 R 和 S 中都出现，则结果关系模式中分别使用 R.A 和 S.A 表示来自 R 和 S 的属性。

【例 6.4】 设有如表 6-2 和表 6-3 所示的两个关系 R 和 S，求它们的笛卡儿积。对关系 R 和关系 S 进行广义笛卡儿积运算的结果如表 6-7 所示。

表 6-7　关系 R 和关系 S 的笛卡儿积 R×S

R. Sno	R. Cno	R. Grade	S. Sno	S. Cno	S. Grade
001	C01	88	001	C01	88
001	C01	88	004	C02	87
002	C01	84	001	C01	88
002	C01	84	004	C02	87
003	C01	90	001	C01	88
003	C01	90	004	C02	87

（5）投影（Project）。

关系 R 上的投影运算就是从 R 中选择若干个属性列形成新的关系，即对关系 R 进行垂直分割，获取一个可能包含有重复行的表，然后删去重复的元组，形成新的关系，其结果关系是列的子集，记作 $\pi_A = \{t[A] \mid t \in R\}$，其中，A 为 R 关系属性集的子集。

【例 6.5】　对于关系 Student（如表 6-8 所示），查询学生的姓名和所在系，即求 Student 关系上 Sname（姓名）和 Sdept（所在系）两个属性上的投影。生成新关系的表达式为 $\pi_{Sname, Sdept}$（Student），其运算结果如表 6-9 所示。

表 6-8　关系 Student

Sno	Sname	Ssex	Sage	Sdept
001	李勇	男	20	CS
002	刘晨	女	19	IS
003	王敏	女	18	MA
004	张立	女	19	IS

表 6-9　$\pi_{Sname, Sdept}$（Student）

Sname	Sdept
李勇	CS
刘晨	IS
王敏	MA
张立	IS

（6）选择（Select）。

选择又称为限制。关系 R 上的选择运算就是在关系 R 中选择满足给定条件的元组，也就是其结果关系是行的子集，记作 $\sigma_F = \{t \mid t \in R \wedge F(t) = $ "真"$\}$。其中，F 是一个逻辑表达式，取逻辑值"真"或"假"。逻辑表达式 F 的基本形式为 $X_1 \theta X_2$，θ 表示比较运算符，可以是 $>$、$\geqslant$、$<$、$\leqslant$、$=$ 或 $\neq$，X_1 和 X_2 表示属性名、常量或简单函数。

【例 6.6】　从表 6-8 所示的关系 Student 中查询年龄小于 20 岁的学生。实现该查询的表达式为 $\sigma_{Sage<20}$（Student），运算结果如表 6-10 所示。

表 6-10　$\sigma_{Sage<20}$（Student）

Sno	Sname	Ssex	Sage	Sdept	Sno	Sname	Ssex	Sage	Sdept
002	刘晨	女	19	IS	004	张立	女	19	IS
003	王敏	女	18	MA					

其他两种复杂的关系运算（连接、除）在这里不作介绍，有兴趣的读者可以查阅相关数据库教程。

6.1.3　结构化查询语言

结构化查询语言(structured query language,SQL)是关系数据库的标准语言,它具有通用、功能性强等优点,而且它的功能不仅仅局限于查询。目前,几乎所有的关系数据库管理系统软件都支持 SQL,并有许多厂商对 SQL 基本命令进行了不同程度的改善与扩充。

本小节主要介绍标准 SQL 语言发展的历史、SQL 语言的特点和 SQL 语言的主要用法。

1. SQL 语言的发展历史

在 20 世纪 70 年代初,E. F. Codd 首先提出了关系模型。到了 70 年代中期,IBM 公司在研制 System R 关系数据管理系统时研究设计了 SQL 语言。最早的 SQL 语言公布在 1976 年 11 月的 IBM Journal of R&D 上。

1979 年,Oracle 公司首先提供商用的 SQL 语言,同时,IBM 公司在 DB2 和 SQL/DS 数据库系统中也实现了 SQL。1986 年 10 月,美国 ANSI 组织采用 SQL 作为关系数据库管理系统的标准语言,后被国际标准化组织(ISO)采纳为国际标准。值得指出的是,在 1999 年发布的 SQL 99 标准中增加了面向对象的功能,随后,SQL 标准不断改进,比如,SQL 2003 版支持 XML、Window 函数和 Merge 语句等,SQL 2006 版增强了 XML 对数据处理的能力,SQL 2008 增加了数据集成功能,改进了分析服务,集成了 Office 等。

由于 SQL 语言简单易学、功能丰富,深受用户及业界的欢迎与推崇。当前主流的数据库管理系统,如 Oracle、MySQL、SQL Server 等,都是基于 SQL 语言的。

2. SQL 语言的主要特点

SQL 是一个关系数据库语言,它的操作对象是以表的形式存放在关系数据库系统中的数据。SQL 语言虽然名为"语言",但其本身并不是一个完整的编程语言,比如,它不支持程序的流程控制等。因此,SQL 语言需要和其他编程语言结合起来用。SQL 语言的主要特点如下:

(1)综合统一。

SQL 语言集数据查询(data query)、数据操纵(data manipulation)、数据定义(data definition)和数据控制(data control)功能于一体,为数据库应用系统的开发提供了良好的环境。

(2)高度非过程化。

当面向过程化语言需要进行某项操作(例如,查询)时,必须指定存取路径。而对于 SQL 语言,用户只需提出"做什么",而不必指明"怎么做",也就是说,用户无须了解存取路径,SQL 语句的执行过程由系统自动完成。这种操作方式不仅大大减轻了用户负担,而且有利于提高数据的独立性。

(3)面向集合的操作方式。

非关系数据模型采用的是面向记录的操作方式,操作对象是一条记录。而 SQL 采用集合操作方式,不仅操作对象和查询结果都是记录的集合,而且插入、删除及更新操作的对象也可以是记录的集合。

（4）以同一种语法结构提供两种使用方式。

SQL既是独立的语言，又是嵌入式语言。作为独立性语言，它允许独立地联机交互，即用户可以在终端键盘上直接输入SQL命令对数据库进行操作。作为嵌入式语言，SQL语句允许嵌入到诸如C、C++、Java等高级程序语言中。独立性语言适用于终端用户、应用程序员及数据库管理人员；而嵌入式语言主要供程序员设计程序时使用。在两种不同的使用方式下，SQL的语法结构基本上是一致的。

（5）语言简洁，易学易用。

SQL的语法简单、功能极强，且易学易用。它只用9个动词（CREATE、ALTER、DROP、SELECT、INSERT、UPDATE、DELETE、GRANT和REVOKE）就可以完成数据定义、数据操纵及数据控制等核心的功能。

3. SQL的基本概念

支持SQL的关系数据库管理系统都支持数据库的三级模式（schema）结构，该结构如图6-6所示。

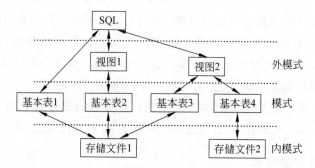

图6-6　数据库三级模式结构

其中，外模式对应于视图（view）和部分基本表（base table）；模式对应于基本表；内模式对应于存储文件（stored file）。基本表和视图都是关系表达形式，用户可以用SQL语言对它们进行查询或其他操作。基本表是本身独立存在的表，在SQL中一个关系就对应一个基本表。一个（或多个）基本表对应一个存储文件，一个表可以带若干索引，索引也是存放在存储文件中的。存储文件的逻辑结构形成了关系数据库的内模式。存储文件的物理结构是任意的，对用户透明。视图是从一个或几个基本表导出的表，它本身在数据库中不独立存储，即数据库中只存放视图的定义而不存放视图对应的数据，这些数据仍存放在视图的基本表中，因此，视图是一个虚表。在概念上，视图与基本表等同，用户可以在视图上再定义视图。

数据库中表由不同的属性（列）组成，属性由名称、类型和长度等来描述。因此，在定义表的结构时，应该为每个属性指定一个确定的数据类型。常见的SQL数据类型有数值型、字符型、日期时间型和布尔型，使用最多的数据类型是字符型和数据型。需要说明的是，不同的数据库管理系统支持的数据类型并不完全相同。

4. SQL的操作

关系数据库系统支持模式、外模式和内模式的三级模式结构，它们操作的基本对象包括表（table）、视图（view）和索引（index），因此，SQL的数据定义功能包括模式定义、表定义、视图和索引定义。与表和视图相关的一些 SQL 操作如下。

1）建立表

SQL 中使用 CREATE TABLE 语句来定义表。一种简化的定义格式如下：

```
CREATE TABLE <表名>(<列名><数据类型>
                [,<列名><数据类型>]);
```

表名指所要定义表（也可理解为关系）的名字；列名指关系的属性名；数据类型是对应属性列的域。在定义表时，要注意列名与数据类型之间要用空格分开。

【例 6.7】　利用 SQL 语言建立学生表 Student(Sno，Sname，Ssex，Sage，Sdept)。

完成上述要求的 SQL 语句如下：

```
CREATE TABLE Student
  (Sno CHAR(8)
   Sname CHAR(20)
   Ssex CHAR(2),
   Sage INT,
   Sdept CHAR(20)
  );
```

2）建立视图

在 SQL 语言中，使用 CREATE VIEW 语句来建立视图。格式如下：

```
CREATE VIEW <视图名>[(<列名>[,<列名>,…])]
                [AS <SELECT 查询子句>];
```

其中，视图名指定要创建视图的名字；列名指定创建视图包含的属性列，对于多属性列之间要用逗号隔开；视图定义中的 SELECT 查询子句是对基本表或其他视图进行查询，获得视图所需要的数据。

【例 6.8】　建立计算机系学生的视图。

```
CREATE VIEW cs_Student
AS SELECT Sno,Sname,Sage
    From Student
    WHERE Sdept='CS';
```

本例中省略了视图 cs_Student 的列名，因此隐含使用 SELECT 查询子句中的 3 个列名。RDBMS 执行 CREATE VIEW 语句的结果只是把视图的定义存入数据字典，并不执行其中的 SELECT 语句。只有当对视图查询时才按视图的定义从基本表中将数据查出。

3）数据查询

SQL 的查询功能是关系数据库的核心操作，它提供了 SELECT 语句进行数据库查询，该语句使用方式灵活、功能丰富。SELECT 语句的格式如下：

```
SELECT [ALL|DISTINCT] <目标属性列组>
FROM <表名或视图名>
[WHERE <条件表达式>]
[GROUP BY <列名 1>[HAVING<条件表达式>]]
```

[ORDER BY <列名 2>[ASC|DESC]];

整个 SELECT 语句的含义是：根据 WHERE 子句的条件表达式，从 FROM 子句指定的基本表或视图中找出满足条件的元组，再按照 SELECT 子句中的目标属性列组选出元组中的属性值形成最终的表。GROUP BY 子句指定将查询结果按某一列或多列的值分组，即属性列值相等的元组为一组，HAVING 子句指定分组必须满足的条件，作用于分组计算结果集；ORDER BY 子句根据指定属性对查询结果进行排序，ASC 表示按属性列值的升序排序，而 DESC 则表示按降序排列。

【例 6.9】 查询全体学生的学号与姓名。

```
SELECT Sno,Sname
From Student;
```

【例 6.10】 查询所有计算机系(CS)和数学系(MA)学生的姓名和性别。

```
SELECT Sname,Ssex
FROM Student
WHERE Sdept IN ('CS', 'MA');
```

【例 6.11】 查询选修课程号为"C01"的学生的姓名和所在系。

```
SELECT Sname, Sdept
From Student, R
WHERE Cno='C01' AND R.Sno= Student.Sno;
```

该例子在 SQL 语句中实现了关系代数中的交运算，产生了用户需要的新的关系表，这里的查询操作涉及两个表：Student 和 R，即进行的是连接查询，这是关系数据库中最主要的一种查询。

4）数据更新

在 SQL 语言中，可以通过 INSERT INTO 语句实现数据插入。插入单条记录的 INSERT 语句格式如下：

```
INSERT INTO <表名>(<列名 1>[,<列名 2>…])
VALUES (<常量 1>[,<常量 2>]…);
```

如果某些属性列在 INTO 子句中没有出现，则新插入的记录在这些列上将为空值；如果 INTO 子句中没有指明任何列名，则新插入的记录必须在每个属性列上均有值；VALUES 子句值的排列顺序必须与列名表中列名的排列顺序一致而且个数相等。

【例 6.12】 将一个新学生记录(005,赵燕,女,18,IS)插入 Student 表中。

```
INSERT INTO Student (Sno, Sname, Ssex, Sage, Sdept)
VALUES ('005', '赵燕', '女', '18', 'IS')
```

在 SQL 语言中，使用 UPDATE 语句来完成数据的修改，格式如下：

```
UPDATE <表名>
SET <列名 1>=<表达式 1>[,<列名 2>=<表达式 2>]…
[WHERE <条件表达式>];
```

该语句的功能是修改指定表中满足 WHERE 子句条件的元组，如果省略了 WHERE

子句,则表示要修改表中所有元组。SET 子句指定用<表达式>的值取代相应的属性列值。

【例 6.13】 将学号为'002'的学生的年龄改为 21 岁。

```
UPDATE Student
SET Sage=21
WHRER Sno='002';
```

6.2 资源受限网络的分级数据融合

无线传感器网络是一种资源受限的网络,节点仅提供了有限的计算能力、通信能力和供电能力,而且在这种网络中节点过多、分布较广。传感器网络可以根据节点间距离的远近划分成簇(clustering),而基于簇的分层结构具有天然的分布式处理能力,这样可以提高受限网络的资源利用率和数据处理的效率。本节主要介绍 WSN 中的节点分簇控制、簇内数据融合及分布式数据存储与处理。

6.2.1 节点的分簇控制

1. 分簇的网络结构

无线传感器网络是由部署在监测区域内大量的廉价传感器节点组成,这些传感器节点性能受限、密度高,且网络拓扑结构变化频繁。随着无线传感器网络自组网规模的扩大,节点链路处理开销不断加大,网络对事件的响应速度变慢,我们可以通过传感器网络的节点分簇控制机制来解决这些问题。

分簇是指将传感器网络中一定区域内的节点组成称为簇(cluster)的控制单元,每个簇成员(cluster member)都把自己感知的数据传输给簇头(cluster head)。簇头是一个分布式处理中心,即无线传感器网络中的一个汇聚节点,簇头作为小规模范围内的节点控制者,它负责收集和协调簇内节点监测到的数据,再传输给基站(base-station)。传感器网络典型的两级分簇结构如图 6-7 所示。

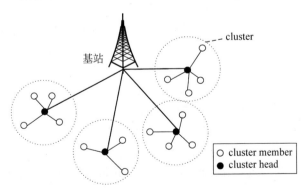

图 6-7 传感网两级分簇结构

在这种网络结构中,传感器网络是由多个簇构成的,每个簇包括簇头和成员两种类型的节点。处在同一簇内的簇头和成员节点共同维护所在簇的路由信息,簇头节点负责所管辖簇内数据信息的压缩和融合处理,并与基站交换信息。图示的两级分簇结构适用于小规模传感器网络,如果网络规模较大,需要在多个簇头节点之间转发(forward)消息,最终把数据传输到基站,这时涉及传感器网络的路由(routing)问题,即按照什么规则寻找下一跳节点。传感器网络的路由问题本教材不作讨论,感兴趣的读者可以查阅相关的无线传感器网络教材。

2. 节点分簇控制的优点

传感器网络的每个节点如果都要维护网络的数据信息和通信信息,则需要节点有较大的存储空间和较多的能量资源,不利于延长传感器网络应用的生命期。因此,一个行之有效的方法是将这些信息限制在簇的内部,通过分簇操作减少节点的通信开销和存储开销,降低节点能量损耗,从而延长整个网络的生存时间。分簇网络结构的主要优点如下:

(1) 采用层次结构后,簇内成员节点只需要与所属簇的簇头通信,而簇头只需要和其他簇头交换路由信息,因此可以降低传感器网络路由协议的复杂度,减少节点路由表项的数目,同时,路由维护开销也随之降低且具有较好的可扩展性,更加适合于大规模 WSN 的应用场景。

(2) 在满足一定约束条件情况下,例如,覆盖范围与采样精度要求等,簇内成员节点可以在某些时间段内关闭无线通信模块,从而大幅度减少节点空闲等待时的能量消耗。

(3) 在簇内部,簇内成员节点采集到的数据通常具有较大的相关性,因此,簇头节点可以采用数据融合算法,对来自不同簇内成员的数据进行融合在保证一定信息质量的情况下减少簇间数据通信量,可以降低簇间数据转发的能量开销。

3. 典型分簇控制算法

针对不同的设计目标和应用环境,目前已经出现了大量传感器网络分簇算法。根据不同的分类标准,分簇控制算法可以有多种分类方法,例如,以簇形成是否存在集中控制,可划分为集中式算法、分布式算法;以是否需要预先获得节点位置信息,可划分为基于地理位置的算法、不基于地理位置的算法;以每次分簇是否存在一个确定的结果,可划分为确定性分簇算法和随机性分簇算法等。在这些算法中,LEACH 是分布式、无需地理位置的随机分簇控制算法,下面对 LEACH 算法作简单介绍。

LEACH(low-energy adaptive clustering hierarchy)是无线传感器网络中最早提出的且具有代表性的分簇算法,它使用随机轮转在传感器节点间平均分配能量负载。该算法工作的假设条件是传感器网络中的节点发射功率足够大,任何节点都可以一跳到达基站,所有节点在网内的地位是一样的。

LEACH 算法把时间分成很多轮(round),轮的周期固定,每轮从簇建立阶段开始,这个阶段形成簇,其后是稳定工作阶段,这个阶段传输数据到基站。一定时间后进入下一轮重新开始前面分簇、数据传输的工作。LEACH 算法的工作过程如图 6-8 所示。为了最小化开销,稳定阶段的时间比簇建立阶段的时间长很多。

LEACH 算法在一轮中的工作大致分为两步: 成簇阶段和数据传输阶段。

1) 成簇阶段

当需要建立簇时,每个节点自组织地决定在当前轮中自己是否成为簇头,这个决定基于传感器网络预设的簇头比例(该值预先确定)和当前轮数。节点 n 通过产生一个在 0 和 1 之

图 6-8　LEACH 算法的过程

间的随机数来做决定,如果这个数小于阀值 $T(n)$,该节点成为这一轮的其中一个簇头,阀值 $T(n)$ 如公式(6-1)所示。

$$T(n) = \begin{cases} \dfrac{P}{1 - P * \left(r \bmod \dfrac{1}{p} \right)} & if \ n \in G \\ 0 & 其他 \end{cases} \qquad (6\text{-}1)$$

其中,P:预先确定的簇头占总节点数的比值,例如,可取值 0.05。

r:当前轮数。

G:在过去的 $r-1$ 轮中尚未当选簇头的节点集合。

每个自我选举成为当前轮的簇头的节点广播公告信息给其余节点,在广播"簇头公告信息"时,簇头使用 CSMA MAC 协议,并且所有簇头节点用同样的发送能量发送它们各自的公告信息。在这段时间,非簇头节点必须打开接收设备,收听所有簇头节点的公告,这段时间过后,每个非簇头节点根据收到的公告的信号强弱决定这一轮加入哪个簇。在通信链路对称的情况下,普通节点以收到的簇头公告的信号最强的簇头为自己所加入簇的簇头,此时,仅需最少的发送能量就能与该簇头通信。

在每个节点决定加入选定的簇后,它必须通知对应的簇头节点将其设置为簇内成员,每个节点同样用 CSMA MAC 协议把这个信息发回给簇头,在这段时间,所有簇头节点必须打开接收设备。簇头节点接收到所有想加入该簇的节点消息后,簇头节点基于簇内节点的数量建立 TDMA 调度方案,告诉每个簇内节点什么时候可以发送消息,这个调度信息被广播给簇内节点。至此,成簇阶段结束。图 6-9 给出了 LEACH 协议某两轮成簇的网络结构。

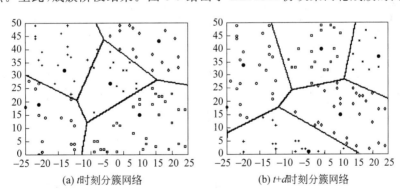

(a) t 时刻分簇网络　　　　　(b) $t+d$ 时刻分簇网络

图 6-9　某两轮 LEACH 协议生成的分簇网络结构

2)数据传输阶段

在数据传输阶段,簇内成员节点根据分配给自己的 TDMA 时间向簇头发送自己的感知数据,而在其他时刻可以进入休眠状态,从而节省能量。同时,为了避免相邻簇内节点的通信干扰,各个簇之间都采用不同的 CDMA 码片。当簇头节点接收到数据后,进行簇内数据融合等处理,再把数据以 CSMA/CA 方式传输给基站。

4. 基于分簇的无线传感器网络应用系统

图 6-10 给出了基于分簇的无线传感器网络应用系统。该网络系统是采用 IEEE 802.15.4 技术标准和 ZigBee 网络协议设计的,利用 GSM/GPRS 网络进行数据通信。它是由大量低速率、低成本的无线传感器节点、基站和 GSM/GPRS 数据传输模块组成的分布式系统,各节点只需要很少的能量,适于电池长期供电,可实现一点对多点、两点间对等通信。为了减少网络整体能耗、提高传感器节点寿命,传感器网络采用了两层分簇结构,且簇头之间多跳数据传输。

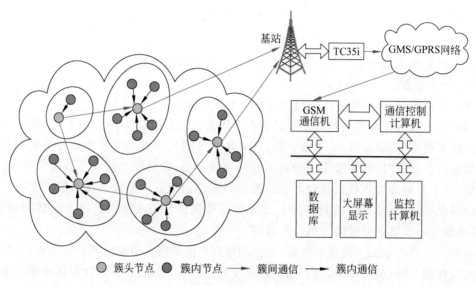

图 6-10　分簇结构以及簇内与簇间的数据流向

这种基于簇的分层结构具有天然的分布式处理能力。无线传感器网络中,网络节点被划分为若干个簇,每个簇通常由一个簇头节点和多个簇内成员节点组成,成员节点负责对数据的感知和处理,但只与簇头节点通信。簇头与簇头之间通过 ZigBee 技术实现无线的信息交换,构成高一级的虚拟骨干网络,簇头负责簇内数据融合和簇间数据转发。因为簇头节点的能量消耗较大,通常采用周期性动态选择簇头节点的方法,例如,采用类似 LEACH 的方法,以均衡网络中节点能量的消耗。基站通过串口与 TC35i GSM/GPRS 模块相连,再经由 GSM/GPRS 网络把数据传输到后端监控计算机。

GSM 和 GPRS

GSM(global system for mobile communications),中文为全球移动通信系统,俗称"全球通",是第二代移动通信技术,其开发目的是让全球各地可以共同使用一个移动电话网络标准,让用户使用一部手机就能行遍全球。

GPRS(general packet radio service)是一种以全球手机系统(GSM)为基础的数据传输技术,可以说是 GSM 的延续。GPRS 和以往连续在频道传输的方式不同,是以封包(packet)的方式来传输,因此,使用者所负担的费用是以其传输资料单位计算,并非使用其整个频道,理论上较为便宜。

6.2.2　簇内数据融合

数据融合的概念始于 20 世纪 70 年代初期,在 20 世纪 80 年代得到了长足发展,近几年来数据融合技术已经引起世界范围内的普遍关注,且在一些重大研究项目上取得了突破性进展,不少数据融合技术的研究成果和实用系统已在 1991 年的海湾战争中得到实战验证,取得了理想效果。

1. 数据融合的原理与方法

多传感器数据融合的工作原理就像人脑综合处理信息一样,充分利用多个传感器资源,通过对多传感器及其观测信息的合理支配和使用,把多传感器在空间或时间上冗余或互补信息依据某种准则来进行组合,从而获得被测对象的一致性解释或描述。具体地说,多传感器数据融合的工作过程如下:

(1) 对 n 个不同的传感器收集观测目标的数据。

(2) 对传感器的输出数据进行特征提取和变换,得到相应的特征矢量。这些数据可能是离散的或连续的时间函数数据、输出矢量、成像数据或一个直接的属性说明。

(3) 对特征矢量进行模式识别和处理,完成各传感器关于目标的说明,用到的识别方法可以是聚类算法、自适应神经网络方法,或者其他能将特征矢量变换成目标属性判决的统计模式识别法等。

(4) 将各传感器关于目标的说明数据按同一目标进行分组。

(5) 利用融合算法将每一目标的各传感器数据进行合成,得到该目标的一致性解释与描述。

利用多个传感器获取关于对象和环境全面完整的信息的关键主要在于融合算法,因此,多传感器融合系统的核心问题是如何选择合适的融合算法。对于多传感器系统来说,信息具有多样性和复杂性,信息融合方法的基本要求是要具有鲁棒性和并行处理能力、融合方法的运算速度和精度、与前期预处理系统和后续信息识别系统的接口性能以及对信息样本的要求等。一般情况下,基于非线性的数学方法,如果它具有容错性、自适应性、联想记忆和并行处理能力,则都可以用来作为数据融合方法。目前,在不少应用领域根据各自的具体应用背景,已经提出了许多成熟并且有效的融合方法,这些多传感器数据融合的方法可以概括为随机和人工智能两大类。随机方法有加权平均法、卡尔曼滤波法、多贝叶斯估计法、Dempster-Shafer(D-S)证据推理、产生式规则等。人工智能方法包括模糊逻辑理论、神经网络、粗糙集理论、专家系统等。

2. 数据融合分类

按照不同的分类标准,数据融合可以有多种不同的分类方法。根据数据进行融合操作前后的信息量来分,可以将数据融合分为无损融合(lossless aggregation)和有损融合(lossy aggregation);根据数据融合与应用层数据语义之间的关系来划分,可以将数据融合分为依赖于应用的数据融合和独立于应用的数据融合;根据融合操作的级别划分,可以将数据融合分为数据级融合、特征级融合和决策级融合 3 类。

1) 无损融合和有损融合

在无损融合中,所有的细节信息均被保留,此类融合的常见方法是剔除信息中的冗余部分。根据信息理论,无损融合中,信息量整体缩减的大小受到其熵值的限制。

例如,将多个数据分组打包成一个"大的"数据分组,而不改变各个分组所携带的数据内容的方法就属于无损融合。这种方法只是缩减了分组头部的传输控制开销,而保留了各个分组的全部数据信息。

时间戳融合是无损融合的另一个例子。在传感器网络远程监控应用中,传感器节点汇报的内容通常在时间上有一定的联系,可以使用一种更有效的数据表示方法来融合多次汇报的内容。例如,节点以一个短的时间间隔进行多次汇报,每次汇报中除时间戳不同外,其他内容都相同,收到这些汇报的中间节点可以只转发时间戳最新的一次汇报,以表示在此时刻之前,被监测事物都具有相同的属性。

有损融合通常会省略一些细节信息或降低数据的质量,从而减少需要存储或传输的数据量,以达到节省存储资源或能量的目的。在有损融合中,信息损失的上限是要保留应用所需要的全部信息量。

很多有损融合都是针对数据收集的需求而进行网内处理的必然结果。例如,温/湿度监测应用中,需要查询某一区域内的平均温/湿度或最低、最高温/湿度时,网内将对各个传感器节点所报告的数据进行计算,并只将结果数据报告给查询者。从信息含量角度来看,这份结果数据相对于传感器节点所报告的原始数据来说,损失了绝大部分的信息,仅能满足数据收集者的要求。

2) 应用相关/无关的数据融合

通常,数据融合都是针对应用层数据进行的,即数据融合需要了解应用数据的语义。从实现角度看,数据融合如果在网络分层结构的应用层实现,则与应用数据之间没有语义鸿沟,可以直接对应用数据进行融合;如果在网络层实现数据融合,则需要跨协议层理解应用层数据的含义,即在网络层理解应用层数据,这称为应用相关的数据融合(application dependent data aggregation,ADDA)技术,如图 6-11(a)所示。而通常在分层结构中,网络层是看不到或者说不关心应用层数据含义的。

(a)应用相关数据融合

(b)应用无关数据融合

图 6-11 数据融合与网络层关系的分类

ADDA 技术可以根据应用需求获得最大限度的数据压缩,但可能导致结果数据中损失的信息过多。另外,跨层进行数据融合带来的跨层理解语义问题给网络协议栈的实现带来一定困难。

独立于应用的数据融合(application independent data aggregation,AIDA)技术可以避免 ADDA 的语义相关性问题,该技术把数据融合作为独立的一层来实现,简化了各层之间的关系。例如,将多个数据包组合成一个数据包进行转发,AIDA 作为一个独立的层次处于网络层与 MAC 层之间,如图 6-11(b)所示。AIDA 技术保持了网络协议层的独立性,不对应用层数据进行直接处理,从而不会导致信息丢失,但是数据融合效率低于 ADDA 技术。

3) 数据级融合

数据级融合是最低层的融合,操作对象是传感器通过采集得到的数据,因此是面向数据的融合。这类融合大多数情况下仅仅依赖于传感器类型,而不依赖于用户需求。

4）特征级融合

特征级融合通过一些特征提取手段将传感器数据表示为一系列的特征向量，以反映事物的属性，是面向监测对象特征的融合。例如，在温度监测应用中，特征级融合可以对温度传感器数据进行综合，表示成（地区范围，最高温度，最低温度，平均温度）的形式。

5）决策级融合

决策级融合根据应用需求进行较高级的决策，是最高级融合。决策级融合的操作可以依据特征级融合提取的数据特征，对监测对象进行判别、分类，并通过简单的逻辑运算执行满足应用需求的决策。因此，决策级融合是面向应用的融合。例如，在灾难监测应用中，决策级融合可能需要综合多种类型的传感器信息，包括温/湿度、震动和毒性气体等，进而对是否发生了灾难性事故进行判断。

3. WSN 中的数据融合

无线传感器网络受到成本及体积的限制，节点配置的传感器精度一般较低，而且，节点数量庞大、分布密集，邻近节点报告的信息存在着较大的冗余。节点的电池能量有限，网络通信带宽有限，相应地，需要节点尽量减少数据传输量以降低能量消耗。传感器网络应用往往以数据为中心，人们关心的是某个区域的某个观测指标的值，而不是具体某个节点观测到的值。因此，在传感器网络节点采集、处理信息的过程中，各个节点单独传输数据到汇聚节点的方法显然是不合适的。因为节点采集到的数据存在大量冗余信息，这样会浪费大量的通信带宽和宝贵的能量资源。

为避免上述问题，传感器网络采用了数据融合（数据汇聚）技术来减少网内数据传输量。所谓传感器数据融合是指将多个节点数据进行处理，组合出更准确高效、更符合用户需求的数据的操作。下面介绍 WSN 中用到的基于卡尔曼滤波和基于簇内加权数据融合方法。

1）基于卡尔曼滤波的传感器节点数据融合

卡尔曼滤波是一种高效率的递归滤波器（自回归滤波器），它能够从一系列的不完全及包含噪声的测量中估计动态系统的状态。这种滤波方法以它的发明者鲁道夫·E.卡尔曼命名，该方法对于解决阿波罗计划的轨道预测很有用，后来在阿波罗飞船的导航计算机中使用了这种滤波器。

卡尔曼滤波采用最小均方误差准则，利用系统噪声和观测噪声的统计特性，以系统的观测值作为滤波器的输入，以所要估计值（系统的状态和参数）作为滤波器的输出，输入与输出之间是由时间更新和观测更新算法联系在一起，再根据系统方程和观测方程估计出需要处理的信号。在测量值有噪声的情况下，卡尔曼滤波能起到较好的去噪效果。

2）基于簇内加权数据融合

传感器网络采用分簇层次结构后，在簇内通常要进行簇内数据融合。簇内数据融合是把一个簇内各个簇成员节点感知到的数据按照某一规则结合为一个最佳估计值。由于传感器节点是随机放置的，而且各个传感器有各自的测量误差，因此，每个传感器感知到的数据的权重因子也就各不相同，误差小的节点的权重应该较大，而误差大的节点的权重应该较小。基于簇内加权数据融合的模型如图 6-12 所示，最终结果 X 由各个值 X_i 与其权重 W_i 相乘再对 i 求和得到。

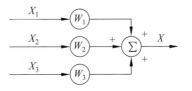

图 6-12　簇内加权数据融合

通过数据融合可以减少网内数据传输量,节省能量,提高数据收集效率,增强数据准确性,帮助我们获取综合性信息。值得注意的是,数据融合会增加传感器网络的数据传输时延,这在时延敏感的应用中需要合理取舍。

6.2.3 分布式数据存储与处理

正如图灵奖获得者 Jim Gray 所言,随着计算机处理能力的提高、网络技术的不断进步和存储容量的飞速发展,数据处理、存储、传输越来越廉价,数据和数据组织才是真正最有价值的东西。数据的存储和处理经历了由集中式向分布式发展的历程。

1. 集中式数据处理

集中式计算机网络是一个大型的中央计算系统,其终端是客户机。数据全部存储在中央系统内,由数据库管理系统进行管理,而且所有的处理都由该大型计算系统来完成,终端只是用来输入和输出。在这种计算模式里,终端自己不作任何数据处理,所有任务都在中央主机上进行处理。

集中式数据存储、处理的主要特点是把所有数据保存在一个地方,各个远程终端通过电缆同中央计算机(主机)相连,保证了每个终端使用的都是同一信息。因为数据都存储在中央服务器上,服务器是唯一需要备份的系统,所以数据备份比较容易实现。同时,中心服务器是唯一需要进行安全保护的地方,而终端没有任何数据需要保护。银行的 ATM 机采用的就是集中式计算机网络,所有的事务都在银行网络系统的主机上进行处理,终端只提供简单的信息输入、查询处理。这种集中式处理结构总体费用比较低,主机因拥有大量存储空间和强大的计算能力而价格昂贵,但众多的终端因功能简单,其价格非常便宜。

这类集中式处理方式不利的一面是来自所有终端的计算需求都是由中央主机完成的,使得系统的性能瓶颈存在于中央主机,当用户数量较大时,网络处理速度可能有些慢。另外,如果各用户有不同的服务需求时,在集中式计算机网络上满足这些需求可能十分困难,因为每个用户的应用程序和资源都必须单独设置,而让这些应用程序和资源都在同一台集中式主机上操作使得系统效率偏低。由于这些不足,现在的大多数网络都采用分布式网络计算模型。

2. 分布式数据处理

个人计算机的性能不断提高及其使用的普及使得处理能力分布到网络上的所有计算机成为可能,分布式计算就是利用互联网上计算机 CPU 的闲置处理能力来合力解决大型计算问题的一种计算技术。这种计算模式对跨学科的、极富挑战性的和人类急待解决的科学计算问题十分有效,比如,通过 Internet 上闲置主机的计算能力来寻找最大的梅森素数、寻求最为安全的密码系统和寻找对抗癌症的有效药物等。这些复杂的项目都需要惊人的计算量,仅仅由单个计算机或个人在一个能让人接受的时间内计算完成是绝不可能的。

梅 森 素 数

梅森数(Mersenne number)是指形如 2^p-1 的正整数,其中,指数 p 是素数,常记为 Mp。若 Mp 是素数,则称为梅森素数(Mersenne prime)。$p=2,3,5,7$ 时,Mp 都是素数,但 M11=2047=23×89 不是素数。

在分布式网络中,数据的计算和处理都是在本地工作站上进行的。数据输出可以打印,也可以保存在本地存储设备中,通过分布式网络能得到更快、更便捷的数据访问。因为每台计算机都能够存储和处理数据,所以不要求网络上的服务器功能十分强大,其价格也就不必过于昂贵。这种类型的网络可以适应用户的各种需要,同时,允许他们共享网络的数据、资源和服务。在分布式网络中使用的计算机既能够作为独立的计算系统使用,也可以把它们连接在一起得到更强的网络计算能力。

分布式计算的优点是可以快速访问,实现多用户共享使用资源,每台计算机都可以访问网络系统内部其他计算机的信息。在系统设计上,分布式计算结构具有更大的灵活性,既可以为独立计算机用户的特殊需求服务,也可以为联网企业的需求服务,实现系统内部不同计算机之间的通信。每台计算机都可以拥有和保持所需要的最大数据和文件,减少了数据传输的成本和风险。数据存储在许多计算机中,但任何用户都可以进行全局访问,使故障的不利影响最小化,以较低的成本来满足计算任务的特定要求。分布式计算的缺点是对病毒比较敏感,任何用户都可能引入被病毒感染的文件,并将病毒扩散到整个网络。另外,分布式系统中数据分布在多个地方,难以制定一项有效的备份计划。

3. 分布式数据存储

分布式数据存储与处理技术是将数据分散存储在多个终端节点上,采用可扩展的系统结构,利用多台存储服务器分担存储和处理数据的负荷,利用位置服务器定位存储信息。这种存储方式不但解决了传统集式存储系统中单存储服务器的性能瓶颈问题,而且提高了系统的可靠性、可用性和扩展性。

目前,在互联网上可访问的信息数量达秭(百万亿亿)级。毫无疑问,各个大型网站也都存储着海量的数据,这些海量数据如何有效存储是每个大型网站的架构师必须要解决的问题。分布式存储就是为解决这个问题而发展起来的技术,图 6-13 给出了一个分布式数据存储子系统架构。

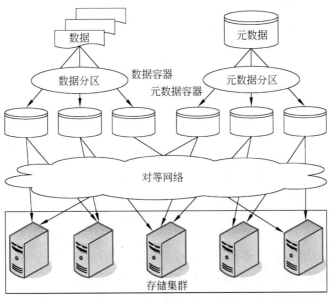

图 6-13　分布式数据存储子系统架构

这种分布式存储技术并不是将数据存储在某个或多个特定的节点上,而是通过网络使用每台机器上的磁盘空间,并将这些分散的存储资源构成一个虚拟的存储设备,数据分散地、结构化地存储在网内的各个地方。

所谓结构化数据是一种用户定义的数据类型,它包含了一系列的属性,每一个属性都有一个数据类型。结构化数据存储在关系数据库中时,可以用二维表结构来表达这些数据。大多数系统都有大量的结构化数据,一般存储在 Oracle 或 MySQL 等关系型数据库中,当系统规模大到单一节点的数据库无法支撑时,可采用垂直扩展与水平扩展来分散数据的存储。

简单来说,垂直扩展就是按照功能切分数据库,将不同功能的数据存储在不同的数据库中,这样一个大数据库就被切分成多个小数据库,从而达到了数据库的扩展。水平扩展指按照数据行来对数据库切分,就是将表中的某些行切分到一个数据库中,而另外的某些行切分到其他数据库中。

6.3 数据挖掘技术

在物联网的应用中,感知的数据从大量终端收集到后台数据库,由于环境状况、数据质量等的影响,使得对这些数据的管理、分析和使用面临巨大的挑战。

本节主要介绍传统的数据仓库与数据挖掘技术及其基本算法。

6.3.1 数据仓库

随着数据库技术的飞速发展以及人们获取数据手段的多样化,人类所拥有的数据量急剧增加,人们面临"如何有效存储这些数据的问题"。同时,面对物联网中的海量数据,如何提取出有用信息已引起广泛关注。针对这些问题,数据仓库和数据挖掘技术应运而生。本节介绍数据仓库技术,数据挖掘技术将在下一小节介绍。

为了满足决策支持和联机分析应用的需求,在 20 世纪 90 年代初,一个叫做数据仓库(data warehouse)的概念被提出,它是现今流行的一种数据存储库的系统结构。数据仓库指的是面向主题的(subject-oriented)、集成的(integrated)、时变的(time-variant)和非易失(nonvolatile)的数据集合,用以支持管理中的决策制定过程。数据仓库是收集数据信息的储存库,存放在一个一致的模式下,并且通常驻留在单个站点上。数据仓库系统体系结构如图 6-14 所示。数据仓库是一个非常有价值的工具,能够为商务活动提供结构与工具,以便系统地组织、理解和使用这些数据进行战略决策。

数据处理通常分为两大类:联机事务处理和联机分析处理。联机事务处理(on-line transaction processing,OLTP)系统也称为面向交易的处理系统,其基本特征是用户的原始数据可以立即传送到计算中心进行处理,并在很短的时间内给出处理结果。这种方式的最大优点是可以即时地处理输入的数据,及时地回答,因此也称为实时系统(real time system)。OLTP 是传统的操作型数据库系统的主要应用,主要进行一些基本的日常事务处理,如银行柜台存取款、股票交易和商场 POS 系统等。联机分析处理(on-line analytical processing,OLAP)系统是数据仓库系统的主要应用,可以用不同的格式组织和提供数据,以满足不同用户的各种需求,支持复杂的分析系统,侧重决策支持,并且提供直观易懂的查

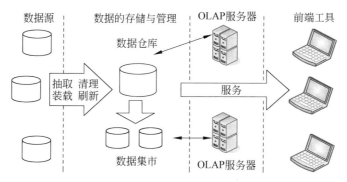

图 6-14　数据仓库系统体系结构

询结果。表 6-11 给出了 OLTP 与 OLAP 之间的主要区别。

表 6-11　OLTP 与 OLAP 的比较

	OLTP	OLAP
特性	操作处理	信息处理
面向	事务	分析决策
用户	办事员、DBA、数据库专业人员	决策人员、高级管理人员
功能	日常操作	长期信息需求,决策支持
访问	读/写	大多为读
访问记录数量	通常一次读或写数十条记录	可能存取数百万条以上记录
用户数	通常是成千上万个用户	可能只有几十个或几百个用户
度量	事务吞吐量	查询吞吐量,响应时间

6.3.2　数据挖掘

1. 数据挖掘概述

数据挖掘(data mining)的概念在 1995 年的美国计算机年会(ACM)上被真正提出,它是指从大量数据中提取或"挖掘"知识,通俗地讲,就是从大量的数据中挖掘那些令人感兴趣的、有用的、隐含的、先前未知的和可能有用的模式和知识的过程。

数据仓库和数据挖掘这两个词经常一起出现,从本质上讲,这两者没有必然的联系,因此也就不一定要先建立数据仓库才能使用数据挖掘或者是数据挖掘必须在数据仓库上进行。数据挖掘实际上可以在任意数据集上进行,只是将数据仓库作为数据源进行数据挖掘具有很大的优势,因为数据仓库中的数据在经过筛选、整理和集成后,能够大大减轻数据挖掘过程中数据预处理中烦琐的数据整理负担,使得数据挖掘可以迅速进入分析挖掘阶段,从而提高了数据挖掘的效率。另外,创建数据仓库的目的一般是进行数据分析,数据挖掘作为一种高级的数据分析工具,能够很好地与数据仓库配合工作。

数据挖掘技术从一开始就是面向应用的,目前,数据挖掘的应用范围极其广泛,涉及银行、电信、保险、交通、零售等商业领域,能够解决市场分析、客户流失分析和客户信用评分等许多典型的商业问题。例如,在金融服务领域,许多金融业务都需要处理大量数据,很难通过人工或小型软件进行分析预测。使用数据挖掘技术可以对已有数据进行处理,找出数据对象的特征以及对象之间的关系,并可观察到金融市场的变化趋势,再利用学习到的模式进行合理的分析预测,进而发现某个客户、消费群体或组织的金融和商业兴趣等。

2. 数据挖掘的过程

作为知识发现的过程,数据挖掘工作的大致过程如图 6-15 所示。基本步骤如下:

(1) 了解相关的知识和应用的目标。

(2) 创建目标数据集,也就是选择数据。

(3) 数据清理和预处理,一般来讲,此过程的工作量占到整个数据挖掘过程的 60%。

(4) 数据缩减与变换,即找到有用的特征,进行维数增减、变量增减、不变量的表示等。

(5) 选择数据挖掘的方法,如数据特征描述、分类模型数据挖掘、回归分析、关联规则挖掘、聚类分析等。

(6) 选择具体的数据挖掘算法。

(7) 进行数据挖掘,寻找感兴趣的有用的模式。

(8) 进行模式评估和知识表示,包括可视化、转换和消除冗余等。

(9) 运用发现的知识。

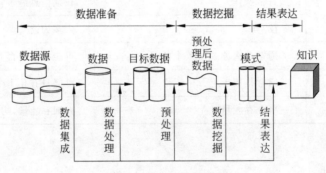

图 6-15　数据挖掘的过程

3. 几种常见数据挖掘功能

(1) 关联规则。

关联规则挖掘是数据挖掘中最活跃的研究方向之一,它是由 Rakesh Agrawal 等人首先提出的一个重要的 KDD 研究课题,它反映了大量数据中项目之间有趣的关联或相关联系,关联规则的比较经典的例子有“啤酒与尿布关联”“90%的客户在购买面包和黄油的同时也购买了牛奶”等。随着大量数据不停地被收集和存储,许多业界人士对于从他们的数据库中挖掘关联规则越来越感兴趣。从大量商务事务记录中发现有趣的关联规则可以辅助许多商务决策的制定,如分类设计、交叉购物和贱卖分析等。例如,交通事故研究人员可以从已有的成千上万份交通事故中找出它们的共同特征,从而为预防交通事故和保障交通安全提供一些帮助。

在关联规则的挖掘算法中,以 Agrawal 等人提出的 Apriori 算法(包括 AprioriTid 和

AprioriHybrid 算法)最为著名,它是一种最有影响和最为常用的关联规则挖掘算法。

（2）分类和预测。

分类（classification）是找出描述和区分数据类的模型（或函数），以便能够使用该模型预测类标号未知的对象类的过程,导出模型是基于对训练数据集（类标号已知）的分析。

用来进行分类导出的模型可以有多种表示形式,例如,IF-THEN 规则、决策树和神经网络,如图 6-16 所示。其中,决策树是一种类似于流程图的树型结构,它的每个节点代表在一个属性值上的测试,每一个分支代表测试的一个输出,树叶代表类或类分布。决策树容易转换成 IF-THEN 规则。神经网络是一组类似于神经元的处理单元,单元之间加权连接。

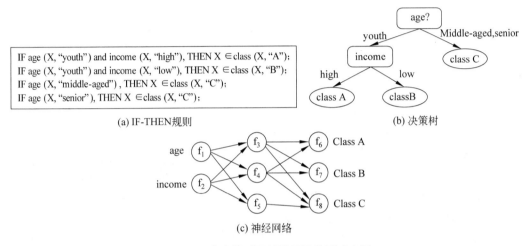

图 6-16　分类模型可以用不同的形式表示

预测（prediction）建立在连续值函数模型上,是指预测空缺的或不知道的数值数据。数值预测有很多不同的方法,回归分析（regression analysis）是一种最常使用的数据值预测统计学方法。此外,预测也包含对可用数据分布趋势的识别。

（3）聚类分析。

聚类（clustering）分析就是将类似的数据归类到一起,形成一个新的类别进行分析。但是聚类分析并不像分类一样是用来分析类标号已知的数据对象,因为它一开始并不知道类标号。所以一般情况下,训练数据集中不提供类标号,但它可以通过聚类产生。对象是根据最大化类内部的相似性、最小化类之间的相似性的原则而进行聚类分组的,以此形成对象的簇（cluster）,而且一个簇中的对象与其他簇中的对象相比具有更高的相似性,这样形成的簇可以视为是一个对象类。

聚类分类的方法主要有基于划分的、基于层次的、基于密度的、基于网格的模型等,而聚类算法主要有 K 均值算法、K 中心点算法和 C 均值算法。

（4）离群点分析。

离群点（outlier）是指数据仓库中一群特殊的数据对象,它们与数据的一般行为或模型不一致,大多数的数据挖掘方法把离群点视为噪声或异常而丢弃。但是在一些实际应用中,罕见的事件可能比正常出现的事件更令人感兴趣,比如欺诈检测。

对离群点数据的分析就称为离群点分析。离群点检测有很多方法,比如,可以假定一个数据分布或概率模型,使用统计检验来检测离群点;可以使用距离度量,将远离任何簇的对象视为离群点;可以基于偏差的方法,通过考查一群对象在主要特征上的差别来识别离群点。

作为一个离群点分析的例子,银行在对数据进行查看时,可以通过与以往正常付费历史比较,发现某账号本次购买数额异常大时,判断该账号本次消费可能存在信用卡欺诈行为,也可以通过分析购物的地点和类型以及购物的频率,来检测该账号存在欺诈行为的可能。

6.4 云计算

近几年,云计算、物联网和智慧地球等颇具前瞻性的概念不断出现,在某种程度上打破了我们原来对信息技术及应用的固有看法。本小节对云计算作一个初步介绍。

2007 年之前几乎还没有人知道云计算(cloud computing)这个词,似乎在一夜之间,这个概念突然风靡全球。图 6-17 给出了人们想象中的云计算模式。

图 6-17 云计算模式

有人将 2008 年称为云计算的应用元年。从这一年开始,很多主流 IT 厂商都开始涉足云计算领域,主要有微软、Oracle、VMware 等软件开发商,IBM、Intel、惠普、Sun 等硬件厂商,谷歌、亚马逊、Salesforce 等互联网服务提供商和像中国移动、AT&T 等电信运营商。一些小型 IT 企业及创业公司也纷纷加入云计算行列。这些企业覆盖了整个 IT 产业链,形成一个完整的云计算生态系统。与此同时,学术界也不甘落后,云计算成为新的前沿研究课题,各种云计算的研讨会和学术交流会议纷纷召开。

云计算是多种技术混合演进的结果,这些技术成熟度相对较高,又有大公司的推动,所以发展极为迅速。谷歌、亚马逊、IBM 和微软等大公司是云计算的先行者。亚马逊研发了弹性计算云(elastic computing cloud,EC2)和简单存储服务(simple storage service,S3),为企业提供计算和存储服务。谷歌公司是最大的云计算技术使用者,它的三大技术法宝为 GFS(Google file system)、MapReduce 和 Bigtable。IBM 公司推出的改变游戏规则的"蓝云"计算平台,为客户带来即买即用的云计算平台。2008 年 10 月,微软公司推出了 Windows Azure 操作系统,它是通过在互联网架构上打造新的云计算平台,让 Windows 真正由 PC 延伸到"蓝天"上。

我国也紧跟云计算的步伐。中国移动研究院已经建立起 1024 个 CPU 的云计算试验中心。世纪互联推出了 CloudEx 产品线,提供互联网主机服务、在线存储虚拟化服务等。解放军理工大学研制了云存储系统 MassCloud,并以它支撑基于 3G 的大规模视频监控应用和数字地球系统。

6.4.1 云计算的概述

云计算是一种商业计算模型,它将计算任务分布在大量网络化计算机构成的资源池上,使各种应用系统能够根据需要获取计算力、存储空间和各种软件服务。云计算把 IT 资源、数据和应用作为服务,通过网络提供给用户,云计算结构如图 6-18 所示。

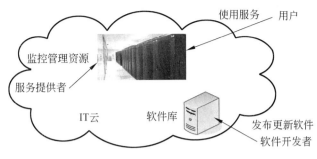

图 6-18 云计算结构

使用云计算,用户不需要搞清楚计算所必要的硬件、软件在什么地方,而事实上存在大量的软硬件的确在为其服务,这些软硬件以及网络构成的系统拥有极强的计算能力。之所以称为"云",是因为这种计算模式在某些方面和现实中的云有类似的特征,例如,云一般比较大,即规模上的相似;云的规模还可以动态伸缩,并且边界模糊;云在空中是飘忽不定的,无法也无须确定它的具体位置,但它确实存在于某处。

狭义上说,云计算是信息系统基础设施的交付和使用模式,它通过网络,以按需、易扩展的方式获得所需的资源(软件、硬件和平台)。其中,软件资源包括应用软件、集成开发环境等;硬件资源包括服务器、存储器和处理器等。提供资源的网络被称为"云","云"中的资源对使用者来说是可以无限扩展的,而且可以按需使用、随时获取和扩展,按使用付费。云计算的这种特性好比像使用水、电一样使用 IT 基础设施,计算即为一种服务。

广义上讲,云计算是指厂商通过建立网络服务集群,向多种客户提供硬件租赁、数据存储、计算分析和在线服务等不同类型的服务。云计算的主要服务形式有以亚马逊公司为代表的基础设施服务、以 Saleforce 公司为代表的平台服务,以及以微软公司为代表的软件服务等。

云计算是网格计算(grid computing)、分布式计算(distributed computing)、并行计算(parallel computing)、网络存储(network storage)和虚拟化(virtualization)等传统计算机技术和网络技术发展融合的产物。它旨在通过网络把多个成本相对较低的计算实体整合成一个具有强大计算能力的完美系统,借助基础设施作为服务(infrastructure as a service,IaaS)、平台作为服务(platform as a service,PaaS)和软件作为服务(software as a service,SaaS)等先进的商业模式把这些强大的计算能力分布到终端用户手中。

1. 云计算的特点

从目前应用和研究的现状上来看,云计算具有以下特点:

(1) 规模庞大。

"云"具有相当大的规模。例如,谷歌公司云计算系统已经拥有上百万台服务器,亚马逊、IBM、微软等公司的云计算平台都已拥有几十万台服务器。云计算模式赋予了我们前所未有的计算能力,可以用来解决大型复杂科学问题。

(2) 虚拟化。

云计算可以向任意地点、使用任意终端的用户提供计算服务。所请求的资源来自"云",而并不是固定的计算实体。用户应用程序在"云"中某处运行,用户无须了解应用程序运行的具体位置。例如,我们只需要一台联网的计算机,云端可以帮助我们维护硬件、安装和升级软件、防范病毒和各类网络攻击等。

(3) 安全可靠。

云计算提供了最可靠、最安全的数据存储中心,有最专业的技术团队来帮助管理信息,有最先进的数据中心来保存数据,并有严格的权限管理策略可以帮助我们放心地与他人共享数据,用户不用再担心数据丢失、病毒入侵等问题。

(4) 高扩展性。

"云"的规模可以动态伸缩,这样可以满足应用及用户规模增长的需要。

(5) 通用性。

云计算不针对特定的应用,在"云"的支撑下可能构造出千变万化的应用,即使同一片"云"也可以提供给不同的应用运行。

(6) 按需服务。

"云"是一个庞大的资源中心,用户按需购买,如同用电、用水一样,我们可以有偿地随时随地获取计算、存储等信息服务。

2. 云计算与物联网

云计算作为一种新兴的计算模式,可以从两方面促进物联网的实现。

首先,云计算是实现物联网的核心。运用云计算模式,使物联网中以兆计的各类物品数据的实时动态管理和智能分析变得可能。物联网通过射频识别技术(RFID)、传感网技术(WSN)、组网技术等,将终端各个物体相互连接,通过通信网络将采集到的各种实时动态数据送达计算处理中心,并进行汇总、分析和智能处理。建设物联网的三大基础包括传感器等电子元器件、传输网络(比如电信网、卫星无线网络)和高效的、动态的、可以大规模扩展的计算资源处理能力,而云计算有助于实现高效动态的和可以大规模扩展的计算处理能力。

其次,云计算能够促进物联网(前端)和互联网的智能融合。物联网与互联网的融合是一个高层次的整合,需要"更透彻的感知、更全面的互联互通、更深入的智能化",这也需要高效、动态、大规模扩展的计算资源处理能力,而这正是云计算所擅长的。而且,云计算的创新型服务交付模式简化了服务的交付,能够增加物联网和互联网之间以及其内部的互联互通,可以实现新商业模式的快速创新,促进物联网和互联网的智能融合。

云计算作为信息化发展进程中的一个阶段,它强调应用层信息的综合处理、资源的聚集优化和动态分配与回收,旨在节约信息化成本,降低能耗,减轻用户信息化的负担,提高数据中心的处理效率。而物联网强调对事物的感知和物物互联,便于人类对物理世界的感知与控制,因此,云计算可以作为物联网后端数据处理与应用平台。

6.4.2　海计算

物联网的目的是要实现物物互联,从而可以融合物理信息的感知、传输、处理、控制及提供高效智能的应用服务。当前,物联网前端设备的计算与控制能力比较薄弱,很多操作都需要通过网络把数据传输到后台完成,不仅消耗能量,而且效率低下。因此,人们考虑物联网前端也应该具有较强的计算、处理能力,以提高整个物联网的工作效率,这就是物联网的海计算。本小节介绍物联网前端的海计算模式。

1. 物联网的海计算模型

海计算是指通过在物理世界的物体中融入计算与通信设备、智能算法,让物体与物体之间能够互联,在事先无法预知的场景中进行判断,从而实现物与物之间的交互作用。它的实质是让信息设备能隐形地融入到真实的物理世界中而无处不在,即将信息化扩展到物理世界。

从计算模型的角度来说,可以把物联网应用模式分成两大类。

1) 感知模式

感知模式一方面通过传感器使得当前信息系统的信息获取能力不断提高,能有效地感知物理世界;另一方面通过后端云计算和对传感数据的智能判定,使得基于信息的决策能力得到提高。目前,物联网应用最多的还是基于传感器的监控应用,本质上仍然是对图灵机模型的一种延伸,将输入扩展到物理世界,增加了新的数据来源。

图灵机模型

在这个模型中,将物理世界数字化后建立数据模型,通过计算和数据处理方法,对自然界存在的规律进行模拟仿真。计算类应用、数据处理应用都是遵循这样的计算模型。按照"输入-计算-输出"的过程,产生的所有结果都是可以预知的。

---

2) 海计算模式

海计算通过在各种物体内部融入信息设备,实现物体和信息设备的紧密融合,自然地获取物质世界信息;同时,通过海量的独立个体之间局部的即时交互和分布式智能处理,使物体具备自组织、自计算和自反馈的海计算功能。海计算模式的本质是物体与物体之间的智能交流,实现的是物物之间的交互,强调物理世界的智能连接和物理性质涌现,是以物理世界为中心的计算模式,海计算模式的结构如图 6-19 所示。

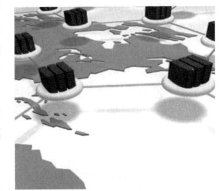

图 6-19　海计算结构

一个海计算系统包含多个互联的物体,这些物体可能包括智能部件,如智能信息系统。海计算模式具有以下几个必备的特征:

(1) 融入性。

信息装置融入(embodying)到各种物体里面,传感器也内嵌到物体内部。这个信息装置与物体具有相同的生命周期,是自我管理、自我维护的。

(2) 自主性。

物体不只是被动地被控制,而且具有一定的智能性和自主性(autonomous and autonomic)。

(3) 局部交互。

海计算充分利用局部性原理(principle of locality),物体与物体之间主要通过局部交互方法实现通信与互动。相对于感知模式中大量数据需要传输到云计算中心处理,局部的信息交互和数据综合更加节能高效。

(4) 群体智能。

海计算模式中的智能装置具有分布式和交互式的特征,而且是动态自组织的,智能算法无法预先知道结果,多个物体通过内嵌智能算法之间的交互作用才能产生有效的智能判断。一些海计算应用比较简单,可以在一个局域的物联网中完成,从而不需要云计算的支撑。

海计算中的融入式(embodied)计算设备与传统的嵌入式(embedded)设备是有区别的。嵌入式系统是对物体进行数字化控制,利用处理器操作一个状态机,达到自动控制的目的;融入式计算设备是对物体进行智能化控制,通过感知获得物理设备信息的输入,通过多个融入式物体之间的自组织、分布式的智能算法进行自动判定,是一种群体智能(wisdom of crows),系统的行为是设计者无法预知的,对预先不可知场景可实现实时智能判断。

2. 海计算的应用实例

物联网的海计算模式具有多个潜在的优点。海计算的局部性原理可以有效地缩短物联网的业务直径(即从感知、传输、处理与智能决策到控制),把大量数据处理限制在物联网前端,从而能够降低能耗、提高效率。通过引入融入信息装置的"自主物体",海计算有利于产生通用的、可批量重用的物联网部件和技术。与感知模式相比,海计算模式更强调分散式(decentralized)结构,该结构容易消除单一控制点、单一瓶颈和单一故障点,扩展更加灵活。这些优点有利于海计算模式在多个领域进行应用。

1) 无人驾驶汽车

这是一个典型的海计算应用。车与车之间、车与红绿灯之间、车与行人之间的情况需要通过即时的感知和交互式智能来判定。

2) 智能目标监测与识别

像战场环境监测、智能交通、入侵检测等,这些应用对系统的实时性、准确性具有较高的要求,很难通过"分布式信息采集→云计算平台→信息反馈控制"这种架构来构建系统。但是借助海计算技术则可以充分挖掘前端节点的计算资源,实现智能实时感知和精确控制。

3) 智能化机械加工

基于泛在感知的智能化机械加工需要在加工设备中融入能够感知和处理不同信息的智能装置,例如,处理压力、温度、位置等,将智能赋予这些加工设备,因此,海计算应该是机械加工行业物联网发展的一个方向。

3. 未来的"云""海"结合

云计算是服务端的计算模式,而海计算则是物理世界物体之间的计算模式,它们处在物联网应用的两头。随着物联网技术的发展,这两种计算模式将统一在物联网架构之下。

云计算为用户提供了一种新的高效率计算模式,兼有互联网服务的便利、廉价等优点和大型机的计算能力。"云端"由成千上万的计算机来提供需要的资源,终端只需要通过互联网发送一条请求信息,结果就会从"云端"反馈给发送请求终端。云计算的目的是将资源集中在互联网上的数据中心,由云中心提供应用层、平台层和基础设施层的集中服务,以解决传统 IT 计算系统的零散性带来的低效率问题。云计算强调终端设备功能的弱化,通过功能强大的"云端"给需要各种服务的终端提供支持,如同我们用电、用水一样,可以随时随地获取计算、存储等信息服务。

海计算模式的实质是把智能推向前端,这种智能化的前端具有存储、计算和通信能力,能在局部场景空间内前端设备之间协同感知和判断决策,对感知事件及时做出响应,具有高度的动态自治性。

物联网涉及现实世界中的众多物体,同时,其应用需求和感知层数据的特性决定了物联网的架构需要"云"和"海"相结合。一方面,在局部应用场景中,感知数据存储在局部现场,智能前端在协同感知的基础上通过实时交互共同完成事件判断、决策等处理,及时对事件做出反应;另一方面,云计算的"云端"提供面向全球的存储和处理服务。物联网的各种前端把处理的中间或最终结果存储到云的后端。前端在本地处理过程中,如果有必要可以得到"云端"存储信息和处理能力的支持。这种结构具有良好的可扩展性,既满足前端实时交互,又能满足全球物体的互联互动。

6.4.3　雾计算

云计算技术和解决方案不仅仅局限于数据中心的更新和改造,也不仅仅局限在数据中心的云计算基础设施建设,它能够将 IT 应用和业务化繁就简,服务于企业和最终用户。但是位于数据中心的云计算对于那些延迟敏感的应用可能不能很好地奏效,这些应用需要在其附近的节点完成计算,以满足最小时延的要求。

在物联网应用的网络部署中,除了位置感知和低延迟,对移动性的支持以及地理位置的分布的要求尤为明显。因此需要一个新的计算平台来满足这些要求,以区别那些集中在远端或"天边"的云计算技术,2011 年 Bonomi 首次提出了"更接近地面"的雾计算(fog computing)。本节将介绍雾计算的概念、特点及其应用场景。

1. 雾计算的概念

雾计算是一种高度虚拟化平台,为终端设备与传统的云计算服务中心提供了计算、存储和网络服务。雾计算主要使用边缘网络中的没有强力计算能力,只有一些弱的、零散的计算设备,这些设备可以是传统网络设备(早已部署在网络中的路由器、交换机、网关等),也可以是专门部署的本地服务器。一般来说,专门部署的设备会有更多资源,而使用有宽裕资源的传统网络设备则可以大幅度降低成本。这两种设备的资源能力都远小于一个数据中心,但是它们庞大的数量可以弥补单一设备资源的不足。

雾平台由数量庞大的雾节点(即雾使用的硬件设备,以及设备内的管理系统)构成。这些雾节点可以各自散布在不同地理位置,与资源集中的数据中心形成鲜明对比。

雾计算扩大了以云计算为特征的网络计算范式,将网络计算从网络的中心扩展到了网络的边缘,更加广泛地应用于更多的应用形态和服务类型。雾计算有低延时和位置感知、更为广泛的地理分布、适应移动性的应用、支持更多的边缘节点等特点。

雾计算是介于云计算与个人计算之间的中间态,图 6-20 给出了未来物联网应用的一种理想化的信息与计算架构,展示了未来雾计算所承担的工作。

2. 雾计算的类型

雾计算主要以个人云、家庭云以及机构云等种类型的小云为主,而不是以云计算早期所倡导的 IT 服务提供商的"大云""社会公有云"为主。

1) 个人云

个人云是指可以借助智能手机、平板电脑、电视和 PC,通过互联网无缝存储、同步、获取并分享数据的一组在线服务。它将处理、存储用户信息的云放置在用户个人身边,而不是交

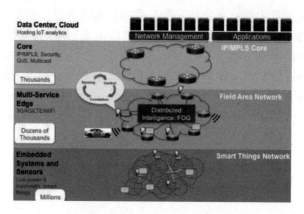

图 6-20　物联网与雾计算

给云服务提供商。个人云是云计算在个人领域的延伸,是以 Internet 为中心的个人信息处理,即通过 Internet 对个人的各种信息进行组织、存储、分发和再加工。

与所有的"云"一样,个人云由服务器、终端、应用程序和个人信息组成。个人信息存储在服务器上,由运行在那里的 Web 应用程序进行计算,通过网络接口向终端提供服务。终端通过 Web 浏览器等客户端软件访问个人云服务。

个人云计算也具有与一般云计算不一样的特点,这是由个人信息的特点决定的:个人信息是私有的,对安全性要求较高;大多数个人并非专业人士,从而对计算能力要求不高,但对易用性要求较高。针对这些要求,个人云计算具有傻瓜化、高安全等特征。个人云和移动计算具有关联性。个人计算的终端正向移动化、轻便化方向发展,这使得个人云从可能转变为必须。只有这样,移动的个人云才能够突破终端本身的计算、存储能力的限制,实现完美的个人计算。

2) 家庭云

家庭云是个人云在家庭网络环境下的表现形态,是指个人内容在家庭中实现互联和分享。同样的,云是放置在用户的家中,而不是交给云服务提供商。家庭云可以实现无线智能组网、娱乐实时分享、集中安全存储及统一设备管理,是个人云普及的桥梁,为未来智能家庭生活提供解决方案。

家庭云的应用主要包括智能关联、集中存储、内容共享、流媒体实时播放、远程控制、多线程任务多屏同调用、智能家居控制、广域网的远程应用等功能。

3) 机构云

机构云是指服务于学校、企业、政府部门等机构的内部云服务系统,类似于家庭云。机构云的规模要比家庭云要大且复杂,用户也相对更多,数据量也更大,服务的类型也更丰富。

3. 雾计算应用实例

与云计算相比,雾计算所采用的架构更呈分布式,更接近网络边缘。雾计算将数据、数据处理和应用程序集中在网络边缘的设备中,而不像云计算那样将它们几乎全部保存在云中。数据的存储及处理更依赖本地设备,而非服务器。所以,云计算是新一代的集中式计算,而雾计算是新一代的分布式计算,符合互联网的"去中心化"特征。

雾计算作为云计算的延伸扩展,而不是云计算的替代。在物联网生态中,雾可以过滤、聚合用户消息;匿名处理用户数据保证隐秘性;初步处理数据,做出实时决策;提供临时存储,提升用户体验。相对而言,云可以负责大运算量,或长期存储任务(如历史数据保存、数据挖掘、状态预测、整体性决策等),从而弥补单一雾节点在计算资源上的不足。

这样,云和雾共同形成一个彼此受益的计算模型,这一新的计算模型能更好地适应物联网应用场景。如车联网的应用和部署要求有丰富的连接方式和相互作用,如车到车,车到接入点(无线网络、3G、LTE、智能交通灯、导航卫星网络等),接入点到接入点等。雾计算能够为车联网提供信息娱乐、安全、交通保障和数据分析、地理分布(整个城市和公路沿线)情况等服务。

智能交通灯系统特别需要对移动性和位置信息进行计算,计算量不大,但对时延要求高,需要低延迟和异构性网络以及实时交互的支持。智能交通灯与本地区的传感器不断交互,根据车流量和行人来自动指挥车辆通行;它也与周边的灯光系统相互交互信息,协调交通绿色通行时段。智慧交通灯系统通过对收集到的数据进行实时分析处理,将其数据聚合以后再发送到云计算中心进行进一步的全局和长期的数据分析。

图 6-21 所示是一个智能交通灯系统,除了监控探头作为传感器,还有交通灯作为执行器。雾计算的引入将为这一系统带来更多的可能性。例如:

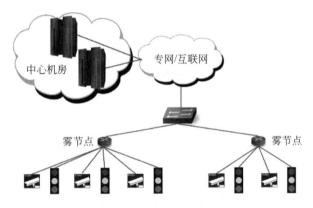

图 6-21 智能交通灯系统

- 监控过程中,相比上一帧画面,通常只有一部分画面变化,而另一部分不变,非常适于压缩处理。对于需要人为监控的画面,雾节点将视频流直接转发给中心机房;而其他监控视频只需要存储,对实时性要求不高,可以在雾节点处缓存若干帧画面,压缩后再传向中心机房。这样从雾节点到机房的网络带宽将得到缓解。
- 在雾节点处,可判断监控画面中是否有救护车头灯闪烁,做出实时决策发送给对应交通灯,协助救护车通过。

6.5 大数据

物联网的感知层利用传感器等将各种信息转变成电信号并传送到处理系统,就会产生相关数字信息总量的快速增长。同时由于物联网技术可以实现全面感知,并且可以解决人力不能及的全时感知效果,因此,很多相关的应用会因物联网技术而产生出来,这些都是在传统的互联网条件下所不能实现的,随着应用数量的增加,无疑将对相关数据提出成倍增加的需求。

根据世界权威 IT 信息咨询分析公司(IDC)监测,全世界数据量未来 10 年将从 2009 年的 0.8ZB 增长到 2020 年的 35ZB,十年将增长 44 倍,年均增长 40%,如图 6-22 所示。这些数据 85% 以上以结构化或半结构化的形式存在,其规模和复杂程度超出了以往。IT 专业人员预见了数据处理面临的挑战,用大数据(big data)来形容这个问题。

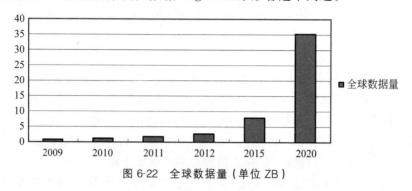

图 6-22　全球数据量（单位 ZB）

6.5.1　大数据概述

如果说物联网为数据提供了来源,云计算为数据提供了存储和访问的渠道,大数据将为数据应用和决策支持提供有效帮助,因此也成为物联网和云计算内在的灵魂和必然的发展趋势,如何更好地存储、管理和分析利用大数据已经成为普遍关注的话题。

本节主要介绍大数据的基本概念、大数据处理核心技术并行计算和分布存储;最后介绍了基于大数据的群智感知技术。

1. 大数据的产生与发展

其实,早在 1980 年,著名未来学家阿尔文·托夫勒便在《第三次浪潮》一书中,将大数据热情地赞颂为"第三次浪潮的华彩乐章"。随着云计算技术的发展,互联网的应用越来越广泛,以微博和博客为代表的新型社交网络的出现和快速发展,以及以智能手机、平板电脑为代表的新型移动设备的出现,计算机应用产生的数据量呈现了爆炸性增长的趋势。

2008 年 9 月,文章"Big Data:Science in the Petabyte Era"在《科学》杂志发表,"大数据"这个词开始广泛传播。

2011 年 6 月,IDC 研究报告《从混沌中提取价值》中三个基本论断构成了大数据的理论基础,人们对大数据的关注程度日益上升。全球知名的咨询公司麦肯锡也在 2011 年 6 月份发布了一份关于大数据的详尽报告"Big data:the next frontier for innovation,competition,and productivity",对大数据的影响、关键技术和应用领域等都进行了详尽的分析。

2012 年 1 月的达沃斯世界经济论坛上,大数据是主题之一,该次会议还特别针对大数据发布了报告"Big data,big impact:New possibilities for international development",探讨了新的数据产生方式下,如何更好地利用数据来产生良好的社会效益,重点关注了个人产生的移动数据与其他数据的融合与利用。

2012 年 3 月美国奥巴马政府发布了"大数据研究和发展倡议",投资超过 2 亿美元,正式启动"大数据发展计划",计划在科学研究、环境、生物医学等领域利用大数据技术进行突破。

奥巴马政府的这一计划被视为美国政府继信息高速公路(Information Highway)计划之后在信息科学领域的又一重大举措。2013 年 5 月,联合国一个名为"Global Pulse"的倡议项目发布报告"Big data for development:Challenges opportunities",主要阐述了大数据时代各国,特别是发展中国家在面临数据洪流(data deluge)的情况下所遇到的机遇与挑战,同时还对大数据的应用进行了初步的解读。《纽约时报》的文章"The age of big data"则通过主流媒体的宣传使普通民众开始意识到大数据的存在,以及大数据对于人们日常生活的影响。

据统计,谷歌"大数据"搜索量自 2011 年 6 月起呈直线上升趋势,大数据时代的到来毋庸置疑,大数据正在改变人们的生活以及理解世界的方式。奥巴马的成功竞选和连任背后都有大数据的支持,通过大数据系统进行数据挖掘,用科学的方法指定策略,它帮助奥巴马在获取有效选民、投放广告、募集资金方面都起了很大的作用;俄亥俄州运输部利用 INRIX的云计算分析处理大数据来了解和处理恶劣天气的道路状况,减少了冬季连环发生碰撞的概率,方便人们的出行。

腾讯微信团队通过分析大数据发布了《微信生活白皮书》描绘一个典型微信用户的一天:早上 7 点,起床刷刷朋友圈;8 点半到公司楼下,微信支付买早餐;9 点,处理群消息,开始工作;10 点,忙里偷闲刷朋友圈、收发消息;12 点,拆红包付饭钱、吃午饭;12 点 45 分午休,逛京东、群里聊天;17 点,刷刷朋友圈,准备下班;18 点下班回家,微信支付买晚饭;22 点准备睡觉,和朋友聊天、再抢个红包,如图 6-23 所示。

图 6-23　微信典型用户的一天

人类历史上从未有哪个时代和今天一样产生如此海量的数据。数据的产生已经完全不受时间、地点的限制。从开始采用数据库作为数据管理的主要方式开始,人类社会的数据产生方式大致经历了 3 个阶段,而正是数据产生方式的巨大变化才最终导致大数据的产生。

1) 运营式系统阶段

数据库的出现使得数据管理的复杂度大大降低,实际中数据库大都为运营系统所采用,作为运营系统的数据管理子系统,例如超市的销售记录系统、银行的交易记录系统、医院病人的医疗记录等。人类社会数据量第 1 次大的飞跃正是建立在运营式系统开始广泛使用数据库。这个阶段最主要特点是数据往往伴随着一定的运营活动而产生并记录在数据库中,例如超市每销售出一件产品就会在数据库中产生相应的一条销售记录。这种数据的产生方式是被动的。

2) 用户原创内容阶段

互联网的诞生促使人类社会数据量出现第 2 次大的飞跃。但是真正的数据爆发产生于 Web 2.0 时代,而 Web 2.0 的最重要标志就是用户原创内容(user generated content,UGC)。这类数据近几年一直呈现爆炸性的增长,主要有两方面的原因:首先是以博客、微博为代表的新型社交网络的出现和快速发展,使得用户产生数据的意愿更加强烈;其次就是以智能手机、平板电脑为代表的新型移动设备的出现,这些易携带、全天候接入网络的移动设备使得人们在网上发表自己意见的途径更为便捷,这个阶段数据的产生方式是主动的。

3) 感知式系统阶段

人类社会数据量第 3 次大的飞跃最终导致了大数据的产生,今天我们正处于这个阶段。这次飞跃的根本原因在于感知式系统的广泛使用。随着技术的发展人们已经有能力制造极其微小的带有处理功能的传感器,并开始将这些设备广泛地布置于社会的各个角落,通过这些设备来对整个社会的运转进行监控。这些设备会源源不断地产生新数据,这种数据的产生方式是自动的。

简单来说,数据产生经历了被动、主动和自动 3 个阶段。这些被动、主动和自动的数据共同构成了大数据的数据来源,但其中自动式的数据才是大数据产生的最根本原因。

正如谷歌的首席经济学家 Hal Varian 所说,数据是广泛可用的,所缺乏的是从中提取出知识的能力。数据收集的根本目的是根据需求从数据中提取有用的知识,并将其应用到具体的领域之中,不同领域的大数据应用有不同的特点。表 6-1 列举了若干具有代表性的大数据应用及其特征。正是由于大数据的广泛存在才使得大数据问题解决很具挑战性。而它的广泛应用则促使越来越多的人开始关注和研究大数据问题。

表 6-1 典型大数据应用的比较

应用	实例	用户数	响应时间	数据规模	可信度	精确度
科学计算	生物信息学	小规模	慢	TB	中等	超高
金融	高频交易	大规模	非常迅速	GB	超高	超高
社交网络	Facebook	超大规模	迅速	PB	高	高
移动数据	手机	超大规模	迅速	TB	高	高
物联网	传感网	大规模	迅速	TB	高	高
网页数据	新闻网站	超大规模	迅速	PB	高	高
多媒体	视频网站	超大规模	迅速	PB	高	中等

2. 大数据定义

大数据是一个抽象的概念,提及大数据很多人也只能从数据量上去感知大数据的规模,例如,百度每天大约要处理几十 PB 的数据;Facebook 每天生成 300TB 以上的日志数据;据 IDC 统计,2011 年全球被创建和复制的数据总量为 1.8 ZB(10^{21}),但仅仅是数据量并不能区分大数据与传统的海量数据的区别。除去数据量庞大,大数据还有一些其他的特征,这些特征决定了大数据与"海数据"和"非常大的数据"这些概念之间的不同。一般意义上,大数据是指无法在有限时间内用传统 IT 技术和软硬件工具对其进行感知、获取、管理、处理和服务的数据集合。

在 2008 年《Science》杂志出版的专刊中，大数据被定义为"代表着人类认知过程的进步，数据集的规模是无法在可容忍的时间内用目前的技术、方法和理论去获取、管理、处理的数据"。

2010 年 Apache Hadoop 组织将大数据定义为"普通计算机软件无法在可接受的时间范围内捕捉、管理、处理的规模庞大的数据集"。

在此定义的基础上，2011 年 5 月，全球著名咨询机构麦肯锡公司发布了"大数据：下一个创新、竞争和生产力的前沿"，在报告中对大数据的定义进行了扩充，大数据是指其大小超出了传统数据库软件的获取、存储、管理和分析能力的数据集。该定义有两个方面的内涵：①符合大数据标准的数据集大小是变化的，会随着时间推移、技术进步而增长；②不同部门符合大数据标准的数据集大小会存在差别。目前，大数据的一般范围可以从 PB 到 EB。

根据麦肯锡的定义可以看出，数据集的大小并不是大数据的唯一标准，数据规模不断增长，以及无法依靠传统的数据库技术进行管理，也是大数据的两个重要特征。对于"大数据"，研究机构 Gartner 也给出了这样的定义："大数据"是高容量、高生成速率、种类繁多的信息价值，同时需要新的处理形式去确保判断的作出、洞察力的发现和处理的优化。

可见大数据的定义不仅是数据规模大，更重要的是如何从这些动态快速生成的数据流或数据块中获取有用的具有时效性价值的信息。换而言之，如果把大数据比作一种产业，那么这种产业实现盈利的关键，在于提高对数据的"加工能力"，通过"加工"实现数据的"增值"。

3. 大数据的特征

大数据具有 5 个技术特点，人们将其总结为 5V，即 Volume（容量大）、Variety（种类多）、Velocity（速度快）、Veracity（准确性）和 Value（价值密度低），如图 6-24 所示。

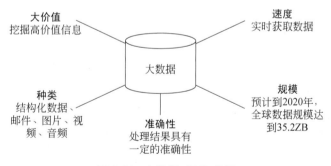

图 6-24　大数据 "5V" 特征

Volume 是指大数据巨大的数据量与数据完整性。十几年前，由于存储方式、科技手段和分析成本等的限制，使得当时许多数据都无法得到记录和保存。即使是可以保存的信号，也大多采用模拟信号保存，当其转变为数字信号的时候，由于信号的采样和转换，都不可避免地存在数据的遗漏与丢失。随着大数据的出现，使得信号得以以最原始的状态保存下来，数据量的大小已不是最重要的，数据的完整性才是最重要的。

Variety 意味着要在海量、种类繁多的数据间发现其内在关联。在互联网时代，各种设备连成一个整体，个人在这个整体中既是信息的收集者也是信息的传播者，加速了数据量的爆炸式增长和信息多样性。这就必然促使我们要在各种各样的数据中发现数据信息之间的相互关联，把看似无用的信息转变为有效的信息，从而做出正确的判断。

Velocity 可以理解为更快地满足实时性需求。目前,对于数据智能化和实时性的要求越来越高,例如开车时会查看智能导航仪查询最短路线,吃饭时会了解其他用户对这家餐厅的评价,见到可口的食物会拍照发微信朋友圈等诸如此类的人与人、人与机器之间的信息交流互动,这些都不可避免带来数据交换。而数据交换的关键是降低延迟,以近乎实时的方式呈献给用户。

Veracity 指数据真实性高。随着社交数据、企业内容、交易与应用数据等新数据源的兴起,传统数据源的局限被打破,企业愈发需要有效的信息之力以确保其真实性及安全性。

Value 大数据特征中最关键的一点,指大数据的价值密度低。大数据时代数据的价值就像沙子淘金,数据量越大,里面真正有价值的东西就越少。现在的任务就是将这些 ZB、PB 级的数据,利用云计算、智能化开源实现平台等技术,提取出有价值的信息,将信息转化为知识,发现规律,最终用知识促成正确的决策和行动。

6.5.2　MapReduce 并行计算技术

随着计算问题规模和数据量的不断增大,以传统的串行计算方式越来越难以满足实际应用问题对计算能力和计算速度的需求,为此出现了并行计算技术。

1. 并行计算

现代计算机的发展历程经历了串行计算和并行计算时代,并行计算技术是在单处理器计算能力方面面临发展瓶颈,无法继续取得突破后,开始走上了快速发展的通道的。

并行计算(parallel computing)是指同时对多条指令、多个任务或者多个数据进行处理的一种计算技术。实现这种计算方式的计算系统称为并行计算系统,它由一组处理单元组成,这组单元通过相互之间的通信与协作,以并行化的方式共同完成负责的计算任务。实现并行计算的主要目的是,以并行化的计算方法,实现计算速度和计算能力的大幅提升,以解决传统的串行计算所难以完成的计算任务。

2. MapReduce 的概念

目前为止,大数据处理最为有效和最重要的方法是采用大数据并行化算法,在一个大规模的分布式数据存储和并行计算平台上实现大数据并行化处理。

MapReduce 是面向对象大数据并行处理的计算模型、框架和平台。作为一个基于集群的高性能并行计算平台,它允许用市场上普通的商用服务器构成一个包含数十、数百至数千个节点的分布和并行计算集群;MapReduce 提供了一个庞大但设计精良的并行计算软件框架,能自动完成计算任务的并行化处理,自动划分计算数据和计算任务,在集群节点上自动分配和执行任务以及收集计算结果,将数据分布存储、数据通信、容错处理等并行计算涉及的很多系统底层的复杂细节交由系统负责处理;MapReduce 也是一个并行程序设计模型与方法,用 Map 和 Reduce 两个函数编程实现基本的并行计算任务,提供抽象的操作和并行编程接口,以简单方便地完成大规模数据的编程和计算处理。

MapReduce 最早是由谷歌公司研究提出的一种面向大规模数据处理的并行计算模型和方法。谷歌公司设计 MapReduce 的初衷主要是为了解决其搜索引擎中大规模网页数据的并行化处理。谷歌公司发明了 MapReduce 之后首先用其重新改写了其搜索引擎中的

Web 文档索引处理系统。但由于 MapReduce 可以普遍应用于很多大规模数据的计算问题，因此自发明 MapReduce 以后，谷歌公司内部进一步将其广泛应用于很多大规模数据处理问题。到目前为止，谷歌公司有上万个各种不同的算法问题和程序都使用 MapReduce 进行处理。

2003 年和 2004 年，谷歌公司在国际会议上分别发表了两篇关于谷歌分布式文件系统和 MapReduce 的论文，公布了谷歌的 GFS 和 MapReduce 的基本原理和主要设计思想。

MapReduce 的推出给大数据并行处理带来了巨大的革命性影响，使其已经成为事实上的大数据处理的工业标准。尽管 MapReduce 还有很多局限性，但人们普遍公认，MapReduce 是到目前为止最为成功、最广为接受和最易于使用的大数据并行处理技术。MapReduce 的发展普及和带来的巨大影响远远超出了发明者和开源社区当初的意料，以至于马里兰大学教授、2010 年出版的《Data-Intensive Text Processing with MapReduce》一书的作者 Jimmy Lin 在书中提出：MapReduce 改变了我们组织大规模计算的方式，它代表了第一个有别于冯·诺依曼结构的计算模型，是在集群规模而非单个机器上组织大规模计算的新抽象模型上的第一个重大突破，是到目前为止所见到的最为成功的基于大规模计算资源的计算模型。

3. MapReduce 的基本设计思想

1）"分而治之"并行处理

大数据如果可以分为具有同样计算过程的数据块，并且这些数据库之间并不存在数据依赖关系，则提高处理速度最好的办法就是采用分而治之的策略进行并行化计算。MapReduce 对相互间不具有或有较少数据依赖关系的大数据，用一定的数据划分方法对数据分片，然后将每个数据分片交由一个节点去处理，最后汇总处理结果。

2）抽象模型 Map 与 Reduce

MapReduce 用 Map 和 Reduce 两个函数提供高层的并行编程抽象模型和接口，程序员只要实现这两个基本接口即可以快速完成并行化程序的设计。

MapReduce 的设计目标是可以对一组顺序组织的数据元素/记录进行处理。现实生活中，大数据往往是由一组重复的数据元素/记录组成，例如，一个 Web 访问日志文件数据会由大量的重复性的访问日志构成，对这种顺序式数据元素/记录的处理通常也是顺序式扫描处理。图 6-25 描述了典型的顺序式大数据处理过程和特征。

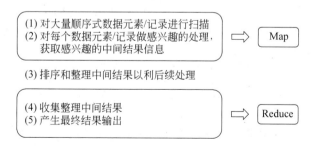

图 6-25 顺序式大数据处理过程与特征

MapReduce 将处理过程抽象为两个步骤，前两步操作抽象为 Map（映射）操作，把后两步抽象为 Reduce（规约）操作。Map 操作主要负责对一组数据记录进行某种重复处理，而

Reduce 操作主要负责对 Map 的中间结果进行某种进一步的结果整理和输出。以这种方式，MapReduce 为大数据处理过程中的主要处理提供了一种抽象机制。

3) 以统一构架为程序员隐藏系统层细节

MapReduce 设计并提供了统一的计算框架，为程序员隐藏了绝大多数系统层面的处理细节，以实现自动并行化计算，该框架可负责自动完成以下系统底层相关的处理：

(1) 计算任务的自动划分和调度；

(2) 数据的自动化分布存储和划分；

(3) 处理数据与计算任务的同步；

(4) 结果数据的收集整理(排序、组合、分割等)；

(5) 系统通信、负载平衡、计算性能优化处理；

(6) 处理系统节点出错检测和失效恢复。

4. MapReduce 的主要功能

MapReduce 通过抽象模型和计算框架把需要做什么与具体怎么做分开了，为程序员提供了一个抽象和高层的编程接口和框架，程序员仅需要关心其应用层的具体计算问题，仅需编写少量的处理应用本身计算问题的程序代码；如何具体完成这个并行计算任务所相关的诸多系统层细节被隐藏起来，交给计算框架去处理：从分布代码的执行，到大到数千、小到数个节点集群的自动调度使用。

MapReduce 提供了以下的主要功能：

① 数据划分和计算任务调度：系统自动将一个作业(job)待处理的大数据划分为很多个数据块，每个数据块对应于一个计算任务(task)，并自动调度计算节点来处理相应的数据块。作业和任务调度功能主要负责分配和调度计算节点(Map 节点或 Reduce 节点)，同时负责监控这些节点的执行状态，并负责 Map 节点执行的同步控制。

② 数据/代码互定位：为了减少数据通信，一个基本原则是本地化数据处理，即一个计算节点尽可能处理其本磁盘上所分布存储的数据，这实现了代码向数据的迁移；当无法进行这种本地化数据处理时，再寻找其他可用节点并将数据从网络上传送给该节点(数据向代码迁移)，但尽可能从数据所在的本地机架上寻找可用节点以减少通信延迟。

③ 系统优化：为了减少数据通信开销，中间结果数据进入 Reduce 节点前会进行一定的合并处理；一个 Reduce 节点所处理的数据可能会来自多个 Map 节点，为了避免 Reduce 计算阶段发生数据相关性，Map 节点输出的中间结果需使用一定的策略进行适当的划分处理，保证相关性数据发送到同一个 Reduce 节点；此外，系统还进行一些计算性能优化处理，如对最慢的计算任务采用多备份执行，选最快完成者作为结果。

④ 出错检测和恢复：以低端商用服务器构成的大规模 MapReduce 计算集群中，节点硬件(主机、磁盘、内存等)出错和软件出错是常态，因此，MapReduce 需要能检测并隔离出错节点，并调度分配新的节点接管出错节点的计算任务。同时，系统还将维护数据存储的可靠性，用多备份冗余存储机制提供数据存储的可靠性，并能及时检测和恢复出错的数据。

6.5.3 分布式文件系统

大数据处理面临的一个问题是，如何有效存储规模巨大的数据？对于大数据处理应用来说,依靠集中式的物理服务器来保存数据是不现实的,容量、数据传输速度都会成为瓶颈。要实现大数据的存储,需要使用几十台、几百台甚至更多的分布式服务器节点。为了统一管理这些节点上存储的数据,必须使用一种特殊的文件系统——分布式文件系统。

1. 分布式文件系统的概念

分布式文件系统(distributed file system,DFS)是指文件系统管理的物理存储资源不一定直接连接在本地节点上,而是通过计算机网络与节点相连。它将固定于某个地点的某个文件系统,扩展到任意多个地点/多个文件系统,众多的节点组成一个文件系统网络,每个节点可以分布在不同的地点,通过网络进行节点间的通信和数据传输。

由此分布式文件系统包含着两个方面的内涵:从文件系统的客户使用的角度来看,客户无须关心数据是存储在哪个节点上、或者是从哪个节点从获取的,它就像是一个标准的文件系统,提供了一系列 API,由此进行文件或目录的创建、移动、删除,以及对文件的读写等操作。从内部实现来看,分布式的系统则不再和普通文件系统一样负责管理本地磁盘,它的文件内容和目录结构都不是存储在本地磁盘上,而是通过网络传输到远端系统上。并且,同一个文件存储不只是在一台机器上,而是在一簇机器上分布式存储,协同提供服务。

2. Hahoop DFS

为了提供可扩展的大数据存储能力,Hadoop 平台设计提供了一个分布式文件系统 HDFS,Hadoop 平台将在 6.5.4 节做详细介绍,本节先对 HDFS 的基本特征和工作过程做简单说明。

HDFS 是一个建立在一组分布式服务器节点的本地文件系统之上的分布式文件系统,采用经典的主-从式结构,其基本组成如图 6-26 所示。

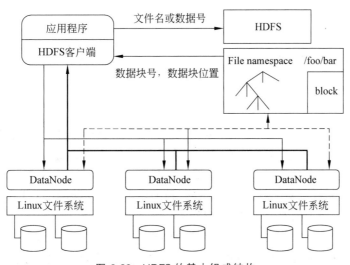

图 6-26　HDFS 的基本组成结构

一个 HDFS 文件系统包括一个主控节点 NameNode 和一组 DataNode 节点。NameNode 是一个主服务器,用来管理整个文件系统的命名空间和元数据,以及处理来自外界的文件访问请求。NameNode 保存了文件系统的三种元数据:

- 命名空间:HDFS 提供命名空间,即整个分布式文件系统的目录结构,让用户的数据可以存储在文件中。HDFS 的文件命名遵循了传统的"目录/子目录/文件"格式。通过命令行或是 API 可以创建目录,并将文件保存在目录中,同时也可以对文件进行删除、重命名操作。命名空间由 NameNode 管理,所有对命名空间的改动都会被记录下来。

- 数据块与文件名的映射表:文件内部可能被分成若干个数据块,数据块的信息对用户来说是透明的,默认大小是 64MB。当应用发起数据传输请求时,NameNode 会首先检索文件对应的数据块信息,找到数据块对应的 DataNode;DataNode 则根据数据块信息在自身的存储中寻址相应的文件,进而与应用程序直接交换数据;为了减少寻址的频率和时间开销,有不少部署将数据块的大小设置成 128MB,甚至更多。

- 每个数据块副本的位置信息:为了防止数据丢失,每个数据块默认有 3 个副本,且 3 个副本会分别复制在不同的节点上,以避免一个节点失效造成一个数据块的彻底丢失,还可以让客户从不同的数据块中读取数据,加快传输速度。

NameNode 和 DataNode 对应的程序可以运行在廉价的普通商用服务器上,这些机器一般都运行着 GNU/Linux 操作系统。HDFS 由 Java 语言编写,支持 JVM 的机器都可以运行 NameNode 和 DataNode 对应的程序。一个典型的 HDFS 部署情况是 NameNode 程序单独运行于一台服务器节点上,其余的服务器节点,每一台运行一个 DataNode 程序。

HDFS 的基本文件访问过程是:

- 用户的应用程序通过 HDFS 的客户端程序将文件名发送至 NameNode;
- NameNode 接收到文件名之后,在 HDFS 目录中检索文件名对应的数据块,再根据数据块信息找到保存数据块的 DataNode 地址,将这些地址回送给客户端;
- 客户端接收到这些 DataNode 地址之后,与这些 DataNode 并行地进行数据传输操作,同时将操作结果的相关日志,如是否成功,修改后的数据块信息等提交给 NameNode。

6.5.4　大数据批处理计算平台

1. Hadoop

2004 年,开源项目 Lucene(搜索索引程序库)和 Nutch(搜索引擎)的创始人 Doug Cutting 发现 MapReduce 正是其所需要的解决大规模 Web 数据处理的重要技术,因而模仿 Google MapReduce,基于 Java 设计开发了一个称为 Hadoop 的开源 MapReduce 并行计算框架和系统。自此,Hadoop 成为 Apache 开源组织下最重要的项目,自其推出后很快得到了全球学术界和工业界的普遍关注,并得到推广和普及应用。

Hadoop 是一种分析和处理大数据的软件平台,是由 Apache 基金会所开发的用 JAVA 语言实现的开源分布式系统基础架构,在大量计算机组成的集群当中实现了对于海量数据的分布式计算。Hadoop 以并行处理的方式能够对 PB 级数据进行分布式处理,并通过维护多个工作数据副本,针对失败的节点重新分布处理以保证容错性与可靠性。到目前为止,Hadoop 技术在互联网领域已经得到了广泛的运用,例如,Facebook 使用 1000 个节点的集群运行 Hadoop,存储日志数据,支持其上的数据分析和机器学习;百度用 Hadoop 处理每周 200TB 的数据,从而进行搜索日志分析和网页数据挖掘工作。

Hadoop 可以在大量廉价的硬件设备组成的集群上运行应用程序,为应用程序提供了一组稳定可靠的接口,构建了一个具有高可靠性和良好扩展性的分布式系统。

Hadoop 由许多元素构成,最核心的设计就是 Hadoop Distributed File System(HDFS) 和 MapReduce。HDFS 为海量数据提供了存储,MapReduce 为海量数据提供了计算,它将单个任务打碎,并将碎片任务(Map)发送到多个节点上,之后再以单个数据集的形式加载(Reduce)到数据仓库里。大数据在 Hadoop 中的处理流程如图 6-27 所示。

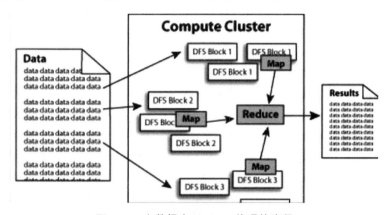

图 6-27　大数据在 Hadoop 处理的流程

(1) HDFS。

整个 Hadoop 的体系结构主要通过 HDFS 来实现对分布存储的底层支持,HDFS 采用主从式(Master/Slave)结构模型,一个 HDFS 集群是由一个元数据节点 NameNode 和若干个数据节点 DataNode 组成的。NameNode 作为主服务器,是所有 HDFS 元数据的管理者,管理文件系统命名空间和客服端对文件的访问操作如打开、关闭、重命名文件或目录等,也负责数据块到具体 DataNode 的映射。

从内部来看,文件被分成若干个数据块 block(一个数据块默认大小为 64M),这若干数据块存放在一组 DataNode 上,集群中的 DataNode 一般是一个节点一个,负责管理存储的数据。DataNode 负责处理文件系统客户端的文件读写,并在 NameNode 的统一调度下进行数据库的创建、删除和复制工作,其结构图如 6-28 所示。

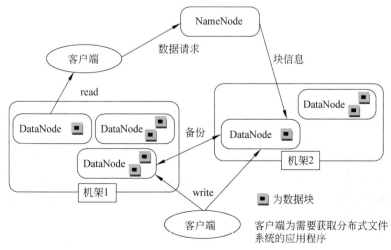

图 6-28　HDFS 体系结构图

文件写入时,首先由客户端向 NameNode 发起文件写入请求,NameNode 根据文件大小和文件块配置情况,返回给客户端它管理的 DataNode 的信息,最后由客户端将文件划分为多个数据块,根据 DataNode 的地址,按顺序将数据块写入到 DataNode 中。

文件读取时则是由客户端向 NameNode 发起文件读取的请求,NameNode 返回文件存储的 DataNode 信息,最后客户端读取文件信息。

一个数据块会有三个备份,除了 NameNode 指定的 DataNode,同时会备份在同一个机架的另一个 DataNode 上,而且考虑到可能会有所处同一个机架失败的情况,为了数据的安全,还会在其他机架的 DataNode 上备份该数据块。

(2) MapReduce 并行编程抽象模型。

Hadoop 上的并发应用程序开发是基于 MapReduce 编程框架,采用主从式结构,由一个单独运行在主节点上的 JobTracker 和运行在每个集群节点上的 TaskTracker 组成。其基本原理是利用一个输入的 key-value(键值)对的集合,通过用户自定义的 Map 函数处理输入的 key-value 对,然后产生一个中间的 key-value 对的集合。把具有相同的 key 值的 value 结合在一起,传递给 reduce 函数,并由 reduce 函数合并这些 value 值,形成一个较小的集合。

简单来说,大数据集被分成众多小的数据集块,若干个数据集被分在集群的一个节点进行处理并产生中间结果。单节点上的任务,由 map 函数一行行读取数据获得<key,value>,数据存入缓存,通过 map 函数执行排序,产生输出<key,value>。每一台机器都执行相同的操作,不同机器上的键值对通过合并排序,最后由 reduce 函数根据不同的 key 值进行合并产生结果,输入到 HDFS 文件中,如图 6-29 所示。

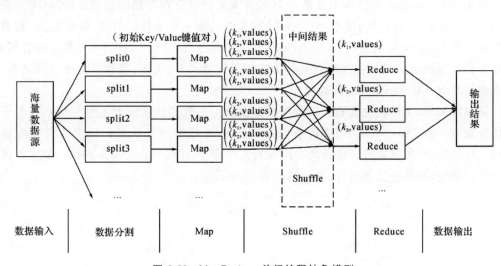

图 6-29　MapReduce 并行编程抽象模型

Map 任务的中间结果会以文本的形势存储于本地磁盘,并通知主节点 JobTracker 文件位置,JobTracker 再通知 reduce 任务到特定的 DataNode 取中间结果。

HDFS 和 MapReduce 共同组成了 Hadoop 分布式体系结构的核心。HDFS 在集群上实现分布式文件系统,MapReduce 在集群上实现分布式计算任务和处理。HDFS 在 MapReduce 处理任务的过程中提供了文件操作和存储等支持,MapReduce 在 HDFS 的基础上实现了任务的分发、跟踪、执行等工作,并收集结果,二者相互作用,完成分布式集群的主要任务。

2. Spark

Spark 是加州大学伯克利分校的 AMP 实验室(UC Berkeley AMP Lab)所开源的类 Hadoop MapReduce 的通用并行框架,拥有 Hadoop MapReduce 所具有的优点;但不同于 MapReduce 的是,Hadoop 中的 MapReduce 计算机模型数据处理流程中的每一步都需要一个 Map 阶段和一个 Reduce 阶段,如果要利用这一解决方案,需要将所有用例都转换成 MapReduce 模式,并且在下一步开始之前,上一步的作业输出数据必须要存储到分布式文件系统中,复制和磁盘存储会导致这种方式速度变慢。Spark Job 中间输出结果可以保存在内存中,从而不再需要读写 HDFS,Spark 能更好地适用于数据挖掘与机器学习等需要迭代的 MapReduce 的算法。

Spark 是在 Scala 语言中实现的,它将 Scala 用作其应用程序框架,与 Scala 紧密集成,使得 Scala 可以像操作本地集合对象一样轻松地操作分布式数据集。

尽管创建 Spark 是为了支持分布式数据集上的迭代作业,Spark 并不能视为取代了 Hadoop,实际上它是对 Hadoop 的补充,可以在 Hadoop 文件系统中并行运行。

1) 运行模式

Spark 的运行模式有以下几种。

- 本地运行模式:常用于本地开发测试,本地还分为 local 单线程和 local-cluster 多线程。
- 独立运行模式:为方便 Spark 的推广使用,Spark 提供了 Standalone 模式,Spark 一开始就设计运行于 Apache Mesos 资源管理框架上,带来了部署测试的复杂性。为了让 Spark 能更方便地部署和尝试,Spark 因此提供了 Standalone 运行模式,它由一个 Spark Master 和多个 Spark Worker 组成,与 Hadoop MapReduce1 很相似,就连集群启动方式都几乎是相同的。
- Yarn:运行在 yarn 资源管理器框架之上,由 yarn 负责资源管理,Spark 负责任务调度和计算。
- MESOS:运行在 mesos 资源管理器框架之上,由 mesos 负责资源管理,Spark 负责任务调度和计算。
- EC2:例如 AWS 的 EC2,使用这个模式能很方便地访问 Amazon 的 S3;Spark 支持多种分布式存储系统:HDFS 和 S3。

2) Spark 生态系统

目前 Spark 已经发展成为包含众多子项目的大数据计算平台,Spark 生态系统称为 BDAS(伯克利数据分析栈),是伯克利 APM Lab 实验室打造的,力图在算法(algorithms)、机器(machines)、人(people)之间通过大规模集成来展现大数据应用的一个平台。

如图 6-30 所示,Spark 生态系统以 Spark Core 为核心,从 HDFS、Amazon S3 和 HBase 等持久层读取数据,以 MESOS、YARN 和自身携带的独立运行模式为资源管理器调度 Job 完成 Spark 应用程序的计算。这些应用程序可以来自于不同的组件,如 Spark Shell/Spark Submit 的批处理、Spark Streaming 的实时处理应用、Spark SQL 的即时查询、BlinkDB 的权衡查询、MLlib/MLbase 的机器学习、GraphX 的图处理和 SparkR 的数学计算等等。

(1) Spark Core。

Spark 是整个 BDAS 的核心组件,是一个大数据分布式编程框架,不仅实现了

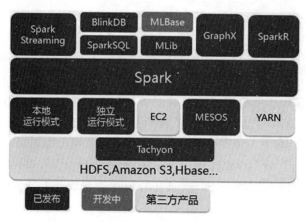

图 6-30　Spark 架构

MapReduce 的算子 map 函数和 reduce 函数及计算模型,还提供更为丰富的算子,如 filter、join、groupByKey 等。Spark 将分布式数据抽象为弹性分布式数据集(RDD, resilient distributed dataset),实现了应用任务调度、RPC、序列化和压缩,并为运行在其上的上层组件提供 API。其底层采用 Scala 函数式语言编写而成,并且所提供的 API 深度借鉴 Scala 函数式编程思想,提供与 Scala 类似的编程接口。

(2) Spark Streaming。

Spark Streaming 是构建在 Spark 上处理流数据的框架,基本的原理是将流数据分成一系列短小的批处理作业,以类似 batch 批量处理的方式来处理这小部分数据,批处理引擎是 Spark Core。把 Spark Streaming 的输入数据按照 batch size(如 1 秒)分成一段一段的数据(discretized stream),每一段数据都转换成 Spark 中的 RDD,然后将 Spark Streaming 中对 DStream 的 Transformation 操作变为针对 Spark 中对 RDD 的 Transformation 操作,将 RDD 经过操作变成中间结果保存在内存中。处理流程如图 6-31 所示。整个流式计算根据业务的需求可以对中间的结果进行叠加或者存储到外部设备。

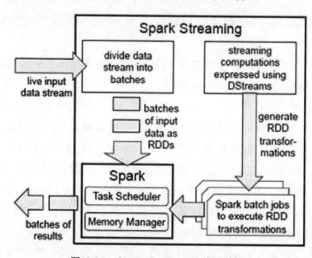

图 6-31　Spark Streaming 处理流程

Spark Streaming 构建在 Spark 上,一方面因为 Spark 的低延时执行引擎可以用于实时计算,另一方面相比基于 Record 的其他处理框架(如 Storm),RDD 数据集更容易做高效的容错处理。此外小批量处理的方式使得它可以同时兼容批量和实时数据处理的逻辑和算法。方便了一些需要历史数据和实时数据联合分析的特定应用场合。

(3) Spark SQL(hive on spark)。

SparkSQL 的前身是 Shark。在 hadoop 发展过程中,为了给熟悉 RDBMS 但又不理解MapReduce 的技术人员提供快速上手的工具,hive 应运而生,是当时唯一运行在 Hadoop 上的 SQL-on-Hadoop 工具。但是,MapReduce 计算过程中大量的中间磁盘落地过程消耗了大量的 I/O,降低了运行效率。为了提高 SQL-on-Hadoop 的效率,大量的 SQL-on-Hadoop 工具开始产生,其中之一就是 Shark。它修改了内存管理、物理计划、执行三个模块,并使之能运行在 Spark 引擎上,从而使得 SQL 查询的速度得到 10～100 倍的提升。

Shark 对于 hive 的太多依赖(如采用 hive 的语法解析器、查询优化器等),制约了 Spark各个组件的相互集成,所以提出了 SparkSQL 项目。SparkSQL 抛弃原有 Shark 的代码,吸取了 Shark 的一些优点,如内存列存储(In-Memory Columnar Storage)、Hive 兼容性等,重新开发了 SparkSQL 代码;由于摆脱了对 hive 的依赖性,SparkSQL 无论在数据兼容、性能优化、组件扩展方面都得到了极大的提高。

(4) MLlib。

MLlib 是 Spark 对常用的机器学习的实现库,同时包括相关的测试和数据生成器,MLlib 目前支持 4 种常见的机器学习问题:二元分类、回归、聚类以及协同过滤,同时也包括一个底层的梯度下降优化基础算法。

(5) GraphX。

社交网络中人与人之间有很多关系链,例如 Twitter、Facebook、微博和微信等,这些都是大数据产生的地方,也都需要采用分布式图计算。就是把图拆分成很多的子图,然后分别对这些子图进行计算,计算的时候可以分别迭代进行分阶段的计算,即对图进行并行计算。

GraphX 就是一个分布式图处理框架,是 Spark 中用于图并行计算的 API,提供一栈式数据解决方案,可以方便且高效地完成图计算的一整套流水作业。

6.5.5　群智感知技术

随着物联网的发展,对透彻感知的需求越来越强烈,同时随着无线通信和传感器技术以及无线移动终端设备的爆炸式普及,市场上的手机和平板电脑等设备集成了越来越多的传感器,如照相机、麦克风、GPS、数字罗盘、加速度计和陀螺仪等,借助强大的移动处理器和内存储器,智能手机拥有越来越强大的计算、感知、存储和通信能力。这些无线移动终端设备不仅可以感知人及其周围环境的物联网"强"节点,同时可以作为其他缺乏计算、存储和通信能力的物联网"弱"节点与信息世界连接的桥梁,利用智能手机进行群智感知计算在近年来变得逐渐可行。一部智能手机能够轻松地利用其内置传感器从周边采集感知数据,用于监控、决策和分析过程。智能手机的计算能力使得它能够对收集到的感知数据进行一定程度的预处理,以减少云端平台的处理时间。

群智感知作为一种新的物联网组织形式,很快成为了大数据的重要来源之一,本节主要介绍群智感知的概念及与之有关的研究内容。

1. 群智感知的概念

群智感知是指以普通用户的移动设备(手机、平板电脑等)作为基本感知单元,通过移动互联网进行有意识或无意识的协作,实现感知任务分发与感知数据收集,完成大规模的、复杂的社会感知任务。例如,我们想知道某一时刻城市道路的拥堵情况,可以依赖于走在路上或者开车的人通过发短信汇报当时的道路交通状态,交通广播频道就是用这种让用户有意参与的群智感知的工作模式。如果利用手机的传感器自动地监测人群、车辆的移动情况并进行汇报,那就属于无意识参与。用户无意识合作的好处是不可估量的,例如相比与特殊部署的智能交通设备来说,无须付出巨大的成本和昂贵的维护代价。

目前,群智感知的应用范围可以分为三类:公共设施、环境和社会。

公共设施方面,群智感知在检测交通拥堵情况,检测道路噪声或者坑洼状况,搜索停车位,消防栓和红绿灯等公共设施的维护,监测与导航实时交通等方面得到了应用。例如,通过车上安装的传感器和GPS在网上分享监测到空的停车位;通过采集公共汽车上乘客信息的CMS系统,可以对该公共汽车的舒适度进行等级评价,最后在网站上发布;让个人通过手机收集包括公共汽车站点图片、名称等信息;在移动设备上预测公共汽车到达车站时间。

环境方面,群智感知在采集空气中CO_2和PM2.5、噪音和水质等方面得到了应用。例如,通过采集移动用户时间和地点对应的轨迹,运用已知模型收集大气中CO_2和PM2.5的值。通过手机空气质量传感器来收集这些信息,从而实现对环境监控的功能;因为噪音对听力有害,通过采集移动用户"轨迹-噪音"的关系,形成了噪音地图并在网络上共享;由于人们在路过河流时可以收集流量、流速和垃圾数量等水质信息,因此可以通过移动APP收集的这些信息汇聚到后台服务器并在网上公布。

社会方面,群智感知在社交网络、出行、饮食和旅游等方面得到了应用。例如,很多社交软件通过使用者之间的共同好友来推荐朋友;使用移动设备收集用户外出习惯,提倡使用者环保外出;通过建造"位置-照片"库,让人们可以利用拍摄的图片查询自己的地理信息;通过自行车用户提供的GPS轨迹和环境相关信息,得出最佳自行车骑行路线。

群智感知"人多力量大"这一优势在很多领域都有着不可比拟的优势,在不久的未来,群智感知会以一种更智能、更便捷的方式来服务社会。

2. 群智感知网络结构

一个典型的移动群智感知网络通常由感知平台和移动用户两部分构成,如图6-32所示。其中,感知平台由位于数据中心的多个感知服务器组成;移动用户可以利用智能手机所嵌入的各种传感器(GPS、加速计、重力感应器、陀螺仪、电子罗盘、光线距离感应器、麦克风和摄像头等)、车载感知设备(GPS、OBD-II等)、可穿戴设备(智能眼镜、智能手表等)或其他便携式电子设备(如Intel的空气质量传感器)等采集各种感知数据,并通过移动蜂窝网络(如GSM、3G/4G)或短距离无线通信的方式(如蓝牙、WiFi)与感知平台进行网络连接,并上报感知数据。

系统的工作流程可以描述为以下5个步骤。

- 感知平台将某个感知任务划分为若干个感知子任务,通过开放呼叫的方式向移动用户发布这些任务,并采取某种激励机制吸引用户参与;
- 用户得知感知任务后,根据自己的情况决定是否参与感知活动;
- 参与的用户利用所需的传感器进行感知,将感知数据进行前端处理,并采用隐私保护手段将数据上报到感知平台;

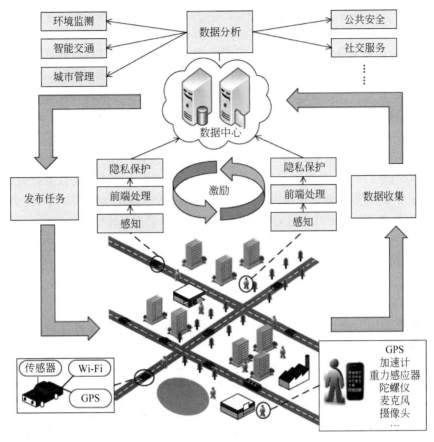

图 6-32　群智感知网络结构图

- 感知平台对所获得的所有感知数据进行处理和分析,并以此构建环境监测、智能交通、城市管理、公共安全、社交服务等各种移动群智感知应用;
- 感知平台对用户数据进行评估,并根据所采用的激励机制对用户感知所付出的代价进行适当补偿。

3. 研究领域

群智感知主要是从众多的感知节点,对感知数据进行收集,并通过数据处理技术,把这些数据运用于群智感知应用中,如图 6-33 所示。

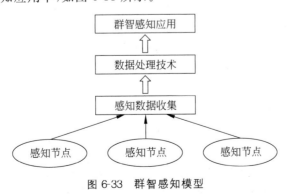

图 6-33　群智感知模型

221

群智感知领域的研究可以围绕数据收集、数据处理、激励机制和群智感知应用等方面展开。

首先,感知数据必须高效地收集回来,与传统的网络性能追求目标不同,这种收集在传输的实时性和整体性不做高要求,为了降低开销,移动设备可以采取"弱"联网的方式。从联网时间来看,由于网络覆盖条件、应用程序或者用户的限制,移动设备不能保证实时在线,感知数据从产生到传输至目的地可能要经历很大的延迟,形成容迟网络(delay tolerant network)。从网络接入形式来看,也可以由直接变成间接,在没有无线网络基础设施的情况下,移动设备形成局部无线网络,实现设备与设备之间的直接或者多跳数据传输,以高度动态的无线自组网络进行小范围的数据融合;另外,联网通信手段多样,移动设备可以包含多套无线数据通信接口,如GSM、WiFi、蓝牙等,在设计数据传输协议时除了考虑可靠性、带宽、延迟等因素,还必须考虑计费、流量、能耗,在多套通信手段间进行选择、切换或者并行利用等新情况。

其次,群智感知需要大数据处理技术,因为这些群智感知数据时效性有强有弱,价值密度有高有低,有结构化、半结构化的,有带有用户标注,有的不带有标注,都给大数据处理技术带来了新的研究内容;同时,用户作为基本感知单元,不具备具体技术知识,因而会产生感知数据不精确、不完整、不一致、不及时等质量问题。用户感知方式的随意性以及不同的表达方式都会影响数据的表达与解释,因此也需要关注如何对感知数据进行合理高效的管理,使数据得以高精度地反映物理世界。

移动群智感知应用在大多数情况下还是依赖大量普通用户的主动参与,如何才能有效地吸引用户主动地参与到大规模的社会任务中去,这是群智激励机制的设计关键。用户在参与感知时会消耗自己的设备电量、计算、存储、通信等资源,并且承担隐私泄露的威胁,因此必须设计合理的激励机制对用户参与感知所付出的代价进行补偿,才能吸引足够的用户,从而保证所需的数据收集质量。现有的工作主要基于两种模式:

(1) 在以平台为中心的模式中,由平台指定总报酬,最终所有参与用户根据完成的任务量来分享报酬,一般将这种模式建模为斯塔克伯格博弈(Stackelberg game)来研究。

(2) 在以用户为中心的模式中,首先由用户向平台报价,然后平台从中选择性价比高的用户来完成任务,并支付给用户相应的报酬。一般将这种模式建模为逆向拍卖(reverse auction)来研究,与以平台为中心的模式相比,它仅需要用户评估自己的感知成本,而平台和其他用户不能得知任何关于该用户的信息。

最后,群智感知数据来自于不同的传感器、不同的用户,必须智能地利用才能有效地发挥价值。原始数据在不同维度上刻画被感知的对象,即使针对同一个对象,感知结果也是千姿百态的,需要经过不同层次的加工和精炼才能展现出人们感兴趣的内容。多模态数据挖掘(multimodal data mining)就是针对不同模态信息关联性以及不同模态挖掘结果整合等传统单模态环境下所忽视的内容展开研究。例如,通过传感器来分析用户的行为或者所处的环境成为行为识别和体域传感器的研究热点。

思考题

1. 简述数据、数据库、数据库管理系统及数据库系统的概念。
2. 简述计算机数据管理技术发展的3个阶段,并讲述使用数据库管理系统的优势。

3. 简述数据库系统的特点。

4. 简述数据模型的概念和作用。

5. 解释关系数据库中的基本概念,如域、关系、元组、属性、主码、候选码、关系模式等。

6. 关系模型中的关系运算有哪两大类? 试说明每种运算的操作含义。

7. 关系代数的基本运算有哪些? 请用基本运算表示非基本运算。

8. 简述 SQL 的特点。

9. 简述 SQL 语言支持的三级逻辑结构。

10. 解释 SQL 语言中所涉及的相关基本概念(如表、视图、索引等),理解它们的作用,并能给出它们的定义。

11. 简述 SQL 语言中的基本操作,试举例进行基本表和视图的建立、数据查询和数据更新等功能的操作。

12. 简述分簇无线传感网络的结构及其优点。

13. 了解典型的分簇控制算法,并能理解 LEACH 算法的过程。

14. 简述数据融合的原理、方法及分类。

15. 简述无线传感网络中数据融合的特点及典型的数据融合方法。

16. 比较集中式数据处理与分布式数据处理的区别与联系。

17. 简述分布式数据存储的系统结构。

18. 什么是数据仓库? 它与数据库有何相似和不同之处?

19. 什么是数据挖掘? 它的大致过程是怎样的?

20. 理解数据挖掘的基本模式,能分析它们进行数据挖掘的过程。

21. 什么是云计算? 云计算的发展如何?

22. 相比网格计算,简述云计算的特点。

23. 简述云计算在物联网中的作用。

24. 什么是海计算模式? 发展如何? 它的特点是什么?

25. 物联网中应用海计算模式的优势是什么? 它怎样与云计算配合工作?

26. 什么是雾计算? 说明雾计算与云计算的区别。

27. 分析云计算与大数据的关系。

28. 大数据处理的关键技术有哪些? 其主要工作过程是如何的?

29. 试说明群智感知技术的网络结构。

第 7 章　物联网安全与隐私

从产业和经济效益的角度看,安全产品和隐私保护技术所占的比例可能不及 5%,但是如果没有安全和隐私保护,剩下 95% 的市场也将不复存在。试想一下,当我们可以在互联网上使用银行账户时,最担心的是什么?——账户的安全!再想一想,当我们利用网络发电子邮件、用手机发短信甚至聊飞信、QQ 的时候,我们是不是非常担心自己的隐私问题?物联网时代我们对安全和隐私的担心,已经不是账户和聊天内容了,而是生活的全部。因为所有的"物"都已经联网了,当我们享有利用网络监控自己的"物"的便利时,没有足够的安全措施则意味着网络上任何一个第三者都有可能作为破坏者来使用或者不让我们使用自己的"物"——当我们在黑夜中安睡时,灰帽子黑客可以启动冷气让我们在寒冷中醒来,而用来监控室内安全的视频头却拍下了我们的惊慌失态在互联网上同步转播供大家娱乐;更别说当黑帽子的骇客完全控制了我们享有物权的"物"而实施的盗窃、占有以及破坏行为。企业、行业和国家政府对所有的"物"都联网,同样存在这个安全和隐私的担忧。因此,物联网产业的发展和应用的推广离不开也绕不过安全和隐私话题。本章介绍物联网中可能涉及的安全和隐私问题,并初步介绍常见的安全策略,旨在引起大家对物联网安全与隐私的注意,并对相关技术的学习和研究产生兴趣。

黑客的种类

在黑客世界里,所有黑客被归为 3 种类型:白帽子,精通攻击与防御,同时头脑里具有信息安全体系的宏观意识;黑帽子,擅长攻击技术,从事有针对性的获利攻击,不轻易造成破坏;灰帽子,研究攻击技术唯一的目的就是惹是生非。

7.1　物联网安全问题

人们可以通过物联网感知各方面的信息,同时也可以通过物联网实现各项操作。现实世界的"物"都联网,通过网络可感知及控制类似家电、交通、能源等设施。作为这些物的"所有者"和"使用者",个人、组织、企业和政府,无不对物的安全和自身的隐私产生担忧——物联网在每个层都有威胁:在感知层方面智能节点的物理安全、感知信息的无线传输;在网络层方面有数据破坏、身份假冒以及数据泄露等耳熟能详的互联网安全与隐私问题;在应用层方面也包括身份假冒、越权操作等技术方面的不足或管理方面的因素带来的危害。本节概述物联网可能遭受的攻击以及所带来的安全隐私问题。由于传输层和应用层的攻击在当前互联网中都已得到体现,而感知层攻击集中体现在 RFID 系统与传感器网络中,因此,本节重点介绍互联网攻击、RFID 攻击及传感网攻击。

7.1.1　经典的网络安全问题

1988 年,康乃尔大学一名计算机专业的一年级博士生因为编写了一套"蠕虫"病毒程序,在互联网上释放,导致一些名牌大学、重要军用设施以及医疗研究机构的计算机崩溃瘫痪,从而被认定违反了《惩治计算机与滥用法》构成犯罪,被判缓刑 3 年、提供 400 小时的社区服务、10 500 美元罚金,外加监管费用。这个历史上有名的"Morris 蠕虫事件"引起了公众对网络攻击的关注和法律对网络攻击的惩罚。

但是一些别有用心的个人、组织甚至国家依然在利用网络攻击获利。1991 年,在海湾战争开战前数周,美国特工买通了安曼国际机场的工作人员,用带有病毒的芯片替换了运往伊拉克的打印机芯片。该病毒由美国国家安全局设计,目的就是为了破坏巴格达的防空系统,从而为美方的空中打击创造有利条件。1999 年北约部队对南联盟发动空袭的同时,也利用信息战技术破坏无线电传输、电话设施、雷达传输系统等,以瓦解塞族的电信基础设施。不过当时南联盟政府不具备太多的因特网基础,其军事信息似乎也并不利用互联网进行传输,从而其军事力量未遭受空前的削弱。

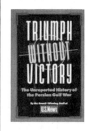

波斯湾战争中未揭露的历史

据《不战而胜：波斯湾战争中未揭露的历史》(*Triumph without Victory: The Unreported History of the Persian Gulf War*)书称,美国国家安全局设计了一种破坏巴格达的防空系统的病毒,可以逃避层层安全检测,当病毒存在于计算机上时,每次伊拉克的技术人员开一个窗口访问信息的时候,其计算机屏幕上的信息就会消失。

当信息破坏防空系统时,输掉的是一场战争。事实上,我们生活在信息时代,在生活中需要保持信息的畅通,信息已经成为一种重要的资产,它同其他任何资产一样具有价值。信息资产也需要被保护以避免攻击。为了安全,信息需要被隐藏起来避免未经授权的访问和更改,同时还要保证授权实体随时可用。因此,信息的安全性包含 3 个方面的目标:机密性、完整性和可用性,如图 7-1 所示。

图 7-1　安全目标

- 机密性:保持信息内容不被未授权者获取的一项服务。提供机密性有许多方法,包括从物理保护到让非授权者无法理解的数学算法等。
- 完整性:狭义的完整性又称数据完整性,它是致力于防止数据遭受篡改的一项服务。
- 可用性:可被授权实体访问并按需求使用的特性。即当需要时能够存取所需的信息。

事实上,互联网是一个开放性的结构,一个计算机、设备和资源加入这个大型网络,不需要由管理主体授权就能通过该网络来发送和接收消息;但是这也同时意味着一个加入这种网络的实体(代理、用户)可能是攻击者(对手、敌人、窃听者、冒名顶替者等),他们会做各种各样的坏事,不仅仅是被动地窃听而且会主动地改变、伪造、复制、删除或者注入消息。注入的消息可能是恶意的,对接收端的主体有破坏性的影响。攻击者的攻击行为可以分为两大类:被动攻击、主动攻击。

- 被动攻击:攻击者的目的只是为了获取信息,使信息失去机密性,而不篡改信息或者危害系统的使用,窃听、流量分析是最常见的被动攻击方式。
- 主动攻击:攻击者可能利用各种手段来改变信息或者危害系统的运行,其攻击行为包含篡改、伪造、重放、否认等,其目的是破坏信息的完整性和可用性。

图 7-2 列出了常见的 3 类安全攻击:第一类是威胁信息机密性的攻击,包含窃听和流量分析;第二类是威胁信息完整性的攻击行为,包含篡改、伪装、重放和否认;第三类是拒绝服务攻击,是威胁可用性的攻击行为。这些攻击行为的主要特征如下:

图 7-2 基于安全目标的攻击分类

(1) 窃听(snooping):在未授权的情况下访问或拦截信息。例如,网络上传输的信息可能含有机密信息,未经同意的实体通过监听来捕获信息并利用其内容来谋利,可以通过加密技术使信息拦截者无法理解信息来避免信息被窃听。

(2) 流量分析(traffic analysis):虽然加密信息能够使信息拦截者无法理解信息,但是仍然可以通过监听到的信息来获取其他一些有用的信息。例如,可以获得通信双方的实际地址或者电子邮箱地址及相关信息来猜测通信双方的通信内容。

(3) 篡改(modification):拦截或者访问信息时,攻击者通过修改信息来改变信息的原始内容。例如,攻击者在截获交易信息后修改交易信息的内容,使交易信息对自己更有利。

(4) 伪装(masquerading):攻击者假扮成某主体来完成通信。例如,攻击者伪装成银行客户,利用客户的账号和密码来盗取他人的资金。当然攻击者也可以在攻击中扮演接收者的身份,例如,攻击者假扮成网上银行的登录客户端来骗取用户所输入的账号和登录密码。

(5) 重放(replaying):攻击者获得用户所发送的信息后进行复制再重新发送这些信息。例如,当捕获交易双方的交易信息后,通过重放就会使通信双方再进行一次交易。

(6) 否认(reputation):信息传输主体之一否认所进行的信息传输活动。例如,当某消费者购买了产品之后,商家否认其曾经对产品付款。

(7) 拒绝服务(denial of service):攻击者通过发送大量虚假请求,以拦截并删除服务器对客户的应答或者拦截从客户端发送的请求等手段来减缓或者完全中断系统的服务。

信息系统或者网络的维护者,针对这些攻击行为,需要采用一些应对措施。通常来说,在发现信息泄露之前,发现被动攻击是十分困难的,因此,基于密码学(cryptography)的加密方式是常见防范被动攻击的方法。主动攻击通常是可以被发现的,但是彻底地防范却是非常困难的;常用的措施是针对攻击行为进行入侵检测(intrusion detection),然后针对不同的攻击行为及攻击后果,提出相应的响应方案。由于攻击者可以通过多种(已知的和未知的)手段来实施主动攻击,响应行为总是攻击奏效后的安全弥补方案,因此又被称为第三代信息安全策略的容忍入侵(intrusion tolerance)与系统可生存性(survivability)方法。我们将在7.2 节介绍这些当前使用的安全技术。

7.1.2　RFID 系统的隐私与安全问题

RFID 系统作为物联网的技术发源地,其安全与隐私问题是物联网安全与隐私技术在感知层必须关注的着眼点之一。随着射频识别(RFID)技术应用的不断普及,尤其在供应链中已经得到了广泛的应用,它的安全和隐私问题受到越来越多的关注。没有可靠的信息安全机制,就无法有效保护整个 RFID 系统中数据信息的安全。如果信息被窃取或者恶意更改,那么将会给使用 RFID 技术的企业、个人和政府机关带来无法估量的损失。特别是对于没有可靠安全机制的电子标签,它们会向邻近的读写器泄露敏感信息并存在被干扰、被跟踪等安全隐患。

1. RFID 的隐私事件

虽然信息安全问题的存在使得 RFID 尚未应用到安全敏感的关键任务中,但是 RFID 技术也激起了部分消费者的反对,认为 RFID 标签是"间谍芯片"(spychip)——侵犯人们的隐私权:采用 RFID 进行单品识别的最终消费者是顾客,而且利用 RFID 标签可以进行人员的跟踪和标识。一个消费者潜在的隐私泄露问题的例子如图 7-3 所示。

图 7-3　消费者潜在的隐私泄露问题

历史上发生过两件著名的关于 RFID 标签隐私的问题。一件是 2003 年的班尼腾(Benetton)事件。著名的半导体制造商菲利普宣布将为著名的服装制造商班尼腾实施服装 RFID 管理,当隐私权保护者组织得到这个消息后,他们发起了联合抵制 Benetton 的运动。他们甚至还建立了专门的网站(www. boycottbenetton. com)来进行抵制活动。他们向公众呼吁"送给 Benetton 一句话:我们将不会购买带有跟踪标签的服装"。还提出了一个更加露骨的口号:"我们宁愿裸体也不会穿戴采用间谍芯片的服装。"面对如此大的公众压力,Benetton 最终退却了。几个星期后,Benetton 宣布,他们取消了对服装进行单品级 RFID 管理的应用项目。

另一件是 2004 年麦托(Metro)集团事件。麦托是德国最大的零售商,建立了"未来商店",也就是为测试新技术而建立的实验性场所。2004 年,麦托集团在其会员卡中采用了 RFID 技术,但是他们并没有预先对消费者进行告知。隐私权保护主义者准备集会抵制。最终结果是麦托让步了,在隐私权保护主义者组织集会的前两天,宣布他们不会再在会员卡中使用 RFID,而且还会替换已经发出的 RFID 会员卡。

然而,RFID 标签在物流和供应链中能大幅度地提高效率,RFID 的深入应用是难以抗拒的技术潮流。著名的零售集团沃尔玛货物采购就是使用的 RFID 标签,不过目前为止这种 RFID 标签并未深入到商品级别。即使因为隐私保护活动而失败的麦托集团也依然在其未来商店进行关于包括 RFID 在内的新技术试验,这些创新性的、具有冒险性的探索包括对供应商提出 RFID 应用要求——供应商必须在包装级或者托盘级层面上使用 RFID 为其供货。对 Benetton 和 Metro 的 RFID 应用挫折并不在意的零售商也有很多,他们积极尝试单品级的 RFID 管理,如英国的 Marks & Spencer 2006 年开始在男士西服上成功采用单品级 RFID 管理,还将试点在其他服装上实行单品级 RFID 管理。

2. RFID 系统的安全缺陷与攻击行为

RFID 所面临的安全问题比传统网络要严峻得多,这主要是由 RFID 系统自身属性所带来的安全缺陷造成的,这种安全属性不仅仅表现在 RFID 产品的成本极大地限制了 RFID 的处理能力和安全加密措施,更主要的是 RFID 技术本身就包含了比计算机和网络更多、更容易泄密的不安全因素。这些属于 RFID 技术本身的安全缺陷如下:

(1) 标签本身的访问缺陷。由于标签本身的成本所限,标签本身很难具备保证安全的能力。这样就面临着许多安全问题。非法用户可以利用合法的读写器或者自构的读写器与标签进行通信,很容易地就获取了标签内所存数据。而对于读写式标签,还面临数据被改写的风险。

(2) 通信链路上的安全问题。RFID 的数据通信链路是无线通信链路,与有线连接不同的是,无线传输的信号本身是开放的,这就给非法用户的侦听带来了方便。实现非法侦听的常用方法包括以下几种:

① 黑客非法截取通信数据。

② 业务拒绝式攻击,即非法用户通过发射干扰信号来堵塞通信链路,使得读写器过载,无法接收正常的标签数据。

③ 利用冒名顶替的标签来向读写器发送数据,使得读写器处理的都是虚假数据,而真实的数据则被隐藏。

(3) 读写器内部的安全风险。在读写器中,除了中间件被用来完成数据的传输选择、时间过滤和管理之外,只能提供用户业务接口,而不能提供让用户自行提升安全性能的接口。

由此可见,RFID 所遇到的安全问题要比通常计算机网络的安全问题复杂得多,特别是在电子标签上,计算能力和可编程能力都被标签本身的成本要求所约束,更准确地讲,在一个特定的应用中,标签的成本越低,它的计算能力也就越弱,可防止安全被威胁的可编程能力也越弱。目前来说,RFID 系统常见的安全攻击行为有 4 种类型,如表 7-1 所示。

表 7-1 RFID 的攻击分类

攻 击 分 类	具体实施过程
电子标签数据的捕获攻击	未授权方进入授权的读写器时仍然能设置读写器与某一特定的电子标签通信,并读取甚至修改标签上的信息,电子标签的数据就会受到攻击
电子标签和读写器之间的通信入侵	通过非法读写器截获数据、第三方堵塞数据传输、伪造标签发送数据等方法来干扰电子标签和读写器之间的正常通信
入侵读写器内部数据	攻击者设法获得读写器存储在读写器内存当中的数据来实施攻击
主机系统侵入	通过对后台主机系统的入侵来获得更多关于标签以及其他方面的信息

3. RFID 的安全事件

虽然在 ISO 和 EPC Gen2 中都规定了严格的数据加密格式和用户定义位,RFID 技术也具有比较强大的安全信息处理能力,但仍然有一些人认为 RFID 的安全性非常糟糕。当前,安全仍被认为是阻碍 RFID 技术推广的一个重要原因。一些重要的安全事件表明,RFID 系统已经暴露出了较大的安全隐患,下面列举 3 个典型事件。

EPC 的 Gen2 的发展过程

2003 年 11 月,EPCglobal 成立,Auto-ID Center 将 Class 0 和 Class 1 协议转交 EPCglobal。后来 EPCglobal 通过会议批准 Class 0 和 Class 1 协议作为 EPC 标准。2004 年,EPCglobal 开始着手第二代协议(Gen2)的开发,要使 EPC 标准更加接近 ISO 标准。2004 年 12 月,EPCglobal 又通过了 Gen2。这样 Gen2 和 ISO 标准同时成为 RFID 产品厂家的标准,EPC 的 Gen2 标准以 18000-6 Type C 的形式于 2006 年 3 月纳入 ISO 标准体系。

2005 年 1 月,埃克森石油公司(ExxonMobil)的快易通(SpeedPass)系统和 RFID POS 系统被约翰霍普金斯大学(Johns Hopkins University)进行教学实践的一组学生攻破,其原因是系统没有采取有效的安全保护手段。该团队在若干媒体的关注和好奇中公开了他们的发现,他们宣称,所谓完善的 SpeedPass 系统被证明是具有致命的安全隐患,容易遭受系统安全攻击。尽管他们还没有完全破解该系统,但这已经足够证明,运行了七年之久的系统已经开始老化,应该考虑可以替代的新的技术方式了。

埃克森美孚公司的"快易通"(SpeedPass)系统

1997 年,美孚石油公司为其加油站和便利店推出了一套名为"快易通"(SpeedPass)的支付系统。该系统采用了 TI 公司(德州仪器公司)的 DST RFID 电子标签技术。2001 年,埃克森石油公司收购了美孚石油公司并在他们的加油站和便利店采用了该系统。SpeedPass 系统是当时最大和最普遍地采用 RFID 技术的系统之一,超过六百万的 RFID 标签被发行。

2006 年 2 月,以色列魏兹曼大学(Weizmann University)的计算机教授阿迪·夏米尔(Adi Shamir)宣布他能够利用一个极化天线和一个示波器来监控 RFID 系统电磁波的能量水平。他指出,可以根据 RFID 场强波瓣的变化来确定系统接收和发送加密数据的时间。根据这些信息,RFID 系统安全攻击者可以对 RFID 的散列加密算法(secure hashing algorithm 1,SHA-1)进行攻击,而这种散列算法在某些 RFID 系统中是经常使用的。按照 Shamir 教授的研究成果,普通的蜂窝电话就会对特定应用场合的 RFID 系统导致安全危害。

荷兰的阿姆斯特丹自由大学(Amsterdam's Free University)的一个研究小组成功研究了一种被称为"概念验证"(proof of concept,POC)的 RFID 蠕虫病毒。这个研究小组在 RFID 芯片的可写内存内注入了这种病毒程序。当芯片被阅读器唤醒并进行通信时,病毒通过芯片最后到达后台数据库。而感染了病毒的后台数据库又可以感染更多的标签。这个研究课题采用了包括 SQL、缓冲区溢位攻击(buffer overflow attack)等常用的服务器攻击方法。

总之,如何应对 RFID 的安全威胁至今还是尚待研究解决的焦点问题。值得庆幸的是,RFID 系统的安全和隐私问题近两年受到了越来越多的关注,在安全通信领域的顶级学术会议 Infocom、IEEE P&S 以及著名的国际电子电气工程学会会刊 IEEE Trans. 系列上近两年不断有相关的研究文章出现,表明国际一流的研究组织正在深入研究此类问题,为 RFID 系统的推广应用和物联网产业的发展提供安全和保障技术。

阿迪·夏米尔(Adi Shamir)

Adi Shamir,以色列魏兹曼科学研究所教授,美国外籍科学院院士,现代密码学奠基人之一。Adi Shamir 教授与 R. L. Rivest、L. M. Adleman 设计了著名的公钥密码体制 RSA;首次提出基于身份的密码体制和门限签名方案的思想;首次破解 Merkle-Hellman 背包密码体制;首次提出 RSA 公钥密码体制部分信息泄露下的分析;此外,他在侧信道攻击、多变元公钥密码体制分析和对称密码分析等方面都做出了多项原创性工作。

Adi Shamir 教授曾获得 Israel Prize(以色列国家最高奖)、Kannelakis 奖、以色列数学协会 Erdös 奖、IEEE W. R. G. Baker 奖、UAP 科学奖、梵蒂冈 PUIS XI 金奖以及 IEEE Koji Kobayashi 计算机与通信奖等。2002 年,与 R. L. Rivest、L. M. Adleman 共同获得了第三十七届图灵奖。

7.1.3　传感网的安全威胁

正如第 2 章所述,简单的无线传感器网络并不是物联网。物联网平台下的无线传感器网络应该有一个 Internet 的接口,其常见的体系结构如图 7-4 所示。节点资源严重受限的节点分布在监控区域,一些管理节点或者节点或者网管节点负责将信息传输到互联网,通过互联网最终进入云计算的数据存储平台和终端的网络管理平台,为行业应用服务。在这个体系中,物联网的安全,除数据内容和数量外,与经典网络和信息系统安全的差异主要在于前端的无线传感器网络。

在实际应用环境中,无线传感器网络的传感节点大都是随机部署在无人照料的野外环境中,同时

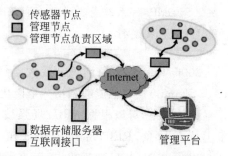

图 7-4　基于物联网结构的无线传感网模型

由于节点数量众多,对于管理者来说,想要照顾到传感器网络中的每个节点几乎是不可能的。所以在传感器网络中,安全的保护者和攻击者之间是不对称的:保护者需要从整个网络的角度来考虑;然而攻击者可以针对任何一个环节,甚至节点入手,来破坏整个网络的安全。

此外,无线传感器网络有其自身的特点,图 7-5 对这些相关的特点进行了总结和归纳。由于这些自身的特点,无线传感器网络容易受到类似于传统网络中的各种攻击,而且出现了一些专门针对无线传感器网络的攻击。根据 OSI(open system interconnection)协议栈的各个层次中可能受到的攻击和相应的防御手段,可以对无线传感器网络中的各种攻击进行分类,表 7-2 列出了这些攻击,并且给出了各种攻击的相关防御方法。

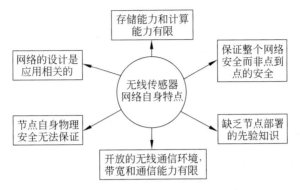

图 7-5　无线传感器网络自身的特点

表 7-2　无线传感器网络攻击方法层次划分及防御方法

网络层次	攻击方法	防御方法
物理层	监听攻击	访问控制、加密、硬件防篡改技术等
	拥塞攻击	
	设备篡改攻击	
MAC 层	传输控制	恶意行为检测、身份保护等
	身份篡改	
	非公平竞争	
网络层	虚假路由	路由访问控制、虚假路由信息检测、虫洞检测等
	数据包复制	
	黑洞攻击	
	污水池攻击	
	选择转发攻击	
	蠕虫攻击	
应用层	时钟偏差	数据完整性保护、数据机密性保护等
	选择性消息转发	
	数据聚合失真	

由表 7-2 可知,在有线或无线媒介上,物理层是与未加工过的比特信息相关联的,作为网络操作的基础,物理层负责信号的检测、调制、编码、频率选择等方面,因此,在物理层攻击者可以实施设备篡改攻击、监听攻击和拥塞攻击。

(1) 监听攻击:传感网采用的无线环境是一个开放的环境,所有的无线设备都会共享一个开放的空间,如果有两个设备的信号是工作在一个频道上的,那么它们就能接收到彼此的信息。攻击者可以利用无线通信的这个特点来收集安全敏感的数据,或者通过这种攻击途径来收集相关数据辅助实施其他的攻击。

(2) 拥塞攻击:在无线通信环境中,由于信道的开放性,攻击者还可以在网络所工作的无线频段上不断发送无用的信号,这样就会使正常的传感器节点无法正常接收到信息。当这种攻击达到一定的程度时,整个网络将会瘫痪。

(3) 物理俘获与设备篡改攻击:无线传感器网络通常随机部署在恶劣甚至是敌对环境中。所以像在传统网络中保护节点的物理安全是不可能的。攻击者可以通过捕获一些节点,对节点进行分析和修改,并利用所捕获节点来获得节点的工作原理和存储的相关秘密信息,来进一步实施对正常网络的影响。

MAC(medium access control)层是用来协调无线传输的公平性和效率的,在无线 MAC 协议中使用了很多经典的节点信息交换控制包来保证信息能够在一定的阶段里获得相关的数据传输权限,例如,IEEE 802.11 中的 CTS(clear to send)和 RTS(request to send),并且节点的身份标识也被嵌入到数据包中来指示信息的发送方和接收方。传输控制、身份篡改和非公平竞争攻击是 MAC 层常见的攻击方式。

(1) 传输控制:现在被广泛运用的 MAC 协议中,信息的传输都是在协调规则下进行的。然而攻击者能够通过竞争手段来打破这种平衡规则。这种方式可以使网络性能退化,甚至数据包冲突和不公平会导致通信失真。

(2) 身份欺骗:无线通信是用广播信道的,这样节点的 MAC 标识或者证书对于邻居节点是公开的,当然这些邻居节点也包括攻击者。在这种情况下,攻击者可以假冒成其他节点来发送信息,最典型的 MAC 欺骗攻击是 Sybil 攻击,在这种攻击中,攻击节点具有多个 MAC 标识。

(3) 非公平竞争:如果网络中的数据包在通信机制中存在优先级控制,那么攻击者可以利用这一特点来发送大量的高优先级的数据包来降低正常网络的使用效率。

在网络层,攻击者可以利用监听到的网络信息来判断数据包的传输路径进而掌握路由相关信息,在这种情况下,攻击者便可以利用网络路由的特点进行网络攻击。网络层的攻击行为更加多样。

(1) 虚假路由:攻击者通过修改信息的源和目标地址来选择一条错误的路由来转发网络信息,一方面,攻击者的行为可以导致网络路由混乱,当路由信息都指向某些特定的节点时,在这些节点处会形成通信阻塞,并且这一部分节点会因能量耗尽而过早死亡;另一方面,当路由指向恶意节点时,攻击者可以将所收到的信息全部丢弃掉,这样目标节点就无法收到信息。

(2) 数据包复制:在这种攻击中,攻击者重放以前从节点收到的数据包,当大量这种数据包在网络广播时就会形成洪泛攻击。这会造成网络节点能量消耗太大而减少网络的寿命。

(3) 黑洞攻击:在基于距离向量的路由通信机制中,节点是通过路径的长短来选择最佳路由的。但是攻击者可以利用路由算法的这种特点来实施攻击:攻击者发送一个 0 距离广播通告,这样恶意节点周围的节点就会将数据包通过恶意节点转发,这样网络中的数据就不能正确地传输到目标节点,因此,网络中便会形成路由黑洞。

（4）污水池攻击：这种攻击比黑洞攻击更为复杂。攻击者在掌握路由协议的基础上，通过广播一个到达某个路径的虚假最优路径。这样，节点就会认为这条通过攻击者的路径比现在使用的路径好并将路径设为最佳路径。

（5）选择转发攻击：选择转发攻击有两种情况，一种情况是恶意节点选择性地转发某个节点的信息（选择性消息转发）；另一种情况是恶意节点发送或者丢弃传感器节点发送来的信息（选择性节点转发）。前者是应用层的攻击，后者是网络层的攻击。如果攻击者利用 Sybil 攻击或者污水池攻击使自己成为路由节点，那么攻击者就能够选择性地转发或者丢弃节点的信息。

（6）蠕虫攻击：这种攻击需要两个或者更多的攻击者，他们拥有较好的通信资源并且能够建立更优的通信信道，其余的节点可能会采用攻击者间的信道来传输信息。这样，他们的输出信息就会在攻击者的掌控之下了。

在应用层，攻击者能够根据 WSN 中的各种应用的特点进行攻击，例如，干扰网络信息更新时的时钟同步，丢弃甚至是选择性地转发数据来造成数据不可用。

（1）时钟偏差：这种攻击主要是针对那些需要同步操作的传感器网络，通过传播虚假的时间信息来使网络节点无法进行时间同步。例如，在可以应用到无线传感器网络的 IEEE 802.11 协议中，节点需要通过接入点（access point）周期性地广播 Beacon 数据包来进行同步。攻击者可以利用这一特点来广播错误的时钟信息达到扰乱网络时钟的目的。

（2）选择性消息转发：这种攻击并不像网络层中的选择性转发攻击，这种攻击是建立在对应用层数据包语法结构非常了解的情况下。攻击者对信息的一部分进行转发而将另一部分丢弃。

（3）数据聚合失真：在数据传输到汇聚节点或者基站进行处理之前，攻击者可能篡改数据，这样，最终的数据聚合结果就会被改变。这种攻击会导致网络管理节点做出错误的行动。

2004 年卡内基梅隆大学的 Adrain Perrig 在 ACM 通信上发表了相关问题的研究综述，对无线传感网的安全研究和发展进行了全面剖析。至今，针对无线传感器自身的特点以及不同的应用场景而设计的无线传感器网络的安全解决方案依然是研究的热门领域。

7.2　经典的安全方法

以 Internet 为基础的网络在全世界的经济、军事以及人们的日常生活中发挥越来越重要的作用，其安全问题已成为牵扯每个人利益的法律问题及牵扯国家安全的战略问题。在军事方面，1991 年的海湾战争后，美国军方提出"信息战"，信息战的目的在于夺取和保持信息权，亦指战争中敌对双方争取信息的获取权、控制权和使用权。如今美国陆、海、空，以及海军陆战队等各兵种都设立了信息战办公室。在经济方面，我们经常在网上使用 E-mail、信用卡等个人账户信息，也风行在社交网站、拍卖网站、网络银行、电子支付网站从事相关的经济活动，都需要提防隐藏在网络背后的经济犯罪，他们常常比普通犯罪难于应对，一方面，由于网络犯罪者（骇客）可以通过各种网络技术来实现犯罪而不受时间和地点的约束，另一方面，相应案件证据收集困难，侦破难度也非常大。

7.2.1　安全服务与安全机制

国际电信联盟电信标准化组织(ITU-T(X.800))根据安全目标和相关的攻击定义了与安全相关的 5 种服务。这 5 种安全服务如图 7-6 所示。

图 7-6　安全服务

(1) 信息机密性：用于保护信息免于被暴露,该服务内容非常宽泛,它包含信息的整体和部分的机密性,保证信息免于窃听和流量分析。

(2) 信息完整性：用于保护信息的整体或者部分免于恶意篡改、插入、删除和重放。

(3) 身份认证：提供通信建立过程中实体间的身份认证,通信连接后的数据源的身份认证。

(4) 不可否认性：用于保护信息免于被信息发送方或接收方否认。

(5) 访问控制：用于保护信息免于被未授权的实体访问。这里的访问包含读、写、修改和执行等。

同时,ITU-T(X.800)也推荐一些实现这些安全服务的安全机制,这些安全机制的分类如图 7-7 所示。

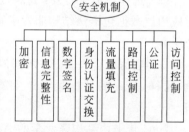

(1) 加密：通过一定的手段来保证信息的机密性。现实中有密码加密和数据隐藏两种技术实现信息的机密性。密码学的方法是最常用的技术,而数据隐藏中有时候也用到密码学,有专门的书籍介绍隐写术。

(2) 信息完整性：通过消息来生成一个简短的键值,接收方在获得信息时可以通过相同的途径来重建一个新

图 7-7　安全机制

的键值,通过对比两个键值来确定信息的完整性。常用的方法是 Hash 函数获得消息认证码(MAC 码)来验证。

(3) 数字签名：消息发送方对消息进行电子签名,消息接收方则可以对签名进行电子检验。通常情况下,发送方会使用公钥加密机制中私有的私钥来对消息进行签名,而消息接收者则可以通过发送者公开的公钥来进行消息的合法性认证。

(4) 身份认证交换：两个实体通过交换信息来认证身份。例如,一个实体可以通过交换一定的信息来证明他知道秘密信息。

(5) 流量填充：通过在流量中嵌入一定的虚假信息来防止对手使用流量分析方法进行攻击。

(6) 路由控制：通过控制路由或者改变路由来避免攻击者进行信息窃听。

(7) 公证：通信主体信任一个共同的主体,这样,通过可信的第三方来保存发送方的请求从而避免发送方过后否认自己的通信行为。

(8) 访问控制：通过一定的手段来证明某个主体拥有访问信息或者系统资源的权限。

密码学的 MAC 码和网络的 MAC 层

MAC 在密码学中是消息认证码(message authentication code),是指消息或其摘要经过哈希函数加密后生成的定长的伪随机码;而在网络中,MAC 层是媒体介入控制(medium access control)的意思,是开放互连标准组织 OSI 公布的网络协议结构的一个层面,和物理层、网络层及应用层并列。

安全服务和安全机制的关系如表 7-3 所示。从表中可以看出,一种服务通常需要多种安全机制来保证,同时,一种机制也能在多种安全服务中应用。有一个共同点是,这些安全机制中,加密、数字签名、身份认证等密码学的基本方法应用得非常普遍。为此在 7.2.2 小节介绍加密和认证协议等最基本的密码学知识。

表 7-3 安全服务与安全机制的关系

安 全 服 务	安 全 机 制	安 全 服 务	安 全 机 制
信息机密性	加密和路由控制	不可否认性	数字签名、信息完整性和公证
信息完整性	加密、数字签名、信息完整性	访问控制	访问控制机制
身份认证	加密、数字签名、身份认证交互		

7.2.2 密码学与安全防护

在脆弱的开放性环境中需要能够预料到一个足够强大的对手,Dolev 和 Yao 提出了一个威胁模型[Dolev1981],这一模型被广泛采纳为密码协议的标准威胁模型。在这个模型中,攻击者的特点如表 7-4 所示。

表 7-4 Dolev-Yao 威胁模型中的攻击者能力

能做的事情	不能做的事情
① 攻击者能获得经过网络的任何信息 ② 攻击者是网络的合法使用者,能够发起与任何其他主体的对话 ③ 有机会成为任何主体发出信息的接收者 ④ 能够冒充任何别的主体给任意主体发送消息	① 不能猜到从足够大的空间中选出的随机数 ② 没有正确密钥的情况下不能从给定的密文恢复出明文;对完善的加密算法,攻击者不能从给定明文构造出正确的密文 ③ 根据共有信息,攻击者不能求出私有部分 ④ 能够控制计算和通信环境中的大量公共主体,但是一般不能够控制计算环境中的许多私有区域

在 Dolev-Yao 威胁模型下,我们会发现攻击者是足够聪明的,他们可以利用网络的特点,利用所能够掌握的一切资源来对整个网络实施攻击。Dolev-Yao 威胁模型假设通过网络的所有消息都是经过攻击者处理的,也就是说,攻击者控制着整个网络。虽然这个假设可能比实际情况夸大了攻击者的能力,而事实上,在开放性的网络中我们只有这样假设才是合理的,否则我们如何判断攻击者能够截获这条消息,而不会截获那一条消息呢?概率的判断对于当事人来说是没有感觉的,遭遇任何一个攻击事件对当事者来说只有 100% 的倒霉或者 100% 的运气,为此在考虑安全技术的时候,认为开放环境是对所有的攻击者开放是有必要的。

Dolev-Yao 威胁模型是密码学中基础的理论安全模型,它让近代密码学的安全不再是建立在对敌人的分析、对算法的保密和对运气的猜测上，而是建立在密钥的保密性和公认的数学难题上——除非已经知道密钥，或者能计算出这个当前公认都不能解开的数学难题，否则无法在没有密钥的情况下获得密文的原文。我们后文介绍的密码协议都是基于 Dolev-Yao 威胁模型设计的。

姚期智（Andrew Chi-Chih Yao）

世界著名计算机学家，2000 年图灵奖得主，美国国家科学院（NAS）院士，美国科学与艺术学院（AAAS）院士，中国科学院外籍院士，清华大学高等研究中心教授。1967 年获得台湾大学物理学士学位，1972 年获得美国哈佛大学物理博士学位，1975 年获得美国伊利诺依大学计算机科学博士学位。1975 年至 1986 年曾先后在美国麻省理工学院数学系、斯坦福大学计算机系、加利福尼亚大学伯克利分校计算机系任助教授、教授。1986 年至 2004 年在普林斯顿大学计算机科学系担任 Wiliam and Edna Macaleer 工程与应用科学教授。2004 年起在清华大学任全职教授。至今唯一的华人图灵奖获得者。

1. 密码体制与加密算法

保密是密码学的核心，加密则是获得"保密"的工具。现代加密技术可以看成是将数字或者代数元空间中"有意义消息"区和"不可理解消息"区进行交换。这里我们将有意义区（当然这里的输入区也可以是不可理解的）或者是加密算法的输入称为**明文**，将不可理解区或者加密算法的输出称为密文，分别用 m 和 e 表示。

因为密文最后要恢复成明文，因此要求加密变换是可逆的，这个可逆的过程称为**解密**。通常，加密算法和解密算法再加上消息和密钥的形式描述就构成了一个**密码系统**或者**密码体制**。密码体制中常用的符号和术语如表 7-5 所示。

表 7-5　常用的符号、术语及其意义

符号	术语	数学意义	符号	术语	数学意义
m	明文消息	字母表上的符号串	$\mathcal{M}$	明文消息空间	某字母表上的符号串的集合
c	密文消息	字母表上的符号串	$\mathcal{C}$	密文消息空间	某字母表上的串集
k	加密密钥	加密密钥	$\mathcal{K}$	加密密钥空间	加密密钥集
k'	解密密钥	解密密钥	$\mathcal{K}'$	解密密钥空间	解密密钥集
g	密钥生成算法	函数 $\mathcal{N} \rightarrow \mathcal{K} \times \mathcal{K}'$	$\mathcal{G}$	所有有效的密钥生成算法	函数集 $\mathcal{N} \rightarrow \mathcal{K} \times \mathcal{K}'$
e	加密算法	函数 $\mathcal{M} \times \mathcal{K} \rightarrow \mathcal{C}$	$\mathcal{E}$	所有有效的加密算法	函数集 $\mathcal{M} \times \mathcal{K} \rightarrow \mathcal{C}$
d	解密算法	函数 $\mathcal{C} \times \mathcal{K}' \rightarrow \mathcal{M}$	$\mathcal{D}$	所有有效的解密算法	函数集 $\mathcal{C} \times \mathcal{K}' \rightarrow \mathcal{M}$

基于表 7-5 的符号系统，加密和解密算法可以形式化地表示为：对于一个整数 1^ℓ，$G(1^\ell)$ 输出长为 ℓ 的密钥对 $(ke, kd) \in \mathcal{K} \times \mathcal{K}'$。对于 $ke \in \mathcal{K}$ 和 $m \in \mathcal{M}$，可以将加密变换表示为：

$$c = \mathcal{E}_{ke}(m)$$

将解密变换表示为：

$$m = \mathbf{\mathcal{D}}_{kd}(c)$$

对于所有的 $m \in \mathcal{M}$ 和所有的 $ke \in \mathcal{K}$，一定存在 $kd \in \mathcal{K}$，使得：

$$\mathbf{\mathcal{D}}_{kd}(\mathbf{\mathcal{E}}_{ke}(m)) = m$$

图 7-8 形象地描述了上述密码体制的工作原理。无论是形式化的描述，还是图形化的展示，上述密码系统都是既适用于对称密码体制（$ke = kd$）又适用于公钥密码体制（$ke \neq kd$）。

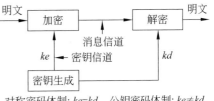

对称密码体制: $ke = kd$　　公钥密码体制: $ke \neq kd$

图 7-8　密码体制

这里介绍常见的几种密码算法的数学原理，毫无疑问，数据加密标准（DES）是第一个并且也是最重要的现代对称加密算法。它是在 1977 年 1 月由美国国家标准局公布的用于与国家安全无关数据安全的加密算法。DES 是分组密码，其中的消息被分成定长的数据分组，每个分组成为 $\mathcal{M}$ 或 $\mathcal{C}$ 的一个消息。在 DES 中 $\mathcal{M} = \mathcal{C} = \{0,1\}^{64}$，$\mathcal{K} = \{0,1\}^{56}$，即 DES 算法输入 64 比特的明文或者密文消息和 56 比特的密钥，输出 64 比特密文或者明文消息。

DES 加密标准提出不久就引起了 DES 的安全争论。后来发现 DES 的一个主要缺点：DES 的密钥长度较短。这被认为是 DES 仅有的最严重的弱点。针对这个弱点，攻击者可以进行穷举测试密钥（强力攻击）。但是我们不能将强力攻击看做是真正的攻击，因为每个密码设计者都会预见这种攻击，并且希望这是攻击者的唯一手段。为了克服这种密钥缺陷，三重 DES 被提出来了。这个方案的预算过程如下：

加密过程：$\mathbf{\mathcal{E}}_{k1}(\mathbf{\mathcal{D}}_{k2}(\mathbf{\mathcal{E}}_{k1}(m))) \rightarrow c$

解密过程：$\mathbf{\mathcal{D}}_{k1}(\mathbf{\mathcal{E}}_{k2}(\mathbf{\mathcal{D}}_{k1}(c))) \rightarrow m$

20 世纪 90 年代以来，DES 的短密钥的弱点越来越明显。1998 年 7 月 15 日密码学研究会、高级无线技术学会和电子前沿基金会联合宣布了破纪录的 DES 密钥搜索攻击：他们用了不到 250 000 美元构造了称为 DES 破解高手的密钥搜索机，56 个小时便可成功找到 RSA 的 DES 挑战密钥［Electronic1998］。为了寻找更高效、更安全的密钥，1997 年 1 月 2 日，美国国家标准和技术协会（NIST）宣布征集一个新的对称密钥分组密码算法取代 DES 的新加密标准，这个新算法将被命名为 AES。从 1997 年 9 月 12 日正式公开征集，到 1998 年 8 月 20 日 NIST 公开的 15 个候选算法，再到 1999 年 4 月 15 日截止的 5 个参加决赛的候选算法 MARS、RC6、Rijndael、Serpent 和 Twofish。最终，2000 年 10 月 2 日，NIST 宣布由比利时密码学家 Daemen 和 Rijmen 设计的 Rijndael 作为建议使用的 AES。值得一提的是，1992 年由华人学者来学嘉提出 IDEA，若不是因为专利技术等问题，曾一度成为 AES 的热门候选算法之一。

来 学 嘉

IDEA 密码的共同发明者（连同 J. L. Massey 教授）。参加了为欧洲的银行使用的信用卡的芯片中的算法的设计。参加了 ISO 标准 13888 不可否认协议、11770 密钥管理和 18033 密码算法的编辑。来学嘉的博士论文 *"On the Design and Security of Block Ciphers"* 给出了 IDEA 密码算法（international data encryption algorithm）。如今，这个"国际数据加密算法"已经成为全球通用的加密标准之一。

下面介绍公钥密钥系统。公钥密码系统的安全性多依赖于一些计算问题的直观难解性。不严格地说,一个问题是否是难解的主要看这个问题在多项式时间内是否可解。表 7-6 列举了一些密码学相关的计算问题。

表 7-6 密码学常见的困难问题

名　　称	问 题 描 述
整数分解问题	给定一个正整数 n,找出它的因子分解;即将 n 写为 $n = p_1^{e_1} p_2^{e_2} \cdots p_k^{e_k}$,这里的 p_i 是不同的素数,且每个 $e_i \geq 1$
RSA 问题	给定一个正整数 n,n 为两个不同的奇素数 p 和 q 的乘积,一个正整数 e 使得 $\gcd(e,(p-1)(q-1))=1$,以及整数 c,找到一个整数 m 使得 $m^e \equiv c \pmod n$
二次剩余问题	给定一个奇合数 n 和整数 a,a 的雅克比符号 $\left(\dfrac{a}{n}\right)=1$,确定 a 是否是模 n 的二次剩余
平方根问题	给定一个合数 n 和 $a \in Q_n$(模 n 二次剩余集合),找 a 的模 n 的平方根;即找整数 x,使得 $x^2 \equiv a \pmod n$
离散对数问题	给定一个素数 p,Z_p^* 的一个生成元 α 以及一个元素 β,找一个整数 $x(0 \leq x \leq p-2)$,使得 $\alpha^x \equiv \beta \pmod n$
Diffie-Hellman 问题	给定一个素数 p,Z_p^* 的一个生成元 α 以及元素 $\alpha^a \bmod p$,$\alpha^b \bmod p$,求 α^{ab}
子集和问题	给定一个正整数集合 $\{a_1, a_2, \cdots, a_n\}$ 和一个正整数 s,确定是否有 a_j 的子集,使得其中的元素和等于 s

RSA 和 ECC 是两个较为经典的公钥加密算法。RSA 是一种非对称加密算法。在公钥加密标准和电子商业中 RSA 被广泛使用。RSA 是 1977 年由罗纳德·李维斯特(Ron Rivest)、阿迪·萨莫尔(Adi Shamir)和伦纳德·阿德曼(Leonard Adleman)一起提出的。当时他们三人都在麻省理工学院工作。RSA 就是他们三人姓氏开头字母拼在一起组成的。

RSA 公钥加密机制和 RSA 签名方案都是基于 RSA 问题的难解性。它主要是求解模合数 n 的 e 次根。该问题中的参数 e 和 n 所构成的条件保证了对于每一个整数 $c \in \{0,1,\cdots,n-1\}$,有且只有一个整数 $m \in \{0,1,\cdots,n-1\}$,使得 $m^e \equiv c \pmod n$。

在 RSA 体制中,加密过程中有两个密钥 e 和 d,非秘密的附加信息由一个大的整数 n 组成,明文 x 首先被编码为正整数,仍然记为 x,其加密步骤为:

$$\mathcal{E}_{n,d}(x) = x^e \bmod n$$

这里生成了密文 $y = x^e \bmod n$,它是一个正整数,范围为 $(0 < y < n)$,解密步骤为:

$$\mathcal{D}n,d(y) = y^d \bmod n$$

【例 7.1】 为了简单起见,我们只使用较小的数来做计算。Alice 选择两个素数 $p=7$,$q=11$,则 $n=77$。$\Phi(n)=(7-1)(11-1)=60$,现在 Alice 从 Z_{60}^* 中随机选择 $e=13$,那么,根据 $e \times d \bmod 60=1$,便得到 $d=37$,Alice 将 e 和 n 公开,当 Bob 发送信息为 $x=5$ 给 Alice 时,Bob 计算

$$c = x^e \bmod n = 26 \bmod 77$$

Alice 收到信息 $c=26$ 之后,计算

$$x = c^d \bmod n = 5 \bmod 77$$

【例 7.2】 如果 Alice 选择 $p=397$ 和 $q=401$,她计算出 $n=397 \times 401=159\ 197$。然后她选择 $\Phi(n)=396 \times 400=158\ 400$。她选择 $e=343$ 和 $d=12\ 007$。如果 Charlie 知道 e 和 n,那么他想用 Alice 所公布的公钥 343 来将信息"NO"秘密地发送给 Alice,那么计算过程又是

如何呢？

解答：首先需要将信息中的每个字符都编码为一个数字（从 00 到 25），然后把每个字符编码为两个数字（N=13，O=14），串联起来就得到明文 1314。Charlie 用 e 和 n 对信息进行加密。密文就是 $1314^{343} = 33677 \bmod 159197$。Alice 收到密文 $c = 33677$ 后，用解密密钥 d 把它解密为 $33677^{12007} = 1314 \bmod 159197$。然后把 1314 解码为"NO"。加密解密过程如图 7-9 所示。

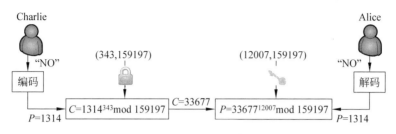

图 7-9　加密解密过程

在 RSA 问题中，如果 n 的因子已知，那么 RSA 问题就很容易求解。现阶段，人们普遍相信 RSA 问题可以在多项式时间内预见到整数因子分解问题，但是人们还没有给出证明。

虽然 RSA 是安全的非对称密钥系统，但是它们的安全性还是有代价的，那就是它们的密钥长度较大，所需要的计算开销也较大。在资源严重受限的物联网应用场景，开销小的加密算法备受青睐。ECC 就是一种开销较小的非对称加密算法。ECC(elliptic curve cryptography，椭圆曲线密码学)是基于椭圆曲线数学的一种公钥密码的方法。椭圆曲线密码学是在 1985 年由 Neal Koblitz 和 Victor Miller 分别独立提出的，椭圆曲线与椭圆并无直接关系，它是关于两个变量的三次方程，因为与计算椭圆周长的方程相似而命名。

在物联网前端子网中，由于资源受限，一些计算开销较大的密码算法在研究之初被认为并不适用于无线传感器网络。加之分布式传感器网络没有固定的基础设施，传统的基于公钥基础设施(PKI)、授权基础设施(PMI)不适合于传感器网络，应用可信的第三方来保证安全是不现实的。

对称加密算法由于计算开销较小，比较适合于物联网前端弱能力的感知子网部分，但是对称加密算法在分布式网络中的应用也存在相应的难题。由于网络中节点较多并且缺乏节点部署的先验知识，对称加密机制的应用势必会带来密钥部署困难以及较大的节点存储开销，同时，网络密钥管理也不方便。

随着硬件能力的不断提高，非对称加密算法给网络管理带来的方便引起了越来越多的重视。在物联网前端的感知子网部分，开销较小的公钥机制如椭圆曲线加密算法备受研究者的青睐，比较典型的有 TinyECC，就是一个专为无线传感器网络开发的椭圆曲线密码系统。值得一提的是，TinyECC 是华人学者宁鹏(Peng Ning)及其研究组完成的。

2. 密码协议

作为网络安全的基础，密码学包含密码算法和密码协议两个部分。密码协议完成了网络安全中需要的大部分功能。在实际应用当中，认证协议、签名协议等是我们经常听到的密码协议。其中，认证协议通过密码检验认证、在实体间安全地分配密钥或者其他各种秘密、确认发送和接收消息的不可否认性。

协议不同于算法,通常来说,算法的执行主体只有一个,其完成是串行的、按步骤进行的。而协议的主体有两个以上,通过信息的交互和各自的运算完成一个功能。密码协议通常很简单,参与协议的主体只有 2~3 个,交换的消息也只有 3~5 条。然而设计一个正确的、符合目标的、没有冗余的协议是非常不容易的。迄今为止的认证协议大都存在着这样或者那样的缺陷。所以协议的发展状况可以描述为:协议设计——发现安全缺陷——改进协议——发现新的安全缺陷——进一步改进协议……。

我们首先看一个最基础的密钥协商协议,假设 Alice 想和 Bob 进行秘密通信,为此他们先要协商一个共享的密钥。那么在这个密钥协商协议中,Alice 是发起者,Bob 是协议的响应者,K_{AB} 是 Alice 和 Bob 之间将要共享的密钥。在协议结束后需要满足 3 个特性:

(1) 只有 Alice 和 Bob(可能还有一个可信第三方)知道 K_{AB}。

(2) Alice 和 Bob 能够确信双方知道 K_{AB}。

(3) Alice 和 Bob 能够确定 K_{AB} 是新生成的。

用密码学的专业术语来说,这 3 条特性分别保证了实体识别、实体认证和密钥新鲜性。

图 7-10 给出了一种最简单的模式实现上述目的——利用可信第三方 Trent,那么上述密钥协商协议就有了新的场景:两个互不相识的主体 Alice 和 Bob,但是他们想通过一个可信的 Trent 以及他们分别与 Trent 存储的共享密钥来安全地传递消息。

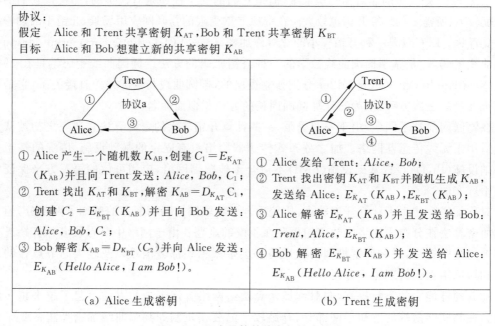

图 7-10　两个最简单的密钥协商协议

图 7-10 给出了两个协议,都能最终实现密钥协商协议要求的 3 个目标,但是协议 a 缺乏公平性,由一个不认识的主体 Alice 来产生一个随机的密钥,如果 Alice 的随机数生成器不好,那么 Bob 的安全性也不能得到保证,出现了水桶效应里的短板问题,即对安全性最差的一方决定了安全性的整体水平。当然这个缺陷可以通过协议 b 来克服,但是协议 b 还是存在缺陷的,缺陷在哪里呢?

我们假设存在一个攻击者 Malice,根据 Dolev-Yao 模型,我们认为 Malice 能够完全控制整个网络并在协议中实施一定的恶意行为。图 7-11 给出了 Malice 冒充 Trent 的一个攻击方案。

假　　设　　除原协议假设外，Malice 和 Trent 共享密钥 K_{MT}

攻击结果　　Alice 认为与 Bob 共享密钥 K_{AB}，设计上是和 Malice 共享密钥 K_{AB}

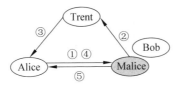

① Alice 给 Malice"Trent"发送：$Alice$，Bob；（Malice"Trent"表示 Malice 冒充 Trent）；

② Malice"Alice"给 Trent 发送：$Alice$，$Malice$；

③ Trent 找出随机密钥 K_{AT} 和 K_{BT}，产生随机密钥 K_{AM} 并发送给 Alice：$E_{K_{AT}}(K_{AM})$，$E_{K_{MT}}(K_{AM})$；

④ Alice 解密 $E_{K_{AT}}(K_{AM})$，并向 Malice"Bob"发送：$Trent$，$Alice$，$E_{K_{MT}}(K_{AM})$；

⑤ Malice"Bob"向 Alice 发送：$E_{K_{AM}}(Hello\ Alice，I\ am\ Bob！)$。

图 7-11　冒充 Trent 的 Malice

从图 7-11 对协议的攻击过程可以看出，Malice 可以通过截获并且改变消息的内容来欺骗消息发送者和可信第三方来获得合法节点的秘密信息。造成这种原因是由于消息传递过程中没有对消息的完整性进行认证。为了克服这一缺陷，可以将图 7-10(b) 中的协议更改为消息认证的密钥协商协议，如图 7-12 所示。

① Alice 发给 Trent：$Alice$，Bob；

② Trent 找出密钥 K_{AT} 和 K_{BT} 并随机生成 K_{AB}，发送给 Alice：$E_{K_{AT}}(Bob，K_{AB})$，$E_{K_{BT}}(Alice，K_{AB})$；

③ Alice 解密 $E_{K_{AT}}(Bob，K_{AB})$，验证 Bob 的身份，发送给 Bob：$Trent$，$E_{K_{BT}}(Alice，K_{AB})$；

④ Bob 解密 $E_{K_{BT}}(Alice，K_{AB})$，验证 Alice 的身份，发送给 Alice：$E_{K_{AB}}(Hello\ Alice，I\ am\ Bob！)$。

图 7-12　消息认证的密钥协商协议

消息认证协议的密钥协商协议主要体现在 Trent 将交谈节点的身份、共享密钥一起用交谈对方的密钥加密到密文中。这样实现了交谈双方身份（Alice 的名字用 Bob 的密钥加密，而 Bob 的名字用 Alice 的密钥加密）和共享密钥的绑定，没有对应密钥的节点就没有办法修改密文的信息（否则就会被发现），同时，有密钥的节点又能通过解密密文来验证通信方的合法性。

当然，会话密钥在通信过程中需要及时更新。因为在系统中两次协议运行过程中的会话密钥如果相同的话，攻击者可以通过重放密钥和已经泄露的消息来获取 Alice 的信任，这样攻击者同样能够达到攻击效果。这就是著名的消息重放攻击。

认证的密钥协商协议中，有一个著名的询问应答协议，它还有一个名字叫 Needham-Schroeder 对称密钥的身份认证协议，是一个具有里程碑意义的密钥协商协议。

从图 7-13 的询问应答协议可以看出，协议中将随机数与消息进行了绑定，这样能够有效地保证攻击者不能冒充 Trent 来实施重放攻击，攻击者在没有会话密钥时，不能对 Trent 发送给 Alice 的消息进行修改，否则 Alice 就会发现 Malice。但是这个协议中依旧存在重放攻击的可能，而实施重放攻击利用了图 7-11 攻击协议中类似的方法。这里的重放攻击的设计作为思考题，请同学们考虑冒充主体发生变化的重放攻击。

假定　Alice 和 Trent 共享密钥 K_{AT}，Bob 和 Trent 共享密钥 K_{BT}。

目标　Alice 和 Bob 想建立新的共享密钥 K_{AB}。

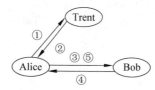

① Alice 生成一个随机数 N_A，向 Trent 发送：$Alice, Bob, N_A$（N_A 为随机数）；

② Trent 随机生成 K_{AB}，向 Alice 发送：$E_{K_{AT}}(N_A, K_{AB}, Bob, E_{K_{BT}}(K_{AB}, Alice))$；

③ Alice 解密 N_A、验证 N_A 的合法性、验证 Bob 的身份并向 Bob 发送：$Trent, E_{K_{BT}}(K_{AB}, Alice)$；

④ Bob 解密、验证 Alice 的身份，生成随机数 N_B，向 Alice 发送：$E_{K_{AB}}$（我是 Bob, N_B）；

⑤ Alice 向 Bob 发送：$E_{K_{AB}}$（我是 $Alice, N_B - 1$）。

图 7-13　询问应答协议

由于理论安全与实际安全也存在较大的差别——理论上完全安全的机密机制在现实中却是不安全的、难以应用的。用户关于密钥的管理、用户的安全策略以及内部用户的自私与违法行为等，都可能导致安全问题。事实上，几乎所有的复杂系统都存在不同的安全问题，为此，我们要考虑恶意的敌手进入系统，形成入侵之后，如何发现并恢复系统的安全性，这就是 7.2.3 小节要讲解的内容。

最后需要强调的是，开发安全系统与普通的应用系统时考虑的主要因素是不同的，因为应用系统主要考虑的是系统的功能，用户是善意的而且尽量使用、维护系统，而安全系统外界是敌意的，任何一个疏忽带来的都是重大的损失和代价。因此，开发安全系统的过程中应该格外谨慎，不经意的疏忽会导致整个系统处于不安全的状态。

7.2.3　入侵检测技术

随着信息化技术的深入和互联网的迅速发展，我们的日常生活越来越离不开 Internet。但是伴随着网络和网络业务的发展，也产生了各种各样的安全问题。现在，网络中的蠕虫、病毒以及垃圾邮件肆意泛滥，木马无孔不入，DDoS 攻击越来越常见，黑客攻击行为几乎每时每刻都在发生。能否阻拦入侵、及时发现网络黑客的入侵，成为网络用户经常考虑的一个重要的问题。

防火墙技术是保证网络资源的安全的第一道防线，通过访问控制实现防御攻击的目的。但是复杂系统自身难以实现完全的安全性，攻击者能力也在不断提高，原本安全的系统也会逐渐被发现出不安全的地方，单纯地依靠防火墙已经无法防御不断变化的入侵攻击的发生。入侵检测系统是防火墙之后的第二道安全闸门，是对防火墙的补充。

入侵检测对网络进行检测，对内部攻击、外部攻击和误操作实时监控，提供动态保护，可大大地提高网络的安全性。有一个经典的比喻可以区分防火墙技术和入侵检测技术的重要性：防火墙相当于门卫，对于所有进出大门的人员进行检查；入侵检测技术相当于闭路监控系统，监控关键位置如财务、库房等的安全状况。仅有门卫是无法发现已经非法进入内部或本来就是内部人员的非法行为；而闭路监控系统可以实时监控，发现异常情况及时报警。

所谓入侵是对信息系统的非授权访问以及(或者)未经许可在信息系统中进行的操作。所有能够执行入侵检测任务和功能的系统都可以称为入侵检测系统,其中包括软件系统以及软硬件结合的系统。

1. 入侵检测的发展历史

1980 年,James Anderson 在为美国空军所做的技术报告中首次提出了入侵检测的概念,提出可以通过审计踪迹来检测对文件的非授权访问,并给出了一些基本术语的定义,包括威胁、攻击、渗透、脆弱性等。Anderson 的报告将入侵划分为外部闯入、内部授权用户的越权使用和滥用 3 种,同时提出使用基于统计的检测方法,即针对某类会话的参数,例如,连接时间、输入输出数据量等,在对大量用户的类似行为作出统计的基础上得出平均值,将其作为代表正常会话的阈值,检测程序将会话的相关参数与对应的阈值进行比较,当二者的差异超过既定的范围时,这次会话将被当作异常。Anderson 的报告实现的是基于单个主机的审计,在应用软件层实现,其覆盖面不大,并且完整性难以保证,但是其提出的一些基本概念和分析为日后入侵检测技术的发展奠定了良好的基础。

1987 年,Dorothy Denning 发表了入侵检测领域的经典论文 *An intrusion-detection model*,文中首次提出了入侵检测系统的抽象模型,并且首次将入侵检测概念作为一种计算机系统的安全防御措施提出。Denning 提出的统计分析模型在早期研发的入侵检测专家系统(intrusion detection expert system, IDES)中得到较好的实现。Denning 对入侵检测的基本模型给出了建议,如图 7-14 所示。在图中所示的通用入侵检测模型中,事件生成器从给定的数据来源中(包括主机审计数据、网络数据包和应用程序中的日志信息等)生成入侵检测事件,并分别送入到活动档案计算模型和规则库检测模型中。活动档案模块根据新生成的事件,自动更新系统行为的活动档案;规则库根据当前系统活动和当前事件的情况,发现异常活动情况,并可以按照一定的时间规则自动地删减规则库中的规则集合。

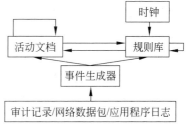

图 7-14　通用入侵检测模型

2. 入侵检测系统

入侵检测系统可以分为 3 类:基于主机的入侵检测系统、基于网络的入侵检测系统和分布式入侵检测系统。

(1) 基于主机的入侵检测系统:系统分析的数据是计算机操作系统的事件日志、应用程序的事件日志、系统调用、端口调用和安全审计记录。主机型入侵检测系统保护的一般是所在的主机系统,是由代理来实现的,代理是运行在目标主机上的小的可执行程序,它们与命令控制台通信。

(2) 基于网络的入侵检测系统:系统分析的数据是网络上的数据包。网络型入侵检测系统担负着保护整个网段的任务,基于网络的入侵检测系统由遍及网络的传感器组成,传感器是一台将以太网卡置于混杂模式的计算机,用于嗅探网络上的数据包。

(3) 分布式入侵检测系统:是基于网络和基于主机的入侵检测系统的综合,避免了单一方式造成防御体系不全面,综合了基于网络和基于主机的分布式入侵检测系统,既可以发现网络中的攻击信息,也可以从系统日志中发现异常情况。

3. 入侵检测技术

虽然在几十年的发展过程中入侵检测系统的结构随着信息系统的结构变化而不断变化,但入侵检测的方式却基本沿用至今,主要分为两种:异常检测(anomaly detection)和误用检测(misuse detection)。异常检测是抽取系统的静态形式和可接受的行为特征,然后检测对静态形式的错误改动和可疑的动态行为;误用检测是假设入侵活动可以用一种模式来表示,检测系统内部发生的活动是否符合这些模式。

(1) 异常检测:异常检测分为静态异常检测和动态异常检测两种,静态异常检测在检测前保留一份系统静态部分的特征表示或者备份,在检测中,若发现系统的静态部分与以前保存的特征或备份之间出现了偏差,则表明系统受到了攻击或出现了故障。动态异常检测所针对的是行为,在检测前需要建立活动简档文件描述系统和用户的正常行为,在检测中,若发现当前行为和活动简档文件中的正常行为之间出现了超出预定标准的差别,则表明系统受到了入侵。

(2) 误用检测:误用检测主要针对使用已知的攻击技术进行攻击的情况,使用一个行为序列,称为"入侵场景",来确切地描述一个已知的入侵方式,若系统检测到该行为序列完成,则意味着一次入侵发生。早期的误用检测系统使用规则来描述所要检测的入侵,但由于规则组织上存在缺陷,所以造成规则数量过大,且难以解释和修改。为了克服这一缺点,后来的入侵检测系统使用了基于模型和基于状态转化的规则组织方法。

入侵检测过程分为 3 个步骤:信息收集、信息分析和结果处理,各阶段的工作如下。

(1) 信息收集:入侵检测的第一步是信息收集,收集内容包括系统、网络、数据及用户活动的状态和行为。由放置在不同网段的传感器或不同主机的代理来收集信息,包括系统和网络日志文件、网络流量、非正常的目录和文件改变、非正常的程序执行。

(2) 信息分析:收集到的有关系统、网络、数据及用户活动的状态和行为等信息,被送到检测引擎,检测引擎驻留在传感器中,一般通过 3 种技术手段进行分析:模式匹配、统计分析和完整性分析。当检测到某种误用模式时,产生一个告警并发送给控制台。

(3) 结果处理:控制台按照告警产生预先定义的响应采取相应措施,可以是重新配置路由器或防火墙、终止进程、切断连接、改变文件属性,也可以只是简单地告警。

4. 分布式入侵检测系统

分布式入侵检测系统(DIDS)的开发始于 20 世纪 90 年代初期,在技术发展历程中,DIDS 将基于网络和基于主机的入侵检测方法集成到了一起。DIDS 对数据采用分布式监视、集中式分析,通过收集、合并来自多个主机的审计数据和检查网络通信,能够检测出多个主机发起的协同攻击,是入侵检测系统发展史上一个里程碑式的产品。

> **DIDS 的历史**
>
> 1988 年的 Morris 蠕虫事件引发了公众对于网络安全的重视,美国空军、国家安全局(NSA)和能源部(DOE)共同资助空军密码支持中心(AFCSC)、Lawrence-Livermore 国家实验室、加州大学 Davis 分校、Haystack 实验室,开展对分布式入侵检测系统(DIDS)的研究,将基于网络和基于主机的入侵检测方法集成到了一起。1991 年,DIDS 基本完成。

DIDS 系统设计的目标环境是一组经由以太局域网连接起来的主机,并且这些主机都满足 C2 等级的安全审计功能要求。DIDS 所要完成的任务是监控网络中各个主机的安全状态,同时检测针对局域网本身的攻击行为。

DIDS 的系统设计架构如图 7-15 所示。因为 DIDS 要同时完成检测主机和网络安全状态的任务,所以系统同时采用了网络数据和主机审计数据两种数据来源。DIDS 系统主要包括 3 种类型的组件:主机监控器(host monitor)、局域网监控器(LAN monitor)和中央控制台(director)。主机监控器位于每个需要进行安全监控的主机系统上,而局域网监控器负责分析网络上发生的主机活动信息,整个局域网环境中只需要一台局域网监控器。主机监控器和局域网监控器各自独立地与中央控制台进行通信联系。

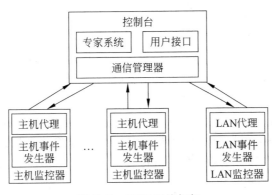

图 7-15 DIDS 系统框架

7.2.4 内容安全技术

随着全球的互联网应用在近几年得到了迅猛增长,多媒体应用、网络视频会议、Web 2.0 等新业务层出不穷,互联网已由早期的浏览信息、收发邮件转变为多媒体、通信服务、娱乐并重的运营交互网络。网络内容安全正是由于新业务不断上线逐渐成为了互联网安全领域的新焦点。内容安全是指对信息在网络内流动时的选择性阻断,以保证信息流动的可控能力。在此,被阻断的对象可以是通过内容判断出来的可对系统造成威胁的脚本病毒,因无限制扩散而导致消耗用户资源的垃圾类邮件,导致社会不稳定的有害信息等,主要涉及信息的机密性、真实性、可控性、系统不可控性等;主要的处置手段是密文解析或形态解析、流动信息的裁剪、信息的阻断、信息的替换、信息的过滤、系统的控制等。

1. 内容安全领域的威胁

内容安全领域的威胁主要来自如下 6 个方面:

1) 新型网络攻击、网络钓鱼和网络欺诈

随着互联网的快速发展,目前,基于大型事件的攻击和诈骗手段在全世界范围内非常流行,特别是在遇到国际性重大事件时,相关网站普遍有大规模的拒绝服务攻击,或者通过电子邮件和恶意软件来实现政治言论的散播和网络欺诈行为。此外,黑客也广泛利用话题攻击广大用户、窃取个人或企业的机密信息。

2) 恶意垃圾邮件

由于网络爬虫技术日趋成熟,搜集获取个人或公司用户的信息变得非常容易。黑客也越来越多地利用互联网的垃圾邮件来发送含有恶意程序的网站地址,或将其发布在论坛、博客和互动性评论中,这些行为不仅将网络流量引至被感染的网站,而且还有助于提高该恶意网站的搜索引擎排名,更大地增加受感染面积。据统计,全世界的企业每年大概要花 80 亿到 100 亿美元来解决垃圾邮件的问题。中国网民每年收到 460 亿封垃圾邮件,问题的严重性不可忽视。每天要处理这么多垃圾邮件不仅浪费人们的时间还消耗有用的 IT 资源,例如存储空间、CPU、网络带宽等。垃圾邮件还可利用垃圾邮件的转发以成为病毒的传播媒介。病毒开发者逐渐利用垃圾邮件技巧,不仅利用垃圾邮件的转发和传播技术,而且利用各种手段引诱受害者打开恶意的病毒文件和利用邮件连接到色情或者反动的网站地址,或者通过它导致商业信息的泄露。

3) 针对 Web 2.0 时代特定群体的威胁

Web 2.0 为互联网用户大大扩展了发挥空间,他们可以光顾聊天室、社交性网站和特定兴趣网站如旅行网、汽车网等。这些网站为攻击者提供了明确的分类,不同的网站用户有着固定的特征:一方面,这些应用对人们的文化生活的影响越来越大,已成为社会主义精神文明建设的重要阵地,以及重要的思想舆论阵地和国际舆论斗争的新领域;另一方面,Web 2.0 阶段下,网络互动性、群体性使得互联网内容及质量越来越难于控制,易发的群体性事件或者网络虚拟串联很容易给国家和社会带来灾难。此外,黑客将利用这些不同类别的网站针对特定年龄段、特定收入和特定购物癖好群体发起 Web 2.0 威胁攻击。

4) 即时通信、P2P 的威胁

P2P(peer-to-peer)改变了传统的 C/S 架构模式,使得互联网资源共享的带宽不再受制于服务器的网卡的速度,而取决于参与共享的计算机的总的网卡带宽。例如,英国网络流量统计公司 CacheLogic 表示,2009 年全球有超过一半的文件交换是通过 BT 进行的,BT 占了互联网总流量的 35%,使得浏览网页这些主流应用所占的流量相形见绌。带宽滥用给网络带来了新的威胁和问题,甚至影响到企业 IT 系统的正常运作,它使用户的网络不断扩容但是还是不能满足"P2P 对带宽的渴望",大量的带宽浪费在与工作无关的流量上,造成了投资的浪费和效率的降低。另一方面,即时通信并没有加密或数字签名,因此很容易出现网络偷听、篡改和冒名等攻击,最糟糕的是,现在的即时通信客户软件中,例如,缓冲区溢出、DoS 攻击和加密较弱等严重的安全弱点经常被发现。黑客能利用这些安全弱点偷窃即时通信密码、读取敏感的公司数据和访问私人网络。卡巴斯基在《2010 年网络威胁预测》中指出,来自文件共享网络的攻击将增长,网络攻击将从通过网站和应用程序转向通过文件共享网络。

5) 来自间谍软件的威胁

根据微软的定义,"间谍软件是一种泛指执行特定行为,如播放广告、搜集个人信息或更改你计算机配置的软件,这些行为通常未经你同意。"严格说来,间谍软件是一种协助搜集(追踪、记录与回传)个人或组织信息的程序,通常是在不提示的情况下进行。由于间谍软件可采用伪造协议和端口重用技术,使得传统的防火墙无法有效抵御,必须通过应用层内容的识别采取相关措施。

6) 来自内部的威胁

内部的风险分为来自各企业内联网的不信任区域风险和内部员工的上网风险。内部员工对自身企业网络结构、应用比较熟悉,自己或内外勾结攻击网络或泄露重要信息都可威胁到内部系统的安全。内部安全的威胁可能引发的结果包括非法使用资源、恶意破坏数据、数据窃取、数据篡改、假冒、伪造、欺骗、敲诈勒索等,这些都将对企业造成不可估量的损失。据调查,已发生的网络安全事件中,70％的攻击是来自内部。内容安全管理不容忽视,对于企业来说,固若金汤的网络防护城池往往在内部员工的安全威胁面前却形同虚设。

2. 过滤技术

保证内容安全的主要技术是过滤技术,过滤的相关技术包括以下几种。

1) 黑名单/白名单技术

黑名单中保存已知的恶意服务器地址,当接受一个网络连接时,服务器检查该连接是否是来自黑名单中的地址,如果是,就拒绝这个连接。黑名单技术广泛地应用于垃圾邮件处理上,有效地减少了垃圾邮件数量,但是存在两个主要的缺点:一个是黑名单需要不断维护以保证最新发现的恶意服务器能够加入黑名单;另一个是可能错误地阻止合法连接。因此,普遍使用的黑名单还要加上辅助的白名单,在白名单内列出适当的合法的服务器地址以避免合法连接被错误阻止。尽管如此,黑名单/白名单还是会导致"过度封锁"——共用同 IP 的其他网站被全部过滤,因此还需要采用其他技术对该方法进行补充。

2) DNS 污染技术

DNS 污染方案就是指当用户查询域名服务系统(DNS)将文字的域名转换为数字的 IP 地址时,可以返回错误的应答或者不返回应答导致用户不能正常访问。这类方案没有过度封锁的问题,因为禁止访问特定网站不会影响到其他网站。不过,邮件传递也需要 DNS 查询,如果只是过滤网站而不过滤邮件服务的话,此类方案实现起来容易出错。

3) 数据包过滤

数据包过滤(packet filtering)是一个用软件或硬件设备对向网络上传或从网络下载的数据流进行有选择地控制的过程。数据包过滤器通常是在将数据包从一个网站向另一个网络传送的过程中允许或阻止它们的通过(更为常见的是在从 Internet 向内部网络传输数据时,或从内部网络向 Internet 传输数据时)。若要完成数据包过滤,就要设置好规则来指定哪些类型的数据包被允许通过和哪些类型的数据包将会被阻止。数据包过滤技术常常由硬件来完成,如防火墙、交换机或路由器等网络硬件。数据包过滤技术的主要问题就是它的粒度和对网络硬件的影响。每个 IP 地址表示一个特定的计算机,而不是一个网址。通过特定的 IP 地址来过滤网站可能阻止该计算机上的其他合法的站点。此外,实现包过滤技术的网络硬件包含有限的存储空间,不可能随存储日益增长而更新"静止"的硬盘空间。因为这些问题,包过滤技术没有普及,主要集中在 ISP 和公司级使用。

4) 基于内容的过滤技术

基于内容的过滤技术的主要方法是对"进来的"和"出去的"内容进行分析和审计。这种技术利用许多方法,例如,寻找关键词、分析图像和寻找已知的"不想要的内容"特征等,具体列举如下。

(1) 关键词过滤:关键词过滤器扫描下载到用户的互联网内容,检查是否能在内容中找到预设的关键词,如果该内容包含关键词,就禁止该内容。这种过滤器常常在发送请求之前就检查请求内容以免搜索引擎找到"不想要"的内容。

(2) 短语过滤:短语过滤是关键词过滤的扩展。短语过滤不单独地考虑每个词,而是将它们作为短语的一部分。这种方法允许我们按照它们各自的意义来区分。虽然它比关键词过滤有一定的提高,但它依然还有一些问题。例如,到底多少"禁止的"短语出现后就禁止该内容;此外,枚举所有不同的"禁止的"短语是根本不可能的。

（3）特征过滤：许多公司已经开发基于内容特征的过滤产品。特征分析是相当费时的，可能导致难以接受的慢速。为了解决速度问题，特征分析一般都在后台进行，如果没有通过可接受测试，就将该内容加到黑名单，以后再访问该内容就能比较快地做出反应。

（4）图像分析：上述的过滤技术都是分析文本内容，实际上，图像分析技术也是很需要的。这种方法试图检查进来的内容是否包含一些裸体的、色情的图片。它一般包括 3 个步骤：首先肤色过滤器检查图像是否包含大面积的肤色像素，然后自动分割和计算图像的视觉签名，最后参照预设的"禁止的"图像和目标区域匹配新的图像，从而决定是否禁止该内容。这种技术费时且相当困难，技术上很难区别艺术和色情作品，甚至也很难区别色情图片和海滩上拍的家庭照片。

（5）基于神经网络的过滤技术：神经网络是从神经生理学和认知科学出发，并结合各种数学模型来实现它的功能的一种并行分布处理系统，具有高度并行计算能力、自学能力和容错能力。基于神经网络模型的过滤技术旨在模仿人脑的神经系统结构与功能，把不良信息模板表示成一个人工神经网络系统来反复训练学习数据集，从待分析的数据集中发现用于预测和分类的模式实现对信息的过滤，它可以在较少人为干预的情况下实现自我更新和完善。

（6）统计分析技术：统计分析技术（如贝叶斯判断规则）根据以往的判断经验估计某一文档属于相关文档或无关文档的概率，然后产生一个概率数据库，它包括所有的单词以及每个单词出现在文档中的概率值。例如，单词"性爱"有 99% 的可能出现在垃圾邮件中，但是"学习"有 90% 的可能出现在一个非垃圾邮件中。用概率数据库，一个邮件的概率很容易被计算出，从而能识别出邮件的合法性。

7.2.5 容忍入侵与可生存技术

Neumann 等人于 1993 年定义了网络系统可生存性：在任何不利条件下，基于计算机通信系统的应用所具有的持续满足用户需求的能力。其中，用户需求包括安全性、可靠性、响应和正确性等。与之相似，1997 年 Ellison 等人定义了网络系统的可生存性：网络系统在遭受攻击和意外事故的情况下及时完成任务的能力。维护上述定义中的生存性的技术被称为第三代信息安全技术。

1. 信息安全技术发展的历史阶段

信息安全技术发展至今，大致经历了 3 个发展阶段：以防范入侵为主的信息保护阶段、以入侵检测技术为代表的信息保障阶段和以容忍入侵为核心的生存技术阶段。

1）以防范入侵为主的信息保护阶段

当设计和研究信息安全措施时，人们最先想到的是"保护"，它假设能够划分明确的网络边界并能够在边界上阻止非法入侵，其技术基本原理是保护和隔离，通过保护和隔离达到真实、保密、完整和不可否认等安全目的。如通过口令阻止非法用户的访问、通过存取控制和权限管理让某些人看不到敏感信息、通过加密使别人无法读懂信息的内容、通过等级划分使保密性得到完善的保证等。

但是并不是在所有情况下都能够清楚地划分并控制边界，因此保护措施也并不是在所有情况下都有效。随着 Internet 的逐步扩展，人们发现在许多情况下保护技术无法起作用，如在正常的数据中夹杂着可能使接收系统崩溃的参数、在合法的升级程序中夹杂着致命的病毒、黑客冒充合法用户进行信息偷窃、利用系统漏洞进行攻击等。随着信息空间的增长，这种在系统存取控制的基础上采取各种类型的防火墙来堵住原来系统中的缺口已经难以满足实际问题需要了。实际情况往往比设计者和评估者想象的要复杂得多，许多著名的安全协议和系统都被发现存在漏洞。仅仅依靠保护技术已经没有办法挡住所有敌人的进入，于是，入侵检测技术就应运而生了。

2) 以入侵检测为代表的信息保障阶段

已有的关于信息保障技术的研究是以入侵检测技术为主要代表的第二代信息安全技术。"信息保障技术"的基本假设是：如果挡不住入侵，但至少能发现入侵和入侵造成的破坏。比如，能够发现系统死机、网络扫描、流量异常等。

其实，从完全意义上来说，信息保障本身有比"信息安全"更宽的含义。信息保障是包括了保护、检测、响应并提供信息系统恢复能力的，保护和捍卫信息系统的可用性、完整性、真实性、机密性以及不可否认性的全部信息操作行为。即信息保障技术是融合了保护、检测、响应、恢复四大技术，针对完整生命周期的一种安全技术。在信息保障技术中，所有的响应都依赖于检测结论，检测系统的性能就成为信息保障技术中最为关键的部分。因此，检测技术是信息保障技术的核心，检测系统能否检测全部的攻击成为检测技术面临的最大挑战。

然而，早在 1987 年，Cohen 博士就发表了关于区分病毒代码和正确程序代码的定理，认为通过分析代码是不可能区分它们的。由于系统漏洞千差万别，攻击手法层出不穷，检测技术要发现全部的攻击是不可能的，准确区分正确数据和攻击数据是不可能的，准确区分正常系统和有木马的系统是不可能的，准确区分有漏洞的系统和没有漏洞的系统也是不可能的。为此，必须用新的技术来保护关键系统。

3) 以容忍入侵为核心的生存技术阶段

生存技术是系统在入侵和故障已发生的情况下，在限定的时间内完成使命的能力。对于信息安全领域而言，生存技术的核心技术是容忍入侵，即在入侵不可避免甚至不可检测的情况下来保护关键系统和关键服务的技术。早在 20 世纪 80 年代中期以来，Dobson 和 Randell 就提出了利用不安全并且不可靠的部件来构建安全可靠的系统的方法，这实际上是容忍入侵的思想雏形，Fraga 和 Powell 更是在其论文中正式提出了容忍入侵（intrusion tolerance）的术语，且该术语被一直沿用至今，Deswarte Y、Blain L 和 Fabre J C 等人提出了基于分割＋分散（fragmentation-scattering technique）的方法实现容忍入侵的思路。然而在此之后，容忍入侵的思想一直没有得到业内人士太多关注。

而近几年来，随着分布式密码学的研究，特别是秘密共享和门限密码学方面的研究逐渐成熟与完善，再加上分布式网络应用系统的大量应用，容忍入侵的理论、方法与应用又开始进入人们的视野，并且逐渐成为信息安全业内人士关注的一个焦点。国际上，比较有影响的有 ITUA 的先进冗余技术、ITTC 的门槛密码学、SRI 的可靠系统结构和 UMBC 的容忍入侵数据库等。国内，国防科技大学、武汉大学、中科院软件所、西安电子科技大学等也分别在不同的领域做了大量工作。

2. 容忍入侵技术与容忍入侵系统

从本质上来说，容忍入侵系统能够在面对随时出现的故障与攻击的情况下仍然连续地为预期的用户提供及时服务。它必须面对系统用攻击避免和预防手段无法阻止的破坏行为带来的影响,必须对它们采取一些必要的措施保证关键应用的功能连续正确。这些措施体现在无线传感器网络中就是冗余节点部署、多重覆盖、多联通拓扑、多路径路由、容侵的安全结构,以及对入侵结果的检测、评估和恢复等容忍入侵技术应对策略。

容忍入侵系统按照容忍入侵技术植入系统的时间可以分为两类:一类是先应式的错误遮蔽系统,意思是攻击发生了以后,整个系统好像没什么感觉;另一类是反应式的攻击响应系统,这也是比较容易想到的解决方案,通过改进检测系统,加快反应时间,从而利用原有的信息保障和错误遮蔽技术上升到一种在攻击发生的情况下能够继续工作的系统。

1) 先应式容忍入侵技术

使用先应式容忍入侵技术的系统从一开始就重新设计整个系统,以保证攻击发生后对系统没有太大的影响。该方法的基本原理和古老的容错技术类似,在设计时就制造足够的冗余,以保证当部分系统被攻击时,整个系统仍旧能够正常工作。Byzantine 容错主要针对随机错误发生,当错误发生时,只要满足一定的条件,整个系统仍旧能够得出正确的结果。门限密码学的思想"n 个个体中的 t 个个体参与合作就能够完成密码运算,而少于 t 个个体即使合作也无法完成这种网络运算"放在无线传感器网络中一样可以应用。这就是说,如果少于 t 个节点被攻击者控制了,只要我们自己还拥有多于 t 个个体,节点依然能完成管理者发布的任务。

此外,由于冗余是有限的,随着时间的积累,攻击者可能会攻陷越来越多的节点,从而超出了系统所能容忍的 t。为此,先应式容忍入侵技术通常还需要周期性地增加网络节点,以防止其冗余部分产生错误而未曾觉察,从而导致整个系统的失败。

2) 反应式容忍入侵技术

采用反应式容忍入侵技术的系统不需要重新设计系统结构,系统的操作和连接界面也可以保持与原有的一样。这样的容忍入侵系统包括两个基本组成部分:入侵检测与判决系统、包含在线的修复管理程序和隔离机制的系统资源控制系统。当入侵检测系统检测到入侵时,就调用资源的重新分配以减缓这种入侵现象,或采用隔离机制隔离数据和操作,从而阻止错误的发生;同时,入侵判决系统做出正确的判决以后,修复管理程序再将攻击操作所导致的错误结果进行修补,当判决系统认为确实是攻击时,就将被隔离的操作删除掉,当判定不是攻击时,就将这些隔离的结果融合到正确的系统中去。

可以看出,反应式容忍入侵系统非常依赖于入侵检测判决系统,这样的系统也被称做容忍入侵技术的触发器。综合前两小节所述,在表 7-7 中将先应式容忍入侵技术与反应式容忍入侵技术给相应系统造成的区别进行了详细的对照罗列。

表 7-7　先应式容忍入侵系统与反应式容忍入侵系统

系统	先应式容忍入侵系统	反应式容忍入侵系统
系统设计	需要重新设计系统,在系统设计之初考虑足够的冗余	不用重新设计系统,新系统可与原系统保持一致的用户接口
入侵检测	不需要进行入侵检测,甚至无须知道入侵是否存在	需要进行入侵检测,并根据检测的结果针对入侵进行响应
响应机制	假定入侵时刻存在,从而周期性地重建、重构系统	根据特定的入侵采取相应的容忍入侵技术

7.3 RFID 系统的安全与隐私技术

RFID 作为无线应用领域的新宠儿,正被广泛用于采购与分配、商业贸易、生产制造、物流、防盗以及军事用途上,然而就在它"春风得意"时,与之相关的安全隐患也随之产生。越来越多的商家和用户担心 RFID 系统的安全和隐私保护问题,即在使用 RFID 系统过程中如何确保其安全性和隐私性,不至于导致个人信息、业务信息和财产等丢失或被他人盗用。RFID 系统操作和安全设计需要满足一定特性,如表 7-8 所示。

表 7-8 RFID 系统安全特性需求

操作/安全特性	相 关 内 容
系统可扩展性	需要保证系统的服务器端的计算开销不会随着电子标签数量的增长而最终导致整个 RFID 系统不可用
反克隆攻击	攻击者不能在获得一个标签中的机密信息之后复制出一个合法的标签
抵抗重放攻击	在多项式时间内,攻击者在没有标签密钥的条件下不能发送可信的消息与标签建立通信
抵抗跟踪攻击	标签信息在传输过程中应具有随机性,这样攻击者就不能跟踪攻击来捕获特定的信息
前向/后向匿名性	在强安全要求下,即使攻击者获得标签的机密信息,也不能威胁到前面或者后面系统传输信息的安全
抵抗 DoS 攻击	在可更新 RFID 系统中,信息更新需要标签和服务器同步,这时需要防止 DoS 攻击造成的不同步

由于 RFID 层次框架体系主要存在两大环节,其中一个是"Tag-to-Reader",另一个是后台系统。在针对 RFID 系统的攻击中,根据实施目标不同各有特点,RFID 体系结构中的每个组成部分都会成为攻击实施的目标。因为针对后台的攻击类似于对 Internet 的攻击,所以我们在物联网安全部分主要考虑存在于感知层的标签和读写器之间的攻击。

7.3.1 快易通的安全事故

首先来看一个典型的 RFID 系统的安全事件。埃克森美孚公司的快易通(SpeedPass)系统是一个非常庞大的样板工程,其关于安全问题的相关研究和事件具有较强的代表性。

在 SpeedPass 系统中,RFID 标签挂在钥匙扣上,它和客户的信用卡或者银行账户相关联。在阅读器前出示该标签就可以通过信用卡或银行账户支付,从而完成自动付款。该系统为使用者带来了很大的便利,导致市场上使用者数量快速增加,并创造了良好的口碑。该系统和众多 RFID 系统工作原理一样:当需要加油或者购物时,使用者在泵站或商店柜台的阅读器前出示标签,阅读器获取标签 ID,该标签 ID 和银行信用卡账号相联。该系统是 RFID 技术在该领域的第一次应用,取得了很大的成功。

SpeedPass 系统采用的是 TI 公司的射频识别系统——频率 134.2kHz 的 DST 射频识别系统。钥匙扣上带有一个 23mm 长的用玻璃封装的标签,看起来像一个小小的玻璃丸。整个封装小巧而且方便携带。该系统属于被动 RFID 系统,也就是说,标签内部没有电池来供给电源。其工作时所需的能量是由泵站或店铺的阅读器发出的射频电场提供的。这就确保了标签体积小巧、成本低廉,并降低了客户更换标签时所需的费用。标签经久耐用,更换成本低。在对读写头的回应上,DST 与许多标签对阅读器的响应仅仅是返回标签本身的 ID 号不同,它的每一枚标签在生产的时候都嵌入了一个内部"密钥",该"密钥"在工作时不会被发送。当阅读器进行标签查询时,它先向标签发送一个"问讯"请求,标签返回 ID 号以及一个用内部密钥加密的响应信号。与此同时,阅读器计算该序列号的标签应该返回的应答信号并和接收到的应答信号进行比较(这里假定进入系统的标签是同一个)。因为系统能够进行内部密钥校验,这样,将该系统应用到资金交易中就增加了一层必要的安全措施。

SpeedPass 系统的另外一个主要的优点就是不需要用户的介入,当标签进入阅读器的阅读范围时,阅读器向标签发送一个 40 比特的问讯信号,标签接收到该信号并用其 40 比特的密钥加密。其结果是返回一个 24 比特的数据和一个 24 比特的唯一的标识码给阅读器。该标识码是由工厂编程的并把后台数据库和客户账号的详细信息关联起来。阅读器用同样的 40 比特的问讯信号和 24 比特的标识及自己的加密方式去确认标签返回的 24 比特的应答信号是否正确。

RFID 芯片体积小、能耗低的特点使其具有较低的使用成本。但是这也成为 RFID 安全的主要缺陷——标签没有足够的计算能力去加密。根据 Delove-Yao 的安全威胁模型,构建一个系统最好的办法是用那些已经经受检验的公开的密码算法。但是这些算法应用于 RFID 系统唯一存在的问题是需要较大计算能力。所以 RFID 系统通常采用特殊的加密算法并且是不公开的。这使得该系统的安全体系非常脆弱,这种安全思想已经被证明不是十分可靠的。想知道芯片内部工作原理的唯一途径就是和 TI 公司签订一个保密协议。该保密协议禁止公开讨论相关的技术细节。因此,这也就是系统制造商声称"相信我们"的原因,因为我们没有办法去确认或测试其系统的安全性。

这些年,关于 SpeedPass 系统的安全性问题一直是备受争议的,其用于加密的密钥是 40b(比特),而且自从 1997 年以来从来没有更新过。正如 RFID 的信息量增加一样,SpeedPass 系统的问题也开始增加。40b(比特)的密钥在其他加密算法中并不是合适的,这给人留下的印象是 SpeedPass 系统容易受到安全攻击。

2005 年 1 月,Johns Hopkins 大学的团队(由约翰-霍普金斯(Johns Hopkins)大学的 3 个研究生、一个工作人员以及两位科学家组成)在 www.rfidanalysys.org 网站上发布了他们的研究成果。他们成功地破解系统的加密算法,取得了密钥,模拟了软件,克隆了 RFID 阅读器。

Johns Hopkins 团队最初从埃克森美孚石油公司得到了一个系统评估套件和一些 DST 标签。他们在网上搜寻到了关于该芯片内部加密技术的概要性信息。这些工作最终被证明是非常关键的。

Johns Hopkins 的团队采用了黑箱(black box)的办法去描绘算法的技术环节。这种研究方法就是将输入值输入到黑盒子,然后观察其输出结果。通过这种观察,应用特殊的输入建立一个能够输出和黑盒子一样的输出结果的程序是完全可能的。这种方法的关键就是准确模拟黑盒子的工作机制。但是通过不同的方法得到相同的输出。这种方法也能避免法律纠纷,因为工作团队并没有违反保密协议。

通过侦听工作,该团队获悉了关于系统所采用的加密算法的大致技术路径。确定了基本技术工作方向,Johns Hopkins 团队开始了填充空白和跟踪每一个比特信号的艰巨任务。

他们通过发送特定选择的问讯信号并比较输出结果来完成这项工作(简而言之,就像他们把问讯信号输入到黑盒子来观察应答信号)。在不长的时间里,每一个数字都得到了测试。通过绘制输入和输出信号间的关系,他们就能够填补算法的不可见部分从而能够了解标签内部的工作原理。通过逆向工程得到了 DST 标签内部的算法,他们就可以编写一段程序来准确模拟 DST 标签内部的加密过程。有了这些,他们就可以得到标签内部的密钥。

逆向工程(Reverse Engineering)

逆向工程,是指通过对某种产品的结构、功能、运作进行分析、分解、研究后,制作出功能相近,但又不完全一样的产品的过程。比如,对某个动画的 exe 程序进行反汇编、反编译和动态跟踪等方法,分析出其动画效果的实现过程,这种行为就是逆向工程。

2005 年 1 月,该团队在若干媒体的关注和好奇中公开了他们的发现,他们宣称,所谓完善的 SpeedPass 系统被证明是具有致命的安全隐患,容易遭受系统安全攻击。尽管他们没有完全破解该系统,但这已经足够证明,运行了七年之久的系统已经开始老化,应该考虑可以替代的新的技术方式了。

随后,该团队通过实际使用进行的问讯/应答对测试了攻击者的可行性。作为其研究的一部分,他们测试了通用的攻击场景。一种测试方法是坐在不知情的受害者旁边,通过手提电脑和 TI 公司的阅读器来读取受害者口袋中的 DST 标签。他们应用空白的密钥和克隆的标签也可以开启配有 DST 标签的车辆。他们应用克隆的标签成功地从埃克森美孚汽站购买到了汽油。这说明完全破解该系统是可能的,只需要在车尾箱装一些计算机设备。(对于系统攻击者来讲,把大量的设备变得更为紧凑和便携是非常重要的。)

幸运的是,Johns Hopkins 并没有公布有关内部算法的细节,阻止了许多偷盗情况的发生。如果小偷们想滥用该系统,他们将不得不重新开始同样的研究工作。随着 Johns Hopkins 团队对 SpeedPass 所做的有效工作,以及人权主义者对 RFID 隐私问题的持续努力,越来越多的研究者被吸引到 RFID 的安全及隐私领域,开展了大量卓有成效的工作,本节后续部分介绍一些基础性的工作。

7.3.2　RFID 系统安全实现机制

当前,实现 RFID 安全性机制所采用的方法主要有三大类:物理方法、密码机制以及二者的结合。采用密码机制进行智能标签的认证和加密是研究者们更为关注的方法,将在7.3.3 节单独介绍。

本小节简要介绍一下几种常见的物理方法。

1. 电子屏蔽

众所周知,法拉第网罩方式是利用电磁屏蔽原理,把电子标签置于由金属网或金属薄片制成的容器中,那么无线电信号将被屏蔽。虽然这种方法可以有效地保护电子标签的数据,但是当电子标签被屏蔽的时候,读写器也无法正常读取数据,电子标签也无法向读写器发送信息。例如,顾客可以将自己的私人物品放在有这种屏蔽功能的手提袋中,防止非法读写器的侵犯。但是在很多应用领域中,这种安全措施是不可行的,我们衣服上的 RFID 标签就无法用金属网屏蔽。它的缺点是难以大规模实施,并且不适用于特定形状的商品。

2. Kill 命令

Kill 命令是为了让一个电子标签失效或关闭。当电子标签接收到 Kill 命令之后,就停止工作,所有功能都将永久关闭并无法被再次激活,从此不能再接收或传送数据。与电磁屏蔽相比,Kill 命令使得电子标签永久无法读取,而取消电磁屏蔽之后,电子标签可以恢复正常功能。当物体由于外形或包装导致无法使用电磁屏蔽的时候,用 Kill 命令杀死一个电子标签就可以确保商品售出后用户不被非法跟踪,从而消除了消费者在隐私方面的顾虑。

Auto-ID 中心提出的 RFID 标准设计模式中也包含有 Kill 命令。EPCglobal 认为这是一种在零售点保护消费者隐私的有效方法。在销售点之外,购买的商品和相关的个人信息不能被跟踪。该方案主要缺点在于限制了消费者以及企业有关的电子标签功能。考虑这样一个场景,消费者退回一个没有损坏的商品,如一件衣服。如果电子标签在衣服销售之后被杀死,该商品将无法再次有效地更新存货。考虑一个更复杂的场景,假定一个牛奶纸盒上的电子标签包含各种各样的信息,如价格和食品过期时间。未来冰箱内置的读写器用于提醒消费者食品是否快过期或者已经过期。如果在零售点已经将电子标签杀死,消费者将无法得到 RFID 技术所带来的方便。因此,Kill 命令的缺点是限制了标签的进一步利用,例如产品的售后服务、废弃之后的回收等。

Auto-ID 中心

Auto-ID 中心于 1999 年成立于麻省理工学院,集中对 EPC(电子产品编码)进行研究与开发。美国的 MIT、英国的剑桥大学、日本的庆应大学、澳大利亚的阿德雷德大学、瑞士的圣加仑大学和中国的复旦大学等世界 6 所高校参与其中的工作。2003 年 9 月美国统一代码委员会(UCC)和国际物品编码协会(EAN)收购 Auto-ID 中心的 EPC 技术,并于 11 月 1 日成立 EPCglobal 来管理和实施 EPC 的工作。

---

3. 物理破坏标签

物理上破坏标签和使用 Kill 命令可以达到同样的效果,拥有相同的优势和劣势。这种解决办法的好处在于不用担心 Kill 命令是否正常工作;缺点在于:一些特殊应用中,找到电子标签的位置并破坏它可能比较困难,因为它可能嵌在物体内部。

4. 选择性阻塞和主动干扰

该方案是利用一种名为"阻塞器标签(blocker tag)"的特殊电子标签。用户通过携带阻塞器标签保护自己物品上的标签不被非法读取,同时这种方法又不影响周围其他合法射频信号的通信。当一个读写器询问某一个标签时,即使所询问的物品并不存在,阻塞器标签也将返回物品存在的信息。这样就防止 RFID 读写器读取顾客的隐私信息。另外,通过设置标签的区域,阻塞器标签可以有选择性地阻塞那些被设定为隐私状态的标签,从而不影响那些被设定为公共状态的标签的正常工作。例如,商品在未被购买之前,标签设定为公开状态,商家的读写器可以读取标签的信息;而商品一经出售,标签就被设定为隐私状态,阻塞器标签保证顾客的物品信息不能被任何读写器再读取。这项技术的缺点在于:顾客必须随身携带阻塞器标签,才能保证隐私不被侵犯,这给顾客带来了额外的负担。为了解决这个问题,RSA 安全公司又提出来另一种相近的解决方法——软阻塞器。这是在顾客购买商品后,更新隐私信息并通知读写器不要读取该信息。

选择性阻塞提供了一个比较灵活的解决办法,减少了采用其他技术的一些缺陷,避免了较高的成本和使用认证和加密等比较复杂的解决方案。在单品级的零售商店保护个人隐私方面是一个结合低成本和高安全性较好的解决方案。例如,消费者可以使用阻塞器标签,以防止邻近的读写器探测和跟踪购买后的货品。回到家后,消费者可以选择消除或禁用阻塞器标签使得合法读写器可以正常运行。

类似选择性阻塞原理的还有主动干扰(active jamming)。它对射频信号进行有源干扰,是另一种保护电子标签被非法阅读的物理手段。能主动发出无线电干扰信号的设备可以使附近射频识别系统的读写器也无法正常工作,从而达到保护隐私的目的。这种方法的缺点是有可能干扰周围其他合法射频信号的通信,并且在大多数情况下是违法的,它会给不要求隐私保护的合法系统带来严重的破坏,也有可能影响其他无线通信。

7.3.3 RFID 系统密码安全技术

与基于物理方法的机制相比,基于密码技术的安全机制受到人们更多的青睐,其主要研究内容是利用各种成熟的密码方案和机制来设计和实现符合 RFID 安全需求的密码协议。认证和加密的密码技术可以用来确保只有获授权的读写器能获得某些标签及其数据。一个认证方案可以很简单,如"锁定"电子标签内的数据,直至合法读写器提供了有效的密码来获取数据。更完备的方案可能包括认证和加密数据以提供更多层的保护。

这类方法的目标是低成本的具有多次读写能力的智能标签,利用多种加密技术进行访问控制来保护用户隐私。但是就目前的制造技术而言,采用这些方案的电子标签的成本还是比较高的,原因在于支持复杂的认证与加密算法的 RFID 系统硬件价格相对于普通标签昂贵得多。这种成本高的标签如果应用于珠宝或军事装备等需要增强安全能力的贵重货品可能是值得的,但是如果供货方要为廉价的商品附加电子标签,将不得不降低标签造价从而牺牲其认证和密码技术可编程能力。就目前而言,基于密码学的方法还需要寻找到一种既能解决隐私与安全问题,又能保证低成本的技术方案。也许,未来随着芯片技术的进步,比现有标签更加智能并可多次读写的电子标签将会被广泛应用。研究人员有可能将各种加密技术应用于电子标签中,为解决 RFID 隐私与安全问题提供更多的选择。下面介绍几类典型的 RFID 系统的安全协议。

1. Hash-Lock 方案

Hash-Lock 方案是基于单向 Hash 函数,使用 metalID 隐藏标签的真实 ID。其协议执行过程如图 7-16 所示。

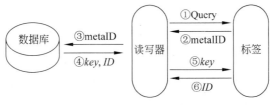

图 7-16 Hash-Lock 方案

Hash-Lock 方案的执行过程如下:

(1) 读写器向标签发送 Query 认证请求。

(2) 标签将 metaID 发送给读写器。

(3) 读写器将 metaID 转发给后端数据库。

(4) 后端数据库查询自己的数据库,如果找到与 metaID 匹配的项,则将该项的(key, ID)发送给读写器,其中,ID 为待认证标签的标识,metaID$=H(key)$;否则,返回给读写器认证失败信息。

(5) 读写器将接收自后端数据库的部分信息 key 发送给标签。

(6) 标签验证 metaID$=H(key)$是否成立,如果成立,则将其 ID 发送给读写器;读写器比较从标签接收到的 ID 是否与后端数据库发送过来的 ID 一致,如一致,则认证通过;否则,认证失败。

由上述过程可以看出,Hash-Lock 方案中没有采用动态 ID 刷新机制,并且 metaID 也保持不变,ID 是以明文的形式通过不安全的信道传送,因此,攻击者可追踪标签,并进行重放攻击和假冒攻击。

2. 随机化 Hash-Lock 方案

随机化 Hash-Lock 方案是由 Weis 等人提出,它是 Hash-Lock 方案的扩展,采用基于随机数的挑战-响应机制。其协议流程如图 7-17 所示。

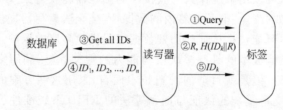

图 7-17　随机化 Hash-Lock 方案

随机化 Hash-Lock 方案的执行过程如下:

(1) 读写器向标签发送 Query 认证请求。

(2) 标签生成一个随机数 R,计算 $H(ID_k \parallel R)$,其中 ID_k 为标签的标识。标签将$(R, H(ID_k \parallel R))$发送给读写器。

(3) 读写器向后端数据库提出获得所有标签标识的请求。

(4) 后端数据库将自己数据库中的所有标签标识$(ID_1, ID_2, \cdots, ID_n)$发送给读写器。

(5) 读写器检查是否有某个 $ID_j (1 \leqslant j \leqslant n)$,使得 $H(ID_j \parallel R) = (ID_k \parallel R)$成立;如果有,则认证通过,并将 ID_j 发送给标签;标签验证 ID_j 和 ID_k 是否相同,如相同,则认证通过。

在随机化 Hash-Lock 方案中,认证通过后的标签标识 ID_k 仍以明文的形式通过不安全信道传送,因此,攻击者可追踪标签。同时,一旦获得了标签的标识 ID_k,攻击者就可以对标签进行假冒,当然,该方案也无法抵抗重放攻击。

3. Hash 链方案

Hash 链方案是基于共享秘密的挑战-响应协议,标签具有自主更新 ID 的能力。在系统运行之前,标签和后端数据库首先要预共享一个初始秘密值 $S_{t,1}$,其协议流程如图 7-18 所示。

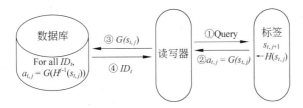

图 7-18　Hash 链方案

标签和读写器之间执行第 j 次 Hash 链的过程如下：

（1）读写器向标签发送 Query 认证请求。

（2）标签使用当前的秘密值 $S_{t,j}$ 计算 $a_{t,j}=G(S_{t,j})$，并更新其秘密值 $S_{t,j+1}=H(S_{t,j})$。标签将 $a_{t,j}$ 发送给读写器。

（3）读写器将 $a_{t,j}$ 转发给后端数据库。

（4）后端数据库系统对所有的标签数据项查找并计算是否存在某个 $ID_t(1\leqslant t\leqslant n)$ 以及是否存在某个 $j(1\leqslant j\leqslant m$，其中，$m$ 为系统预先设置的最大链长度）使得 $a_{t,j}=G(H^{j-1}(S_{t,1}))$ 成立。如果有，则认证通过并将 ID_t 发送给标签；否则，认证失败。

在该协议中，标签成为一个具有自主 ID 更新能力的主动式标签。同时可以看出，Hash 链方案是一个单向认证协议，即它只对标签身份进行认证。并且 Hash 链方案非常容易受到重放和假冒攻击，只要攻击者截获某个 $a_{t,j}$，他就可以进行重放攻击，伪造标签通过认证。另外，如果攻击者攻陷了某个标签的当前状态，他就可以将该状态与以前获得的某个状态关联起来。此外，每一次认证，后端数据库都要对每一个标签进行 j 次哈希运算，计算量很大。同时，该方案中标签需要两个不同的哈希函数，也增加了标签的制造成本。

7.3.4　RFID 系统的隐私保护技术

RFID 系统中的隐私是指个人或消费者的数据在没有得到允许甚至不知情的情况下被他人在 RFID 系统的各个环节截获。有两个基本途径能危及到 RFID 的隐私：第一个是非法的第三方攻击破坏 RFID 系统的安全，导致私人及机密资料的泄露从而影响企业或者个人；第二个是在正当理由下搜集和处理机密资料，商业或政府这些类似单位故意或者意外地滥用数据，从而导致各个方面的隐私被侵犯。图 7-19 显示了隐私相关问题。

虽然隐私问题并非 RFID 系统中所独有的，但 RFID 系统的特殊性质要求企业应该对隐私问题敏感和更深入地认识。首先，RFID 是一种相对比较新的技术，经常被消费者误解；其次，RFID 技术具有搜集和跟踪大量数据和消费者行为的能力，它可以成为滥用的一个非常强大的工具。多数情况下，讨论主要集中在侵犯隐私的第一个基本途径，但是人权主义者的努力，特别是 Benetton 和 Metro 是前

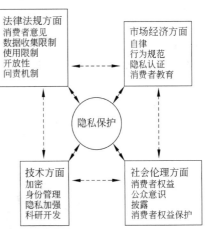

图 7-19　隐私保护相关方面

257

车之鉴,制造商和零售商越来越关注消费者隐私权的问题。他们在实施 RFID 项目之前,都会预先充分考虑对隐私权的保护问题,采取积极措施,减少对隐私权的侵犯,改善通信安全,减少消费者对隐私权的担心。下面介绍几种 RFID 系统中应用的隐私保护的密码协议。

1. YA-TRAP 方案

YA-TRAP 方案是由 Gene Tsudik 提出的,该方案除需共享密钥外,还需基于时间戳来完成挑战-响应机制。其协议执行过程如图 7-20 所示。

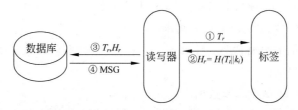

图 7-20　YA-TRAP 方案

YA-TRAP 的执行过程如下:

(1) 读写器向标签发送当时的时间戳 T_r。

(2) 标签把 T_r 和自己当时的时间戳 T_t 比较,如果 $T_r < T_t$ 或者 $T_r > T_{max}$,则标签发送一个随机数给读写器;否则,标签令 $T_t = T_r$,并发送 $H_r = H(T_t \| k_i)$。

(3) 读写器将 (T_r, H_r) 转发给后端数据库。

(4) 后端数据库对所有的标签数据项查找并计算是否存在某个 $k_i (1 \leqslant i \leqslant n)$ 使得 $H_r = H(T_t \| k_i)$ 成立。如果有,则回复 MSG="VALID";否则,认证失败,回复 MSG="ERROR"。

在 YA-TRAP 方案中,攻击者可以发送一个相对较大的 T_r(甚至就是 T_{max})给标签,标签在和自己的时间戳比较后,令 $T_t = T_r$,那么以后合法的读写器再想访问该标签时,标签都将发送无效的随机数,这就是 DoS 攻击。因此,即使攻击者不知道密钥 k_i,他也能从其他标签中辨认出该标签,从而可以追踪携带该标签的物品甚至人,那么用户的隐私也就荡然无存。

2. TREE-based 方案

现在已有很多人提出了基于树的认证方案,如图 7-21 所示。虽然这些方案各不相同,但是它们的基本思想都是标签间共享密钥,这样在认证的时候,后端数据库的查找效率会提高很多。基于树的方案的协议执行过程如图 7-22 所示。

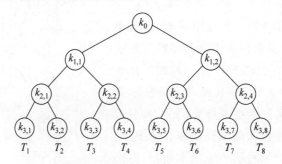

图 7-21　基于二叉树的 8 个标签的密钥联系图

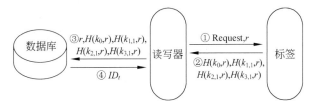

图 7-22　TREE-based 方案

该类协议的基本执行过程如下(假设此时读写器和标签 T_1 通信):

(1) 读写器向标签发送认证请求,并发送一个随机数 r。

(2) 标签计算它的密钥和随机数 r 的哈希值 $H(k_0,r)$、$H(k_{1,1},r)$、$H(k_{2,1},r)$、$H(k_{3,1},r)$,并发送给读写器。

(3) 读写器将 $(r,H(k_0,r),H(k_{1,1},r),H(k_{2,1},r),H(k_{3,1},r))$ 转发给后端数据库。

(4) 后端数据库根据二叉树逐项计算哈希值以决定向左子树或者右子树继续,直到找到满足条件的标签身份。

在基于树的方案中,查询效率变成了对数级。虽然效率提高了,但是研究表明,在一个拥有 2^{20} 个标签的系统中,攻击者只须捕获 20 个标签,那么他识别任何一个标签的概率近乎为 90%。因此,该方案也面临着标签被追踪以及假冒等攻击。

3. LAST 方案

LAST 方案是基于弱隐私模型提出来的挑战-响应机制,它声称能够保护用户的隐私并且具有较高的查询效率。其协议流程如图 7-23 所示。

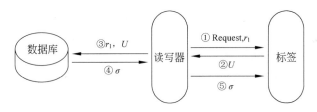

图 7-23　LAST 方案

下面简单介绍该协议的执行过程:

(1) 读写器生成随机数 r_1,连同认证请求 Request,发送给标签。

(2) 标签生成随机数 r_2,计算 $V=H(r_1,r_2,k_i)$,然后发送信息 $U=(r_2,\text{Index}_i,V)$ 给标签。

(3) 读写器将 (r_1,U) 转发给后端数据库。

(4) 后端数据库查找 Index_i,如果该数据不存在,则输出 false;否则根据 (T_i,Index_i,k_i) 得到 k_i 并计算 $V'=H(r_1,r_2,k_i)$,如果 $V'\neq V$,则输出 false;否则读写器认证标签的身份为 T_i,并计算 $\text{Index}'_i=H(r_1,r_2,\text{Index}_i,k_i)$,$k'_i=H(r_1,r_2,k_i)$,更新数据库中的 (T_i,Index_i,k_i) 为 $(T_i,\text{Index}'_i,k'_i)$。然后发送 $\sigma=H(r_1,r_2,k'_i)$ 给读写器。

(5) 读写器发送 σ 给标签。标签首先计算 $k'_i=H(r_1,r_2,k_i)$ 和 $\sigma'=H(r_1,r_2,k'_i)$,如果 $\sigma=\sigma'$,则标签更新 (Index_i,k_i) 为 (Index'_i,k'_i);否则保持不变。

从以上步骤中不难看出,标签每次回复的索引号都是不一样的,因此,该协议可以抗重传攻击并且防止了跟踪。同时每次回复的哈希函数都有两个随机数参与,因此防止了克隆攻击。同时标签的密钥也在不断变化,因此还满足了标签的前向安全性。

7.4 传感网安全技术

目前,由于无线传感器网络的应用场景比较广泛,不同场景下对于无线传感器网络的安全要求以及在各场景下对无线传感器网络安全设计的限制也有所不同,因此很难设计出一个统一的安全方案来应对无线传感器网络中的所有攻击。针对不同的场景,无线传感器网络安全技术的假设前提往往有所差异。

但是无线传感器网络是一个开放的研究领域,其安全研究的基本问题是相同的,都是在解决机密性问题的基础上研究包含点到点的消息认证问题、完整性认证问题、新鲜性认证问题和组播/广播认证问题。根据不同的应用场景,无线传感器网络对安全的具体需求也有所不同,例如,在军事、商用和民用场景中对安全的要求也不尽相同。本节后续内容介绍一些相关的安全技术。

7.4.1 传感网密钥管理技术

安卓是从事传感网安全领域研究最著名的学者,他提出的 SPINS 和 μTESLA 是该领域最早、最有影响力的方法。

安卓·培瑞(Adrian Perrig)

1992—1997 年获瑞士联邦理工技术学院计算机科学硕士学位;1999—2002 年获卡内基梅隆大学硕士学位和博士学位;2002 年春—2002 年 8 月获加州大学伯克利分校电子与计算机科学博士后学位。自 2007 年至今安卓·培瑞教授担任卡内基梅隆大学 Cylab 实验室的技术总监。安卓·培瑞教授主要研究网络系统安全、移动计算和传感器网络安全,另外也包含人机交互和安全、操作系统和应用密码学等方面。他带领的小组主要从事传感器网络、自组织网安全、车载自组织网以及可信计算方面的研究。

---

1. 无线传感器网络安全协议(SPINS)

传感器网络安全协议的设计也有自身的要求。作为无线传感器网络安全框架之一的无线传感器网络安全协议(SPINS)为使用无线通信并且网络资源严重受限的无线传感器网络提供了两个安全模块：SNEP(secure network encryption protocol)和 μTESLA(μ timed efficient stream loss-tolerant authentication)。SNEP 协议框架用来保证数据机密性、对节点和数据完整性进行认证和保证数据新鲜。μTESLA 用来实现无线传感器网络下的广播认证。表 7-9 列出了本小节 SPINS 用到的符号和标记。

表 7-9 本小节用到的符号和标记

符　　号	意　　义
A, B	通信节点
N_A	节点 A 生成的随机数
$m_1 \mid m_2$	信息 m_1 和信息 m_2 的串联
K_{AB}	节点 A 和 B 之间的共享密钥
$E\{M\}K_{AB}$	用 A 和 B 之间的共享密钥 K_{AB} 加密信息 M
$E\{M\}(K_{AB}, IV)$	以 IV 为初始向量的密钥 K_{AB} 加密信息 M
$MAC(K_{AB}, C \mid M)$	消息 M 在 IV 计数值为 C 时的消息认证码

1) SNEP

作为一个专门为传感器网络设计的安全协议,SNEP 是一个简单、高效的安全通信协议,它实现了数据机密性、认证、完整性和新鲜性。SNEP 采用共享主密钥的方式来进行网络安全引导——网络中的所有节点都预先分配了一个共享主密钥,网络中的通信密钥都是通过主密钥衍生出来的;另外,SNEP 中各种安全机制都需要依赖于可信基站的协调来完成。

在 SNEP 中数据完整性和点到点的认证是通过消息认证码(message authentication code,MAC)来实现的。当节点 A 要向节点 B 发送消息 M 时,消息的完整形式为:

$$A \rightarrow B: M, MAC(K_{AB}, C \mid M)$$

在无线传感器网络中,端到端的传输往往需要通过多跳进行,所以在节点 A 和 B 间传输的信息 M 有可能自身是加密的信息,通过对密文的认证有利于减少频繁的加密解密操作带来的计算开销,延长网络寿命。

在 SNEP 中提供了一种通信的弱新鲜性,根据计数器中的数值能够判断信息是从哪个节点顺序发送来的,能够在一定程度上抑制重放攻击。

$$A \rightarrow B: \{Req_1\}(K_{AB}, C_1), MAC(K_{AB}, C_1 \mid \{Req_1\}(K_{AB}, C_1))$$
$$A \rightarrow B: \{Req_2\}(K_{AB}, C_2), MAC(K_{AB}, C_2 \mid \{Req_2\}(K_{AB}, C_2))$$
$$\cdots$$
$$B \rightarrow A: \{Asw_1\}(K_{AB}, C'_1), MAC(K_{AB}, C'_1 \mid \{Asw_1\}(K_{AB}, C'_1))$$
$$B \rightarrow A: \{Asw_2\}(K_{AB}, C'_2), MAC(K_{AB}, C'_2 \mid \{Asw_2\}(K_{AB}, C'_2))$$

但是如果接收到的数据包是打乱顺序的,A 则不能判断它收到的响应包 Asw_1 是不是针对 Req_1 发送的。这样 A 收到的消息如果不是按照请求信息顺序给出的,A 将不能对每个请求进行正确的响应。

若需要提供强新鲜性认证,可采用强新鲜性认证方法——Nonce 机制。Nonce 是一个当前随机值,是任何无关者都无法预测到的数。这样,通信方 A 和 B 在通信的过程中将生成的随机值 N_A 加入到消息中就能够保证通信的强新鲜性。A 和 B 的通信过程如下:

$$A \rightarrow B: N_A, \{Req_k\}(K, C_k), MAC(K, C_k \mid \{Req_k\}(K, C_1))$$
$$B \rightarrow A: \{Asw_k\}(K, C'_k), MAC(K, N_A \mid C'_k \mid \{Asw_k\}(K, C'_k))$$

强新鲜性在应用中的使用是需要根据情况确定的。一方面,强新鲜性会增加计算开销和通信开销,所以在一些单任务应用或者是在一次任务没有完成不会进行下一次任务的情况下,强新鲜性是没有必要采用的;另一方面,为了保证在多条消息同时进行的情况下多条请求消息和应答消息的对应关系,强新鲜性是必须采用的。例如,进行计数器同步等情况。

2) μTESLA

在无线传感器网络中,基站经常需要通过广播来实现信息查询,节点在收到广播包的时候需要认证广播信息的来源,否则网络容易受到 DoS 攻击。但是广播认证过程同单播认证过程不同。在单播认证过程中只需要保证通信节点间存在共享密钥就可以,而广播认证则需要全网共享公共的广播密钥。

在无线传感器网络中,不能像在传统网络中那样通过公钥机制来完成广播认证,因为公钥机制带来的网络开销是无法承受的。此外,传感网中简单的思路是用单播的形式来实现广播,这就需要逐跳加密/解密操作,相应的计算开销也是非常巨大的。为网络提供简单高效的广播认证的最简单的方法是基站和普通节点共享一个公共的广播密钥以进行广播认证。但是这种方法的安全性较差,一旦攻击者掌握了该共享密钥就会危害到整个网络的广播安全。同样,可以用一包一密的方式来防止节点泄露密钥,但是需要有频繁的密钥更新,这也会带来较大的网络开销。

Adrain Perrig 等人在改进 TESLA 协议的基础上提出了 μTESLA 来实现无线传感器网络中的广播认证,实现了一个完整高效的传感网广播密钥认证机制,在很大程度上解决了上述一系列问题。

μTESLA 采用延迟密钥发放的方式以实现利用对称密钥来进行广播认证。在 μTESLA 中,基站和普通节点之间必须是弱时间同步的——节点与基站有个最大时间差上限。其具体方法如下:

- 在一个时间周期中,基站广播用带密钥的 MAC 认证的广播消息。
- 普通节点收到广播数据包之后将信息存储在缓存中。
- 在进入下一个密钥周期之后,基站广播该周期的 MAC 密钥。
- 普通节点首先对密钥进行认证,然后再对广播数据包进行解密。

其中,每个 MAC 密钥都是密钥链中的一个密钥,这个密钥链是通过一个公开的单向哈希函数 $H(\cdot)$ 产生的。并且每个密钥只能作用在一个时间周期中。广播认证过程如图 7-24 所示。

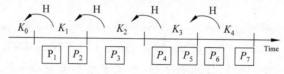

图 7-24　认证数据包的广播

首先,发送者生成一个密钥链。为了保证密钥链是单向的,发送者选择一个 Hash 函数 $H(\cdot)$,同时选择一个初始密钥值 K_n,通过计算 $K_i = H(K_{i+1})$ 来产生一个长度为 n 的密钥链 $\{K_0, K_1, \cdots, K_{n-1}\}$。初始情况下,广播发起者需要利用 SNEP 来将哈希链的初值 K_0 发送给广播接收者。

假设所有的广播接收者在时间上是松散同步的,在时间间隔 1 内,数据包 P_1、P_2 包含由 K_1 生成的 MAC。由于该时间间隔内广播接收者没有 MAC 密钥,所以无法对消息进行广播认证。而在时间间隔 1 之后的某个时间段内广播节点会将时间段 1 的广播密钥 K_1 公开,此时节点收到 K_1 之后就能够对时间段 1 内所发送的广播数据包进行广播认证。需要指出的是,当节点收到时间段 i 的数据包,但是没有收到相关的 MAC 密钥 K_i(由于丢包或者由于攻击者的原因），那么只要广播接收者能够接收到任何一个阶段的密钥 $K_j (j>i)$，那么他就能够通过计算 $K_i = H^{j-i}(K_j)$ 来获得 K_i。这样，一方面利用哈希链的单向性来保证对新密钥进行认证并进一步对广播消息进行认证；另一方面也可以通过其来保证在丢失一定 MAC 密钥的情况下仍然能够恢复出正确的密钥来进行广播消息认证。

2. WSN 密钥管理的研究进展与评述

由于 SPINS 安全框架自身存在着一定的局限性，很多学者分别设计了新的密钥管理方案来提高无线传感器网络的安全，这些不同的设计体现了无线传感器密钥管理的发展历程，可以作为资源受限的随机部署网络密钥管理的一个典型。

（1）全局密钥管理方案：这种方案的特点是网络中所有节点共享一个全局的密钥，节点的会话密钥需要依赖这个共享密钥来建立。显然，这种方案的很大缺陷在于，网络中任何一个节点泄露了共享密钥，整个网络就会被攻击者所控制。

（2）基于可信基站的密钥管理方案：如 SNEP，这种方案的缺陷在于基站容易成为攻击者的攻击目标，同时基站周围的节点由于需要承担较多的路由开销会过早地将能源耗尽，这时基站对网络的作用就会受到影响。

（3）基于分布式网络特性的密钥管理方案：在网络部署阶段为网络中每对节点预先存储一个共享密钥，如果网络中节点数量为 N 时，每个节点就需要存储网络中与其他 $N-1$ 个节点的共享密钥，这种方案能够有效地克服可信基站式密钥管理方案的缺陷，但是这种方案却带来了效率问题。当网络中节点数量较大时，节点及网络的密钥存储数量将分别为 $N-1$ 和 $N(N-1)$，在大规模网络中，对于存储能力有限的传感器节点来说是无法忍受的。

（4）概率密钥管理方案：能够提高密钥管理方案的性能，这种方案中每个节点从密钥池中选择一定数量的密钥，当节点随机部署完成后节点通过发送密钥的标识来判断邻居节点是否有相同的共享密钥标识，如果有则节点可以通过该标识的密钥进行秘密通信，否则需要通过具有共享密钥的节点来建立共享密钥。

（5）门限密钥管理方案和基于分区和分簇思想的密钥管理方案：它们的主要思想是通过对称矩阵或者节点部署和通信的区域性来设计密钥管理方案，这能够有效地降低密钥管理方案带来的系统开销。

（6）上述方法的组合方案：利用前面各方案的优点来提高不同场景下传感器网络的密钥管理性能。

（7）公钥方案：很多学者通过改进现有公钥实现方法来提高公钥的效率以将公钥机制应用于传感器网络；一些学者通过利用更高效的汇编语言或者专用的硬件来完成公钥算法的应用，或者通过寻求更高效的公钥算法来替换传统的 RSA 公钥机制，如 TinyECC。

现有密钥方案的模型一般局限在比较规则的网络模型下，在真实环境下，网络的很多假设前提都会发生改变，如网络通常不会是规则的矩形或者圆形，网络节点的密度很难达到 k 重覆盖，网络中的重要节点的安全特性有防篡改的硬件保证，网络节点是时间同步的，等等。这些因素都会掩盖现有设计方案的缺陷，相信今后的研究一定可以突破网络设计中更多因素的限制，进而研究出具有更普遍意义的密钥管理方案。

此外，当前关于密钥管理技术的研究，主要集中在网络安全与资源的折中使用——计算开销、存储开销、通信开销与安全性的折中。由于更强的、具有不同特性（处理能力、存储能力、通信范围、具有移动性等）专用的硬件节点的生产，相信研究的重心将会逐渐过渡到发现和利用传感器网络的可用资源,使用更强安全性的加密机制来构建异构式的网络上来。同时,WSNs 网络也会引进移动节点辅助网络的信息收集和网络管理机制。异构的网络模型加上移动特性的引进必然会给 WSNs 带来新的安全隐患,那么如何充分利用异构节点来平衡网络的资源开销、延长网络的寿命,如何在利用移动特性来辅助网络信息收集和进行网络管理的同时又能够防止移动节点特权过大给网络带来的安全危机,这些问题有待解决。

7.4.2 传感网的路由安全

路由安全是网路层的安全技术,也是无线传感器网络安全最初研究的主要内容之一。无线传感器网络安全问题的研究中,有一个平衡与折中的问题——最小的资源消耗和最大的安全性能。通常这两者之间的平衡需要考虑到有限的能量、有限的存储空间、有限的计算能力、有限的通信带宽和通信距离这 5 个方面的问题。出于资源消耗的考虑,应用于无线传感器网络的路由协议大多数都相当简单,这使得当前主要的路由协议的抗攻击能力很弱。本小节介绍数据中心协议、位置协议、层次协议三类主要的传感网路由协议,并对其安全性进行分析。

1. 数据中心协议

数据中心的路由协议是指基站或者汇聚节点发布所需求数据的属性,建立汇聚节点和满足数据兴趣的节点之间的路径。其中,定向扩散是较为典型的以数据为中心的协议。

1) 定向扩散协议

定向扩散是以数据为中心的路由协议,它能消除网络层不必要的路由操作从而节约能量。定向扩散使用数据的属性值查询节点。为创建查询,可以用一系列属性值来定义兴趣,这些属性值包括对象名称、时间间隔、持续时间、地理区域等。节点把兴趣广播给它的邻居节点,收到兴趣的节点可以将它缓存起来。兴趣传遍整个网络后,就在传感器节点和汇聚节点间建立梯度场。通过兴趣和梯度就可以在节点和汇聚节点间建立路径。当建立几条路径后选择一条路径增强,目标数据则通过这条加强路径以较高速率发送数据。

2) 定向扩散协议的安全分析

攻击者可以通过增强和削减路径强度来影响路径。当数据源开始传输数据时,攻击者可以伪造数据事件和产生假的增强梯度,影响梯度的建立。距离基站较近的攻击者和另一个攻击者还能形成虫洞攻击。

无线传感器网络中的虫洞(wormhole)攻击是一种主要针对网络中带防御性路由协议的严重攻击。它在两个串谋恶意节点间建立一条私有通道,攻击者在网络中的一个位置上记录数据包或位置信息,通过此私有通道将窃取的信息传递到网络的另外一个位置。由于合谋的恶意节点通过一个私有的网络连接,而不是通过正常网络连接,所以这种攻击又被称为隧道攻击,如图 7-25 所示。

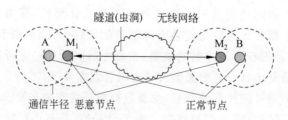

图 7-25 虫洞攻击模型

在图 7-25 中,A、B 是无线传感器网络中相隔很远的两个节点,彼此都不在对方的通信半径内,即双方不可以直接通信,必须通过其他中间节点进行传递;网络中存在两个"虫洞"串谋恶意节点 M_1、M_2,节点 M_1、M_2 之间存在一条高质量、高宽带的私有隧道。我们来看看恶意节点是怎样达到攻击的目的的。当 A 需要传送信息给 B 时,就广播一个消息确定由谁作为中间节点传递节点。M_1 收到 A 的广播消息后通过隧道快速传递给 M_2,M_2 广播复制的 A 的请求消息,当节点 B 收到消息后回复确认消息,然后 M_2 将收到的确认消息再通过隧道传送给 M_1,M_1 广播确认消息。当 A 收到确认后,A 将得到一条包含"虫洞"节点 M_1、M_2 的路径,而且该路径比其他路径的跳数少。因为"虫洞"节点间的私有通道替代了复杂的多跳中间网络,所以当 A 向 B 传输数据时,必然会选择包含"虫洞"节点的路径。

从表面上来看,由于虫洞攻击使用的通信隧道速度比正常网络路由传递的速度要快,如果这样的路径正确使用,非但不会产生任何的危害,反而形成了一条更加高效的网络连接,从而减少了数据的传输时间。但是如果虫洞攻击者并不忠实地传递所有数据包,而是故意传递部分数据包,如只传递控制信息数据包,或窜改数据包的内容,将造成数据包的丢失或破坏。同时,因为虫洞能够造成比实际路径短的虚假路径,将会扰乱依靠节点间距离信息的路由机制,从而导致路由发现过程的失败。例如,对于使用 HELLO 数据包来检测邻节点的周期性路由协议 OLSR,如果攻击者通过私有通道将由节点 A 发出的 HELLO 数据包传递给节点 B 附近的窜谋攻击者,同样攻击者通过私有通道将节点 B 发出的 HELLO 数据包传递给先前的攻击者,那么 A 和 B 将相信它们互为邻节点,这将导致当它们实际不是邻节点时,路由协议将不能找到正确的路径。虫洞非常难于检测,因为它用于传递信息的路径通常不是实际网络的一部分,同时它还特别危险,因为它们能够在不知道使用的协议或网络提供的服务的情况下进行破坏。

3) 数据中心协议的路由安全防范策略

目前,大部分路由协议都无法处理此类攻击,现有的解决方案也非常有限,主要有使用加密方法改变无线传输中的位信息,但一旦节点变节,这种方法就可能失败;另一种方法称为射频(RF)水印,节点间通过特有的方法改变射频(RF)的波形,来认证无线传输,防止恶意节点的接入;还有一种称为"数据包限制"(packet leashes)的机制,采用一种有效的认证协议 TIK(TESLA with instant key disclosure)来检测并防御虫洞攻击,即匹配每个数据包的时间戳和位置戳以检测系统中是否有虫洞入侵。每个数据包被发送节点打上了非常精确的时间信息或几何位置信息的标签,目标节点将数据包到达的时间和位置信息与标签相比较,如果数据在不切实际的时间长度内传送了不切实际的距离,那么就认为网络中有虫洞。

2. 位置协议

无线传感器网络中位置信息能帮助计算两个节点之间的距离,从而能够减少能量损耗。

1) 基于位置的 GEAR 协议

GEAR(geographic and energy-aware routing)协议使用能量和地理信息启发式地选择邻居节点并向目标区域传递数据。它能够在指定区域限制节点数量而不是发送到整个网络的节点。GEAR 中的每个节点保持一个估计成本和一个通过邻居节点到达目的地的学习成本。估计成本包含残余能力和到达目的地的距离。学习成本是网络中由于路由空洞而产生的估计成本。空洞是指没有邻居节点比自身更接近目的地。节点根据估计成本和学习成本选择下一跳路由。GEAR 中包含两种状态：一是将数据传播至目的区域；二是在目的区域内散布数据。GEAR 在选择下一跳路由时要考虑邻居节点的能量和距离目的区域的距离。

2）GEAR 安全性分析

GEAR 路由协议将节点的位置信息作为依据之一，攻击者就可以伪造位置信息实现女巫攻击（sybil attack），如图 7-26 所示。GEAR 的另一个依据就是剩余能量，攻击者就能谎称自己有最大的能量并对外广播这个消息，邻居节点把它作为下一跳路由发送给它的数据。

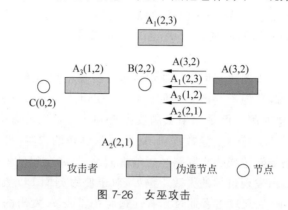

图 7-26　女巫攻击

攻击者 A 实际位置是(3,2)，它伪造一些不存在的节点位置 A_1、A_2、A_3，并将自身和伪造的节点位置广播出去。收到这些消息后如果节点 B 想发送消息给目的地 C(0,2)，就会将消息发送给攻击者伪造的下一跳节点 A3，攻击者 A 就能进一步偷听和处理这些数据。

3）位置协议路由安全的防范策略

针对这种类型的攻击，可以由可信赖的基站为每个节点分配唯一的对称密钥，以便在节点之间建立一个共享密钥并使用该密钥实现链路加密和验证。同时，基站可以适当地限制节点允许拥有的邻居数量，一旦某节点超过数量就会向它发送出错信息。这样当节点被捕获就限制其只能与已验证邻居通信。这里强调一点，并不是说该节点被禁止向基站或集合点发送信息，而是指不能使用除已验证邻居之外的任意节点。

3. 层次协议

随着节点密度的不断增加，将传感器网络分成几个簇，每个簇选择一个簇头，通过簇内节点的多跳通信和数据聚合来降低能量消耗。

1）低功耗自适应的分层协议(LEACH)

LEACH(low-energy adaptive clustering hierarchy)是一个用于传感器网络的分层路由协议。它采用低功耗自适应聚类路由算法，将传感器网络分成若干簇，通过在簇内随机选择簇头节点作为中继传输数据。这可以有效地节约能量，因为数据传输都是在簇头之间进行而不是在整个网络节点进行。簇头负责数据聚合，为了平衡节点的能量损耗，LEACH 中定义了"轮"的概念，每一轮包含了初始化和稳定两个阶段，每一轮中簇头节点是随机选取的。

2）LEACH 的安全分析

由于节点选择簇头是基于收到的信号强度，节点被选为簇头后，会向周围节点发布消息，节点根据收到的消息决定自己所属的簇。攻击者可以通过 HELLO 洪泛攻击发出强大的广播消息给网络中的所有节点。由于广播消息的能量极高，所有节点都选攻击者为簇头。

这样攻击者就可以控制覆盖区域内的传感器节点,然而那些离攻击者非常远的节点发送的包会湮没,之后网络会进入混乱的状态。

即使意识到和攻击者的链路发生错误,节点也没有办法自救,它的所有邻居节点也许都在试图转发包到攻击者。那些依靠邻居节点间交换位置信息来维持拓扑结构或流控制的协议也会受这种攻击的影响。

3) 层次协议路由安全的防范策略

针对 HELLO 洪泛攻击最简单的防范,就是在使用链路来传输信息进行有意义操作之前,先在链路两端进行必要的身份验证。例如,可以采用防范女巫攻击的身份验证方案来预防 HELLO 洪泛攻击,这样不仅可以用于链路两端验证,而且就算敌人有高灵敏接收机或有多个虫洞在网络中时,基站仍能通过限制节点通过验证的节点数目,在少部分节点被捕获的情况下,阻止 HELLO 洪泛攻击网络的大部分区域。

7.4.3　传感网的入侵检测技术

随着攻击类型由外部攻击转移到内部攻击,节点捕获、复制及腐化攻击会给网络造成更大的安全威胁。内部攻击的检测是传感网入侵检测技术的主要研究内容。内部攻击是指攻击者已经突破身份认证等依托现代密码技术而设置的第一层安全防护,掌握了相应的安全秘密,并以所拥有的合法身份从网络内部主动地发起有针对性的、蓄意的、串谋的攻击行为。如图 7-27 所示,通常这种盗用的节点身份通过物理俘获(physical capture)的方式获得,拥有合法身份的节点可以参与数据采集、数据传输等网络关键服务,从而可以实现对转发数据的篡改、注入和丢弃等;此外,攻击还可以通过复件克隆所获得的合法身份,通过增加复件节点的数目提高内部攻击的能力。

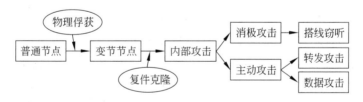

图 7-27　内部攻击模型攻击行为检测

攻击者获得了拥有网络合法身份的节点后,为增加各类攻击效果,往往在运行一些本地协议时采取一些攻击行为,以期获得更多参与网络任务的机会或减少被发现的危险。这些攻击行为包括 Sink Hole 攻击、Sybil 攻击、选择转发、病毒传播、虫洞、DoS 攻击和数据篡改攻击等。

最早的攻击检测就是针对这些攻击行为的特征,检测节点是否存在这些特定的攻击行为。通常制定一些规则,选定一些节点监视其他节点,通过运行本地协议以及节点间的协作,判定被检测节点是否具有特定攻击行为的特征性操作,从而判定该节点是否在发起某个特定类型的攻击。这类检测方法在可以接受的安全代价下均可获得较好的检测结果。但是此类检测方法主要检测网络中节点是否具有某个特定类型的攻击行为,任何一种单独的方法证实某个节点是否是内部攻击节点。也就是说,只有已知某个节点可能采取某个攻击行为时才能采取有针对性的特征检测。而事实上,在攻击被检测出来以前,检测者无法知道攻击类型,这就产生了一个"检测悖论"。

1. 攻击节点检测

针对"检测悖论",一个显然的解决方案是针对所有攻击类型逐一检测,然而这样做安全代价太大了。通常,一类攻击的检测需要增加系统 $15\%\sim25\%$ 的能耗,逐一检测累积的能耗将大大缩短网络寿命。因此,一些研究人员致力于研究通用的检测方法,这类方法的核心是利用节点间的监视和协作,发现该节点行为是否异常,从而判断是否是正常的内部节点(benign node)。

最常用的方法是使用信誉系统,通过节点对交互事件的记录,采用一定的信誉模型,计算各自信任度;根据节点间的信任度,利用信誉模型在网络的局部或者全网中心求出信誉度,根据信誉度对节点是变节节点(compromised nodes)还是正常节点进行决策判定。也有学者认为由于网络节点能力的限制以及网络部署在恶意环境中易造成误判,所以信誉系统并不适用于无线传感器网络。因此提出了一种基于图的推理算法作为鉴别变节节点的通用框架,让所有节点进行相互监测,利用检测结果构造观测图(obverse graph),在观测图的基础上对节点是否变节进行逻辑判断,相关实验显示出了非常好的检测结果。总体来说,这些方法都基于一个假设——正常节点和变节节点比起来"数目占优",也就是说,假设攻击者只能俘获极少数量的节点,因此,无论是从整体上还是从局部上,正常节点相对于恶意/变节节点在数目上占优,从而可以通过相互的协作发现少量的破坏者(攻击节点)。如果网络中存在数量上相近或者局部占有的恶意节点,那么会导致上述方法的整体失效。

2. 复件攻击检测

在 2005 年的 IEEE P&S 大会上,Perrig 指出攻击者可以大量复制所俘获节点的身份,从而在局部甚至整体上拥有数量占优的恶意的复件节点(replica nodes),这让"数目占优"的安全假设失去了成立的现实条件。

针对 Replica Attack 的复件节点检测成为研究的热点。复件节点检测,从本质上来说,都是根据复件攻击的定义——同一个 ID 的大量复制使用——来检测的。根据"同一个身份ID 的节点不可能出现在多个不同位置"的安全假设来鉴别节点是否是复件攻击节点。但是这种鉴别需要在全局范围内统一排查,因此需要很大的计算量和通信量。为了降低这种检测方法带来的安全代价,通常采用概率抽取的方法让节点汇报,而检测的准确率或者精度通过"生日悖论"、随机概率来保证;或利用群部署(group deployment)的先验知识进一步降低安全代价并提高检测率。

生 日 悖 论

生日问题是指,如果一个房间里有 23 个或 23 个以上的人,那么至少有两个人的生日相同的概率要大于 50%。这就意味着在一个典型的标准小学班级(30 人)中,存在两人生日相同的可能性更高。对于 60 个或者更多的人,这种概率要大于 99%。这个数学结论与一般直觉相抵触,所以称为悖论。

无论如何,这类检测需要一个在线的基站(base station)或者全局的汇聚节点作为处理问题的中心(我们称之为"中心模式"),所有网络节点的 ID 都要发送到这个中心进行匹配,从而判断是否重复出现。这种模式使得中心的基站成为系统的安全脆弱点,易导致"单点失

败"(sing-point failure);同时检测数据增加了网络通信量,使得靠近基站的节点通信能耗大大增加,容易成为决定整个网络性能及寿命的"瓶颈"节点。

3. 移动节点带来的发展动态

移动节点的出现则增强了网络节点的能力,扩充了网络的应用范围,同时也改变了网络结构,给网络安全及攻击检测带来了新的变化。

移动攻击者模型(mobile adversary,μADV)如图 7-28 所示,由于移动 Sink 周期性收集数据,因此,移动攻击者可以在 Sink 两次巡视的时间空隙里在传感器网络部署的区域内自由移动,可选择任意节点进行物理俘获或者损害。现有的无线传感器网络的攻击防范方式对这种新的 μADV 攻击均无效,这种攻击在一定程度上是能力增强型的物理俘获攻击,可随意选择节点进行俘获;也可以视为变节的 Sink 节点,可以获取或改变任何静态节点的状态及信息。

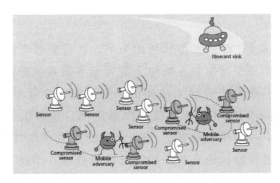

图 7-28 移动攻击者(μADV)模型

4. 攻击检测算法的对比分析

传感网的攻击检测方法从网络对象可以分为有移动节点的无线传感器网络和无移动节点的无线传感器网络两类,从检测对象可以分为检测攻击行为、检测变节节点及检测复件节点 3 种类型,而不同类型又分别使用了"已知攻击""数据占优"和"中心模式"3 种安全假设,可能存在"检测悖论""瓶颈节点""单点失败""安全代价"等 4 个方面的主要问题。表 7-10 对此进行了归纳,其中"/"表示无相应数据。

表 7-10 典型攻击检测方法缺陷

检 测 类 型		无移动节点			有移动节点		
		攻击行为	攻击节点	复件节点	攻击节点	复件节点	移动攻击者
主要问题	检测悖论	是	无	是	无	是	/
	数目占优	是	是	否	是	否	/
	中心模式	部分	部分	是	否	否	/
	瓶颈节点	有	有	有	无	无	/
	单点失败	部分	部分	有	无	无	/
	安全代价	小	中	较大	/	大	

由表 7-10 可以清楚地看到,没有移动节点的无线传感器网络中的内部攻击方法均依赖于一个或多个安全假设,存在无法克服的主要问题;而移动节点给克服这些实际问题带来新的可能,而关于移动攻击,尚没有更好的解决方法,依然是一个值得读者深入挖掘并从事研究的领域。

7.4.4　传感网的可生存技术

现有无线传感器网络可生存技术的研究并不多见,主要是构建冗余的路由、基于多路径的可靠数据传输、多目标的基站等,通过建立多路径、多基站等,使得当网络中个别节点、基站被入侵时,发挥其他路径、节点和基站的作用,保证数据采集传输等关键服务的通畅。也有一些方法,利用邻近区域内的多个节点的协作提高系统的生存能力。总体来说,这类方法要么利用节点(基站)的冗余性来容忍入侵,要么利用区域内节点密度的冗余性来提供系统面临入侵时的生存性。

生存技术类似于人类的"带病工作",然而一个人可能能够带病工作,但他仍旧会在不断的攻击中死亡;同样一个可生存系统也不能容忍多数系统被敌人占领,当越来越多的子系统被占领之后,系统最终依然无法保证关键服务。也就是说,当前以容错/容侵为代表的生存技术仍旧不能彻底解决系统失败的问题。仿照人类的繁衍进程,一代人无法完成使命之后,由下一代继续完成。于是有学者认为容侵技术的进一步发展应该是自再生技术,并且已经开始讨论自再生的容忍入侵技术。当前,具备自再生技术研究雏形的典型领域是无线传感器网络,从飞机撒下的许多智能传感器自动组成了一个网络,向后方报告情况;当网络遭遇炸弹时,剩下的智能传感器会重新组织一个网络,重新感知现场状况并向后方汇报;当飞机再次撒下一些传感器时,一个新的更快的传感器网络又自动形成了。这样,传感器网络一代一代不断淘汰和更新,继续完成系统的关键服务。

读者若想对传感网可生存技术进行深入研究,可以参考《无线传感器网络可生存理论与技术研究》(人民邮电出版社出版)。但是随着物联网的普及,对安全的要求越来越高,对于更多的非专业技术人员来说,判断传感网是否具有较强的生存性,可以看它是否具有下述5 个关键特征:

(1) 初始布置的许多智能传感器可以自动组成一个最优网络进行测量,同时预留部分传感器备用。

(2) 网络能定期询问各个传感器的工作情况,对失效的传感器进行剔除,同时启用附近备用的传感器。

(3) 网络中的各个节点有定期的自动身份认证功能,相互之间可以定期互相认证身份,如发现传感器被敌方获得可以及时使其失效甚至自毁。

(4) 可以及时向后方汇报工作情况,当新的传感器到达时,如飞机播撒,网络可以根据具体情况重新组织网络,以形成一个新的更快的传感器网络,使整个系统能具有更强的抗攻击能力。

(5) 网络的维护应该比较简单,传感器网络的软、硬件必须具有高强壮性和容错性。

7.5　网络空间安全技术

2005 年 2 月底,美国总统信息技术顾问委员会 PITAC 向美国总统提交了一份题为《网络空间安全：迫在眉睫的危机》(Cyber Security：A Crisis of Prioritization)的报告,通过深入分析和研究,PITAC 战略性地提出：建议联邦政府鼓励和培育新的网络和信息安全体系结构及安全技术,从而保障美国国家 IT 基础设施的安全。

互联网这个目前连接着全世界超过 30 亿台计算机的全球网络,最初是本着互信的精神设计出来的。不论是网络通信协议还是控制计算系统联结网络的软件,都不是考虑在攻击环境下运行而设计的。互联互通,这个原本在互联网中体现的特性,现在已经扩展到局域网、广域网以及各种无线和混合网络中。这种无处不在的网络互联互通有其无可争辩的好处,但同时也为攻击者在全球任何地点去发现系统漏洞和脆弱点,并且迅速地广而告之提供了便利。网络空间逐渐被视为继陆、海、空、天之后的"第 5 空间",成为世界关注的焦点和热点。

常驻计算机中的软件是主要的网络安全漏洞所在。就跟癌症一样,有漏洞的软件会因被侵入和修改而受到病毒感染,而受感染的软件则会复制自身,并通过网络感染给其他系统。给网络和计算机系统打补丁以及给软件增加安全和可靠性功能模块的方法在短期内是有效的,但是无法从根本上满足国家网络空间安全的需要。现在不能只关心暂时弥补漏洞的问题,而应该把更多的注意力放到新的安全系统设计和工程学方法上。为了长久地解决网络空间安全问题,需要一项充满活力的长期的基础研究计划来探索和开发必要的技术,以便从头设计安全的计算和网络系统以及软件。对任意大型复杂的系统和网络来说,网络空间安全都应该是其设计过程中一个必不可少的部分。为了安全问题增加安全模块的办法是必要的,但是最终只有系统级的端到端的安全控制才能最大限度地降低入侵行为。

对于我国来说,网络空间安全形势的严峻性,不仅在于上面这些威胁,更在于我国在 CPU 芯片和操作系统等核心芯片和基础软件方面主要依赖国外产品。这就使我国的网络空间安全失去了自主可控的基础。图 7-29 列举了 2014 年全球网络空间安全现状的一些数据。

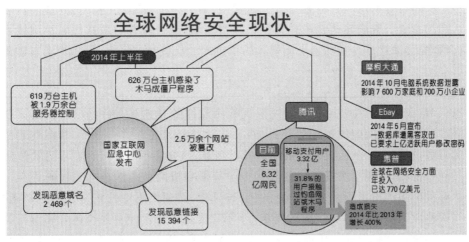

图 7-29　网络空间安全现状

习近平主席指出："没有网络安全,就没有国家安全,没有信息化,就没有现代化。"我们必须确保我国的网络空间安全。

本节将介绍网络空间安全涉及的安全问题及相关技术。

7.5.1　智能移动终端安全技术

随着移动智能终端的普及及其功能的不断强大,移动智能终端日渐成为人们日常生活不可或缺的用品;而这些功能强大的移动智能终端在带给用户便利的同时,安全问题也日益突显。2011年移动互联网安全事件频发,而且恶意扣费事件不断:传统的吸费、卧底等恶意软件依然盛行,让智能终端面临严重威胁;飞流下载软件恶意扣取手机用户费用;预装在手机系统中的软件存在过度搜集用户隐私行为。从近年的移动互联网重大安全事件可以看出,公司行为的恶意事件成为移动互联网安全的一个重大威胁。智能移动终端安全主要包括恶意软件和基于位置服务等。

1. 移动终端恶意代码检测技术

历史上最早的移动终端恶意软件出现在2000年。当时,移动终端公司Movistar收到大量名为Timofonica的骚扰短信,该恶意软件通过西班牙电信公司的移动系统向系统内的用户发送脏话等垃圾短信。事实上,该恶意软件最多只能算作短信炸弹。真正意义上的移动终端恶意软件直到2004年6月才出现,那就是Cabir恶意软件,这种恶意软件通过诺基亚移动终端复制,然后不断寻找带有蓝牙的移动终端进行传播。

智能移动终端恶意代码是对移动终端各种病毒的广义称谓,它包括以移动终端为感染对象而设计的普通病毒、木马等。移动终端恶意代码是以移动终端为感染对象,以移动终端网络和计算机网络为平台,通过无线或有线通信等方式,对移动终端进行攻击,从而造成移动终端异常的各种不良程序代码。和计算机恶意软件(程序)一样,移动终端恶意代码具有传染性、破坏性,可能会导致用户移动终端死机、关机、资料被删、向外发送邮件、拨打电话、窃听账户等。

恶意代码的检测是指通过一定的技术手段判定恶意代码的一种技术。这也是传统计算机病毒、木马、蠕虫等恶意代码检测技术中最常用、最有效的技术之一。其典型的代表方法是特征法和扫描法。智能移动终端恶意代码检测技术,是在原有的恶意代码检测技术的基础上,结合智能移动终端自身的特点而引入的新技术。从检测方法上,可分为动态监测和静态检测。

1) 静态检测

静态检测(static detection)是指通过对被检测软件的二进制文件进行逆向编译成逆向汇编,获得二进制文件对应的反汇编代码,然后针对反汇编代码进行分析,掌握代码的控制流程与代码的执行逻辑,从而对软件的功能做出判断,该方法不需要运行被检测软件。

对于静态检测,主要涉及代码的语义分析与特征分析两种关键技术。代码语义分析的目的是掌握代码的语义、整理代码的执行逻辑与流程,得到代码中的数据流与控制流数据,进而根据这些数据对软件的功能做出判断,以确定被检测的软件中是否包含恶意行为。代码特征分析的目的是获得软件代码的特征,如引用关系、API调用序列、代码树等,并针对代码的特征使用模糊哈希技术、数据流分析技术或启发式扫描等技术,来对软件的性质做出判断。对于相同的恶意软件来说,其获得的特征是相同的,不会因为恶意软件的变种使用了重打包技术而发生变化。

不论是语义分析还是特征分析,前提都是获得被检测软件的代码。但是,对于应用市场上的软件,发布的都是编译生成的安装包,并不包含源代码。所以,静态检测技术需要通过逆向技术得到软件的反汇编指令代码,从而进行相关的分析。逆向技术主要包括反汇编与反编译。反汇编是指将二进制的可执行文件经过分析转变为汇编代码;反编译是指将二进制的可执行文件经过分析转变为高级语言的源代码。目前网络上有比较丰富的 Android 系统逆向工具,用来对 APK 文件进行反汇编与反编译,以获取 Smali 指令语言代码或 Java 语言代码进行分析。

静态检测技术不需要真正地运行被检测软件,故检测风险较低,对检测系统的实时性要求也相对较低。静态检测技术依赖于软件的逆向技术,所以对于进行了代码混淆技术或动态加载技术的软件无法得到理想的检测效果。

2) 动态检测

动态检测(dynamic detection)是指将被检测软件置于特定环境并运行,在被检测软件运行的过程中对其行为进行监控,同时记录软件的运行对系统中的数据造成的影响,分析记录的数据,对被检测软件的性质做出判断。

动态检测使用的技术手段主要有系统状态对比与软件行为监控。系统状态对比技术是指分别记录被检测系统运行前与运行后的状态,通过前后二者状态的比较,分析出被检测软件在运行过程中的行为。但是这种方法无法记录被检测软件在运行时对系统的影响轨迹,对于状态的叠加变化无法处理,从而对检查结果的准确率造成了影响。软件行为监控技术能够实时地对被检测软件在运行过程中的操作进行记录,直接得到软件的行为信息。软件行为跟踪根据采用的具体技术不同,有指令级跟踪方式与轻量级跟踪方式。前者能够获取软件运行过程中 CPU 与寄存器的状态,同时可通过修改寄存器数值的方式来改变程序的执行流程;后者可以通过系统 API 调用拦截技术来达到监控的目的。

相对于静态检测,动态检测对检测系统的实时性要求较高,而且因为使用了沙箱、虚拟机等技术,通常对系统资源也有比较大的消耗。但是,动态检测不会受到代码混淆、代码加密等技术的影响,对于使用了动态加载技术的软件,动态检测也可以进行检测。

2. 基于位置服务的隐私安全保护技术

各种无线定位技术和移动互联网的快速发展推动着基于位置服务(location based service,LBS)的日益普及,用户通过手机等智能设备获得各种丰富的位置服务,如百度地图的地理位置功能、大众点评的地点搜索、评价查看功能,滴滴打车等 P2P 在线服务业务,微信、人人网等社交网络平台上的人际互动功能等。然而,基于位置服务在给人们带来各种便利服务的同时,也带来了用户对位置安全的担忧,根据 2011 年微软公司的一份调查报告表明,在使用 LBS 的用户中,有超过 83% 的用户认为该 LBS 服务提供商收集、使用和分享个人地理位置信息的行为会导致其个人隐私受到侵犯。

基于位置服务是指通过运营商或者外部设备获取移动终端设备位置信息的基础上,为用户提供各种增值信息的一种服务。LBS 一般要求用户首先通过定位设备获取当前自身定位信息,并将该信息与相应的服务请求发送给 LBS 服务提供商,LBS 服务商在接收到用户的服务请求后,根据用户的地理位置信息和请求提供相应的服务信息。

在基于位置的服务中,用户获取需要的位置服务的前提条件是向位置服务提供商报告自己的位置信息。位置信息的精确程度影响着用户获得位置服务的质量,但在用户获取便利的位置服务的同时,精确的位置信息也给用户的自身安全带来了隐患。恶意攻击者通过攻击位置服务器或者窃听用户和位置服务器间的通信信息等方式获得用户的位置信息和服务请求内容。

用户的位置服务隐私分为用户的位置信息隐私和查询隐私,位置信息隐私指的是因泄露用户个人所处的具体地理坐标信息所造成的隐私威胁;查询隐私指的是用户发送的位置中所包含的查询信息。如发出的"寻找附近的加油站",用户需发送自身位置坐标信息,该位置坐标信息即属于位置信息隐私;用户也不愿意将询问请求的内容泄露给其他第三方,该信息即属于查询隐私。

基于位置服务主要存在两种隐私问题,一是单次查询的位置隐私。即用户只发送一次查询请求,用户暴露的只是某时刻的位置信息;二是连续查询中的位置隐取,也称为轨迹隐秘。即用户在某个时间段内,多次发送查询请求,恶意攻击者通过获取不同时刻的查询信息推测出用户的运动轨迹;并将用户的轨迹信息与背景知识相结合判断出用户的身份信息或者运动规律。如通过观察用户轨迹起始点易推断出用户的家庭住址所在地或者工作地点。观察用户经常去的某个场所,可推断出用户的个人生活习惯或者宗教信仰。观察用户经常停留的医院,可推断出用户的个人健康状况。

1) K-匿名(K-anonimity)保护模型

隐私保护安全技术广泛使用的安全模型是 K-匿名保护模型,它的核心思想是将一组特殊属性定义为准标识符(quasi-identification),并确保准标识符商取值相同的元组规模至少为 $k(k>2)$,从而使攻击者发起连接攻击时得到的个体和敏感信息之间的关系变得模糊。针对 LBS 服务,K-匿名保护的实现是指,对发送服务请求的用户 A 生成一个隐匿空间 R,该空间可以满足攻击者根据发送的服务请求识别出其真实请求者 A 的概率。K-匿名保护模型虽然能保证隐私信息相对安全,但是 K-匿名化的过程中的泛化操作可能会导致数据服务的质量下降。

2) 空间隐匿保护技术

空间隐匿技术首先通过可信第三方建立一个或多个模糊的空间范围。该区域通过扩大用户的位置范围或调整用户地理位置信息在时域和空域的解析度模糊用户的精确位置,并将该区域代替用户的精确位置,上传至 LBS 服务商,从而获得相应的 LBS 服务。当该区域包含 k 个移动用户时,可以实现对该用户位置隐私的 K-匿名保护。如图 7-30 所示,圆点 A 是用户的真实位置,用户发送位置服务请求时,发送给位置服务器的是一个圆形匿名区域。用户在这个区域内每个位置出现的概率相同,所以攻击者无法确定用户的

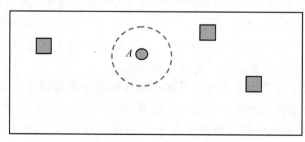

图 7-30 空间隐匿保护

具体位置。空间匿名方法的隐私保护程度跟匿名区域的面积有关,匿名区域的面积越大,隐私保护程度越好,但是系统的开销也增大。反之,匿名区域小,隐私保护程度低,系统的开销小。但是,由于上传的位置信息不是用户的精确位置,导致用户不能获得高质量的服务体验。

在空间匿名方法中,如果某个时间段该匿名区域只含有一个用户,则该用户容易被恶意攻击者发现,通过增加时间轴,将传统的二维空间匿名改为三维的时空匿名,通过延迟响应时间,增加服务请求的用户数目。此时服务质量和延迟时间存在一定的关系,即随着时间的延长,匿名效果更好,但是服务质量却随之下降。因此需要选择合理的空间范围替代用户的地理位置信息,并且在用户服务质量和隐私保护之间作出平衡。

3) 假地址技术

假地址技术是指利用假地址替代准确的地理位置信息。该技术主要思想是通过一定的策略生成多个假的或者错误的地理位置信息混淆真实的地理位置信息。用户将多个假地址连同真实的地理位置信息发送给 LBS 服务器。服务器根据这些位置向用户提供一组服务信息,从而避免 LBS 服务商直接获得用户的真实地理位置。理论上,当用户向 LBS 服务发送 k 个位置(包含真实位置)时,攻击者无法从这 k 个位置中识别用户的真实位置,从而实现 K-匿名保护。虚假位置的生成策略是假地址能够保证隐匿真实地理位置信息的关键。

图 7-31 中,圆形点 A 是用户的真实位置,B 是附近的假位置,用户发送位置时,发送的是假位置 B。即使从匿名服务器遭受攻击,攻击者也无法获取用户真实的位置信息。从图中可以看出,用户的服务质量和假位置跟真实用户的距离有关。假位置与用户的距离越近,得到的服务质量越好,但是位置暴露的风险越大。反之,假位置离用户的距离越远,隐私保护程度就越高,但是服务质量得不到保障。

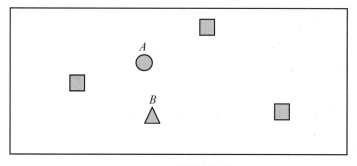

图 7-31 假地址技术

假地址技术的安全性的实现主要依靠假地址的数量。一方面用户希望使用更多的假地址混淆自己的地理位置信息;另一方面,大量的假地址信息将导致 LBS 服务器需要回复额外的服务信息,从而增加通信和计算的消耗。

4) 身份隐匿技术

身份隐匿技术主要思想是通过混淆用户身份信息来实现用户隐私信息 K-匿名保护。该技术一般包括两种方法,假名技术和基于多跳的路由技术。

假名技术一般是通过可信第三方为每位用户生成一个假名,用户在通信过程中利用假名进行通信。LBS 服务商不能将用户真实身份和假名进行一一对应,从而无法推断出接受的地理位置信息属于哪位用户。理论上，当用户数为 k 时，该方法可以实现 K-匿名保护。

但是，长期使用相同的假名，攻击者可以利用旁路信息发现假名和用户真实身份之间的关系。因此，可以使用基于混淆区域(mixzone)的动态假名技术，即通过可信第三方生成一个混淆区域，当用户进入该区域后，用户将被第三方随机赋予一个假名，当该用户离开混淆区域，该假名可被重新赋予新进入的用户。为抵御假名链接攻击，用户可以在该区域使用不同的假名。如果混淆区域用户数为 k 时，混淆区域技术可以实现用户的 K-匿名保护。

基于多跳的路由技术，采用洋葱路由技术将传输信息多层加密，加密信息通过一个代理序列(多个洋葱路由器)传输到达目的地。每层代理仅能解密获得下一跳中继代理信息，从而保证路由信息和传输信息内容不可知。用户通过洋葱路由可以匿名访问互联网，从而保护用户的隐私信息。LBS 网络中，可将用户将信息传递或者交换给随机遇到的其他中继用户，通过中继用户多跳将请求发送给 LBS 服务器，从而完成 K-匿名保护。

身份隐匿技术的核心是通过隐藏用户的真实身份信息，切断用户的身份信息与地理位置信息的联系，从而使攻击者不能获知某个地理位置信息的真实所属用户。

7.5.2 可穿戴设备安全防护技术

可穿戴设备是指直接穿戴在使用者身上或是整合到使用者的衣服或配件上的设备。常见的可穿戴设备是指那些具有部分计算能力，与智能移动设备相辅使用的便携式设备。这些设备多以手表、鞋子、帽子等形式存在，还有一些服装、书包、配饰等。然而，在 2015 年的 HackPWN 安全极客狂欢节上，有白帽子黑客向组委会递交了一个小米手环的漏洞，通过该漏洞，黑客可以完全接管小米手环的控制权。想解决可穿戴设备安全问题，应该结合设备层与系统层进行综合考虑。

1. 生物特征识别技术

英特尔首席执行官科再奇在 2014 年的国际消费类电子产品展览会 CES 预热演讲中强调，英特尔将推出"Intel Security"品牌，用安全领军可穿戴设备，英特尔将把生物特征识别技术应用于可穿戴设备中。可穿戴设备可以对用户的身份进行验证，如果验证不通过将不予提供服务。传统的身份认证一类是通过实物鉴别身份，例如身份证、护照、钥匙、智能卡等；另一类是通过约定相关口令鉴别身份，如口令、密码、暗号等。这些方式存在容易丢失、遗忘、被复制和破解等安全可靠性差的问题。在实践中人们发现，每个人所特有的生物特征具有唯一且在一定时间内较为稳定不变的特性，并且不会丢失，也不会轻易被伪造和假冒，所以生物特征识别技术被认为是一种终极的身份认证技术。

生物特征指的是用人体所固有的生理特征或行为特征。生理特征有指纹、人脸、虹膜、指静脉等；行为特征有声纹、步态、签名、按键力度等。

生物特征识别技术是使用一个人所具有的，可以表现其自身的生理或行为特征对其进行识别的模式识别技术。该技术通常分为注册和识别两个阶段。注册过程首先通过传感器采集人体生物特征的表征信息，然后进行预处理去除噪声影响，利用特征提取技术抽取特征数据训练得到模板或模型，存储在数据库中。识别阶段是身份鉴别的过程，前端特征提取与注册过程相似，特征提取完毕后利用特征信息与数据库中的模板/模型进行比对匹配，检验并最终确定待识别者的身份。其基本过程如图 7-32 所示。

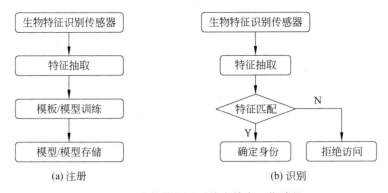

(a) 注册　　　　　　　　　　(b) 识别

图 7-32　生物特征识别技术基本工作过程

这里介绍几种主要的生物特征识别技术。

1) 人脸识别

人脸识别技术是一种基于人脸的面部特征进行身份识别的技术。在识别时一般通过两个阶段，第一阶段首先通过检测技术检测图像或视频中是否存在人脸，如果存在人脸则收集人脸大小和各个面部器官位置信息，这部分信息可以提供代表身份的特征；第二阶段将收集到的特征与现存的人脸数据库进行对比识别出人脸身份。人脸识别由于表情、位置、方向以及光照的变化都会产生较大的同类差异，使得人脸的特征抽取十分困难。人脸识别方法有(1)基于脸部几何特征的方法；(2)基于特征脸的方法；(3)神经网络的方法；(4)局部特征分析的方法；(5)弹性匹配的方法等。

基于几何特征的识别是通过提取眼睛、眉毛、鼻子、嘴等重要器官的几何形状作为分类特征。特征脸是根据一组训练图像，利用主元分析的方法，构造主元子空间，这种方法是一种最小距离分类器，当光照和表情变化较小时性能很好，但当其变化较大时性能会显著降低。神经网络方法是将图像空间投影到隐层子空间。由于投影变换有非正交、非线性的特性，而且可根据不同的需求构造不同的网络，因此识别效果较好。局部特征分析方法是考虑到人脸显著的特征信息并不是均匀分布于整个脸部图像的，可能少量的局部区域却传达了大部分的特征信息，而且这些局部特征在投影前后的关系保持不变。弹性匹配方法是将人脸建模为二维或三维网格表面，应用塑性图形或可变形曲面匹配技术进行匹配。

2) 指纹识别

指纹指的是指尖表面的纹路，其中突起的纹线称为脊，脊之间的部分称为谷。指纹的纹路并不是连续、平滑流畅的，而是经常出现中断、分叉或转折，这些断点、分叉点和转折点，称为细节，就是这些细节提供了指纹唯一性的识别信息。指纹的识别主要包括三部分：特征提取、指纹分类、匹配决策。

特征提取是指纹识别的重要部分。指纹特征主要包括指纹的全局特征和局部特征。全局特征包括核心点和三角点，根据这些点的数量和位置关系可以对指纹进行初步分类。检测核心点和三角点最著名的方法是 Poineare 指数的方法。指纹的局部特征包括指纹脊线的端点和分叉点。端点位于指纹脊线的尾端，分叉点通常位于 3 条脊线的交叉部分。指纹特征提取就是提取这些特征的位置、类型、方向等信息并存储成特征文件的过程。

为了提高识别速度，通常可采用奇异点等标志信息，利用脊的方向和结构信息，应用句法模式识别方法等将指纹图像进行分类。

  指纹匹配是基于指纹模式分类特征集的模式识别过程,用于决定两个指纹是否来自同一手指。匹配方法有:(1)基于串的匹配。将 2D 的细节特征转换成 1D 的串,应用串匹配算法计算两个串的距离。(2)基于 Hough 变换的匹配。首先估计变换的参数,然后对准细节点,在一个边界框内计算匹配的点数。(3)基于 2D 动态规整的匹配。将被测指纹的细节进行规整来对准参考指纹,以获得最大的匹配细节的数目。

  3) 声音识别

  同其他的行为识别技术一样,声音的变化范围比较大,很容易受背景噪声、身体和情绪状态的影响。一个声音识别系统主要由三部分组成:声音信号的分割,特征抽取和说话人识别。

  (1)声音信号的分割:目的是将嵌入到声音信号中的重要语音部分分开。通常采用以下几种方法:能量阈值法、零交叉率和周期性的测量、声音信号倒频谱特征的矢量量化、与说话人无关的隐马尔可夫字词模型等。

  (2)声音特征抽取:人的发声部位可以建模为一个由宽带信号激励的时变滤波器,大部分的语音特征都与模型的激励源和滤波器的参数有关。倒频谱是最广泛使用的语音特征抽取技术,由标准倒谱发展了 mel 整形倒谱和 mel 频率倒谱系数,此外,语音特征参数还包括全极点滤波器的脉冲响应、脉冲响应的自相关函数、面积函数、对数面积比和反射系数。

  (3)说话人识别:说话人识别的模型有参数模型和非参数模型另种。两个主要的参数模型是高斯模型和隐马尔可夫模型(HMM)。HMM 包括参考模式模型和连接模型。参考模式模型将代表说话人的声音模式空间作为模板储存起来,应用矢量量化、最小距离分类器等进行匹配。连接模型包括前馈和递归神经网络,多数神经网络被训练作为直接将说话人分类的判决模型。

  4) 虹膜识别

  虹膜是一个位于眼角膜和晶状体之间的一层环状区域,它拥有复杂的结构和细微的特征,从外观上看呈现不规则的褶皱、斑点、条纹。虹膜具有唯一性和稳定性的特征,在人一岁之后虹膜几乎不再变化,所以虹膜识别成为了一种较好的生物识别技术。在各种虹膜识别算法中,以 Daugman 和 Wildes 提出的算法最为经典。虹膜识别算法包括虹膜定位、虹膜对准、模式表达、匹配决策等。

  (1)虹膜定位:将虹膜从整幅图像中分割出来,为此必须准确定位虹膜的内外边界,检测并排除侵入的眼睑。典型的算法是利用虹膜内外边界近似环形的特性,应用图像灰度对位置的一阶导数来搜索虹膜的内外边界。

  (2)虹膜对准:确定两幅图像之间特征结构的对应关系,Daugman 将原始坐标映射到一个极坐标系上,使虹膜组织的同一部位映射到这个坐标系的同一点;Wildes 算法应用图像配准技术来补偿尺度和旋转的变化。

  (3)模式表达:为了捕获虹膜所具有的独特的空间特征,可以利用多尺度分析的优势。Daugman 利用二维 Gabor 子波将虹膜图像编码为 256 字节的"虹膜码"。Wildes 利用拉普拉斯-高斯滤波器来提取图像信息。

  (4)匹配决策:Daugman 用两幅图像虹膜码的汉明距离来表示匹配度,这种匹配算法的计算量极小,可用于在大型数据库中识别。Wildes 是计算两幅图像模式表达的相关性,其算法较复杂,仅应用于认证。

2. 入侵检测与病毒防御工具

保证可穿戴设备安全的另一个重要思路就是在设备中引入入侵检测与病毒防护模块。由于可穿戴设备中本身的计算能力非常有限,所以,嵌入在可穿戴设备中的入侵检测或者病毒防护模块只能在简单的访问控制模式之后,以数据收集为主,可穿戴设备通过网络或者蓝牙将自身关键节点的数据传递到主控终端上,再由主控终端分析出结果,或者通过主控终端进一步转递到云平台,最终反馈给可穿戴设备,实现对入侵行为或者病毒感染行为的发现与制止。

7.5.3　云计算安全技术

云计算其虚拟化、资源共享、分布式等核心特点决定了它在安全性上存在着天然隐患,云计算安全和风险问题也得到各国政府的广泛重视。2010 年 11 月,美国政府 CIO 委员会发布关于政府机构采用云计算的政府文件,阐述了云计算带来的挑战以及针对云计算的安全防护,要求政府及各机构评估云计算相关的安全风险并与自己的安全需求进行比对分析。同时指出,由政府授权机构对云计算服务商进行统一的风险评估和授权认定,可加速云计算的评估和采用,并能降低风险评估的费用。

2010 年 3 月,参加欧洲议会讨论的欧洲各国网络法律专家和领导人呼吁制定一个关于数据保护的全球协议,以解决云计算的数据安全弱点。欧洲网络和信息安全局(ENISA)表示,将推动管理部门要求云计算提供商通知客户有关安全攻击状况。

日本政府也启动了官民合作项目,组织信息技术企业与有关部门对于云计算的实际应用开展计算安全性测试,以提高日本使用云计算的安全水平,向中小企业普及云计算,并确保企业和个人数据的安全性。

在我国,2010 年 5 月,工信部副部长娄勤俭在第 2 届中国云计算大会上表示,我国应加强云计算信息安全研究,解决共性技术问题,保证云计算产业健康、可持续地发展。

云计算的安全主要包括虚拟化安全、云存储安全和云应用安全三大方面。

(1) 虚拟化安全。

虚拟化技术在信息系统中发挥着极其重要的作用,利用虚拟化带来的可扩展性有利于加强在基础设施、平台、软件层面提供多租户云服务的能力,它还可以降低信息系统的操作代价、改进硬件资源的利用率和灵活性。然而虚拟化技术也会带来以下安全问题:

- 如果主机受到破坏,那么主要的主机所管理的客户端服务器有可能被攻克;
- 如果虚拟网络受到破坏,那么客户端也会受到损害;
- 需要保障客户端共享和主机共享的安全,因为这些共享有可能被不法之徒利用其漏洞;
- 如果主机有问题,那么所有的虚拟机都会产生问题。

(2) 云存储安全。

云存储可以为用户提供海量的存储能力,而且可以减少成本投入。然而,由于对数据安全性的担忧,仍然有很多用户不愿意使用云存储服务。如何保证用户所存储数据的私密性,如何保证云服务提供商(cloud service provider,CSP)内部的安全管理和访问控制机制以符合客户的安全需求;如何实施有效的安全审计,对数据操作进行安全监控;如何避免云计算环境中多用户共存带来的潜在风险都成为云计算环境所面临的安全挑战。

(3)云应用安全。

对于基于云的各类应用,如网页操作系统、数据库管理系统、数据挖掘算法的外包协议等,需要首先预防应用本身固有的安全漏洞,同时设计针对性的安全与隐私保护方案提高应用安全性。

1. 虚拟化安全技术

基于虚拟化技术的云计算引入的风险主要有两个方面:一个是虚拟化软件的安全;另一个使用虚拟化技术的虚拟服务器的安全。

(1)虚拟化软件安全。

虚拟化软件层直接部署于裸机之上,提供能够创建、运行和销毁虚拟服务器的能力。有几种方法可以通过不同层次的抽象来实现相同的虚拟化结果,如操作系统级虚拟化、全虚拟化或半虚拟化。在 IaaS 云平台中,云主机的客户不必访问此软件层,它完全应该由云服务提供商来管理。

由于虚拟化软件层是保证客户的虚拟机在多租户环境下相互隔离的重要层次,可以使客户在一台计算机上安全地同时运行多个操作系统,所以必须严格限制任何未经授权的用户访问虚拟化软件层。云服务提供商应建立必要的安全控制措施,限制对于 Hypervisor(虚拟化技术的核心,一种运行在基础物理服务器和操作系统之间的中间软件层,可允许多个操作系统和应用共享硬件)和其他形式的虚拟化层次的物理和逻辑访问控制。

虚拟化层的完整性和可用性对于保证基于虚拟化技术构建的公有云的完整性和可用性是最重要,也是最关键的。一个有漏洞的虚拟化软件会暴露所有的业务域给恶意的入侵者。

(2)虚拟服务器安全。

虚拟服务器位于虚拟化软件之上。对于物理服务器的安全原理与实践也可以被运用到虚拟服务器上,当然也需要兼顾虚拟服务器的特点。

在物理机选择上,选择具有可信赖平台模块(trusted platform module,TPM)的物理服务器,TPM 安全模块可以在虚拟服务器启动时检测用户密码,如果发现密码及用户名的 Hash 序列不对,就不允许启动此虚拟服务器。因此,对于新建的用户来说,选择这些功能的物理服务器作为虚拟机应用是很有必要的。如果有可能,应使用新的带有多核的处理器,并支持虚拟技术的 CPU,这就能保证 CPU 之间的物理隔离,会减少许多安全问题。

安装虚拟服务器时,为每台虚拟服务器分配一个独立的硬盘分区,以便将各虚拟服务器之间从逻辑上隔离开来。虚拟服务器系统还应安装基于主机的防火墙、杀毒软件、入侵防御系统(IPS)、入侵检测系统(IDS)以及日志记录和恢复软件,以便将它们相互隔离,并与其他安全防范措施一起构成多层次防范体系。

对于每台虚拟服务器则可通过 VLAN 和不同的 IP 网段的方式进行逻辑隔离。对需要相互通信的虚拟服务器之间的网络连接应当通过 VPN 的方式来进行,以保护它们之间网络传输的安全。实施相应的备份策略,包括它们的配置文件、虚拟机文件及其中的重要数据都要进行备份,备份也必须按一个具体的备份计划来进行,应当包括完整、增量或差量备份方式。

在防火墙中,尽量对每台虚拟服务器做相应的安全设置,进一步对它们进行保护和隔离。将服务器的安全策略加入到系统的安全策略当中,并按物理服务器安全策略的方式来对等。

2. 云存储安全技术

不同于传统的计算模式,云计算在很大程度上迫使用户隐私数据的所有权和控制权相互分离。云存储作为云计算提供的核心服务,是不同终端设备间共享数据的一种解决方案,其中数据安全已成为云安全的关键挑战之一。

目前常规的做法是预先对存储在云服务器的数据进行加密处理,并在需要时由数据使用者解密。在此过程中,代理重加密算法与属性加密算法用于解决数据拥有者与使用者之间的身份差异;访问控制技术用于管理资源的授权访问范围;可搜索加密技术实现对密文数据的检索。最后,为了防备因 CSP 系统故障而导致的用户数据丢失,还需要给出关于数据完整性以及所有权的证明。

(1) 数据共享算法。

代理重加密算法(Proxy Re-Encryption,PRE)常见电子邮件转发、内容分发服务等用户共享的云安全应用中,它允许第三方代理改变由数据发送加密后的密文,以便数据接收方可以解密。最简单的做法是由第三方使用发送方密钥先行解密出明文,再以接收方密钥重新加密。但是对于不可信的 CSP 代理而言,该方案会造成密钥及明文信息的泄密,安全性并不理想。代理重加密的一般化流程如图 7-33 所示。

图 7-33　代理重加密流程

若公钥密码的密钥与密文依赖于用户自身的某些属性,如年龄、性别、国籍等,则称为基于属性的加密算法(attribute-based encription,ABE)。此时仅当密钥属性与密文属性相互匹配时,才可以完成解密操作。ABE 特别适合云计算的分布式架构,可以降低网络通信开销且便于与其他安全技术相结合。

(2) 访问控制技术。

用户将私有数据存储到公有云服务器,数据的机密性容易受到外界与内部攻击的威胁,因此,对云中心的访问需要经过严格的安全认证过程。访问控制包括授权、认证、访问认可、审计追踪四个环节。授权用于划定主体的访问级别;认证操作负责验证数据使用者是否具备合法的访问权限,通常采用口令、生物扫描、物理密钥、电子密钥等认证方式;访问认可环节基于授权策略赋予用户实际访问资源的权利;审计追踪记录访问轨迹,用于事后问责。

(3) 可搜索加密验证。

用户将数据保存到云存储服务器(cloud storage server,CSS)上势必会考虑其所存放的数据是否具有保密性。如果直接将由加密方案产生的密文(ciphertext)保存至云存储服务器,那么在之后的某时刻,用户想要选择性地取回某些具有特定关键字(keyword)的文件或数据时,由于云存储服务器不具备解密能力,自然无法通过现有的搜索技术来查找需要的文件。

最简单的解决方法是,用户将其所有文件从云存储服务器取回并解密,然后在获得的明文(plaintext)中查找所需要的文件或数据。但是它需要用户和云存储间庞大的通信开销、用户自持设备在解密过程中的计算开销,以及为了满足众多用户需求云存储服务器不得不提供更高的通信带宽。并且,当用户自持设备是低通信带宽、低计算能力和低电池续航能力时,这些问题就尤为突出。因此运用可搜索加密验证方案,云存储服务器根据用户的需求直接搜索密文数据,然后返回所匹配的密文数据,最后由用户自己解密;与此同时,云存储服务器不能获得除匹配信息之外的其他信息。密文搜索的一般化流程如图 7-34 所示。数据拥有者将加密后的数据以及对应的可搜索索引上传至 CSP,数据使用者随后向 CSP 提出检索请求并发送关键词陷门,最终由 CSP 安全地返回(排序后的)检索结果。该过程需确保 CSP 未窃取到任何与检索操作有关的额外信息。

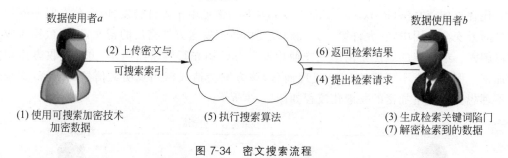

图 7-34　密文搜索流程

可搜索加密技术主要包括对称可搜索加密技术和非对称可搜索加密技术。

对称可搜索加密技术的主流构造方式是建立索引。构造过程分为加密数据文件与生成可搜索索引两个阶段。数据拥有者使用标准对称加密算法对任意形式的数据文件进行加密处理,并存储于云服务器内,只有拥有对称密钥的用户有权解密访问。另一方面,数据拥有者使用特定的可搜索加密机制构建安全加密索引,在文件与索引关键词之间建立检索关联,并上传至云服务器以待关键词查询。此后,在密文搜索时,由数据拥有者为数据使用者提供陷门,最终完成检索。

非对称可搜索加密技术则解决了服务器不可信与数据来源单一等问题。允许数据发送者以公钥加密数据与关键词,而数据使用者则利用私钥自行生成陷门以完成搜索。

(4) 可回收性与所有权证明。

由于大规模数据所导致的巨大通信代价,用户不可能将数据全部下载后再验证其正确性。因此,云用户需在取回很少数据的情况下,在使用之前需要通过某种知识证明协议或概率分析手段,以高置信概率判断远端数据是否完整。可回收证明(Proof of Retrievability,PoR)是一类面向用户单独验证的知识证明协议,由 CSP 向数据拥有者证明目标文件可以被完整取回。数据所有权证明(Provable Data Possession,PDP)则是公开可验证的数据持有证明方法,可以公开验证云端数据的完整性。由于验证过程中,服务器的数据量和通信量较小,因此 PDP 适用于大规模分布式存储系统。当数据以多副本的方式存储于 CSP 时,用户需要对多副本的个数以及一致性进行额外的判断。

3. 云应用安全

云应用在技术层面面临的安全威胁包括拒绝服务攻击、僵尸网络攻击和音频隐写攻击等。其中,拒绝服务攻击(Denial-of-Service,DOS)是计算机网络中一类简单的资源耗尽型攻击,攻击者的目标为关键的云服务程序,主要针对上层的云计算应用,特别是 SaaS 平台为代表的各类软件服务。僵尸网络攻击中,攻击者操纵僵尸机隐藏身份与位置信息以实现间接攻击,从而以未授权的方式访问云资源,同时有效降低被检测或追溯的可能性;音频隐写攻击(Audio Steganography Attacks)则利用音频隐写技术欺骗安全机制,将恶意代码隐藏于音频文件并提交至目标服务器。

(1)隐私保护外包计算。

云计算用户为克服自身资源限制,将私有数据和具体的外包计算请求委托给云服务平台,以降低自身的计算、存储与维护开销,并改善用户操作的灵活性、性价比与服务质量。安全外包的首要目标是要保护外包数据的隐私。其一般流程如图 7-35 所示,一个或多个资源受限的数据源将各自产生或收集的数据加密后外包至不可信的第三方服务器,即 CSP,由授权的数据使用者向 CSP 提出具体的计算请求。CSP 执行相应的外包计算后返回计算结果,并由客户端进行解密。

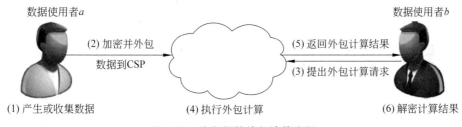

图 7-35 隐私保护外包计算流程

全同态加密(fully homomorphic encryption,FHE)是一种允许直接对密文进行操作的可计算加密技术。CSP 根据密文完成计算后,用户解密该密文计算结果,即可获得对应明文的运算结果。但常见的同态加密算法一般仅支持加法同态或者乘法同态,并不具备密文比较的能力,采用保密加序(order preserving encryption,OPD)方法则可以保持明文顺序,能够简单并且高效地对加密后的数值数据进行比值或排序。

(2)可验证外包计算。

可验证外包计算是指对云外包计算结果正确性的验证。在完成隐私保护的外包计算后,用户接收计算结果并向 CSP 提出验证请求,由 CSP 返回一些数据。用户通过验证该数据,可以判断云计算结果是否准确无误。其流程如图 7-36 所示。除正确性保护之外,可验证外包计算有时也具备抗抵赖和防止伪造的特殊功能。

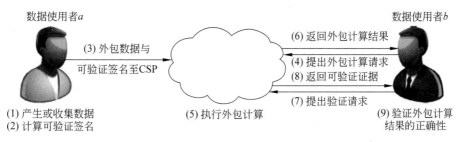

图 7-36 可验证外包计算流程

云计算的应用种类繁多,尚有众多安全与隐私保护问题,如云端的错误诊断技术和过程监控技术等。移动平台的云应用安全也是近年来研究的热点问题,如适用于移动智能设备的云端数据隐私保护系统、挖掘跨应用程序的脚本漏洞等。

思考题

1. 利用网络查询 Access 数据库加密原理及利用网上的各种小工具对 Access 数据库进行简单的破解测试。

2. Alice 运用 Bob 的公钥(e,n)发送密文 C 给 Bob,如果 Malice 访问了 Bob 的计算机,并计算要对所有发送给 Bob 的密文进行解密,问:如果运用选择密文攻击,她是如何实现的。

3. 生日悖论证明:如果一个房间里有 23 个或 23 个以上的人,那么至少有两个人的生日相同的概率要大于 50%。

4. 简述你对内容安全的理解。

5. 分布式入侵检测系统的设计目标是什么? 为了达到目标,应具备哪些技术特点?

6. 简述信息安全技术发展的历史阶段。

7. 简述 RFID 系统安全实现机制。

8. 谈谈你对使用 RFID 系统的想法。

9. 谈谈网络空间安全技术发展现状。

10. 简述网络空间安全目前的主要层面,及各层面的常用技术。

第8章 工程与物联网工程

在日常生活中,尤其在大学里,我们常常谈及科学、技术、工程以及应用4个名词,我们知道这些名词之间是有差异的,隐隐觉得科学更重视理论,技术和工程贴近应用,因此常常出现技术和工程不区分的现象。但是我们也并不放心,难道技术和工程是等同的吗?我常常被学生问到这样的问题,因此提炼出一种简单的回答方式——这是一种行业或者社会分工,从事科学工作的是科学家,从事技术应用的是技术员,从事工程设计的是工程师,从事生产应用的是产业工人。科学家、技术员、工程师和产业工人,是面向不同行业的社会分工,而大学教育是面向不同分工进行人才定位培养。我们这本学科概论是面向"物联网工程"专业的,但是到本章为止,我们仅仅介绍了物联网的历史、典型示例、共性结构,依据物联网的4层结构介绍了相应的关键技术,以及贯穿各层的安全与隐私技术。也就是说,我们介绍了"物联网"和物联网"技术",但是没有介绍物联网"工程"。本章首先介绍工程、工程创新等名词的概念,然后从工程的角度介绍物联网系统的设计,并对"物联网"工程专业的人才定位进行讨论。

8.1 什么是工程

在中文里,工程早已成了一个大众词汇。日常生活中,我们不仅说南水北调工程、三峡工程,还说希望工程、菜篮子工程等;在学校里,仅信息相关专业就有电气工程、电子工程、网络工程、软件工程和物联网工程,其他专业有机械工程,还有汽车工程;工厂里有工程师、总工程师和高级工程师,还有统一称谓的工程技术人员。我们常见的与工程相关的词汇有科学、技术、工程,还有项目、计划与应用。显然,南水北调工程可以说是一个计划、规划或者项目,但是技术和工程真的就等同吗?这些相关概念各自有什么区别呢?

8.1.1 工程及相关概念

工程在现代汉语词典中的定义是:"工程是指土木建筑和其他生产、制造部门用比较大而复杂的设备来进行的工作,如土木工程、机械工程、化学工程、采矿工程、水利工程、航空工程。"工程师在美国工程和技术资格认证委员会的定义是:"工程师是通过研究、经验和实践所得到的数学和自然科学知识,以开发有效利用自然的物质和力量为人类利益服务的职业。"综合起来,可以认为工程是科学和数学的某种应用,通过这一应用,使自然界的物质和能源的特性能够通过各种结构、机器、产品、系统和过程,以最短的时间和精而少的人力做出高效、可靠且对人类有用的东西。

> **科学、技术和工程**
>
> 　　科学偏重于理论，强调一个事物或一个问题"是什么""为什么"，技术强调实践，注重于"怎么办"这样一个解决问题的方法。工程是需要将科学与实践结合，综合使用多个技术方法来构建一个新的系统，这个新的系统在客观上是一个创造物。

　　工程活动一直是人类文明史的重要内容，相对于科学的发现活动和技术的发明活动，工程是一种造物活动，建造一个新的存在物是工程的标志。从具体问题的角度来看，工程是由某些专业技术为主体和与之配套的相关技术，按照一定的规划、规律组成，为了实现某一目标的集成活动；从哲学的角度来看，工程活动的核心标志是构建一个新的存在物，工程活动中各类技术的集成过程都是围绕着某一新的存在物而进行的，这个新的存在物应该是在一定边界条件下优化构成的集成体。工程活动应该包括确立正确的工程理念和一系列决策、设计、构建和运行等过程的活动，其结果又往往具体地体现为特定形式的技术集成体。

> **发现、发明和制造**
>
> 　　被发现的物体是客观存在的，只是我们不知道它们存在，如科学规律、外星球上的生命物质等；发明是从无到有的创造，其对象是从未存在的新生物体（如电灯、电话的从无到有），以及制造这些东西的以前别人不知道的技术、技巧等；制造是一个可重复的过程，所制造的物体虽然不存在，但是存在同类物体，如有了第一部电话机之后，用同样的技术去做另一部电话机，区别仅仅是尺寸、形状等存在差异。

　　因此，工程作为一个独立的概念，它也衍生出工程原理、工程项目、工程设计等相关概念，例如，我们说工程具有以下特征：

　　（1）工程是有原理的，是在一定的边界条件下的技术集成。工程不是技术和装备的简单堆砌和拼凑，工程在集成过程中有其自身的理论、原则和规律，是科学在面对实践时针对特定问题的技术化，是技术与应用实践结合的具体化。

　　（2）工程项目是通过建造目标来完成的。工程项目都具有其特殊的对象、明确的目标、要求等，这个目标通常是一个当前不存在的客观事物，工程项目要通过具体的设计、建造和建设等实施过程来建造这个新的客观存在。因此，工程是一个复杂的建构和运行过程，是通过合理的工序、工艺和工期来完成的。

　　（3）工程实施要与环境协调一致。工程的实施和运行都要对自然生态系统产生一定的影响，必须考虑到工程活动可能引起的环境问题，以人为本，努力使工程与环境、生态协调一致。科学的设计步骤和实施，合理的资金投入，工程的成本、质量、效率，是工程的生命所在。

　　（4）工程设计是可优化的。一个工程往往有多种技术、多个方案、多种途径可被选择，如何利用最小的投入获得最大的回报，取得良好的经济效益、环境效益和社会效益，就要求工程实现在一定边界条件下的综合集成和多目标优化。

> **工程活动的划分**
>
> 　　根据工程活动中生产要素的投入比例，可以将工程活动划分为劳动密集型工程、资本密集型工程和知识密集型工程。古代的工程活动（如中国的万里长城、埃及的金字塔）

大多属于劳动密集型工程,近代的工程活动主要表现为改造自然的大规模造物活动,追逐经济利益和社会利益是近代工程的重要驱动力,因此,近代工程大多属于资本密集型工程或知识密集型工程(如美国的曼哈顿工程),而当代工程活动应属于知识密集型的造物活动(如三峡工程)。

工程原理是工程实施过程中的基本方法及一般性原理,是抽象化的规律;工程项目是一个工程实施的实例,是具体化的工程;工程设计是指为工程项目的建设提供技术依据的设计文件和图纸的整个活动过程,是建设项目生命期中的一个重要阶段。显然,我们作为"工程"专业的人才,就要了解工程的一般性原理,在工程实施的具体化过程(项目)中积累经验,而真正需要学习的是工程设计——在了解工程技术的基础上,设计安排这些具体的技术如何使用,将技术系统应用于解决一个具体的问题。

8.1.2　工程教育和工程创新

工程是利用科学和技术,创造新的存在物为大众服务。为此,有一种说法认为工程师是一个国家产业的支柱。为此,培养社会需要人才的教育,需要培养大量的工程师为国家的经济建设服务,这也是我国很多著名大学都是工科院校,绝大多数本科毕业生都是工学专业,专业名称都有"工程"两个字的原因之一。

培养工程人才的工程教育在我国只有百年的历史。1895 年,北洋大学堂的创办开创了我国工程教育的先河。1949 年新中国成立后,对高等教育进行了调整,全面效仿苏联模式,建立了新中国的高等工程教育体系,其典型特征是国家对高等工程教育的统一计划——统一培养目标、统一专业设置、统一学制、统一招生、统一培养、统一分配。这种计划模式曾经造就了大批工程技术人才,适应了计划经济的需要。改革开放以来,随着市场配置资源的作用越来越突出,人才规格单一的教育模式难以为继,于是,我国的工程教育开始向美国工程教育模式靠拢,扩大专业范围或合并相关专业,通过院校合并建立综合性或多科性大学,成为一段时期我国高等教育的主旋律。

工程教育的知识背景需要跨学科的融合和渗透。在流行的认知图式中,人类知识的最大分野是自然科学和社会科学的分野,而工程和技术则常常被放在自然科学的名下。其实,工程既不同于科学,也不同于人文,而是在人文和科学的基础上形成的跨学科知识体系和实践体系,具体体现为以科学为基础对各种技术因素和各种社会因素的集成。既然如此,工程问题本质上就属于跨学科问题,工程教育则是一项跨学科的造就人才的事业。但是我国的工程教育在很大程度上是狭隘的技术教育,学生缺乏跨学科的知识背景,不仅欠缺自然科学和人文与社会科学的知识,而且对自己所学专业以外的相关工程知识也掌握不够。其实正是各种技术的彼此渗透和融合,才为新技术的产生和工程的实施提供了前提,因此,只具有特定专业技术知识的工程人员的创造性将会大打折扣。

认 知 图 式

认知图式是瑞士心理学家毕亚杰提出的认知发展理论的一个核心概念。他认为,发展是个体与环境不断地相互作用的一种建构过程,其内部的心理结构是不断变化的,而所谓图式正是人们为了应付某一特定情境而产生的认知结构。

工程教育应该是实践能力基础上的系统思维能力培养。工程的核心是解决实践问题，因此，工程专业知识和技能必须在实践过程中训练，才能更好地被掌握，这是由工程知识本身的难言性所决定的。同样，工程所需要的宽口径知识背景，使得工程教学需要考虑的一个关键问题是：在学时有限的情况下，如何平衡"知识面拓宽"和"专业能力提高"之间的紧张关系。

系统的教育方法以培养学生的整体思维对工程教育是非常关键的。缺乏整体思维的学生就难以从整体角度理解工程，就难以高屋建瓴地把握工程创新的方向。一个没有扎实学科基础的人，一个不具有广博专业知识的人，一个不具有动手能力的人，一个不明白社会需求的人，一个不具有整体思维的人，是难以成为一名合格的工程技术人员的。因此，我们要在教育过程中练就未来工程技术人员的整体思维能力。重视知识的学习，更应重视知识的综合应用分析能力、创造能力的培养，任何一门学科的发展都离不开分析、发现和创造，课本知识到实践的应用是综合性的，如果不能把握一个学科的整体性及其发展，那么一门课程的学习就变成简单的知识积累而已。专业人才应具备分析和解决实际工程问题的能力，应具有较强的学习与消化能力，应具备不断扩展知识并终身获取新知识的能力。在当今社会条件下，技术更新速度越来越快，学生在学校得到的知识很快就会过时，如果不具备自我更新知识的能力，就不能适应工程的实践要求，更无法成为技术进步和工程创新的领军人物。

卓越工程师教育培养计划

卓越工程师教育培养计划(简称卓越计划)是贯彻落实《国家中长期教育改革和发展规划纲要(2010—2020)》和《国家中长期人才发展规划纲要(2010—2020)》的重大改革项目，其存在 3 个方面的特点：一是行业企业深度参与培养过程；二是学校按通用标准和行业标准培养工程人才；三是强化培养学生的工程能力和创新能力。

工程技术人才必须具备的另一项关键能力是工程创新。既然工程嵌入在社会生活之中，工程意味着创造新的存在物改变我们的生活，那么工程本身就意味着创新，或者说，工程本身就是某种创新的体现。事实上，世界上没有两项完全相同的工程，也不存在没有创新就能完成的工程项目。由于每一个工程项目都具有其独特的问题和环境，都需要有针对性的设计思路和施工方法，也需要在技术、管理、材料、人力资源等工程要素上相应的调整和重组，因此，在这个意义上说，工程创新实际上是工程活动中非常普遍的现象。事实上，创新是集成，创新是不确定，创新是冒险，创新是试错，创新是创意和客户需求的匹配。怎么能具有很高的创造性呢？

要创新，首先必须有发现问题、提出问题和形成问题的能力。在从事设计和分析研究时，要善于发现任何存在的问题，认真分析，系统总结，形成完整的主题，这些主题往往会成为新的创新突破点。这既需要有不迷信权威的科学精神、不满足现状的创新意识，还需要有严谨认真的科研态度。在传统教育中，人们往往注意培养学生解决问题的能力，却忽视了提出新的问题的能力，这是工程教育中应该重视的重要问题之一。

工程创新包含了丰富的内涵，从工程的本质和特点看，由于工程追求的是在对所采用各类技术的选择和集成过程中，以及对各类资源的组织协调过程中追求集成性优化，并最终构成优化的工程系统，因此，工程创新的重要标志是集成创新，主要体现在以下两个层次上。

(1) 技术要素层次。工程活动需要对多个学科、多种技术在更大的时空尺度上进行选择、组织和集成优化，也就是说，工程不可能只依靠单一技术，在进行工程创新时，如果只有单项的技术创新，而缺乏与之配合的相关技术的协同支撑，就不可能达到预期的工程效果。

（2）技术要素和社会、经济、管理等要素在一定边界条件下对技术、市场、产业、经济、环境、社会以及相应的管理进行更为综合的优化集成，因此，在工程活动中，常常涉及物质流、人力流、能量流等方面的问题。某个工程往往有多种技术、多个方案、多种实施途径可供选择，工程创新就是要在工程理念、工程战略、工程决策、工程设计、工程施工和组织等过程中，努力寻求和实现"在一定边界条件下的集成和优化"，这是工程创新的核心思想。

8.2　信息化工程

信息化工程是美国著名的管理与信息技术专家詹姆斯·马丁（James Martin）在 20 世纪 80 年代初提出的，由我国著名信息化专家高复先教授于 1986 年率先在国内引入并结合实际进行研究和推广。

詹姆斯·马丁（James Martin）

詹姆斯·马丁（James Martin），牛津大学计算机专业教授，博士，美国著名的管理和信息技术专家，马丁顾问公司的主席。人称"管理领域及信息技术领域最重要的谋士"，CASE（计算机辅助系统工程）之父，未来技术预测大师，信息工程之父，世界级的系统分析大师。曾获普利策奖提名和年度计算机领域最有成就奖。其著述甚丰，《生存之路——计算机技术引发的全新经营革命》是他的第 100 部作品。

信息化工程作为一门学科理论，采用信息化工程方法论作为理论指导，是多技术、多学科的综合，以现代数据库系统为基础，目标是建立计算机化的企业管理系统。根据国标《信息化工程监理规范》，信息化工程是指信息化工程建设中的信息网络系统、信息资源系统、信息应用系统的新建、升级和改造工程。

信息系统的 3 类组成部分

（1）信息网络系统是指以信息技术为主要手段建立的信息处理、传输、交换和分发的计算机网络系统。

（2）信息资源系统是指以信息技术为主要手段建立的信息资源采集、存储、处理的资源系统。

（3）信息应用系统是指以信息技术为主要手段建立的各类业务管理的应用系统。

8.2.1　信息化工程的特点

信息化工程作为一个新的事物，在很多方面与传统的建筑工程不同，这使得信息化工程在很多方面带有特殊性，主要表现在以下几个方面：

（1）信息化工程的开发活动属于非重复性活动，具有独特性。

从本质上讲，信息化工程的开发过程是将思想转化为可以工作的计算机程序的过程，是人类所做的最具智力挑战的活动之一。软件不同于硬件，它是计算机系统中的逻辑部件而不是物理部件，因而信息化工程的开发活动属于非重复性活动。

（2）涉及高科技领域，决策难度大。

信息化项目建设涉及通用布缆、计算机网络、应用软件、电子显示屏、生产过程监控和安全防范技术等高科技领域，建设单位自身力量不足，在项目的总体规划、技术方案的设备选型等方面难以决策。

（3）拥有非常复杂的管理及整合技术，需整合资源。

信息化工程具有技术含量高的特点，而且计算机等信息技术产品的商家众多，竞争激烈，产品型号复杂，价格五花八门，建设单位对市场不熟悉，在挑选工程承包单位和进行商务谈判时心中无底，比较被动。

（4）结果难以预测，具风险性、不确定性。

由于信息化工程的不确定因素较多、软件的可见性较差、影响工程进度的因素较多等特点，在项目进入现场实施阶段之前，无法对工程的进度与质量进行实时控制和监理，对最终建设的结果不能准确把握。

（5）目标不明确，任务边界模糊，质量要求主要由项目团队定义。

在信息系统的开发中，客户常常在项目开始时只有一些初步的功能要求，没有明确的想法，也提不出确切的需求，因此，信息系统项目的任务范围很大程度上取决于开发团队所做的系统规划和需求分析。

（6）客户需求随项目进展而变，导致项目进度、费用等不断变更。

尽管已经做好了系统规划、可行性研究，签订了较明确的技术合同，然而随着系统分析、系统设计和系统实施的进展，客户的需求不断地被激发，导致程序、界面以及相关文档需要经常修改。

（7）信息系统项目属于知识密集型工程。

信息化工程受人力资源影响最大，开发团队的成员结构、责任心、能力和稳定性对信息化工程的质量以及是否成功有决定性的影响。

（8）信息系统的开发特别是软件开发渗透了人的因素，带有较强的个人风格。

为高质量地完成项目，必须充分发掘项目成员的智力才能和创造精神，不仅要求他们具有一定的技术水平和工作经验，而且还要求他们具有良好的心理素质和责任心。与其他行业相比，在信息系统的开发中，人力资源的作用更为突出，必须在人才激励和团队管理问题上给予足够的重视。

8.2.2　网络工程

信息网络系统是信息化工程的重要组成部分，当前的 21 世纪是一个以网络为核心的信息时代，计算机网络的应用已渗透到社会生活的各个方面，发挥着越来越重要的作用。因此，作为现代计算机技术与通信技术相结合的产物——网络工程显得越来越重要，成为社会对信息共享和信息传递日益增强的主要需求之一。

1. 网络工程的含义

简单地说,网络工程就是组建计算机网络的工作,凡是与组建计算机网络有关的事情统统归纳在网络工程中。换言之,网络工程是指为满足一定的应用需求和达到一定的功能目标,按照一定的设计方案和组织流程进行的计算机网络建网工作。可见,计算机网络工程必须具备以下几个要素:

(1) 满足明确的业务和应用需求。

(2) 具备相应的功能。

(3) 遵照成熟可行的设计方案实施。

(4) 在完善的组织流程规范下进行。

对网络工程的理解有狭义和广义两种。狭义的网络工程就是建设计算机网络的硬件系统平台,涉及的工作主要是硬件设备的选型、安装、网络布线和调试。广义的理解认为计算机网络工程至少要建设 3 个平台,即网络硬件系统平台、网络软件系统平台以及网络安全和管理平台。网络硬件系统平台包括主机、网络设备、外部设备、布线系统等硬件;网络软件系统平台包括网络操作系统、工作站操作系统、通信及协议软件、数据库管理系统以及开发工具软件,另外,各种网络服务软件系统、应用软件系统也可以纳入广义的计算机网络系统平台中;网络安全和管理平台包括网络安全软件系统和网络管理软件系统,网络安全系统又包含数据加密子系统、入侵检测子系统、防火墙子系统、网络防毒子系统和身份认证子系统。综上所述,广义的计算机网络工程的含义如图 8-1 所示。

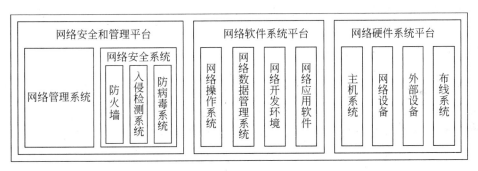

图 8-1　计算机网络工程的 3 个基本平台

2. 网络设备

计算机网络的硬件系统包括若干个主机、一些专用的网络互联设备和连接网络设备的传输介质。

主机系统是计算机网络资源的主要载体,是网络服务的主要提供者和使用者。按用途和功能的不同,主机系统可以分为工作站和服务器。工作站的配置要求相对较低;服务器的配置要求相对较高。由于网络信息安全问题逐渐引起人们的关注,为了增加主机系统的安全性,产业界提出了安全计算机的概念,并开发了相关的产品。

服务器是提供网络服务的计算机,服务器提供的常用服务包括打印服务、文件服务、通信服务、电子邮件服务和 WWW 服务等。根据配置指标的高低,服务器可以分为低端服务器和高端服务器。低端服务器通常指 IA(Intel architecture)服务器,也就是我们常说的

PC 服务器。高端服务器是比 IA 服务器性能更高的计算机,如小型计算机、大型计算机和巨型计算机等。

工作站是指从事网络工作的主机系统,和服务器相比,工作站的最大特点就是配置低,面向一般的网络用户使用。按照配置的不同,工作站可以分成如下几类。

(1) 商用个人计算机:通常使用的计算机就属于此类,是配置最高的工作站,这类工作站可以运行所有主流个人操作系统。

(2) 无盘工作站:与商用个人计算机相比,无盘工作站没有配置硬盘和软盘,主要用于防病毒、防泄露等安全要求较高的网络。

(3) 网络计算机:这是一类专门为使用网络而设计的计算机,与前两类工作站相比,网络计算机必须连接在网络上才能工作。

(4) 移动网络终端:这类工作站包括具有联网能力的个人数字助理、手提电话和其他掌上型电脑,兼有随身数据计算和移动通信的能力。移动网络终端需要运行专用的操作系统,如 Microsoft 公司的 Windows CE。

需要说明的是,就像许多计算机术语一样,对于不同的人,工作站的含义不一样,这里的工作站指的不是图形工作站等满足某种特殊用途的高性能计算机。

网络互联设备是构成计算机网络的重要组成部分。目前,网络互联设备主要有网卡、集线器、交换机、路由器、网关和网桥等。

(1) 网卡:网卡给计算机添加了一个串行接口,是计算机与网线之间连接的硬件设备,网卡负责串行数据和并行数据的转换,控制着网线上传输的数据流量,同时,它将计算机内部信号放大,以便信号可以在网络上传输。

(2) 集线器:集线器是一种把网线集中到一起的设备,因此被形象地称为 Hub(Hub 在英语里是港湾、中心的意思)。集线器是一个多端口的信号放大设备,当一个端口接收到数据信号时,由于信号在从源端口到集线器的传输过程中已有衰减,所以集线器便将该信号进行整形,使被衰减的信号再生到发送时的状态,紧接着转发到其他所有处于工作状态的端口。另外,集线器是与它的上联设备(交换机、路由器)进行通信,处于同层的各端口之间不直接进行通信,而是通过上联设备再将信息广播到所有端口上。集线器主要用于主机之间的连接,如图 8-2 所示。

(3) 交换机:交换机最基本的用途是连接局域网,以便扩展局域网的直径。交换机的主要用途如图 8-3 所示。

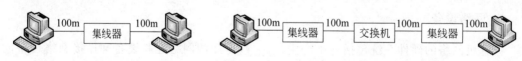

图 8-2　集线器连接主机　　　　　　　　图 8-3　交换机连接局域网

(4) 路由器:路由器在 OSI 模型中处于第三层(即网络层),主要用于完成信息包的路由和流量控制等处理,例如,路由器可以检查第三层协议数据单元(PDU)头部中的源地址、目的地址、优先级等,并据此对 PDU 实施相应的处理。通过路由器可以对两个相同或不同类型的网络进行连接。

(5) 网关和网桥:网关和网桥主要用于局域网之间的连接,网关可以把不同网络体系结构的计算机网络连接在一起,而网桥是连接相同网络体系结构的网络设备。

传输介质是网卡与网络设备、网络设备与网络设备之间的物理连线。传输介质的两端通过连接器连接到网络设备和网卡的通信端口,从而实现主机与设备、设备与设备之间的互联。在计算机网络中,传输介质分为有线介质和无线介质两大类。

常用的有线介质包括双绞线、同轴电缆和光纤。

(1)双绞线:双绞线是网络布线系统中最常用的一种传输介质,一般由两根包有绝缘材料的铜线相互缠绕而成,两根绝缘导线按一定密度互相绞在一起,可降低信号的干扰程度。

(2)同轴电缆:同轴电缆由一根空心的外圆柱体及其包围的单根导线组成,柱体和导线之间用绝缘材料填充。同轴电缆的频率性比双绞线好,可以进行较高速率的传输,由于同轴电缆的屏蔽性能好、抗干扰能力强,因此通常用于基带传输。

(3)光纤:光纤是光导纤维电缆的简称,由一束光导纤维(一种传输光束的纤细而柔韧的介质)组成。光纤具有通信容量较大、传输距离较远、电缆绝缘性能好、衰减较小等特点,是数据传输中最有效的一种传输介质。

无线介质是有线介质的补充,能方便、快速地解决有线介质不易实现的网络通信连通问题。常用的无线介质包括微波、卫星等。

(1)微波:微波通信使用高效率的无线电波以直线形式通过大气传播。由于微波不能沿着地球的曲率进行弯曲传播,因此仅能进行较短距离的传播,对于城市的建筑物之间和大型的校园传输数据,微波是一种理想的介质。

(2)卫星:卫星通信使用离地球 22 000 英里、绕道飞行的卫星作为微波转播站。卫星通信能发送大量数据,但是它容易受天气的影响。

网络中会积累大量的数据,如何管理好这些数据是一个十分重要的问题。早期的管理方法是采用文件服务器和数据库服务器等服务器技术,使得数据存储和管理的成本很高,目前普遍采用专用的网络存储设备和技术。

常用的网络存储设备有网络附加存储(network attached storage,NAS)、直接网络存储(direct attached storage,DAS)和存储区域网络(storage area network,SAN),其中,NAS 是比较先进的技术。

NAS 通过自带的网络接口把存储设备直接连入网络,NAS 用户可以通过网络直接存取存储设备中的数据。NAS 把应用程序服务器从繁重的数据 I/O 操作中解脱出来,从而使网络获得更高的存储效率、更低的存储成本。NAS 的概念如图 8-4 所示。

图 8-4　NAS 概念的解释

3. 网络拓扑结构

在网络中,将不同设备根据不同的工作方式进行连接被称为拓扑(topology)。计算机网络中多使用以下几种基本的拓扑结构:总线结构、星型结构、环型结构、网状结构等。下面分别进行介绍。

1)总线拓扑结构

图 8-5 显示了一个连接工作站、主机和文件服务器等设备的公共总线拓扑(common bus topology)结构,或简称总线拓扑(bus topology)结构。它们通过一根单总线(一束并行线)进行通信。每一个设备通过相应的接口侦听总线,检查数据传输。如果接口判断出数据是送

往它所服务的设备的,就从总线上读取数据并传给设备。同理,当一个设备有数据需要传送时,其接口电路检测总线是否空闲,如果空闲,就立刻发送数据。

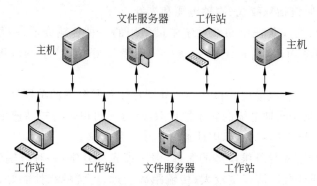

图 8-5　总线拓扑结构

有时,会有两个设备同时想要进行数据传送。两者都检测到总线空闲,而互不知晓对方的意图,于是同时开始传输,结果是产生一个冲突信号。当设备传输时,它还继续侦听总线。因此,它能检测到冲突发生时的噪声。如果设备检测到冲突,它将停止传输,等待一段随机时间后重试,这一过程称为带冲突检测的载波侦听多路访问(carrier sense multiple access with collision detection,CSMA/CD)。

2) 星型拓扑结构

星型拓扑(star topology)结构(如图 8-6 所示)使用一台中心计算机和网络中的其他设备通信,采用集中控制的方式。一个需要通信的设备把数据传输给中心计算机,然后中心计算机再把数据送往目标节点。中央控制的方式使责任明确,这也正是星型拓扑结构的一大优势。

3) 环型拓扑结构

环型拓扑(ring topology)结构中所有计算机连成环状,不需要终结器。信号沿环的一个方向传播,依次通过每台计算机。简单的环型网络结构如图 8-7 所示。与总线型拓扑不同的是,在环型网络中每台计算机都是一个中继器,把信号放大并传给下一台计算机。因为信号通过每台计算机,所以任何一台计算机出现网络连接故障都会影响整个网络。

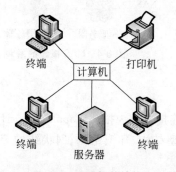

图 8-6　星型拓扑结构

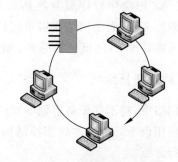

图 8-7　简单的环型网络

4) 网状拓扑结构

网状拓扑(mesh topology)结构指各节点通过传输线相互连接起来,并且任何一个节点至少与其他两个节点相连,简单的网状网络如图 8-8 所示。网状结构具有较高的可靠性,但其实现起来费用高、结构复杂,不易管理和维护,所以在局域网中很少采用,常用在广域网中。在广域网中还经常采用部分网状连接形式,以节省经费。

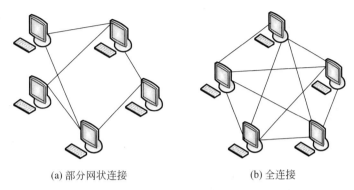

(a) 部分网状连接　　　　　　　　　　(b) 全连接

图 8-8　简单的网状结构

4. 网络体系结构及 OSI 参考模型

由于不同系统中实体(发送和接收信息的任何实体)间的通信十分复杂,不可能作为一个整体来处理,现代计算机网络都采用分层体系结构,即将系统按其实现的功能分成若干层,每一层都直接使用其低层提供的服务,完成自身的功能,然后向其高层提供"增值"服务。计算机之间相互通信的层次以及各层中的协议和层次之间接口的集合称为网络体系结构。

不同的计算机网络具有不同的体系结构,其层的数量、各层的定义、内容和功能以及各层之间的接口都不一样。在任何网络体系结构中,层都是为了向它相邻的上层提供特定的服务而设置的,每一层都对上层屏蔽如何实现协议和服务的具体细节。这样,网络的体系结构就能做到与具体的物理实现无关,哪怕连接到网络中的主机或终端的型号和性能各不相同,只要它们共同遵守相同的协议就可以实现相互通信和互相操作,从而构成开放的网络系统。

开放系统互连参考模型(OSI)由国际标准化组织制定,是一个标准化的、开放的计算机网络层次结构模型。OSI 由 7 层组成,自下而上依次为物理层、数据链路层、网络层、运输层(也称传输层)、会话层、表示层和应用层,各层的主要功能如下。

(1) 物理层:为数据链路层实体之间的物理连接提供、维护和释放物理线路所需的机械、电气及功能特性。

(2) 数据链路层:建立、维持和释放数据链路,它将网络层的分组组成若干数据帧并负责将数据帧无差错地进行传递。

(3) 网络层:将报文进行分组,并确定每一分组从源端到目的端的路由选择和流量控制。

(4) 运输层:从会话层接收数据,为会话层的请求创建网络连接,必要时把报文(一次网络传输的任务)分成较小的单元进行传输,并确保到达对方的各单元信息准确无误。

(5) 会话层:进行高层通信控制,允许在不同计算机上的用户建立会话关系(即通信关系),如会话服务与管理。

（6）表示层：提供由应用层选择的一组特定服务，对交换数据的含义进行解释，如数据格式转换、代码转换等。

（7）应用层：提供与用户应用有关的功能，如网络浏览、电子邮件等。

5. TCP/IP 协议结构

TCP/IP 协议的使用范围极广，是目前异种网络通信使用的唯一协议体系，适用连接多种机型，既可用于局域网又可用于广域网，事实上，TCP/IP 协议已经成为一种既成事实的工业标准。

TCP/IP 模型同样按照分层的概念描述网络的功能，TCP/IP 模型由 4 层组成，自下而上依次为物理层、网络层、运输层和应用层，每一层都有若干协议支持该层的功能。图 8-9 给出了 TCP/IP 的协议集。

应用层	SMTP	DNS	FTP	Telnet	…
运输层	TCP			UDP	
网络层	IP				
物理层	LAN、MAN、WAN				

图 8-9 TCP/IP 协议集

各层的主要功能如下。

（1）物理层：对应 OSI 模型的数据链路层和物理层，负责接收数据并把数据发送到指定网络上。

（2）网络层：对应 OSI 模型的网络层，解决两个不同的计算机之间的通信问题。

（3）运输层：对应 OSI 模型的表示层、会话层和运输层，提供应用层之间的通信，即使两个网络节点之间可以进行会话。

（4）应用层：对应 OSI 模型的应用层，提供与用户应用有关的多种服务。

网络层是 TCP/IP 体系结构的关键部分，IP 协议是 TCP/IP 协议的核心。IP 协议提供一种不可靠的、无连接的数据报传输机制，即从源端到目的端传输 IP 报文的最佳尝试。这个机制实现的基础是 IP 地址。IP 地址是在 Internet 上某台主机的唯一标识，目前使用的第 4 版 IP 协议（IPv4）将 IP 地址表示为一个 32 位的二进制编码，为了方便，通常采用点分十进制来表示 IP 地址，例如，202.165.160.1。

6. 网络工程的组织与实现

网路工程要有一定的机构负责组织、协调、实施和管理。健全、高效的组织机构是计算机网络工程质量、工期、效益的有力保证。由于计算机网络工程的用户需求、应用环境、技术条件等因素各不相同，因此，其组织机构也不尽相同。对其进行抽象，归纳出一种通用的组织形式，简称为三方机构。这三方机构分别是工程甲方、工程乙方和工程监理方，他们之间的基本关系如图 8-10 所示。

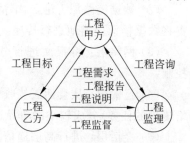

图 8-10 工程组织的三方结构

1）工程甲方

工程甲方是计算机网络的用户，是计算机网络工程的提出者和投资方。甲方的职责包括以下几个方面：

（1）组织网络专家进行计算机网络工程的可行性论证。在可行性论证的过程中，甲方要明确提出用户需求、建设目标、计算机网络的功能、技术指标、现有条件、工期、资金预算等方面的内容，形成《可行性论证报告》。

（2）编制标书、组织招投标。标书中要说明甲方要求的工程任务、工程技术指标和参数以及工程要求等内容。

（3）工程监督。甲方具有对于工程进行全面监督的权利和责任。一般来说，监督工作的重点放在工程的进度和资金的使用上，有关工程质量等技术的监督工作可以聘请专业的监理公司来负责。

2）工程乙方

工程乙方是计算机网络工程的承建者，乙方的职责主要包括以下几个方面：

（1）编制投标书。按照标书的要求和指标形成投标书，投标书的要点是投标方案的先进性、适用性、可靠性、创新性以及投标者的资金预算。

（2）签订工程合同。工程合同一般由甲方起草，双方协商修改后，签字生效。

（3）进行用户需求调查。乙方在甲方的配合下，对计算机网络的用户需求进行调查，确定计算机网络应具备的功能和应达到的指标。

（4）进行规划设计。根据用户需求对计算机网络工程进行规划和设计。规划要对计算机网络的建设范围、建设目标、建设原则、总体技术思路等问题给出粗线条的回答；设计是对计算机网络工程的具体问题给出明确、可行、系统的解决方案。

（5）制定实施计划。设计方案通过评审后，网络工程进入实施阶段，乙方要制定实施计划。实施计划要明确工程的工期、分工、施工方式、资金使用、竣工验收等内容，实施计划要以规范的形式存档。

（6）产品选型。乙方根据设计方案的技术要求选择合适的产品，包括硬件设备（如交换机、网卡）和软件系统（如网络管理工具、网络安全系统）。

（7）系统集成。按照设计方案的要求，进行设备的安装、调试、软件环境的配置以及试运行等工作。系统集成工作完成意味着工程的主体工作结束，接着要进行竣工验收工作，以检验乙方的工作是否达到了合同要求的目标。

（8）合同规定的其他工作，如技术支持、人员培训等。

3）工程监理方

网络工程监理在网络建设过程中给用户提供前期咨询、方案论证、质量控制等一系列服务，其作用是帮助用户建设一个性能优良、技术先进、安全可靠、成本低廉的网络系统。工程监理方一般是具有丰富工程经验、掌握技术发展方向、了解市场动态的专业公司或研究咨询机构。网络工程监理方的具体工作包括以下几个方面：

（1）帮助用户做好需求分析。通过与用户的各类工作人员共同的分析与交流，帮助用户提出明确、切实的系统需求。

（2）帮助用户选择系统集成商。由于监理方与多家系统集成商有过长期合作，因此能够知道哪个系统集成商最适合用户。

（3）帮助用户掌握工程进度。监理方的专业技术人员可以帮助用户掌握工程进度，按期分段对工程进行验收，保证工程按期、高质的完成。

（4）帮助用户控制工程质量。控制工程质量的相关工作包括系统集成方案是否合理，所选设备质量是否合格;基础建设是否完成,布线结构是否合理;系统硬件平台环境是否合理,可扩充性如何;系统软件平台是否合理,应用软件能否实现相应功能;培训教材、时间、内容是否合适,等等。

(5) 帮助用户做好各项测试工作。工程监理人员应严格遵循相关标准,对系统进行全面的测试工作。

计算机网络工程实施是在完成了工程规划、制定了工程设计方案后,将设计方案付诸实践的过程,主要包括工程现场调查、设备及系统采办、系统集成以及工程验收与优化等过程。

(1) 工程现场调查。实际上,在进行网络拓扑结构的设计过程中,就需要对计算机网络工程范围内的建筑物分布、建筑物层数及长度、网络节点的位置以及室内网络插座方位进行调查和定位,以便分层结构的设计。

(2) 设备及系统采办。设备及系统采办在平台选型后进行。采办过程中的首要工作是做好充分的市场调查,多方比较,必要时签订购销合同。布线系统中用到的设备可以先行购置,设备到货后即可进行系统布线。软件系统可以在布线的同时或结束时购置,只要在系统集成前到位即可。

(3) 系统集成。系统集成是计算机网络工程实施的核心阶段。系统集成的任务包括综合布线系统、软件系统和硬件设备的安装、调试测试以及试运行。

(4) 工程验收与优化。系统集成完成后是工程验收与优化阶段,该阶段的任务是检验工程质量是否达到设计要求,例如,技术指标和参数是否在标准范围之内、设备和系统是否正常运行、工程任务是否全部按时完成等。对于验收过程中发现的问题,或达不到设计要求的环节,要进行改进和优化。

8.2.3 软件工程

信息化工程中,无论是信息存储系统、信息网络系统还是信息应用系统,任何信息系统的建设都离不开软件开发——是软件在实现这些应用系统需求的功能。庞大的系统需要系统化的软件来支持。复杂的软件系统的开发也带来一个新的领域——软件工程。软件工程是采用工程的概念、原理、技术和方法来开发与维护软件,将经过时间考验而证明正确的管理技术与当前能够得到的最好的技术方法结合起来,其目的在于提高软件的质量与生产率,最终实现软件的工业化生产。

1. 软件工程的基本原理

自 1968 年正式提出并使用了软件工程这个术语以来,研究软件工程的专家学者们陆续提出了 100 多条关于软件工程的准则(或信条)。著名的软件工程专家 B. W. Boechm 综合这些学者们的意见和软件开发的经验,于 1983 年提出了软件工程的 7 条基本原理,这 7 条基本原理是确保软件产品质量和开发效率的最小集合。

(1) 用分阶段的生产周期计划严格管理。统计资料表明,在不成功的软件项目中,有一半左右是由于计划不周造成的,可见,把完善的计划作为第一条基本原理是吸取了前人的教训而提出来的。这条基本原理意味着应该把软件开发与维护的整个过程划分成若干阶段,并相应地制定出切实可行的计划,然后严格按照计划对软件的开发和维护工作进行管理。

（2）坚持进行阶段评审。软件质量的保证工作不能等到编码阶段完成之后再进行，因为大部分错误是在编码之前造成的，而且错误发现与改正得越晚，所付出的代价也就越高。因此，在软件开发的每个阶段都要进行严格的评审，以便尽早发现软件开发过程中的错误。

（3）实行严格的产品控制。在软件开发的过程中，由于外部环境的变化，改变产品需求是一种客观需要，显然不能硬性禁止客户提出改变需求的要求，只能依靠科学的产品控制技术来顺应这种要求，也就是说，当改变需求时，为了保持软件各个配置成分的一致性，必须实行严格的产品控制。

（4）采用现代程序设计技术。从提出软件工程的概念开始，人们一直把主要精力用于研究各种新的程序设计技术。20 世纪 60 年代末提出的结构化程序设计技术在当时成为一种先进的程序设计技术，以后又进一步发展出各种结构化分析、结构化设计技术。20 世纪 90 年代后，面向对象程序设计技术在许多领域中取代了传统的结构化程序设计技术。实践表明，采用先进的程序设计技术不仅可以提高软件开发和维护的效率，而且可以提高软件产品的质量。

（5）结果应能清楚地审查。软件产品不同于一般的物理产品，是看不见、摸不着的逻辑产品。软件开发人员（或开发小组）的工作进展情况可见性差，难以准确度量，从而使得软件产品的开发过程比一般产品的开发过程更难以评价和管理。为了提高软件开发过程的可见性，更好地进行管理，应该根据软件开发项目的总目标及完成期限，规定开发组织的责任和产品标准，从而使得所得到的结果能够清楚地审查。

（6）开发小组的人员应该少而精。开发小组人员的素质和数量是影响软件产品质量和开发效率的重要因素，素质高的人员与素质低的人员相比，开发效率可能高几倍甚至几十倍，而且素质高的人员开发出的软件中的错误明显少于素质低的人员开发出的软件中的错误。此外，随着开发小组人员数量的增加，相互交流的通信开销也急剧增加。因此，组成少而精的开发小组是软件工程的一条基本原理。

（7）承认不断改进软件工程实践的必要性。遵循上述 6 条基本原理就能够按照现代软件工程的基本原理实现软件的工程化生产，但是软件开发与维护的过程要想赶上时代前进的步伐，不仅要积极主动地采纳新的软件技术，而且要注意不断总结经验。

2．软件生命周期

在一般工程中，各种有形产品都存在生存周期，同样，为了用工程化方法有效地管理软件的开发过程，软件生命周期是从用户需求开始，经过软件开发、交付使用、在使用中不断维护等一系列相关活动的全周期，一般包括软件定义、软件开发和软件维护等阶段。

1）软件定义

软件定义阶段主要解决的问题是"做什么"，也就是要确定软件的处理对象、软件与外界的接口、软件的功能和性能、界面以及有关的约束和限制。软件定义阶段通常可分为问题定义、软件项目计划和需求分析等阶段，如表 8-1 所示。

2）软件开发

软件开发阶段主要解决的问题是"怎么做"，也就是最终得到可交付使用的软件产品。软件开发阶段通常可分为软件设计、编码、软件测试阶段，如表 8-2 所示。

表 8-1　软件定义阶段的任务和相应的文档

阶段 ＼ 任务	任　　务	文　　档
问题定义	确定问题的性质、工程目标以及规模	可作为项目计划书中的一项
软件项目计划	进行可行性分析,并对资源分配、进度安排等做出合理的计划	可行性分析报告、项目计划书
需求分析	确定待开发软件的功能、性能、数据、界面等要求,即确定系统的逻辑模型	需求规格说明书

表 8-2　软件开发阶段的任务和相应的文档

阶段 ＼ 任务	任　　务	文　　档
软件设计	把任务阶段得到的需求转变为符合成本和质量要求的系统实现方案	设计说明书、数据说明书和软件开发卷宗
编码	用某种程序设计语言将软件设计转变为程序	遵循编码规范的程序清单
软件测试	发现软件中的错误并加以改正	软件测试计划、软件测试报告

3) 软件维护

软件维护主要是指根据需求变化或硬件环境的变化对应用程序进行部分或全部的修改,修改时应充分利用源程序,修改后填写程序修改登记表,并在程序变更通知书上写明新旧程序的不同之处。

需要强调的是,程序只是完整的软件产品的一个组成部分,在上述软件生命周期的每个阶段都要得出最终产品的一个(或几个)组成部分,这些组成部分通常以文档资料的形式存在,这些文档应该是在软件开发过程中产生的,而且应该是"最新的"(即与程序代码完全一致)。软件开发组织和管理人员可以将文档作为里程碑来管理和评价软件开发工程的进展状况;软件开发人员可以利用文档作为通信工具,在软件开发过程中准确地交流信息;软件维护人员可以利用文档资料理解被维护的软件。

3. 软件过程模型

软件过程定义了运用方法的顺序、应该交付的文档资料、为保证软件质量和协调变化所需要采取的管理措施以及标志软件开发各个阶段任务完成的里程碑。为了获得高质量的软件产品,必须采用科学、合理的软件开发过程。

软件过程模型描述软件过程的整体框架,它是软件过程的一种抽象表示。下面介绍一些常见的软件过程模型,这些模型以不同的方式定义了软件过程活动的流程框架,并在实际应用中体现出各自的特点。

1) 瀑布模型

瀑布模型是经典的软件开发过程模型,它是由 Winston Royce 在 1970 年提出的,直到 20 世纪 80 年代早期一直是唯一被广泛采用的软件开发模型。该模型给出了软件生命周期各阶段的固定顺序,上一阶段完成后才能进入下一阶段,整个开发过程就像流水下泻,故称之为瀑布模型。图 8-11 给出了瀑布模型,在瀑布模型中,软件开发的各项活动严格按照线性的方式进行,当前活动接受上一项活动的工作结果,然后实施当前项所需的工作内容。当前活动的工作结果需要进行验证,如果验证通过,则该结果作为下一项活动的输入,继续进行下一项活动,否则返回进行修改。

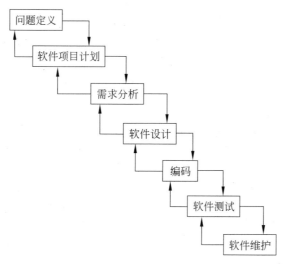

图 8-11　瀑布模型

瀑布模型的真相

被称为软件工程史上最大的误解之一：瀑布模型起源于温斯顿·罗伊斯(Winston Royce,1929—1995)1970 年的论文 *Managing the Development of Large Software System*。自此,世界上很多人错误地认为 Royce 这篇文章中倡导的是软件开发应当采用一个严格、顺序、单次的瀑布生命周期(瀑布模型);而实际上瀑布之父 Winston Royce 真正倡导的是 do it twice,一个两次瀑布的"迭代"模型!

---

2) 快速原型模型

快速原型模型的第一步是迅速构建一个可以运行的软件原型,实现客户或未来的用户与系统的交互,由用户或客户对该原型进行评价,并进一步细化待开发软件的需求。经过逐步调整原型使其满足客户的要求之后,开发人员可以将客户的真正需求确定下来;第二步则在第一步的基础上开发客户满意的软件产品。

快速原型的关键在于尽可能"快速"地构建原型,一旦确定了客户的真正需求,所构建的原型将被丢弃。因此,原型系统的内部结构并不重要,重要的是必须迅速建立原型,随之迅速修改原型,以反映客户的需求。

3) 增量模型

增量模型把原型作为最终产品的一部分,可满足用户的部分需求,经用户试用后提出进一步需求,开发人员根据反馈信息实施开发的迭代过程。如果一次迭代中有些需求还不能满足用户的需求,可在下一次迭代中予以修正,直到实现了所有用户需求后,软件才可最终交付用户,如图 8-12 所示。增量模型具有能在软件开发的早期阶段使投资获得明显回报和易于维护的优点,但是增量模型也存在以下缺陷:

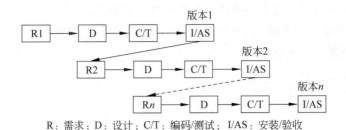

R：需求；D：设计；C/T：编码/测试；I/AS：安装/验收

图 8-12　增量模型

（1）由于各个构件是逐渐并入已有的软件体系结构中，所以加入构件必须不破坏已构造好的系统部分，这需要软件具备开放式的体系结构。

（2）在开发过程中，需求的变化是不可避免的。增量模型的灵活性可以使其适应这种变化的能力大大优于瀑布模型，但是也很容易退化为边做边改的方式，从而使软件过程的控制失去整体性。

4）螺旋模型

1988 年，Barry Boehm 正式发表了软件系统开发的"螺旋模型"，它将瀑布模型和快速原型模型结合起来，强调了其他模型所忽视的风险分析，特别适合于大型复杂的软件系统。螺旋模型将软件开发划分为制定计划、风险分析、实施开发和用户评估 4 类活动，沿着螺旋线每转一圈，表示开发出一个新的软件版本。理解这种模型的一个简便方法是把它视为在每个阶段之前都增加了风险分析过程的快速原型模型，如图 8-13 所示。螺旋模型的特别之处在于风险驱动，它强调可选方案和约束条件从而支持软件的重用，有助于将软件质量作为特殊目标融入产品开发之中。

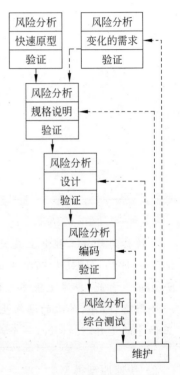

图 8-13　简化的螺旋模型

软件工程专家 Barry W. Boehm

Barry W. Boehm 是美国国家工程院院士，AIAA、IEEE、ACM 会士(Fellow)，他从 1955 年开始就尝试在软件开发的敏捷和纪律之间寻找平衡点，他是 TRW 软件工程和南加州大学软件工程中心主任。美国国防部高级研究计划署(DARPA)技术办公室的主任，并担任 TRW(世界著名的军工系统承包商)的首席科学家，美国空军科学顾问委员会主席。

4. 软件开发方法

没有一种软件开发方法能适用于所有的软件开发。事实上，由于软件的种类、规模、使用对象不同，采用的开发方法也不同。采用结构化、面向对象以及其他先进的程序设计方法可以在很大程度上降低软件开发成本、提高软件质量。

结构是指系统内容各组成要素之间的相互关系、相互作用的框架。结构化方法就是强调所开发的软件在结构上的合理性，由此提出了一组提高软件结构合理性的准则，如分解和抽象、模块独立、信息隐蔽等。针对不同的开发活动，结构化方法分为结构化分析、结构化设计、结构化编程和结构化测试等。

在软件开发过程中把面向对象的思想运用其中并指导开发活动的系统方法，称为面向对象方法。所谓面向对象就是基于对象概念，以对象为中心，以类和继承为构造机制，来认识、理解、刻画客观世界，来设计、构建相应的软件系统。用面向对象方法开发的软件，其结构是基于客观世界的对象结构，因此，与传统的软件相比，软件本身的内容和结构发生了质的变化，其复用性和扩充性都得到了提高，更重要的是能够支持需求的变化。

用面向对象方法开发软件通常需要建立 3 种模型：（1）对象模型——描述系统的静态结构；（2）动态结构——描述系统的控制结构；（3）功能模型——描述系统的计算结构。这 3 种模型都涉及数据、控制和操作等共同的概念，只不过每种模型描述的侧重点不同。功能模型指明了系统应该"做什么"；动态模型规定了"什么时候做"；对象模型定义了"谁在做"。

5. 软件质量与管理

软件工程的一个重要目标是"开发出高质量的软件"，那么如何看待"软件质量"的含义呢？简单地说，软件质量是软件产品与明确的和隐含的需求相一致的程度，它通常由一系列的质量特性来描述。例如，除了要求软件正确运行之外，人们可能还希望软件运行的响应时间符合要求、软件使用方便快捷、程序代码易于理解等，而"程序代码易于理解"往往是一种用户没有明确提出的需求，但却是影响软件质量的重要因素。

软件质量可以用以下 6 个特性来评价。

（1）功能性：系统满足需求规格说明和用户目标的程度，换言之，在预定的环境下能正确完成预期功能的程度，例如，能否得到正确的结果，是否完成规定的功能，是否具备和其他指定系统的交互能力，是否避免对程序及数据的非授权访问等。

（2）可靠性：在规定的一段时间内和规定的条件下，软件维持其性能水平的能力，例如，能否避免由软件故障引起系统失效，是否能在软件错误的情况下维持指定的性能，能否在故障发生后重新建立其性能水平恢复受影响的数据等。

（3）可用性：系统在完成预定功能时令人满意的程度，例如，理解和使用该系统的容易程度，用户界面的易用程度等。

（4）有效性：为了完成预定的功能，系统需要多少计算机资源，例如，系统的响应和处理时间，软件执行其功能时的数据吞吐量，软件执行时消耗的计算机资源等。

（5）可维护性：修改或改进正在运行的系统需要多少工作量。

（6）可移植性：把程序从一种计算环境（硬件配置或软件环境）转移到另一种计算环境下需要多少工作量，例如，系统是否容易安装，系统是否容易升级等。

软件项目管理是指在软件生命周期中软件管理者所进行的一系列活动，其目的是在一定的时间和预算范围内，有效地利用人力、资源、技术和工具，使软件系统或软件产品按原定的计划和质量要求如期完成。软件项目管理先于任何技术活动之前开始，并且贯穿于软件的整个生存周期。

有效的软件项目管理集中于 4 个方面：人员、产品、过程和项目，简称为项目管理的"4P"，其关系如图 8-14 所示。

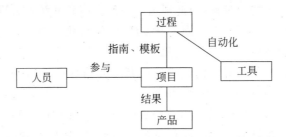

图 8-14　软件项目管理的"4P"

(1) 人员(people)：软件开发是人类从事的对智力创造要求较高的一项工作，相对于工具或技术来说，软件人员的素质和组织管理是保证项目成功的更为重要的因素。一般来说，大型软件项目需要整个团队的努力和协作，其开发人员的选择、组织、分工和管理是一项十分重要而又复杂的工作，它直接影响到整个项目的成败。

(2) 产品(product)：软件项目的目标是在规定的时间和预算内开发出满足客户需求的软件产品。但是以往的统计资料表明，软件产品的问题主要发生在软件需求阶段，其根源在于软件需求的不确定和需求规格说明的不准确。在软件开发的整个过程中，软件需求为准确的项目估算、有效的风险评估、适当的任务划分和合理的进度安排等奠定了可靠的基础，是软件项目成功的一个关键因素。因此，软件项目管理必须有效地解决需求分析和需求变更的问题，使开发人员能够获取用户的真正需求，准确完整地描述需求分析结果，并能有效地控制需求的变化。

(3) 过程(process)：软件产品从概念的提出到最终的形成需要经历一个复杂的过程。软件过程将软件开发和维护所用到的技术、方法、活动和工具有机结合起来，确保项目的成功经验和最佳实践得以有效地总结和重用，并且在以后的项目实践中不断地完善和优化。在软件管理中，人们需要定义整个软件开发的活动、所采用的技术方法、各个阶段的里程碑、各种工程制品等，这些定义必须是文档化的。同时，还要通过有效的培训，将有关过程的知识传授给过程所涉及的每一个开发人员，促使他们按照过程定义的方式协作完成相关的任务。

(4) 项目(project)：软件项目管理对于成功地开发软件是十分重要的，项目管理者应该在有限资源的约束下，运用系统的观点、方法和理论，对软件项目的全过程进行计划、组织、指挥、协调、控制和评价，以实现项目的目标。

软件项目管理的核心内容在于项目的规划和跟踪控制。在项目的启动和计划阶段，项目管理者需要确定项目的范围和需求，并以此为基础进行项目的规划、估算和资源分配等，制定出切实可行的项目计划。在项目的执行过程中，项目管理者需要及时了解项目的进展情况，对于可能发生的变更进行有效的控制和管理。

项目管理与过程管理是密切相关的，项目管理用于保证项目目标的成功实现，过程管理用于辅助项目管理的工作，将最佳的项目实践应用于软件开发过程。

8.3　物联网工程的相关命题

有两个初始命题：物联网工程是干什么的，物联网工程人才的培养定位是什么。毫无疑问，物联网工程的目标是建设物联网，物联网建设是属于信息化建设的一部分，物联网系统依然是信息系统。有所不同的是，物联网是信息化建设的新阶段，包含了更多的内容。从第 2 章物联网的体系结构可以看出，它包含感知子网、传输子网、信息处理支撑平台和应用子网 4 个部分；从第 3 章至第 7 章的物联网关键技术可知，相关内容涉及电子工程、通信工程、网络工程、软件工程和控制科学与技术，还有应用技术所在的汽车工程、环境工程、交通工程、农业工程、物流管理等若干领域。

物联网工程相关知识如此繁多，背景知识结构如此庞杂，作为一个"物联网工程"专业的人才，不可能精通所有的领域。我们作为物联网工程专业的本科学生，短短 4 年之间也不可能学会所有的相关技术。那么物联网工程的技术人员需要什么样的知识结构、在物联网工程中究竟干什么工作呢？本节试图从信息化工程建设的角度给出一种观点，并辅以一个实际的物联网系统设计案例，希望能给大家以直观的感性认识。

8.3.1　懂网知物的物联网工程人才

从工程的角度看，一个属于物联网工程的项目至少应该包含感知子网、传输子网和应用子网 3 个网络系统、一个感知信息处理子系统 4 个部分的建设涵盖了网络工程、软件工程的研究与应用。任何一个专业、任何一个人是无法精通它所涉及的所有关键技术与应用背景知识的。因此，从更高的层面上来说，物联网工程应该是这 4 个系统的集成，从整个物联网的应用需求来整合网络系统构建与软件系统开发、信息系统建设与应用领域衔接，而不是拘泥于感知技术、网络技术或者应用系统开发等局部技术。物联网工程人才所做的工作应该是寻找合适的、最优的工程结构与关键技术，搭建适用于应用领域的物联网服务平台。

在通常的情况下，应用领域将"物"上网，不同的"物"有不同的属性，哪些属性是关键的、必需的，哪些是关联的、辅助的，了解这些信息进行全面的感知和标记，这是构建该领域物联网的关键基础。否则，容易出现两个极端：一个极端是物体信息太少，无法辅助应用；另一个极端是琐碎信息太多，占据了感知设备和传输设备的信息通道，无法在有限的时间内给出有效的信息，从而无法提供及时的、正确的服务。为此，全面地知晓这些物的体征和用途是物联网工程人才必须具备的基础知识。

无论是感知子网、传输子网还是应用子网，传输子网中无论是局域网、无线网还是因特网，都涉及"网"。物联网的本质还是网，与互联网不同的是联结的对象——前者是物，后者是机器。为此，物联网专业人才必须深入理解"网"的协议结构、通信原理、擅长网络程序设计和组网协议开发。更为重要的是，物联网工程人才需要将物接入感知子网、感知子网接入因特网，并与信息处理支撑平台、应用领域的服务系统联通。

可以更通俗地说，由于物联网是信息化建设的更高阶段，建设物联网的应用领域通常都是信息化建设相对成熟的领域，在这些应用中，物、因特网、应用服务系统均已存在，物联网工程人才就是要将这些东西联起来，并将物的感知信息传输出来，告知专业人士搭建信息处理平台,将处理结果传输给已有的应用服务系统。一个字,就是"联",物联网工程专业的人才就是要把这些已有系统、已有的物联成一个"更大"的"物联网"。

为此,物联网工程就是"联"的工程,"联"的对象是物,"联"的生产目标和劳动工具都是网,以物的知识为背景、联网的方法为核心技术。我们总结成 8 个字,物联网工程就是"懂网知物,以网联物"的工程。

8.3.2 物联网工程之智慧停车场

本小节从最初的系统框架角度分析设计一个停车场的物联网管理系统,以一个简单实例显示物联网系统建设时需要考虑的问题,以便了解物联网系统构建的工程过程。

1. 停车系统的需求分析

传统停车场管理系统主要是考虑管理和收费问题,一般来说,设置一个进出口,进口自动取卡,出口按照卡的计时来收费。对泊车空位的处理,主要是统计空车位数,按照车位数减去进场车数,然后加上出场车数,在入口的大显示牌上显示出来。这种停车场管理系统是从停车场的角度考虑管理与收费的方便,而不是从泊车用户的角度考虑,忽视了停车过程的自动化,特别是车位的引导。在车位紧缺时,常常出现车辆绕整个停车场转圈找空位,好不容易看到车位却被后入场先到空位者占领了。

物联网停车管理系统需要在当前进出通道收费系统的基础上给泊车用户和管理用户提供许多便利条件,以满足当前停车需求增长、停车场规模也越来越趋于大型化的形式。目前,关于这样一个物联网停车管理系统至少要满足以下两个方面的需求:

(1) 泊车客户可以得到有效的说明和引导来预订或发现一个可用的车位。

(2) 管理人员可以获得一个停车场当前使用情况的整体视图,可以支持停车场车辆及空位的搜索功能。

2. 智慧停车场系统结构与硬件组成

为此,物联网停车管理系统应包含 4 个部分:信息采集子系统、信息处理与分析子系统、网络与信息传输子系统、管理与控制反馈子系统。其中,信息采集子系统负责停车场信息采集与感知;网络与信息传输子系统负责各种信息在多个子系统之间的流通;信息处理分析子系统是一个强大的后台数据库和数据处理系统,进行各类信息的融合与分析,为停车场管理与控制提供决策依据;管理、反馈与控制子系统主要对车位预定、泊车指示牌、泊车导航子系统发控制指令,以及为管理者的可视化控制管理子系统。物联网停车管理系统结构如图 8-15 所示。

显然,图 8-15 中的 4 个子系统正好对应了物联网结构的 3 个层次:

一是感知层的信息采集与感知子系统,包含各类传感器,如超声波探头、视频头与车牌识别系统、地磁传感器、RFID 卡及其读写设备等。

二是传输层的信息传输网络子系统,包含新建的 RFID 系统、智能传感节点之间的无线通信网络,还有现有的互联网、车场已部署的有线网络,甚至与互联网连接的手机通信网络。

三是应用层,停车场信息处理/管理子系统、泊车指示与导航子系统以及管理者的可视化控制管理子系统都属于应用层,其中:

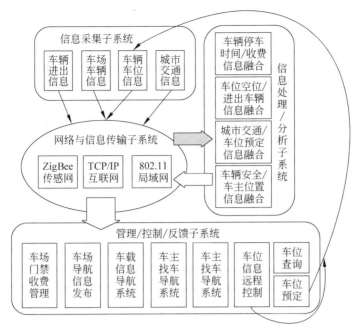

图 8-15 物联网停车管理系统结构图

- 信息处理/管理子系统是应用层的数据支撑技术层,依然可以归于共性技术,其功能的实现主要依靠软件系统。
- 泊车指示与导航子系统以及管理者的可视化控制管理子系统则属于行业应用,包含对信息处理结果的反馈和对停车场管理系统的控制,也常常和硬件关联,如图 8-16 的停车场区域导航指示牌,或对入场车辆的语音指示等。

图 8-16 智慧停车之区域导航指示牌

3. 智慧停车场的软件功能与结构

智慧停车场从软件类型上来说,包含 4 种软件:一是感知层的嵌入式软件,有传感器节点上的嵌入式程序、RFID 系统的嵌入式程序等;二是网络软件,包括传感网的嵌入式通信软件、局域网和互联网的数据通信软件;三是数据库管理系统软件,包括停车收费系统、车场信息管理系统以及车主、车牌、车位之间的对应关系数据信息管理等；四是控制软件，控制停车场的灯、指示牌、扬声器等设备。

而从功能模块划分上看，对照图 8-15 的 4 个子系统，系统与系统之间应该留有接口，而仅以信息采集模块为例，又至少需要包含如下几个子功能模块：

（1）空位信息模块，是导航子系统以及整个后台管理者的可视化控制的关键模块，为后台管理者提供停车场当前使用情况的整体视图，向导航子系统提供具体区域的空位情况，以供停车者选择具体的空位区域。

（2）区域行车信息模块，是导航子系统的另一个重要模块，主要是从泊车用户的角度出发，给予泊车用户停车行驶路线的引导，以方便泊车用户的停车，避免上述传统停车场出现的在车位紧缺时，常常出现车辆绕整个停车场转圈找空位的情形。

（3）车位-车牌对应信息模块，其主要是采集车位上所对应的车牌，并与后面的车位泊车时间相互交互，以达到智能管理的目的。

（4）车位泊车时间信息模块，是后台管理者根据其具体的泊车时间作为收取适当的费用的依据，达到便于管理以及标准化收费的目的。

使用模块化的系统设计方式具有两个方面的好处：一是可扩展性，整个软件设计过程具有很好的可扩展性——每个模块实现一项功能，并提供外部程序调用的接口，使用者根据软件开发的功能性需求，选择具备该需求功能的模块，调用其提供的接口，就可以得到想要的新功能，这甚至可以描述为像搭积木一样组合一个自己想要的软件；二是层次化逐步求精的设计——每个子模块都可以参照其功能需求和统一规定的接口进行独立设计，而一个大的功能模块又可以划分若干个子模块来实现，一直细分下去，有利于工程团队的协作和开发任务的分工，这种"逐步求精"分解设计任务的方法降低了设计实现过程的复杂性和困难性。

其实，在整个软件设计过程中，还需要用到网络工程中的 OSI 参考模型；功能模块实现和集成时，需要用到软件工程中的软件过程模型、软件开发方法以及软件质量与管理中的知识；最后，每一个模块实现时，要了解停车场管理的相关行业规范、要求，当地人泊车的习惯以及相关的法律法规。

逐 步 求 精

软件工程的分析方法将现实问题经过几次抽象（细化）处理，最后到求解域中的只是一些简单的算法描述和算法实现问题。即将系统功能按层次进行分解，每一层不断将功能细化，到最后一层都是功能单一、简单易实现的模块。求解过程可以划分为若干个阶段，在不同阶段采用不同的工具来描述问题。在每个阶段有不同的规则和标准，产生出不同阶段的文档资料。

---

4. 物联网停车场的进一步发展

目前，停车管理系统使用不同厂家的产品，智能含量低，数据接口不统一，急需制定统一标准。此外，当前停车管理系统仅限于系统内使用，缺乏对外发布。事实上，联入互联网以后，停车信息处理系统除把车位信息发布给该停车场内的泊车客户及管理系统平台外，还可以把数据发布到停车网站、交通广播以及电视台等，可以通过互联网和手机网络、电话网络的互通，实现电话、短信的车位查询和预订功能，甚至可以发布到卫星地图，供带车载 GPS

系统导航查询使用;在此基础上,随着物联网逐步推进和跨行业合作,也可以向手机支付、远程寻车定位、车辆防盗、交通限行提示等方面发展。

思考题

1. 什么是工程? 工程有哪些主要特征?

2. 简述科学、技术和工程三者之间的关系。

3. 信息化工程的特点有哪些?

4. 计算机网络工程要建设哪些平台?

5. 简单说明 TCP/IP 的协议结构。

6. 为什么要定义软件过程? 为什么要提出开发模型的概念?

7. 简述 OSI 参考模型各层的主要功能。

8. 对于下列每一个过程模型,分别列举一个可以适用的具体软件项目,并说明在开发中如何应用该模型。

(1) 瀑布模型

(2) 快速原型模型

(3) 增量模型

(4) 螺旋模型

9. 物联网工程人才需要具备哪些知识结构?

10. 基于自身到大型停车场,如购物中心停车场寻找车位的困难、找车的困难,设计一款物联网软件,实现 GPS 无法定位情况下的手机导航停车服务。

参 考 文 献

[1] 李爱国,李战宝."智慧地球"的战略影响与安全问题[J].计算机安全.2010,(11):85-88.

[2] 许晔,孟弘,程家瑜,郭铁成.IBM"智慧地球"战略对我国意味着什么?[J].科技观察.2010,(198):47-49.

[3] 徐全平,张晖,邢涛,沈杰.传感器网络与智慧地球[J].信息技术与标准化.2009,(10):7-9.

[4] 雷震洲.解读"智慧地球"[J].电信网技术,2010,(1):38-40.

[5] 赵雪.智慧城市:"智慧"必须握在自己手中.科技日报.2010年/12月/5日/第001版.http://www.m2mun.com/city/201101043104.html.

[6] 许晔,孟弘,程家瑜,郭铁成.IBM"智慧地球"战略与我国的对策[J].中国科技论坛.2010,(4):20-23.

[7] 朱仲英.传感网与物联网的进展与趋势[J].微型电脑应用.2010,26(1):1-4.

[8] 顾香芳.云计算、物联网、智慧地球及其相关法律问题[J].软件产业与工程.2010(5):32-35,41.

[9] 宋俊德.浅谈物联网的现状和未来[J].2010,(15):8-10.

[10] 危机催生新技术 物联网发起突袭.IT商业新闻网.http://www.itxinwen.com.

[11] 温家宝.推进三网融合 加快物联网研发应用.http://news.ccidnet.com.

[12] 李新苗.物联网牵手云计算的"两大关键".http://www.cww.net.cn/tech/html/2010/3/8/20103813015690.htm.

[13] 郑中翰.物联网是未来经济新的增长点.中国经济时报.http://news.ccidnet.com.

[14] 2010"感知中国"综述:让世界了解一个鲜活的中国.http://www.china.com.cn.

[15] "感知中国",从感知无锡开始.http://www.sina.com.cn.

[16] 泛在/物联网研究.中兴通讯技术.2010年8月.

[17] 杨乐.终极网络——泛在网.http://www.wzzyk.com/lunwencanka/jisuanji/jisuanjiwangluo/71b02d250bee4f070ddf32584bb8b7f6.html.

[18] 王艺,诸瑾文,来勍.从M2M业务走向泛在网[J].电信科学.2009,(12):13-16.

[19] 王志良.物联网现在与未来[M].北京:机械工业出版社.2010.

[20] 钱大群.智慧地球,赢在中国.www.ibm.com/.../cn＿＿zh＿cn＿＿overview＿＿decadeofsmart＿wininchina.pdf.

[21] 1999-2001:物联网大事记物联网与RFID、传感器网络和泛在网.中国计算机报——含物联网的技术框架和物联网的标准体系.

[22] 中国制造2025.http://baike.baidu.com/.

[23] 何丰如.物联网体系结构的分析与研究[J].广东广播电视大学学报.2010,19(4):95-100,105.

[24] 刘化君.物联网体系结构研究[J].中国新通信.2010,(9):17-21.

[25] 沈苏彬,毛燕琴,范曲立.物联网概念模型与体系结构[J].南京邮电大学学报.2010,30(4):1-8.

[26] 孙利民,沈杰,朱红松.从云计算到海计算:论物联网的体系结构[J].中兴通讯技术.2011,17(1):3-7.

[27] 赵静,喻晓红,黄波,谭秀兰.物联网的结构体系与发展[J].通信技术.2010,43(9):106-108.

[28] 孙其博,刘杰,等.物联网:概念、架构与关键技术研究综述[J].北京邮电大学学报.2010,33(3):1-9.

[29] 刘勇,侯荣旭.浅谈物联网的感知层[J].电脑学习,2010(5):55-56.

[30] 贾灵,王薪宇.物联网/无线传感器原理与实践[M].北京:北京航天航空大学出版社,2011.

[31] 林曙光,钟军,王建成.物联网在煤矿安全生产中的应用[J].移动通信.2010(24):46-50.

［32］ 黄迪,梁雄健. 物联网引发物流领域的新变革. http://wenku. baidu. com/view/7c16a900de80d4d8d15a4f4d. html.

［33］ 吴挺. 探秘智能家居系统. 计算机世界. 2009 年/10 月/26 日/第 056 版：1-3.

［34］ 戚振兴. 浅议我国智能家居发展[J]. 广西轻工业. 2009(10)：63-64.

［35］ 贾雯杰. 物联网与智能家居发展浅析. 科技与生活. 2010.

［36］ 物联网在物流业应用的未来趋势. 2011. http//www. cechina. cn.

［37］ 白浩,段耀强,王昱力. 浅析智能电网技术及其发展[J]. 企业技术开发. 2010,29(12)：90-91.

［38］ 史卫江,曹荣新,曹增新. 智能电网综述[J]. 华北电力技术. 2010,(5)：40-43.

［39］ 孔令和,伍民友. 信息产业新革命之争：物联网还是 CPS？[J]. 中国计算机学会通讯. 2010,(4)：8-17.

［40］ 李莉. 论现代呼叫中心(Call Center)的功能演进及发展趋势[J]. 科学与管理. 2010(4)：59-61.

［41］ 物联网与 RFID、传感器网络和泛在网. 中国计算机报——含物联网的技术框架和物联网的标准体系.

［42］ 全球物联网产业发展(发展)论坛. 2010.

［43］ 徐琪. 服装供应链基于 RFID 的仓储配送智能化管理[J]. 纺织学报. 2010,31(9)：137-142.

［44］ 李晔. 美特斯邦威的物联之术. 中华合作时报. 2010(第 B06 版). http://www. kesum. com/sq/jygl/201010/115746. html.

［45］ RFID 芯片助力美邦营销供应链"提速". IT 经理世界. http://news. pop-fashion. com/news/dongtai/2010101454329. html.

［46］ 贺琳收. RFID 助美邦实现了"快"时尚. http://www. wlw. gov. cn/qyfw/yyal/602000. shtml. 2010-10-25.

［47］ Coskun V,Ozdenizci B etc. Survey on Near Field Communication (NFC) Technology[J]. Wireless Personal Communications. 2013,71(3)：2259-2294.

［48］ 王惟洁等. NFC 技术及其应用前景[J]. 通信与信息技术,2013(6)：67-69.

［49］ 周晓光,王晓华. 射频识别技术原理与应用实例[M]. 北京：人民邮电出版社,2006.

［50］ 赵军辉. 射频识别技术与应用[M]. 北京：机械工业出版社,2008.

［51］ 高英明. 无线传感器网络能量管理技术与理论研究[D]. 大连：大连理工大学,2008.

［52］ 姜连祥. 一种无线传感器网络节点的设计与实现[D]. 武汉：华中科技大学,2007.

［53］ 阎诺. 无线传感器网络关键技术的研究与实现[D]. 大连：大连海事大学,2007.

［54］ 李增国. 传感器与检测技术[M]. 北京：北京航空航天大学出版社,2009.

［55］ 无线传感器网络节点介绍. http://wenku. baidu. com/view/16b372fef705cc1755270966. html.

［56］ 无线传感器网络节点的硬件设计. http://www. jc-ic. cn/show-1474153-1. html.

［57］ 克尔斯博公司官网. http://www. xbow. com.

［58］ ARM 公司官网. http://www. arm. com.

［59］ 孙利民,李建中,陈渝,等. 无线传感器网络[M]. 北京：清华大学出版社,2005.

［60］ 王殊,阎毓杰,胡富平,等. 无线传感器网络的理论及应用[M]. 北京：北京航空航天大学出版社,2007.

［61］ 陈林星. 无线传感器网络技术与应用[M]. 北京：电子工业出版社,2009

［62］ Andrew S. Tanenbaum. 计算机网络[M]. 4 版. 潘爱民译. 北京：清华大学出版社,2004.

［63］ 谢希仁. 计算机网络[M]. 5 版. 北京：电子工业出版社,2008.

［64］ 唐宏,谢静,鲁玉伦,等. 无线传感器网络原理及应用[M]. 北京：人民邮电出版社,2010.

［65］ 罗蕾,等. 嵌入式实时操作系统及应用开发[M]. 2 版. 北京：北京航空航天大学出版社,2007.

［66］ 瞿中,熊安萍,蒋溢. 计算机科学导论[M]. 3 版. 北京：清华大学出版社,2010.

［67］ Gay D,Levi P,Culler D,et al. NesC 1.1 Language Reference Manual[S/OL]. 2003. http://nescc.

sourceforge. net/papers/nesc-ref. pdf.

[68] TinyOS 官网. http：//www. tinyos. net.

[69] Android SDK Documentation[EB/OL]. http：//www. android. com.

[70] 赵智雅. 基于嵌入式 Linux 的图像采集系统的设计[D]. 西安：西安交通大学,2010.

[71] 范志伟. μC/OS-Ⅱ内核及其在纸币识别器上应用的研究[D]. 长沙：中南大学,2008.

[72] 百度搜索. http：//www. baidu. com.

[73] 谷歌搜索. http：//www. google. com. hk.

[74] 维基百科. http：//wikipedia. jaylee. cn.

[75] 李剑桥. 基于 WinCE 的应急信息采集系统接收终端的设计与实现[D]. 博士论文. 西安：西安电子科技大学,2009.

[76] 王珊,萨师煊. 数据库系统概论[M]. 4 版. 北京：高等教育出版社,2000.

[77] 徐保民,孙丽群,李爱萍. 数据库原理与应用[M]. 北京：人民邮电出版社,2007.

[78] 钱雪忠,黄建华. 数据库原理及应用[M]. 2 版. 北京：北京邮电大学出版社,2007.

[79] Jiawei Han,Micheline Kamber 著. 数据挖掘概念与技术[M]. 2 版. 范明,孟小峰译. 北京：机械工业出版社,2008.

[80] 刘鹏. 云计算[M]. 北京：电子工业出版社,2010.

[81] 朱近之. 智慧的云计算——物联网的基石[M]. 北京：电子工业出版社,2010.

[82] 孙凝晖,徐志伟,李国杰. 海计算：物联网的新型计算模型[J]. 中国计算机学会通讯,2010(7)：52-57.

[83] Bonomi F,Milito R,Zhu Fog Computing and its Role in the Internet of Things. Edition of the Mcc Workshop on Mobile Cloud Computing,2012：13-16.

[84] 孟小峰,慈祥. 大数据管理：概念、技术与挑战[J]. 计算机研究与发展,2013,50(1)：146-169.

[85] 王珊,王会举等. 架构大数据：挑战、现状与展望[J]. 计算机学报,2011,34(10)：1741-1752.

[86] 陶雪娇,胡晓峰等. 大数据研究综述[J]. 系统仿真学报,2013(S1)：142-146.

[87] 黄宜华. 深入理解大数据[M]. 北京：机械工业出版社,2014.

[88] 陈国良. 并行计算：结构. 算法. 编程(第三版)[M]. 北京：高等教育出版社,2011.

[89] 李成华,张新访等. MapReduce：新型的分布式并行计算编程模型[J]. 计算机工程与科学,2011,33(3)：129-135.

[90] 周江,王伟平等. 面向大数据分析的分布式文件系统关键技术[J]. 计算机研究与发展,2014,51(2)：382-394.

[91] 郭敏杰. 大数据和云计算平台应用研究[J]. 现代电信科技,2014(8)：7-11.

[92] 刘驰. Spark 原理、机制及应用[M]. 北京：机械工业出版社,2016.

[93] 陈荟慧,郭斌等.移动群智感知应用[J]. 中兴通讯技术,2014(1)：35-37.

[94] 陈隆亮等. 第 2 讲 群智：基于大数据的移动互联网新思维[J].军事通信技术,2015(1).

[95] D. Dolev, A. C. Yao. On the security of public key protocols[C]. Proceedings of IEEE 22nd Annual Symposium on Foundations of Computer Science,1981：350-357.

[96] J. R. Douceur, "The sybil attack"[C], First International Workshop on Peer-to-Peer Systems. Berlin, Springer-Verlag, 2002：251-260.

[97] Electronic Frontier Froundation. Cracking DES. O′Reilly Media. 1998. http：//oreilly. com/catalog/9781565925205.

[98] Sarma S. E., Weis S. A., Engels D. W.. RFID systems and security and privacy implication[C]. In：Kaliski B. S., Koc C. K., Paar C. eds.. Proceedings of the 4th International Workshop on Cryptographic Hardware and Embedded Systems. 2003：454-469.

[99] Sarma S. E., Weis S. A., Engels D. W.. Radio-frequency identification：Secure risks and

challenges[J]. RSA Laboratories Cryptobytes, 2003, 6(1): 2-9.

[100] Weis S. A., Sarma S. E., Rivest R. L., Engels D. W.. Security and privacy aspects of low-cost radio frequency identification system[C]. In: Hutter D., Müller G., Stephan W., Ullmann M. eds.. Proceedings of the 1st International Conference on Security in Pervasive Computing. 2004: 201~212.

[101] Ohkubo M., Suzuki K., Kinoshita S.. Hash-chain based forward-secure privacy protection scheme for low-cost RFID[C]. In: Proceedings of the 2004 Symposium on Cryptography and In-formation Security(SCIS 2004), Sendai, 2004: 719-724.

[102] 雷阳,尚凤军,任宇森.无线传感网络路由协议现状研究[J].通信技术. 2009,42(3): 117-120.

[103] 胡磊,张泽明.无线传感器网络路由协议及安全问题研究[J].微型电脑应用. 2008,24(11): 11-12,6.

[104] 毕俊蕾,李致远.无线传感器网络安全路由协议研究[J].计算机安全. 2009,(11): 35-38

[105] 蒋云霞,符琦.无线传感器网络_WSNs_路由安全问题的现状与对策研究[J].中国安全科学学报. 2008,18(12): 117-124.

[106] 贺轶斐,郑君杰,尹路,戴洁.军用气象传感器网络与入侵容忍技术[C]. 计算机技术与应用进展——全国第17届计算机科学与技术应用(CACIS)学术会议论文集(下册), 2006年: 731-734.

[107] 段宏,代六玲.面向互联网的内容安全技术综述.山东大学学报.2006.(7).

[108] 郭晓淳,吴杰宏,刘放.入侵检测综述[J].沈阳航空工业学院学报. 2001,18(4): 67-69.

[109] 柴争义.入侵容忍技术及其实现[J].计算机技术与发展. 2007,17(02): 23-25.

[110] 王德广.入侵容忍系统的研究[D].硕士论文. 大连:大连理工大学. 2007.06.

[111] 詹仕华,蒋萌辉,林要华.网络入侵容忍技术的研究[J].福建电脑. 2009,(2): 1-2,15.

[112] 赵洁,田炼,宋如顺.网络入侵容忍技术分析[J].计算机时代.2005,(6): 1-2,20.

[113] 王良民,廖闻剑.无线传感器网络可生存理论与技术研究[M].北京:人民邮电出版社,2011.

[114] G. Tsudik. YA-TRAP: Yet Another Trivial RFID Authentication Protocol[C]. In IEEE PerCom, Pisa, Italy, 2006: 640-643.

[115] D. Molnar and D. Wagner. Privacy and Security in Library RFID: Issues, Practices, and Architectures[C]. In ACM CCS, Washington D. C, 2004: 210-219.

[116] Tzipora Halevi, Nitesh Saxena, and Shai Halevi. Tree-based HB Protocols for Privacy-Preserving Authentication of RFID Tags. Journal of Computer Security[J], 2011, Vol. 19(2): 343-363.

[117] Gildas Avoine, Benjamin Martin, and Tania Martin. Tree-Based RFID Authentication Protocols Are Definitively Not Privacy-Friendly[J]. Lecture Notes in Computer Science, 2010, vol. 6370: 103-122.

[118] Sarma S. E., Weis S. A., Engels D. W.. RFID systems and security and privacy implication. Lectures Notes in Computer Science[J], 2003, Vol. 2523: 454~469.

[119] Sarma S. E., Weis S. A., Engels D. W.. Radio-frequency identification: Secure risks and challenges. RSA Laboratories Cryptobytes[J], 2003, Vol.6(1): 2~9.

[120] Weis S. A., Sarma S. E., Rivest R. L., Engels D. W.. Security and privacy aspects of low-cost radio frequency identification system[J]. Lectures Notes in Computer Science, 2004, Vol. 2802: 201~212.

[121] Ohkubo M., Suzuki K., Kinoshita S.. Hash-chain based forward-secure privacy protection scheme for low-cost RFID[C]. Proceedings of the 2004 Symposium on Cryptography and In-formation Security, Sendai, 2004: 719~724.

[122] Lu L., Liu Y., Li X.. Refresh: Weak Privacy Model for RFID Systems[C], in Proc. of IEEE INFOCOM, 2010: 704-712.

[123] 魏亮. 网络空间安全[M]. 北京：电子工业出版社,2016.

[124] 杨义先,杨康. 专题：网络空间安全[J]. 中兴通讯技术,2016(1).

[125] 潘娟,史德年等. 移动互联网形势下智能终端安全研究[J].移动通信,2012,36(5):48-51.

[126] 彭国军,邵玉如. 移动终端安全威胁分析与研究防护[J]. 信息网络安全,2012(1): 58-63.

[127] 落卫红,魏亮等. 可穿戴设备安全威胁与防护措施[J]. 电信网技术,2013(11):9-11.

[128] 周傲英,杨彬等. 基于位置的服务：架构与进展[J].计算机学报,2011, 34(7):1155-1171.

[129] 杨建等. 云计算安全问题研究综述[J]. 小型微型计算机系统, 2012,33(3):472-479.

[130] 张玉清,王晓菲等. 云计算环境安全综述[J].软件学报,2016,27(6):1328-1348.

[131] 冯登国,张敏等.云计算安全研究[J].软件学报,2011, 22(1):71-83.

[132] 孙家广,刘强. 软件工程——理论、方法与实践[M].北京：高等教育出版社,2005.

[133] 鲍可进,等. C8051F 单片机原理及应用[M]. 北京：中国电力出版社,2006.

[134] 胡明,王红梅. 计算机科学概论[M].北京：清华大学出版社,2008.

[135] 汪新民,耿红琴. 网络工程实用教程[M].北京：北京大学出版社,2008.

[136] 王保云.物联网技术研究综述 [J].电子测量与仪器学报. 2009,23(12)：1-7.

[137] 何峰.自动泊车系统的研究及实现 [D].广州：广东工业大学,2009.

[138] 王秋月. 无线传感器网络分层数据建模研究 [D].广州：中山大学,2009.

[139] Vanessa W. S. Tang, Yuan Zheng, Jiannong Cao. An Intelligent Car Park Management System based on Wireless Sensor Networks [C]. International Symposium on Pervasive Computing and Applications，Urumqi, 2006：65-70.

[140] http://www.xbow.com.

[141] http://wiki.mbalib.com